中国信息安全年鉴

（2008年）

中国信息协会信息安全专业委员会　编

定价：180元

《中国信息安全年鉴》编辑委员会

指导单位： 工业和信息化部信息安全协调司

编 辑 部： 中国信息协会信息安全专业委员会秘书处

主　　编： 吴亚非

执行主编： 叶　红

副 主 编： 刘世健　杜彦辉

编　　辑： 李少鹏　刘燕红　邵　薇

编者说明

《中国信息安全年鉴》(以下简称《年鉴》)是由中国信息协会信息安全专业委员会主办、编纂的年刊。《年鉴》主要收录了我国信息安全领域各个层面的资料、信息,客观记述了我国信息安全领域的主要动向和发展概况。同时,还选录了部分介绍国外信息安全动态的资料,以便读者能够以更宽的视角,全面地了解信息安全领域的发展。

随着信息安全各项业务的不断深入和具体工作的常态化,本卷《年鉴》在2007年卷的基础上,做了一些内容上的调整。取消了"年度公告篇"中的"病毒漏洞公告"和"信息安全专利"以及介绍信息安全图书的"图书篇"。

鉴于"可信计算"是当前信息安全的一个热点,所以在本卷"机构企业篇"中新增了对中国可信计算联盟及其成员单位的介绍。以便于读者对这一领域有所了解。

本卷《年鉴》所收录的信息采集时限是从2007年1月至2007年12月。历年来,《年鉴》的编纂工作一直得到了国家各信息安全主管单位的指导和帮助。同时,各行业相关部门、企事业单位以及信息安全业内专家、学者和各界朋友也给予了热情支持。在此,一并表示衷心感谢!

最近,国务院新组建的工业和信息化部信息安全协调司确定作为《年鉴》的指导单位,并要求中国信息协会信息安全专业委员会"继续作好年鉴编纂工作,为我国信息安全保障工作做出更大贡献"。我们将认真领会党和国家的相关政策,更加密切关注和跟踪信息安全的最新发展动态,不断充实、调整《年鉴》内容,突出重点、热点,力争全面、真实地反映本年度我国信息安全现状,为不断提高我国信息安全保障水平尽力。

对本刊存在的不足之处,恳请批评指正。

《年鉴》编辑部

二〇〇八年十一月十八日

目　录

第一章　综合篇

我国信息网络安全现状和趋势（2007—2008）

2007年10月，中国共产党第十七次全国代表大会胜利召开，胡锦涛总书记的大会报告指出，要全面认识工业化、信息化、城镇化、市场化、国际化深入发展的新形势新任务，构思了信息化与工业化融合发展的战略思路。2007年，我国的信息安全工作稳步推进，网络文化建设受到高度重视、互联网治理成效显著、等级保护和网络信任体系建设深入推进、工程项目和信息安全产业都取得了新进展。同时，网络安全形势仍出现了一些新情况和新问题，利益驱动下的网络攻击频发、病毒传播途径多样、信息新技术应用给传统的安全防护手段带来了新挑战。另外，信息通信技术在经济、社会和生活中的深入应用，国家基础信息网络和重要信息系统安全保障的基础性、全局性作用更为突出，信息通信保障与生产安全、社会安全的关系更加紧密，为信息化条件下的社会危机管理提出了更高的要求。

一、信息网络安全形势

2008年，我国的固定电话、移动电话用户总数已达9.36亿，电话普及率超过70%；互联网上网人数接近2.2亿，已超过美国，跃居全球首位。但目前信息网络安全及信息内容的治理和净化，都面临严峻挑战。

（一）网络攻击的新特点

1．网络攻击中经济利益驱动更加明显，网络黑色产业链危及互联网安全

网络攻击组织严密化、行为趋利化、目标直接化的趋势更加明显，形成了一些经济利益驱动下的网络黑色产业链。网上贩卖病毒、木马和僵尸网络的活动不断增多，且公开化。这种网络攻击的趋利性引发了大量的网络犯罪活动，危及网络的应用与发展。利用病毒、木马技术传播垃圾邮件和进行网络攻击、破坏的事件呈上升趋势。2007年，病毒的“工业化”入侵以及“流程化”攻击等特点突出，以“熊猫烧香”、“灰鸽子”、“AV终结者”为代表的恶性病毒频繁出现。在新增的病毒/木马中，盗号木马仍然首当其冲，黑客/后门病毒、木马下载器紧随其后，这三类病毒构成了互联网黑色产业链的重点①。

2007年我国网络安全事件发生量的增长幅度较大，网络仿冒、网页恶意代码、网站篡改等增长速度接近200%。木马成为互联网安全的最大危害之一，2007年监测到中国内地有90万个IP地址主机被植入木马，比2006年增加21倍。中国内地有11万台主机作为控制端控制了我国被植入木马的计算机。从被植入木马主机的IP地区分布看，越发

---

① 金山公司，《2007年中国电脑病毒疫情及互联网安全报告》。

达的地区，由于信息化应用程度高，被控的IP地址主机就越多①。

2．僵尸网络仍是网络攻击的基本手段和资源平台

僵尸网络（英文名称叫BotNet），是互联网上受到黑客集中控制的一群计算机，往往被黑客利用发起大规模的网络攻击，如DDoS、海量垃圾邮件等。2007年抽样监测发现，我国内地有3624665个IP地址主机被植入僵尸程序，2007年各种僵尸网络被用来发动拒绝服务攻击10988次，发送垃圾邮件112次，实施信息窃取操作3949次。调查发现，黑客如果利用僵尸网络对某一个特定的目标实施拒绝服务攻击的话，破坏力将会更强，互联网数据中心IDC机房很容易遭遇类似的攻击。

3．网络钓鱼（网络仿冒）

网络钓鱼攻击仍然是一个值得关注的问题。据“反网络钓鱼工作组（APWG）”统计（见图1），2007年1月到2007年12月共收到钓鱼报告327814例。赛门铁克在2007年下半年共监测到87，963个钓鱼攻击主机，其中80%的钓鱼攻击是针对金融行业。此类网络攻击造成的损失巨大，在美国，2007年因为网络钓鱼带来的损失大约是32亿美元，比2006年的28亿美元增加了4亿美元②。

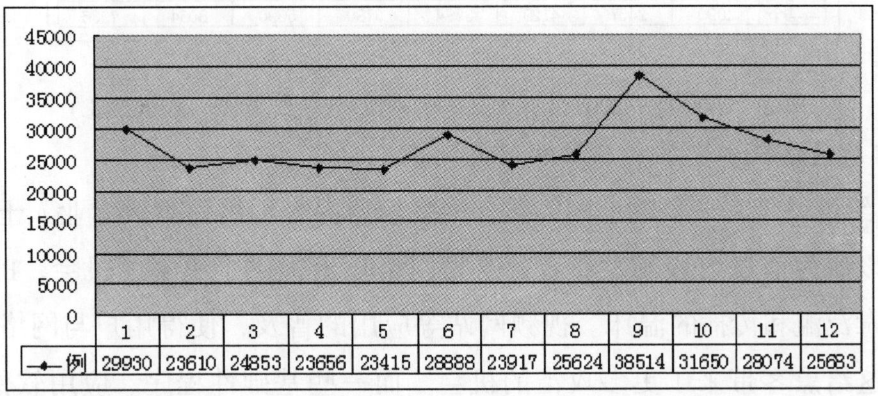

图1 2007年1月至12月APWG收到的网络钓鱼事件报告次数

4．病毒传播途径形式多样

目前，互联网已经成为病毒传播最大的来源，电子邮件和网络信息传递为病毒传播打开了高速的通道。通过优盘等移动介质传播的比例明显上升，成为计算机感染病毒的主要原因，据公安部调查统计，2007年通过移动存储感染病毒的比率从2006年的23%上升到40%。这就需要对存储介质进行规范管理，增强存储设备的免疫能力。另外，“熊猫烧香”等感染型病毒不断增多，给网络用户带来了巨大的损失。当前，与病毒作斗争仍是做好网络安全工作、保障用户利益最为重要的任务之一。

---

① CNCERT/CC。
② 数据来源：Gartner。

（二）安全漏洞居高不下

安全漏洞是指在网络系统中硬件、软件、协议和系统安全策略等存在的缺陷和错误，攻击者利用这些缺陷和错误可以对网络系统进行非授权的访问或破坏。根据 CERT/CC 统计，1995 年到 2008 年第一季度末，漏洞累计达到 39490 个（其中，2000 年至 2007 年漏洞数量见图 2），2007 年共报告漏洞 7236 个，平均每天超过 19 个，比去年下降了 10%。调查险示①，未修补漏洞或防范软件漏洞仍然是导致安全事件发生的最主要原因，占 49.4%，但比 2006 年下降了 15%。这说明，应对错误的复杂系统软件设计方法有待取得关键性的突破；另一方面，漏洞检测手段和网络用户安全意识整体上得到了一定改善。

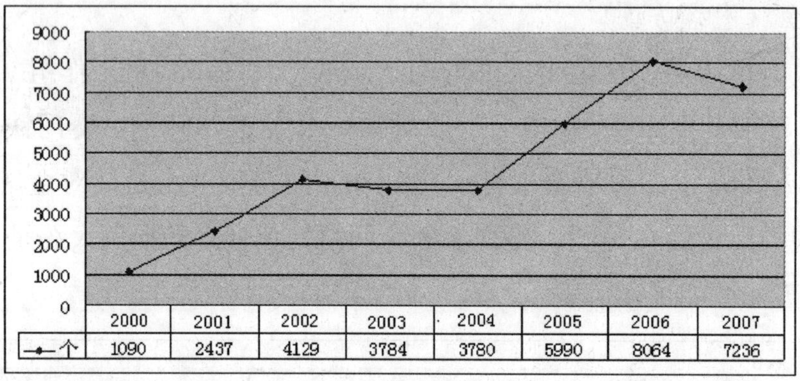

图 2　2000 年—2007 年信息安全漏洞的数量统计图（CERT/CC）

（三）信息通信技术发展和应用的新挑战

Web2.0 给网民带来全新的上网体验，网络信息内容不再由少数专业人士所操控，任何网民都可以成为信息内容的发布者，这为网络攻击提供了更多的机会，BLOG、论坛、社区成为病毒泛滥和传播的温床。视频网站等应用的普及，使得用户与网络之间的交互更为频繁，这给黑客带来了更多攻击的机会。而一些基础性程序、应用软件存在漏洞，使得木马病毒、钓鱼网站等攻击越来越泛滥，给互联网带来了更多的安全隐患②。呼之欲出的以网络化和个性化为特征的 Web3.0 时代使得数据和应用不需要在计算机上运行，可以全部存储在网络服务端，同时，在任何一台电脑上，甚至在电话和电视上，只要打开浏览器就能进入自己的世界③。这会给互联网信息安全和网民隐私带来新的严峻挑战。

随着电信行业的改革重组，第三代移动通信网（3G）将得到推广应用。而 3G 的高带宽、支持话音业务与视频业务等特点，将使得互联网安全威胁延伸到手机、PDA 等智能通信终端。手机病毒的检测、防护等技术和产品将成为新的安全技术发展重点和市场热点。

① 公安部，2007 年全国信息网络安全状况与计算机病毒疫情调查报告。
② 瑞星，《中国大陆地区 2007 年电脑病毒疫情和互联网安全报告》。
③ 李开复，web3.0 将以网络化个性化为特征，新华网，2008。

（四）网站遭篡改现象突出

2007年，中国内地被篡改网站的数量增长迅速，CNCERT/CC检测到的中国内地被篡改网站数量累计达到61228个，各地政府网站频频遭到网络“黑客”篡改，网络安全对电子政务构成威胁，2008年1至4月份共报道了1493个政府网络被篡改，约占内地被篡改网站的6.8%，这也影响了政府信息的及时发布和公开。赛门铁克2007年下半年的报告也显示，计算机或其他设备的失窃和丢失在导致数据泄露的原因中占57%，比上一期报告增长11%，而政府部门是身份信息泄露最多的行业，占总量的60%。

（五）信息通信保障与生产安全和社会安全深度融合

信息通信技术在经济、社会和日常生活、工作中的深入应用，国家基础信息网络和重要信息系统安全保障的基础性、全局性作用日益凸显，信息安全保障与生产安全、社会安全的关系更加紧密。2008年1月份我国南方部分省市发生了罕见的雨雪天气，给当地的电力、电信、广播电视等基础信息网络的正常运行带来了较为严重的影响。在这次雪灾中，中国电信南方受灾省份中断通信模块局和接入网点5681个，共计影响用户约314万户，而绝大部分因停电影响。中国移动全网受雪灾影响而停电的基站达2.8万个①。2008年5月的汶川大地震则造成四川、甘肃、陕西省内受灾电信局所累计达到3811个，受灾移动基站累计29064个（含小灵通基站），累计损毁线路24056公里，累计倒杆断杆117057根，四川联通阿坝地区G、C两网全部中断，直接经济损失初步统计不低于30亿元②。上述情况表明，信息和通信保障已经成为维护社会安全稳定、经济健康发展的基础和前提，也为信息化时代的社会危机管理提出了更高的要求。

二、我国信息安全工作的进展和趋势

（一）高度重视网络文化建设

网络作为新的传播媒体、通信手段和生产工具，已经深入到社会生活的各个方面，对人们的生产、生活、工作和娱乐等产生了巨大的影响，逐步形成了网络文化。另一方面，网络上还存在诸多的不和谐因素，色情、诈骗、赌博、暴力等不良信息充斥着网络空间，严重影响着网络空间的和谐发展与社会稳定。我国对网络文化建设高度重视，2007年1月份，胡锦涛总书记就加强网络文化建设和管理做了重要指示，强调在新形势下，要以积极的态度、创新的精神，大力发展和传播健康向上的网络文化，切实把互联网建设好、利用好、管理好。这为我们做好网络文化建设和管理工作提出了新的要求，指明了工作方向。2007年4月23日中共中央政治局再次召开会议，提出要大力发展中国特色网络文化，加强网络文化建设和管理，充分发挥互联网等信息网络在我国社会主义

① 新浪专题：中国南方雪灾影响通信。
② 电信运营商地震受灾情况调查，http：//tech.sina.com.cn/t/2008－05－25/08052215462.shtml。

文化建设中的重要作用。会议指出，要加大保障力度，加强队伍建设，完善工作机制，促进网络文化建设和管理法制化，推动中国特色网络文化繁荣发展。为落实中央精神，2007年6月3日，全国网络文化建设和管理工作会议在北京召开，会议提出要努力把互联网建设成为传播社会主义先进文化的新途径、公共文化服务的新平台、人们健康精神文化生活的新空间、对外宣传的新渠道，走出一条有中国特色的网络文化发展之路。

2008年4月25日，中国互联网络信息中心（CNNIC）发布了《中国青少年上网行为研究报告》。数据表明，截止到2007年12月31日，25岁以下的青少年网民数量已经达到1.07亿，占总体网民规模的半数，是中国网民中规模最大的一个年龄群体，显示出良好的增长潜力和发展势头。与此同时，网络游戏成瘾等和青少年上网相关的问题已经成为社会和政府普遍关注的问题。

（二）信息安全等级保护工作

为贯彻落实公安部、国家保密局、国家密码管理局、国务院信息化工作办公室联合印发的《信息安全等级保护管理办法》（公通字〔2007〕43号）和《关于开展全国重要信息系统安全等级保护定级工作的通知》（公信安〔2007〕861号）文件精神，按照“全国重要信息系统安全等级保护定级工作电视电话会议”要求，公安部于2007年7月31日在北京举办了中央和国家机关重要信息系统安全等级保护定级工作培训班。在京的中央和国家机关各部委、国务院各直属机构、办事机构、事业单位共计150余人参加了此次培训，重要信息系统安全等级保护定级工作全面展开。针对等级保护定级工作中出现的一些突出问题，公安部组织专门力量进行研究和解决，直接派人上门督导了近30个部委的系统定级工作，派员指导了40多个部委的等级保护工作。通过督导和指导重要行业和重要领域，积极推动了信息安全等级保护工作的贯彻与落实。2008年的重点工作是在进一步推进信息安全等级保护工作的基础上，将重点对第三级以上信息系统进行安全防护。

（三）信息安全技术创新政策

党的十七大报告明确提出，提高自主创新能力，建设创新型国家是国家发展战略的核心，也是提高国家综合实力的关键。近一年来，国家科技政策对信息安全技术研发仍保持较强的支持力度。

国务院总理温家宝2008年4月23日主持召开国务院常务会议，审议并原则通过“核心电子器件、高端通用芯片及基础软件产品”和“极大规模集成电路制造装备及成套工艺”两个国家科技重大专项实施方案，为推进信息技术的自主可控具有重要的意义。

2007年，国家发展和改革委发布了自主创新基础能力建设“十一五”（2006－2010年）规划。根据规划，“十一五”期间国家将以加快信息、生物等高技术产业发展，推进国民经济信息化进程，培育产业核心竞争力目标，在信息安全等多个领域，建设若干个支撑产业核心技术研发的设施。

2008年度国家863计划项目重点支持软件与系统安全性缺陷技术，数字版权保护技术，计算与应用环境下的密码技术，面向分布式系统的安全防御技术，统一用户数据安全防护技术，网络脆弱性分析技术，逆向分析技术，恶意代码应急响应技术和多机安全应用平台及互联关键技术等方向，总经费达5500万元。2008年3月，基于国家信息化发展和重大工程应用对可信软件的战略需求，国家自然科学基金委员会启动了“十一五”重大研究计划“可信软件基础研究”重大研究计划，实施周期6年，计划经费达1.5亿元①。

（四）信息安全标准化工作

信息安全标准是确保信息安全的产品和系统在设计、研发、生产、建设、使用、测评中解决其一致性、可靠性、可控性、先进性和符合性的技术和依据。近年来，我国信息安全标准化工作取得了较快的发展，并制订发布了《国家信息安全标准化“十一五”规划》，标准的系统化、规范化程度有所进步。2007年，国家质量监督检验检疫总局共发布了《信息安全风险评估规范》等14项信息安全国家标准，正在报批的信息安全国家标准12项②。

标准号	名　称
GB/T 18018—2007	信息安全技术 路由器安全技术要求
GB/T 20945—2007	信息安全技术 信息系统安全审计产品技术要求和评价方法
GB/T 20979—2007	信息安全技术 虹膜识别系统技术要求
GB/T 20983—2007	信息安全技术 网上银行系统信息安全保障评估准则
GB/T 20984—2007	信息安全技术 信息安全风险评估规范
GB/Z 20985—2007	信息安全技术 信息安全事件管理指南
GB/Z 20986—2007	信息安全技术 信息安全事件分类分级指南
GB/T 20987—2007	信息安全技术 网上证券交易系统信息安全保障评估准则
GB/T 20988—2007	信息安全技术 信息系统灾难恢复规范
GB/T 21028—2007	信息安全技术 服务器安全技术要求
GB/T 21050—2007	信息安全技术 网络交换机安全技术要求
GB/T 21052—2007	信息安全技术 信息安全等级保护 信息系统物理安全技术要求
GB/T 21053—2007	信息安全技术 PKI系统安全等级保护技术要求
GB/T 21054—2007	信息安全技术 PKI系统安全等级保护评估准则

表1　2007年发布的信息安全国家标准

（五）互联网治理

互联网在给人们的工作和生活带来极大便利的同时，也带来诸如网络赌博、网络色

① 国家科技部，http：//www.nsfc.gov.cn/nsfc/cen/00/kxb/xx/fj20080505－01.doc。
② 数据来源：全国信息安全标准化技术委员会。

情、垃圾邮件、有害信息传播等问题。这些问题威胁着互联网的安全、稳定运行，侵犯了公众利益，干扰了正常的经济活动和社会秩序。因此需要政府、民间团体、私营部门等积极介入互联网的治理，共同促进互联网的安全、稳定运行和健康发展。

国家有关部门高度重视互联网治理工作。2007年9月，根据公安部统一部署，在5万多个网站推出“虚拟警察”、“报警岗亭”在网上公开巡逻，取得了初步成效。2008年1月22日，公安部、中央宣传部、工商总局、广电总局、新闻出版总署等13个部门联合召开电视电话会议，部署1月至9月在全国范围内开展依法打击整治网络淫秽色情等有害信息专项行动，取得了明显的成效。专项行动开展以来，各地公安机关共破获网络淫秽色情违法犯罪案件170起，抓获犯罪嫌疑人200多名，刑事拘留89名①。

垃圾邮件和垃圾短信等问题仍比较严重，是互联网治理的重要内容。电子邮件是互联网的重要应用之一，但基于经济利益的驱动，垃圾邮件通常被用来传播蠕虫、病毒、木马程序、间谍软件等，这些威胁可以破坏网络信息及系统的保密性、完整性和可用性。垃圾邮件也可导致拒绝服务攻击、降低信息系统的工作效率、占用网络带宽资源等。据调查，截至2007年12月，中国活跃的电子邮箱账号为6.59亿，网民收到的垃圾邮件总量为694亿封，比去年增长了38.8%。网民收到的垃圾邮件比例为55.65%，比去年下降了3.33%。垃圾邮件给中国造成的损失达188.4亿人民币②。

与此类似，垃圾短信给手机用户的日常工作、交流也带来严重的干扰，成为移动网络治理的重要任务之一。手机短信因其资费低廉、方便快捷的特点很快为人们所接受，成为最流行的通信方式之一，但是大量不良与垃圾信息的出现，干扰了广大手机用户的正常交流，影响了通信行业的良性发展。截止到2007年底，我国手机用户人均每周收到的垃圾短信数量已达12.44条，手机用户全年收到的垃圾短信总量已达3538亿条③。垃圾短信的治理需要健全法律手段、完善管理制度、加强运营商的技术防范能力和行业自律，多方协调一致，才能得到有效控制。

---

① 公安部网站，我国开展专项整治网上淫秽色情行动成效显著，2008年5月14日。
② 2007年第四次反垃圾邮件报告。
③ 中国互联网协会，《2007年中国手机用户垃圾短信调查结果》。

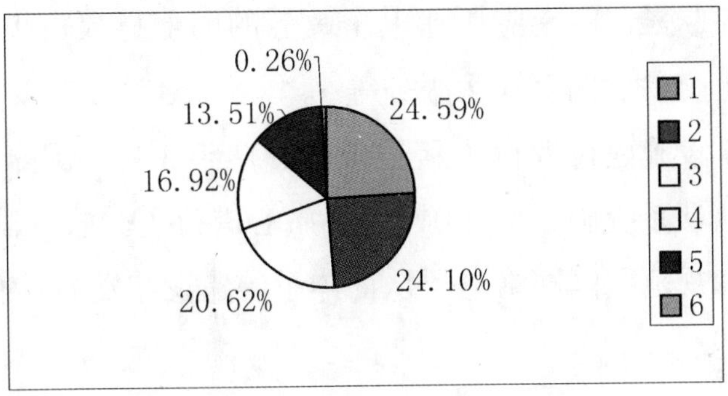

1：制造、传播谣言，污染舆论氛围、破坏社会安定

2：传播不文明内容，污染社会文化环境

3：滋长犯罪行为，造成经济损失

4：干扰正常的信息接收，造成大量资源浪费，有碍经济发展

5：浪费短信接收人的时间，打扰正常的生活和工作

6：其他

图 3 用户认为垃圾短信泛滥造成的影响①

（六）网络信任体系

网络信任体系建设是信息安全保障工作的重点内容之一。2006 年 2 月 23 日，国务院办公厅转发了国家网络与信息安全协调小组《关于网络信任体系建设的若干意见》（国办发〔2006〕11 号文件），对网络信任体系建设提出了总体要求，对电子认证工作做出了规划和部署。2005 年 4 月 1 日，作为我国信息化领域的第一部法律《电子签名法》，以及与之配套的《电子认证服务管理办法》（简称《管理办法》）正式实施，为电子商务和电子政务的网络信任体系建设和第三方认证服务创造了良好的法律环境。经过近三年的努力，贯彻落实《电子签名法》，电子认证服务工作取得了明显的成绩，有力地推进了网络信任体系的建设。

为贯彻落实国务院办公厅《关于加快电子商务发展的若干意见》（国办发〔2005〕2 号）文件精神，推动网上交易健康发展，逐步规范网上交易行为，增强网上交易各参与方开展网上交易的积极性，警惕和防范交易安全风险，商务部于 2007 年 3 月 18 日发布了《关于网上交易的指导意见（暂行）》。2007 年 3 月，信息产业部召开信息化推进工作座谈会暨电子认证服务工作会，会议指出我国的电子认证服务监管体系初步建立，电子认证服务水平和质量不断提高，电子认证服务市场日益规范。电子认证应用领域不断拓宽，市场规模快速增长。依据《电子签名法》批准设立了 22 家 CA 机构，这些 CA 机构所发

① 数据来源：12321 举报受理中心，2008 年 1 月。

的电子证书总数达546万张，广泛应用在电子政务的网上行政审批、报税、报关和电子商务的网上支付、网上交易、网上社区服务等①。

网络信任体系基础设施建设取得了新进展。2007年3月，国家密码管理局召开专家验收会，对数字证书认证系统国家信任源根CA中心进行了验收。国家信任源根CA中心的成功建设，对引导和规范我国网络电子认证体系的建设和发展具有重要意义②。

（七）信息安全产业

我国的信息安全产业发展呈现出以下四个特点。一是产业驱动因素的作用明显。随着我国相关信息安全技术标准的出台，以及电子政务、电子商务的普及和发展，政府网站和金融机构成为网络安全关注的重点领域，政府、相关企业和用户共同推动了信息安全市场的发展。2007年中国网络安全产品总体市场规模达到63.75亿元，比去年增长10.11亿元，涨幅达18.8%。二是信息安全技术的快速发展和应用，以及信息安全管理的日益复杂和专业化，使得信息安全服务外包逐渐成为一种发展趋势。三是从产品结构考虑，网络安全设备呈现集成化的主流产品模式，应用驱动下的VPN设备、IDS/IPS设备持续成为产业亮点。赛迪顾问数据显示：CISCO、ISS、赛门铁克三大厂商占据了IDS/IPS全球市场份额的近40%，达到3.7亿美元。国内厂商中，启明星辰在国内IDS/IPS占据较大市场份额，全年IDS/IPS市场规模达1.8亿元人民币。四是新技术应用将进一步拓宽信息安全的市场空间。笔记本电脑、智能电话等移动、无线设备的使用，VoIP、视频会议等在企业中的应用，带来数据失窃和非法侵入的风险日益突出，这无疑将给信息安全市场带来持续发展的动力③。

（八）工程项目建设

国家电子政务外网安全保障体系等工程建设取得了新进展。

1. 国家电子政务外网

在政府的积极支持下，我国的电子政务外网信息安全保障体系建设经过各地区、各部门的共同努力，取得了可喜进展。对初步设计的安全保障方案进行了调整和改进，将外网业务流与互联网业务进行了剥离，对原来利用防火墙逻辑隔离的方式进行了调整，从而将外网划分为三种业务区域，即互联互通业务区、互联网VPN业务区和部委专网业务区，根据不同的区域制定不同的安全策略进行保护。制定了《Internet VPN实施方案》。已经按照国家电子政务等级保护的规定，实施了政务外网安全域的划分，基本完成了电子政务外网安全防护和网络信任子系统的建设任务。开通了政务外网CA，试发了证书，

① 原信息产业部，2007。
② 数据来源：国家商用密码管理办公室，2007年4月3日
③ 参考了《2007－2008年中国网络安全设备市场研究年度报告》，赛迪网；《2007－2008年中国信息安全产业发展研究年度总报告》，赛迪网；《2007－2008年中国信息安全产品市场研究年度报告》，中国市场研究网；《2007年网络安全市场盘点与展望》等的主要研究结论。

为政务外网上运行的各部门应用系统提供了统一的信任保证①。

2. 电子政务重要信息系统信息安全保障工作

(1)“金税”工程②。

随着“金税”一期和二期的建成，网络覆盖面、网络结点、网络出口不计其数，应用系统种类繁多，网络结构极其复杂。“金税”三期的任务是计划用四到五年时间建成一个依托计算机网络集中处理信息、覆盖所有税种和税收工作重要环节的税收管理信息系统。“金税”三期的安全建设也是一个重点项目，与软件开发、系统维护、网络建设并列为“金税”三期工作的四大工作，通过协同防护、统一布控，搭建边界安全防护体系，以建立“金税”信息安全保障体系③。

(2)“金财”工程

2006年10月，财政部下发了《关于加快金财工程建设的实施意见》，提出2006年下半年启动、2007年全面完成网络入侵检测系统和漏洞扫描系统的统一部署工作；全面部署网络防病毒软件，在网络入口部署防病毒硬件网关，2007年建立集中监控和统一升级的防病毒体系。在财政部内网设立CA认证中心，在省级设立审核受理系统，在地市级设立注册受理系统。2007年上半年要求全面完成中央和省级的数据存储备份系统建设。

为了确保财政核心业务系统安全，解决核心业务系统统一身份认证和集中授权问题，财政部拟定了《财政身份认证和授权管理系统建设工作方案》和《财政身份认证和授权管理系统建设规划方案》初稿。为了确保部机关计算机网络及信息系统健康稳定运行，提高突发事件的应急处理能力，组织制定了《财政部计算机网络及信息系统突发事件应急处理预案》，成立了突发事件应急处理领导小组和工作小组，为处理突发事件提供了组织和制度保障。

(3)“金盾”工程

全国公安信息化建设项目“金盾工程”，于2006年11月16日在北京正式通过国家竣工验收。一是公安身份认证和访问控制管理系统（PKI/PMI平台）在全国推广应用，共发放数字身份证书64万余张，完成了209个应用系统的衔接改造。二是建成并不断完善了具有公安特色的“一机两用”监控系统，违规行为得到了有效控制，保证了网络边界安全。三是建立了计算机病毒预警、防范平台，有效遏制了病毒传播。四是建立了安全管理制度和应急处置机制，加强了安全管理，充实了安全管理队伍。五是涉密信息安全保障系统建设取得了重大成果④。

---

① 宁加骏，2006－2007年电子政务外网建设概况，《中国信息年鉴2007》。
② 陆长虹、候整风，金税工程（三期）信息安全保障体系的研究。《微机算机信息》，2008，24（2－3期）：69－71。
③ 联想网御助力金税工程构建信息安全，《信息安全与通信保密》，2007（10）。
④ 2006－2007年“金盾”工程建设概况《中国信息年鉴2007》

（九）国际合作

信息网络是一个国际化程度很高的领域，我国十分重视信息安全保障工作的国际合作。2007年8月上海合作组织成员国元首理事会例行会议在比什凯克举行。期间，六国元首签署了《上海合作组织成员国保障国际信息安全行动计划》。2007年10月，中国、美国和俄罗斯在马来西亚参加了东南亚国家地区论坛，并宣布了一项防范恶意黑客对关键基础设施攻击的全面性计划。

这些充分说明了建立国际互联网应急处理机制和加强信息空间联合反恐的必要性和紧迫性。应加强与各国政府和有关国际组织在网络技术、标准规范、资源分配、网络接入、网络治理等方面的合作与交流，共同推动信息网络的安全、健康发展。

三、总结

信息化与工业化的融合发展，使信息安全与生产安全、社会安全的关系更为紧密，信息安全在经济和社会发展中的基础性和全局性作用更为突出。面对新的机遇和挑战，要充分利用信息网络这一先进传播媒体、通信手段和生产工具，全面改善人民生活、促进社会生产力的科学发展、和谐发展和可持续发展，实现全面建设小康社会。同时，针对网络空间给经济、社会发展带来的新机遇和新问题，要坚持积极利用、大力发展、科学管理的原则，加大保障力度，完善工作机制，保障网络空间的安全、健康、和谐发展。

（国家信息中心　吕欣）

2007 年中国电子认证服务业发展概览

自 2005 年 4 月 1 日《中华人民共和国电子签名法》开始实施，以及其后的《电子认证服务管理办法》、《电子认证服务密码管理办法》、《电子认证业务规则规范（试行）》等法规规范的制定与实施，为我国电子认证服务业的发展创造了良好的法律环境。随着我国国民经济的快速发展和国际经济全球化的推进，在政府相关管理部门及职能机构的大力推动下，我国电子认证服务业得到了很大发展，形成了一个新兴的产业。一批从事电子认证服务的机构涌现出来，这些机构的运营水平、服务质量不断提高，在保障国家信息化建设、构建我国网络信任体系等方面，发挥着越来越重要的作用。

一、电子认证服务业的配套政策、法规和规范不断完善，市场准入和监督管理不断加强

2007 年 6 月，国家发展和改革委员会、国务院信息化工作办公室联合印发了《电子商务发展“十一五”规划》，进一步明确电子认证是电子商务发展的支撑环境，并提出要“健全电子认证体系。进一步规范密钥、证书、电子认证机构的管理，发展和采用具有自主知识产权的加密和认证技术。整合现有资源，完善电子认证基础设施，规范电子认证服务，建立布局合理的电子认证体系，实现交叉认证，为社会提供可靠的电子认证服务。”同时，《电子商务发展“十一五”规划》将“电子商务支撑体系建设工程”作为重点引导工程，提出将“适时启动国家电子认证根服务和综合监管平台建设，支持第三方电子认证业务平台建设。”

2007 年 3 月，商务部公布了《关于网上交易的指导意见（暂行)》，要求交易各方“依法使用电子签名”，“使用可靠的电子签名，选择依法设立的电子认证服务提供者提供的认证服务。”这些规定有力地推动了国家网络信任体系建设，促进了电子认证服务在相关行业和领域的应用。

针对产业发展中的重大问题，信息产业部积极探索法律解决手段，正在研究制订包括《电子认证服务业务承接管理办法》等配套法律规范。

电子认证服务行政许可和监督管理工作稳步开展。信息产业部与国家密码管理机构、商务部等密切配合，对拟从事电子认证服务机构的技术、物理和系统环境、资金状况等进行审查，严格履行行政许可工作。同时，信息产业部还开展了对 CA 机构的年度检查，通过文件和现场审查等方式，检验了 CA 机构的实际运营能力和运行状况。

信息产业部等有关部门还组织开展了多种形式的宣传活动，向社会各界普及电子签名和电子认证知识，促进社会信息安全意识的提高。并加强与行业和地方主管部门沟通、协调，在各个应用层面树立采用第三方认证服务的先进理念，促进电子认证服务在各行业、地区和领域的应用。

2007 年，电子认证服务标准研制工作也有了新进展。一批与公钥基础设施（PKI）密切相关的国家标准公布实施，包括《信息安全技术　公钥基础设施数字证书格式》、《信息安全技术　公钥基础设施　特定权限管理中心技术规范》、《信息安全技术　公钥基础设施　时间戳规范》、《PKI 系统安全等级保护评估准则》、《PKI 系统安全等级保护技术要求》等；《证书认证机构运营管理规范》、《证书策略与认证业务描述规范》、《PKI 安全支撑平台》等已经形成报批稿。与此同时，信息产业部、国家密码管理机构也加强标准研究制定工作，信息产业部正在对《电子认证服务运营规范》进行研究，国家密码管理机构发布了《数字证书认证系统密码协议规范》、《数字证书认证系统检测规范》和《证书认证密钥管理系统检测规范》。

二、2007 年中国电子认证服务业的发展与问题

（一）电子认证服务业快速发展，对现代服务业起到显著支撑作用

2007 年年底，我国获准从事电子认证服务的机构已经有 26 家，累计签发了约 790 万张数字证书，广泛应用于网上税收、网上工商、网上政府采购、网上银行、电子支付、企业信息化、电子订单等领域。随着产业的快速发展，电子认证对现代服务业的支撑作用日益显著。当前，许多现代服务业的建设都在强化基于互联网的服务，如网上银行、网上商城、现代物流等。电子认证对这些服务业务提供了身份认证，信息传输的保密、完整和责任的界定等支撑。

（二）电子政务应用逐步展开，电子商务应用模式潜力巨大

随着电子政务建设的深入和对信息安全需求的提高，电子认证服务在电子政务领域的应用市场逐渐打开，形成了网上税收、网上政府采购、网上工商、网上社保等成熟应用模式。目前，网上税收、网上政府采购和网上工商，是电子政务中的主要应用，约占整个电子政务应用市场的 50% 以上。另外，在网上行政审批、网上组织机构代码、网上公文传送等方面，也获得了应用。

（三）区域和行业应用市场不均衡发展

一是电子认证服务区域发展不平衡。在信息化发展水平较高的区域，如北京、上海、广东等，电子认证发展较快，数字证书不仅在网上税收、网上政府采购、网上工商等电子政务领域应用广泛，而且在网上银行、电子商务领域也有较广泛的应用；而在信息化发展水平较低的区域，电子认证应用主要集中在电子政务的某一个或某几个领域，无论证书数量还是业务收入，都无法与信息化发展水平较高的区域相比。二是电子认证服务

行业发展不平衡。在信息化程度较好的行业和领域，如金融、税务、工商领域，电子认证应用较好；而在信息化程度较低的一些行业，电子认证应用相对较弱。

三、某些安全保障观念有待转变，认证服务体系建设尚需加强

目前电子签名和电子认证并未被社会各界完全认知，在各行业、各领域的应用还没有完全展开，应用潜力没有被充分挖掘，对信息化发展的作用也还没有得以完全体现。

信息化应用单位要首先转变观念，通过安全责任外包等方式，享受社会化、专业化的第三方机构提供的电子认证安全服务，避免不必要的资源浪费和自己承担过重的安全责任。

另外，人为的市场条块分割也是阻碍我国电子认证服务业发展的因素之一。政府主管部门正在加强标准规范建设，加强政府部门之间的协调合作，逐步打破行业垄断和地域分割，推动形成全国统一、规范有序的大市场。

（中国信息协会信息安全专业委员会）

2007年全国信息安全标准化技术委员会工作情况

在国家标准化管理委员会和国务院信息化工作办公室的领导和各相关部委的大力支持下，2007年TC260（全国信息安全标准化技术委员会）根据中办发〔2003〕27号文件《关于加强信息安全保障工作的意见》的文件精神，围绕国家信息安全保障体系建设，结合“国家信息安全战略研究与标准制订工作专项”，落实《国家信息安全标准化“十一五”规划》的要求，将基础类、管理类、系统类信息安全国家标准的研究和制定作为工作重点，坚持委员会工作机制，充分发挥工作组和成员单位的积极性，制定了一批基础的、急需的、关键的信息安全标准，为国家重大信息化工程的信息安全保障建设提供了基础的技术保障，为国家相关政策的实施提供了有效的技术支撑，初步缓解了我国信息安全标准不足的状况。

2007年TC260重点开展了如下几个方面的工作。

一、保障体系建设急需和关键的标准

2007年，TC260以抓紧制定国家信息安全保障体系建设急需的、关键的标准为重点，积极开展标准制定工作，共完成了21项国家标准的制定工作，这批标准为我国信息安全保障体系建设提供了基础技术支撑，主要体现在以下方面：

1. 为全国信息系统安全等级保护推广提供了《信息系统安全等级保护定级指南》、《信息系统安全等级保护基本要求》和《信息系统安全等级保护实施指南》等标准；

2. 为开展信息安全产品认证研究制定了一系列安全产品和系统的测评规范；

3. 为信息安全风险评估和重要信息系统灾难恢复等试点和推广工作，提供了《信息安全风险评估规范》和《信息系统灾难恢复规范》等标准；

4. 为《电子签名法》顺利实施提供了《数字证书格式》、《时间戳规范》以及“鉴别与授权”相关系列标准。

二、国际标准化工作取得突破

TC260秘书处组织7名专家参加了2007年5月在俄罗斯召开的ISO/IEC JTC1/SC27工作组及全体成员会议。在这次会议上中国代表团作了两个技术报告，其中《信息安全管理体系审核指南》被列入新工作项目，《三元对等实体鉴别和访问控制》被列入研究项目，中国在信息安全国际标准化工作中实现了突破。

为了进一步推动信息安全国际标准化工作，TC260秘书处还组织有关专家参加了2007年10月在瑞士召开的ISO/IEC JTC1/SC27工作组会议。通过积极努力，这次会议将中国提出的《三元实体鉴别》提案作为 ISO/IEC 9798—3 的补篇列入了新的工作项目，《基于三元对等实体鉴别的访问控制方法》列入新的研究项目，同时我们还争取到《信息安全管理体系审核指南》新工作项目的编辑，取得了较好的成果。

为了加强信息安全标准化领域的国际交流与合作，我们正式向 SC27 秘书处成功申请了承办 2009 年 SC27 工作组及全体会议。

三、加强信息安全标准宣传和服务

为加强信息安全国家标准的宣传和推广应用，2007 年 1 月 29 日，召开了《信息安全技术 公钥基础设施 数字证书格式》、《信息安全技术 公钥基础设施 特定权限管理中心技术规范》和《信息安全技术 公钥基础设施 时间戳规范》三项信息安全国家标准的新闻发布会，来自国家相关部委、研究机构及企业界的代表参加了会议。这次标准新闻发布会得到国内 20 多家媒体的高度关注和报道，中央电视台在“新闻联播”和“整点新闻”栏目中进行了专门报道，扩大了信息安全标准的影响。

12 月 6 日至 7 日，TC260 秘书处与福建省公安厅联合在福州举办了第一期信息安全标准宣贯培训会，重点对信息安全管理标准和信息安全等级保护标准进行了宣贯培训。来自福建省省直机关、地市信息安全负责人、49 个重要信息系统信息安全主管与技术人员，近 200 人参加了这次会议，进一步提高了地方部门对国家信息安全标准化工作情况的了解，促进了信息安全国家标准在地方信息化建设实践中的贯彻实施。

等级保护工作中，注意了对已有信息安全标准的应用和宣贯。公安部、国家保密局、国家密码管理局和国务院信息化工作办公室联合制定的《信息安全等级保护管理办法》中明确要求信息系统建设、管理和测评中要执行已有的信息安全国家标准，推动了相关标准的实施应用，取得了很好的效果。TC260 有关领导专家在参加有关部委和北京市信息系统等级保护定级、以及电子政务信息安全试点等工作中，也都加强了信息安全标准的宣讲，促进了标准的宣传贯彻。

四、研究编制“十一五”规划实施意见

为了切实贯彻落实《国家信息安全标准化“十一五”规划》，全面推动信息安全标准化工作，TC260 组织研究编制“十一五”规划实施意见。11 月国务院信息化工作办公室正式发函向国家信息安全和网络协调小组成员单位征求意见后，由国家标准化管理委员会和国务院信息化工作办公室联合正式下发。规划实施意见内容包括：总体目标、实施原则、实施内容、实施阶段和实施保障等。

（全国信息安全标准化技术委员会秘书处 胡啸）

2007年中国计算机病毒疫情调查技术分析报告

一、我国计算机病毒疫情网上调查简介

自从2001年4月，由公安部主办了我国首次计算机病毒疫情网上调查工作以来，今年已经是第七次调查活动。每次调查活动，国家计算机病毒应急处理中心和计算机病毒防治产品检验中心以及国内、外各病毒防治产品生产厂家和计算机用户都积极参与。并且从第三次疫情调查活动开始，各地公安机关公共信息网络安全监察部门和国家反计算机入侵和防病毒研究中心也参加了调查活动，调查内容也从计算机病毒疫情拓展到网络安全状况。由于近两年来，针对网上银行的攻击事件日益增多，中国金融认证中心也首次参加了调查活动。通过调查，全面了解、掌握我国目前网络安全现状，存在的问题，同时了解当前计算机病毒的种类、感染比例、分布情况和病毒防治工作中存在的问题。每次调查活动都极大地推动我国信息网络安全的发展，调查分析报告对提高我国信息网络安全水平具有指导意义。

二、我国当前面临的计算机病毒疫情

在过去的一年中，全球的计算机网络继续保持较为平稳的态势，没有出现大规模网络拥塞和系统瘫痪事件。但是，我国发生了影响较大的“熊猫烧香”等病毒事件，病毒的趋利性进一步增强，网上制作、贩卖病毒、木马的活动日益猖獗，利用病毒木马技术进行网络盗窃、诈骗的网络犯罪活动呈快速上升趋势，这些情况进一步显示计算机病毒新的发展趋势。

1．我国计算机用户病毒感染情况

截至2007年6月，我国互联网用户已经从2001年的2650万激增到目前的1.62亿，仅次于美国2.11亿的网民规模，位居世界第二。而我国计算机病毒感染率在连续两年呈下降趋势后，今年又出现较大反弹达到91.47%。在受病毒感染的用户中，自从2001年以来，感染病毒3次以上的用户超过56.65%，特别是2003年，感染病毒3次以上的用户数量有较大增长，曾经达到83.67%。2005年3次以上感染率为60.82%，2006年为52.16%，今年为53.64%，虽然没有较大增长，但还维持在较高水平。

在2001年的5月份，2001年的10月至11月份和2002年的2至4月份出现病毒感染的高峰。在这三个时间段中恰好是“欢乐时光”病毒、“尼姆达”病毒、“求职信”病毒和GOP等病毒的高发期。自从进入2003年以来，计算机病毒即出现异常活跃的迹象。1月25日，全球爆发“蠕虫风暴”病毒（SQL1434），3月25日，又爆发了“口令蠕虫”病

毒（Dvldr32），5月份出现了“大无极”病毒变种，2003年8月份全球计算机网络遭受了“冲击波”病毒的袭击。在2004年的5月份，又出现了“震荡波”病毒。因此从病毒的时间分布图分析，在每年的第二季度还是重大病毒的高发期。2005年，计算机病毒呈现出较为稳定的趋势，没有出现造成网络大范围瘫痪的病毒事件。2006年继续保持这种趋势，但是病毒发展出现另一种新趋势——趋利性增强。2006年5月至6月相继出现针对银行的木马、病毒事件和进行网络敲诈活动的“敲诈者”病毒。自2006年11月至今，我国又连续出现“熊猫烧香”、“仇英”、“艾妮”等盗取网上用户密码账号的病毒和木马。病毒制造、传播者利用病毒木马技术进行网络盗窃、诈骗活动，通过网络贩卖病毒、木马，教授病毒编制技术和网络攻击技术等形式的网络犯罪活动明显增多。严重威胁我国互联网的应用和发展，制约我国网络银行的普及应用，网上治安形势非常严峻。

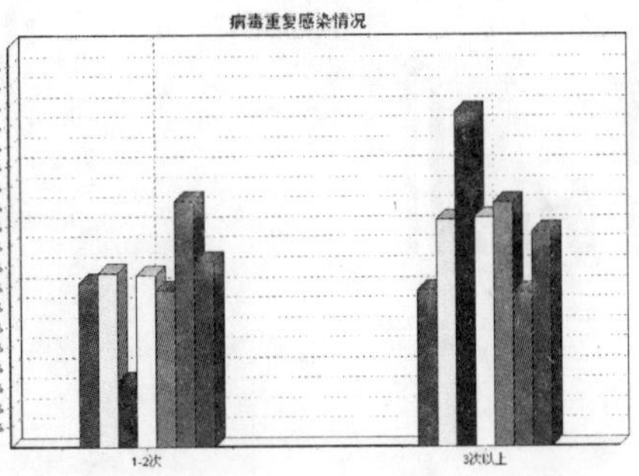

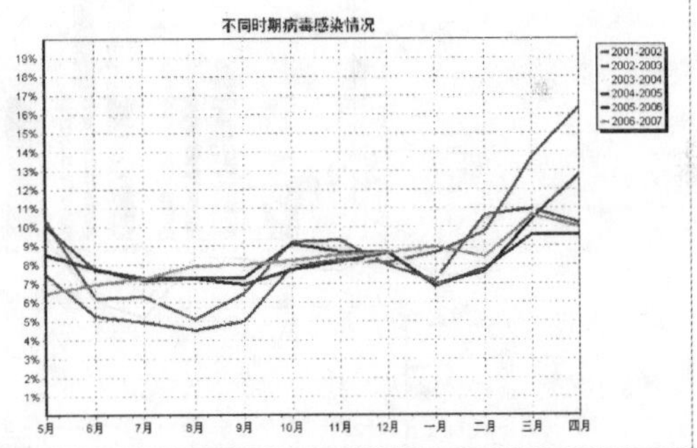

2．病毒的主要危害和发展趋势

自2006年以来，随着病毒破坏性的变化，病毒破坏性调查项目增加了“密码、账号被盗”选项。调查结果显示，2006年密码被盗占调查总数的13.12%，2007年增长为14.24%。我们将此项归并到“其他选项”中，然后与历史数据进行对比发现，各选项数据没有明显的变化，只有“其他选项”与往年数据有很大差异。这是由于当前木马、病毒很多具有盗窃用户敏感信息的特点，并且犯罪分子将木马、病毒和相关技术作为从事网络犯罪活动的主要工具和手段。

从病毒造成破坏的情况来看，浏览器配置被修改、数据受损或丢失、系统使用受限、网络无法使用、密码被盗是病毒的主要破坏方式。近年来病毒功能越来越强大，不仅拥有蠕虫病毒传播速度和破坏能力，而且还具有木马的控制计算机和盗窃重要信息的功能。自2000年以来，由于病毒制作者本着一切向“钱”看的原则，为了获得经济利益纷纷开始制作各类木马，一时间网上木马横行，几乎每一款网络游戏、每一家网上银行都有专门的木马相对应。木马数量明显上升。然而，2006年“熊猫烧香”这一复合型病毒的出现改变了病毒制作者的想法，他们发现利用蠕虫的传播能力和多种传播渠道，可以更快更多地帮助木马传播，从而攫取更大的非法经济效益。“熊猫烧香”病毒在几个月的时间里感染了数以万台机器，疯狂下载、运行各种木马程序，给被感染的用户带来重大损失。继“熊猫烧香”之后，复合型病毒成为病毒制作者的新宠儿，这一类型的病毒大量出现。比如：“仇英”、“艾妮”等病毒。

同时，网上贩卖病毒、木马和僵尸网络的活动不断增多，且公开化。利用病毒、木马技术传播垃圾邮件和进行网络攻击、破坏的事件呈上升趋势。因此，种种迹象表明，病毒的制造、传播者追求经济利益的目的越来越强，这种趋利性引发了大量的网络犯罪活动，危机网络的应用与发展。我们需要高度重视这一发展趋势，一方面加强安全防范意识和技术，另一方面提高对网络犯罪活动的发现和打击能力，遏制网络犯罪活动的上升势头。

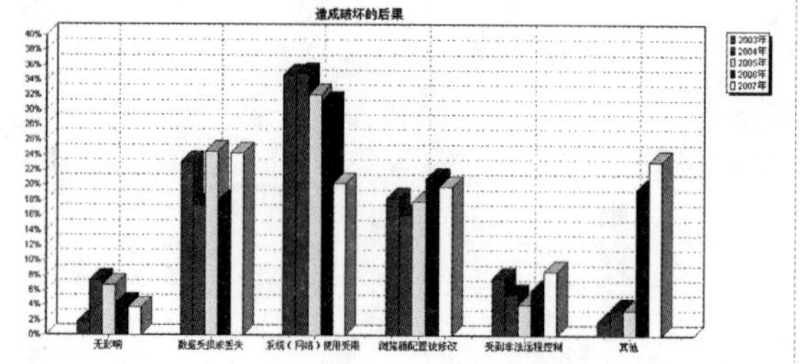

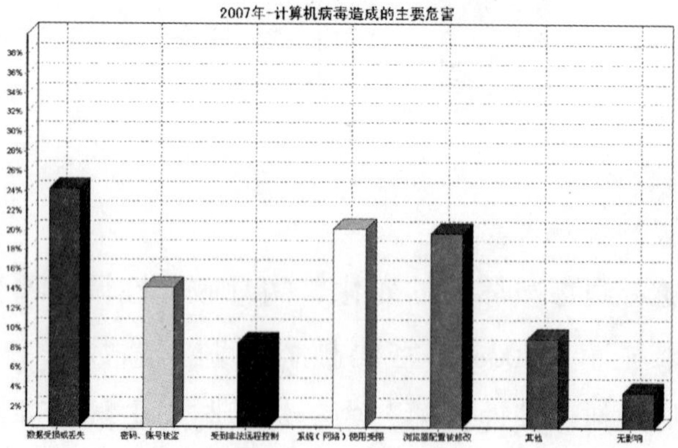

3．我国计算机病毒传播的主要途径

在2005年，计算机病毒通过光盘、磁盘等存储介质传播的比例持续下降，而通过网络下载和网络浏览以及即时通讯工具进行攻击和破坏的数量呈现出明显的上升趋势。但是，自2006年以来，通过移动存储介质传播的比例明显上升，2007年这种趋势进一步加剧。这是由于各种类型的移动存储介质的广泛使用，尤其是优盘具有体积小、存储容量大、携带方便的特点。但是，系统可以支持优盘自动运行的功能，病毒、木马可以通过Autorun.ini文件自动调用执行优盘中的病毒、木马等程序，然后感染用户的计算机系统，通过该系统进而感染其他优盘。这种情况表明，我们必须加强对移动存储介质的管理，通过修改系统配置关闭系统自动运行功能等方法，提高系统的安全级别，增强防护能力。

虽然，今年的问卷调查结果显示通过网络下载或浏览感染病毒的比例不仅在下降，而且在被调查的传播途径中排位最低。但是，我们通过网络监测和用户求救的实际统计结果来看，大量的网络犯罪分析通过“挂马”方式来进行攻击。所谓“挂马”是指在网页中嵌入恶意代码，当存在安全漏洞的用户访问这些网页时，木马会侵入用户系统，然后盗取用户敏感信息或者进行攻击、破坏。这种通过浏览页面方式进行攻击的方法具有较强的隐蔽性，用户难于发现。因此，潜在的危害性更大。我们必须重视浏览器的安全性，提高对“挂马”攻击方式的防范能力。

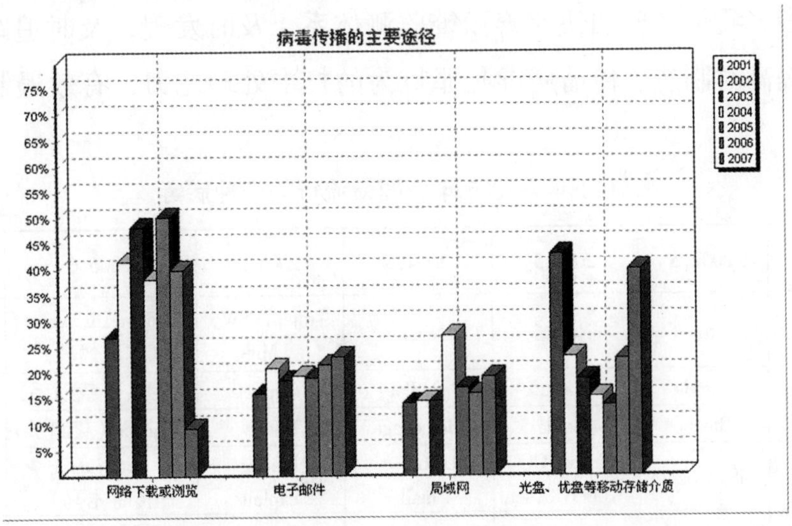

4．我国最流行的十种病毒

我们根据用户上报的防病毒软件生成的日志文件进行分析，然后统计出2007年最流行的十种病毒。调查结果显示2006年的十大病毒的一半还在2007年十大病毒的列表中。并且“木马代理”蝉联了2007年的最流行病毒。自2001年开始病毒疫情调查工作以来，没有出现过同一种病毒连续两年成为十大病毒榜首的情况，这也表明木马具有强大的生存能力。这种病毒具有自动下载木马病毒的功能，它们可以根据病毒编制者指定的网址下载木马病毒或其他恶意软件，还可以通过网络和移动存储介质传播。一旦感染系统后，当系统接入互联网，再从指定的网址下载其他木马、病毒等恶意软件，下载的病毒或木马可能会盗取用户的账号、密码等信息并发送到黑客指定的信箱或者网页中。十大病毒与盗取密码有关的病毒还有“网游大盗”、“艾妮”、“熊猫烧香”、“梅勒斯”、“QQ木马”

和“传奇木马”，它们都具有窃取用户的游戏账号和密码的功能。

排名第六位的“德芙”和第七位的“灰鸽子”具有后门的功能，感染此种病毒的系统可以被黑客远程控制。如：记录键盘、结束指定的进程、强制重启电脑、执行系统命令、获取系统信息、从网上下载指定的文件等。

Small是在2007年四月份出现的木马，它可以从设定的国外网站下载木马，木马会自动收集用户系统的信息通过http上传到指定的网站。因此，我们要加强重要信息系统的病毒防范工作，防止出现因感染木马、病毒等恶意软件造成失、泄密事件。

通过对我国主要流行病毒的特点分析，当前用户系统感染的病毒本土化趋势更加明显，很多病毒主要是针对国内一些应用程序专门制作的，如每一款网络游戏和网络银行等。由于病毒编制者广泛采用加壳技术，病毒变种速度快，网上甚至出现病毒制作工具，可以根据需求直接制作生成新病毒。另一方面，国外广泛流行的病毒在我国感染率也非常高。因此，我们既要预防来自全球的网络病毒的攻击，又要严防来自我国本土的病毒。对于国内的病毒，我们还要加快完善预警监测体系，及时发现，及时追踪定位，找到病毒源头，通过提高对制造、传播病毒犯罪行为的打击处理能力，有效遏制国产病毒的产生和蔓延趋势。

2001年－2007年我国最流行的十种病毒

时间 排名	2001.5	2002.5	2003.5	2004.5	2005.5	2006.6	2007.6
1	CIH	Exploit	Redlof	Netsky	Trojan.PSW. LMir	Trojan.DL.Agent （木马代理）	Trojan.DL.Agent （木马代理）
2	Funlove	Nimda	Spage	Redlof	Qqpass	Phel（下载助手）	Gamepass（网游大盗）
3	Binghe	Binghe	Nimda	Homepage	Netsky	Gpigeon（灰鸽子）	ANI/RIFF（艾妮）
4	W97M. marker	JS.Seeker	Trojan.QQ Killer6.8.ser	Unknown mail	Blaster exploit	Lmir/Lemir 传奇木马）	熊猫烧香
5	MTX	Happytime	Klez	Lovegate	Gaobot	QQHelper QQ助手）	Mnless 梅勒斯）
6	Troj.erase	Funlove	Funlove	Funlove	Mht exploit	Delf（德芙）	Delf（德芙）
7	BO	Klez	JS.AppletAcx	Htadropper	Redlof	SDBot	Gpigeon（灰鸽子）
8	YAI	CIH	Mail.virus	Webimport	BackDoor.Rbot	StartPage	Small及其变种
9	Wyx	Gop	Script.exploit. htm.page	Active XComponent	Beagle	Lovgate （爱之门）	Qqpass （QQ木马）
10	Troj.gdoor	Troj.netthief	Hack.crack. foxmail	Wyx	Lovegate	Qqpass （QQ木马）	Lmir/Lemir （传奇木马）

三、我国计算机病毒发展趋势

1．木马仍将迅速发展

木马传播出现“批量挂马”和“批量下载”等新方式，当脚本木马侵入网站服务器之后，就会自动搜索硬盘上的所有网页文件，在其中批量插入网页木马，这样，当用户访问带毒网站时，就会被病毒感染。而且通过这种方式传播的，大部分都是“木马下载者”类的木马，当用户在不知情的情况下，下载运行了该木马后，还会继续批量下载其他各类木马感染用户计算机。这样一来，黑客挂马的效率大大提高，成本降低，盗取各类信息的成功率增大，其危害越来越大，防不胜防。预计2008年木马还将会成为恶意软件的主流。

2．新型蠕虫病毒的攻击

影响较大的“熊猫烧香”病毒的攻击揭示了对计算机实施恶意攻击的一种新趋势：它结合了蠕虫和木马病毒的特点，传播手段多样并且会改变被感染的一些特殊格式文件的代码（如：exe、html等），使保护存储在硬盘中的数据的安全技术很难封锁和清除这种感染。比如：“熊猫烧香”他会感染硬盘中所有exe文件，运行任何一个exe文件等于运行了一遍病毒本身。由于病毒将自身和硬盘中的程序相绑定，使得杀毒软件很难在保证不破坏原文件的情况下将病毒体清除干净。并且他还会感染所有的网页文件，在文件中加入恶意脚本，但用户在查看这些文件时就会下载其指定恶意代码。尤其是一些网站的维护者在被感染后，很容易将被感染的文件传播到网络中去，成为网页挂马的一种手段。我们预计这种恶意软件数量在2008年将会有所增加。

3．针对于各类漏洞攻击的恶意代码将会增加

安全漏洞在各种系统中广泛存在，危害性与时间紧密相关。因此利用最新发现的漏洞进行零日攻击最具有威胁性。大量操作系统和各种应用程序的漏洞仍然是恶意用户发动攻击的重要途径之一，目前，病毒编制者主要利用的漏洞包括以下几类：

（1）操作系统漏洞

2007年4月，微软浏览器的“动画图标文件栈溢出漏洞”被曝光，其影响包括Vista在内的Windows主流操作系统产品。在微软发布补丁之前，利用该漏洞的攻击方法已经在互联网上传播，并且出现了利用该漏洞的“ANI蠕虫”病毒。微软内部早已接到存在该漏洞的报告，却未能及时发布补丁，类似的已经被安全研究人员发现但微软没有提供补丁的安全漏洞并非只有这一个。事实上，“熊猫烧香”、“ANI蠕虫”等病毒之所以猖獗，是因为它们充分利用微软的漏洞，并采用了一些特殊的手段。例如，“熊猫烧香”会在中毒机器的网页文件中加入恶意代码，如果中毒机器正被网络编辑使用，则这些文件被上传到网站之后，就会让浏览网站的人中毒。由于当时许多门户网站的编辑使用的电

脑也被此病毒感染，导致这些门户网站带毒，用户浏览网站后中毒。

（2）应用软件漏洞

今年陆续发现中文媒体播放器“暴风影音”中存在多个缓冲区溢出漏洞，漏洞与“暴风影音”所使用的ActiveX控制插件有关，用户只需要浏览一个隐藏攻击代码的网站就有可能受到攻击。在百度超级搜霸中的一个ActiveX控件中存在一个远程代码执行漏洞，远程攻击者可利用此漏洞在被攻击者系统上以当前浏览器权限执行任意代码，进而可安装木马以及间谍程序。在压缩工具软件、办公处理软件，甚至各类安全软件也都存在安全漏洞，这些在互联网中广泛安装使用的各类软件所存在的安全漏洞造成的安全威胁不亚于操作系统漏洞。

（3）Web程序安全漏洞

这类漏洞包括SQL注入漏洞、XSS漏洞等等，许多大型网站，包括MySpace、谷歌和雅虎都曾经因为这些漏洞遭到攻击。病毒制造者侵入带有Web漏洞的网站，植入病毒。同时加强对博客的安全防范，防止利用博客内嵌恶意代码，通过吸引用户访问来进行病毒、木马传播。

4．利用DNS服务器脆弱性的新型网络钓鱼将会出现

当受害人访问一个带有恶意代码的Web站点或打开一个恶意的电子邮件附件，黑客会利用用户计算机上存在的漏洞，进行入侵。然后攻击者们会修改Windows注册表中的设置，对用户计算机的Web访问进行控制。当发现用户有网银等重要业务操作的过程中，他们会突然将用户引向钓鱼站点。因为这种攻击发生在DNS级别，所以反钓鱼软件可能无法有效识别仿冒的站点。

黑客还可能利用“僵尸网络”对DNS服务器进行攻击，他们利用大量的肉鸡攻击想要仿冒的网站服务器，使该网站服务器瘫痪。然后黑客用自身建立的虚假的网站服务器向附近的DNS服务器发送大量仿冒的DNS包。欺骗DNS服务器更改DNS缓存，指向黑客指定的虚假网站，进行网络钓鱼诈骗。因为是针对于DNS服务器的攻击，广大计算机用户很难进行防范。

由于出现了多种针对DNS服务器的攻击方式，这种攻击方式主要针对的是防御措施相对薄弱的DNS服务器，属于DNS级别的攻击。这样用户不仅很难做出有效的防御而且在大多数情况下很难发现。因此，在2008年这种攻击方式很可能大量增长。

5．围绕着奥运会的网络攻击和网络钓鱼

由于奥运会将在2008年召开，这是全世界的盛会，将会吸引国内外众多人群的关注。尤其是这一届奥运会将办成“数字奥运”，利用网络对奥运会进行宣传和推广是其主要特点。因此，奥运会的相关网站也将成为黑客们攻击的热点，尤其是缺乏安全保护的

一些中小网站和个人博客肯定会成为黑客们攻击的重点对象。关于奥运会的“网络钓鱼”事件也会层出不穷，2007年已经发现多起打着奥组委或者奥运会旗号的“钓鱼”网站，进行网上诈骗活动。预计2008年随着奥运会的临近针对于奥运会的网络攻击和“网络钓鱼”活动将会非常流行。

四、我国当前计算机病毒防治策略

针对目前日益增多的计算机病毒和各类黑客木马程序的攻击，我们根据所掌握的这些病毒的特点和未来的发展趋势，制定了近期的病毒防治策略，供我国计算机用户参考。

1. 加强对重点单位的监督管理

认真贯彻落实公安部第51号令《计算机病毒防治管理办法》和第82号令《互联网安全保护技术措施规定》等法令法规。互联网服务提供者、联网使用单位和广大计算机用户应该依法加强管理，落实病毒防治技术措施，提高抵御计算机病毒攻击、破坏的能力。并结合各自的情况建立自己的计算机病毒防治制度和相应组织。对于重点单位和专业网络的防病毒工作尤其首先从管理和建章、建制入手。建立有效的管理机制，制定有针对性的病毒防控安全策略，并监督各项安全管理制度的落实情况。对于IDC和各网站建设、维护单位应该加强对网站的安全管理和技术防范工作，防止网站遭受入侵被“挂马”。IDC应该建立安全审核和巡查制度，清除提供贩卖、交换木马、病毒的网站和恶意“挂马”网站。

2. 严厉打击制造、传播计算机病毒和利用病毒技术的各类网络犯罪活动

目前国内利用木马病毒进行网络盗窃、诈骗等网络犯罪活动呈明显上升趋势，严重危害互联网的应用和发展，此种犯罪活动具有隐蔽性强，涉及范围广，个案案值小，整体危害大的特点。公安机关网络安全监察部门应该加强监督检查和打击防范的力度，通过全国统一协调和调度机制，实现互联网的扁平化管理。同时积极研发新技术、新装备，提高对网络犯罪活动的发现能力和网上侦查、取证能力，遏制网络犯罪活动的上升势头，提高我们对网络的控制能力和监管力度，保证我国信息化工作的稳步发展。

3. 加快我国计算机病毒预警监测体系建设

我们应该加快我国计算机病毒监测预警体系的建设步伐，有效提高我国对计算机病毒的发现和处置能力。同时，国家计算机病毒应急处理中心组织国内外反病毒企业建立我国病毒监测网络，及时发现各类新病毒，通报病毒疫情。并通过与中央电视台、新华社等新闻媒体及时向社会发布病毒预报信息，提高我们对计算机病毒等恶意软件的防范能力，减少病毒造成的危害。

4. 跟踪病毒发展趋势，加强对病毒防治新技术、新产品的研发

目前无线网络发展迅速，基于手机的病毒和安全威胁日益增多，我们要不断加大对

病毒防治新技术和新产品研发，以适应不断发展的安全形势要求。

5. 加强对计算机病毒防治产品质量的动态监督管理工作

随着计算机病毒编制技术的不断提高，病毒攻击力、破坏力越来越强，变种速度越来越快。因此计算机病毒防治产品为了应对日新月异的病毒发展，需要不断地进行快速升级，以抵御病毒的攻击。但是，由于病毒防治产品的快速升级，如何保障防病毒产品自身的质量，也日益受到关注。我们可以通过加强防病毒产品升级流程的监督管理确保计算机病毒防治产品的质量。

6. 加强对各类网上交易系统的安全保障措施

由于计算机病毒逐步转向攻击各种网上交易系统，提供网上交易服务的企业和部门应该加强对此类系统的安全保障措施，同时加强对用户安全防范意识的宣传，防止发生攻击事件和针对用户的网络犯罪活动。2007年，国家计算机病毒应急处理中心和中国金融认证中心与反病毒企业已经开展技术合作，共同抵御针对网上银行的攻击、破坏。

7. 积极推动反病毒服务业的发展

计算机病毒防治产品动态性的特点决定了反病毒企业必须具备良好的病毒监测收集能力、快速准确的分析能力、快捷可靠的升级能力。这些能力都是反病毒企业服务能力和水平的体现。为了应对日益严重的病毒攻击和破坏，国家计算机病毒应急处理中心作为专业的安全服务机构可以提供直接远程管理用户的防病毒系统的服务，通过安全评估服务，在线监测服务，病毒演习和培训以及应急处置服务，及时发现用户存在的安全问题，采取有效防治措施，避免用户感染病毒。通过这种新型的反病毒服务模式，取代传统的用户自行采购、安装使用反病毒产品的模式，弥补用户专业人员少、技术薄弱的缺陷，全面提高用户防病毒的水平。

8. 深入开展信息网络安全专业技术人员继续教育工作，提高安全防范意识和病毒防治技术

从调查数据显示，国内对病毒防治培训需求较大。目前按照公安部和人事部的要求开展信息网络安全专业技术人员继续教育工作，我们可以通过继续教育提高用户的安全防范意识和技术水平。

9. 加强技术防范措施

（1）正确安装使用安全软件

安装使用正版安全软件，以保证按时升级和得到相应的技术支持服务。同时，正确配置安全软件，打开实时监视功能，防止来自网络的攻击和破坏。

（2）修改系统配置、增强系统自身安全性

卸载、删除系统不必要的系统功能和服务。修改系统安全配置，提高系统安全性。

如：关闭自动播放功能，防止各类 Autorun 病毒。取消不必要的默认共享等。

(3) 修补系统漏洞，加强预警

及时安装操作系统补丁和应用软件补丁。此外，还要经常关注安全机构和厂商发布的重大安全事件，做好预警防范措施。

(4) 定期安全检查

用户使用安全检查工具或者请专业人员定期对系统的自启动项、进程等关键内容进行检查，及时发现存在的问题。

（国家计算机病毒应急处理中心）

（计算机病毒防治产品检验中心）

2007年信息安全产品检验概况

一、产品数量与分布

截至2007年12月31日统计显示，2007年度公安部计算机信息系统安全产品质量监督检验中心共出具检验报告523份，报告总数比2006年度同期增长11.5%；其中产品不合格报告67份，不合格比率为13%，与2006年度基本持平。产品检验报告统计情况详见下面的图表：

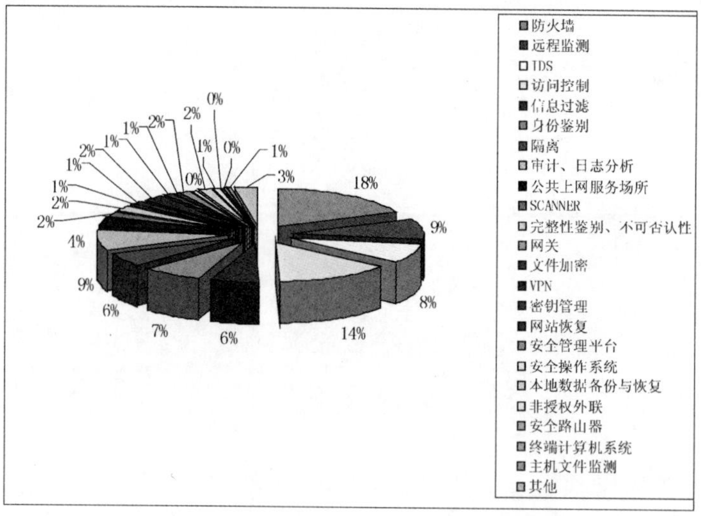

图1　截至2007年12月31日产品检验报告统计饼状图

表1　截至2007年12月31日产品检验报告统计表

项目	数量	不合格数量	不合格比率	总量比率
防火墙	93	8	9%	18%
包过滤	76	7	9%	15%
应用级	5	1	20%	1%
个人防火墙	7	0	0%	1%
小型防火墙	5	0	0%	1%
IDS	44	5	11%	8%
NIDS	27	3	11%	5%
IPS	17	2	12%	3%
SCANNER	11	1	9%	2%
网络安全漏洞检测	7	0	0%	1%
主机安全漏洞扫描	1	0	0%	0%
数据库扫描	3	1	33%	1%
隔离	29	4	14%	6%
物理隔离	10	2	20%	2%

项目	数量	不合格数量	不合格比率	总量比率
逻辑隔离	1	0	0%	0%
单向隔离	1	0	0%	0%
网闸	17	2	12%	3%
网关	4	0	0%	1%
公共上网服务场所	20	0	0%	4%
身份鉴别	39	8	21%	7%
完整性、不可否认性	13	0	0%	2%
密钥管理	6	1	17%	1%
信息过滤（含反垃圾邮件）	32	5	16%	6%
信息过滤	22	3	14%	4%
反垃圾邮件	10	2	20%	2%
访问控制	74	12	16%	14%
VPN	12	0	0%	2%
审计、日志分析	45	7	16%	9%
安全审计	28	5	18%	5%
日志分析	9	1	11%	2%
数据库安全审计	8	1	13%	17%
文件加密	7	2	29%	1%
远程监测	47	8	17%	9%
非授权外联	4	1	25%	1%
安全路由器	2	0	0%	0%
安全管理平台	8	1	13%	2%
本地数据备份与恢复	9	3	33%	2%
网站恢复	3	0	0%	1%
安全操作系统	2	0	0%	0%
终端计算机系统	2	0	0%	0%
主机文件监测	3	1	33%	1%
其他	14	0	0%	.3%
合计	523	67	13%	100%

二、产品检测情况分析

信息安全产品出具检验报告的总数同比增长11.5%，但2007年下半年的不合格报告的比例逐步增加，甚至出现了同一产品连续两次复检不合格的情况。这主要是由于许多生产厂家刚刚进入市场，企业的生产规模及技术、人员等方面都相对有限，特别是对信息安全产品的标准及规范理解的还不是很透彻；而出现两次复检不合格，主要是由于送检企业急于求成，在修改不合格的功能项的时候，忽略了其他关联功能，也没有进行总体测试，造成第二次复检中原本合格的功能项也出现了不合格的情况。

参照送检产品检验报告的统计情况图表，现就以下几个方面对2007年度信息安全专用产品的检测情况进行总体分析。

（一）按检验依据分类

我中心自2004年相继编制和修订了24类信息安全专用产品的安全检验规范，经报主管部门批准，试行后正式执行，以满足主管部门加强受检产品检测技术管理力度的要求。在严格依照相应国家标准和行业标准出具检验报告的同时，对其他产品基本依照24类产品安全检验规范进行检验，并根据不同安全功能提供的保护强度进行了产品分级；其中，网络通讯安全审计等四个安全检验规范经近三年的试用，已升级为行业标准，并于2007年7月1日实施。经过三年多的运行，计算机信息安全专用产品的销售许可证检验的标准规范已形成了一个由国标、行标、检验规范、实施细则构成的较成熟的体系，基本上覆盖了国内安全产品销售市场中现有的信息安全产品类型。

按照检验中心受检产品的检验依据划分，2007年度依据国标出具的检验报告85份，占16.3%，依据行标出具的检验报告130份，占24.9%，依据安全检验规范出具的检验报告294份，占56.2%。由于信息安全行业新技术和新产品发展迅速，而信息安全专用产品检验标准的制定和正式执行往往滞后，目前统计的过半产品均依据检验中心制定的安全检验规范进行检验。

（二）按知识产权分类

产品开发情况调查汇总见下表2：

表2　截至2007年12月31日产品开发情况调查汇总表

项目	数量	百分比
自主（包括由FreeCode改进）	440	84.13%
国内OEM	6	1.15%
国外合作	24	4.59%
国外OEM	1	0.19%
进口	52	9.94%

与2006年度同期相比，信息安全产品出具检验报告的总数同比增长11.5%，拥有国内自主知识产权的产品数量和比例也增长较大，其产品数量是总数量的80%以上，占了送检产品的绝大多数；而国外进口产品的数量和比例略有下降，国外合作开发产品的比例基本持平。

（三）按产品类型分类

根据受检产品的类型，从检验报告的统计情况表可以看出，防火墙产品仍是所有检验产品中最多的产品，共出具检验报告93份，占总报告数的18%，比2006年度有所下降；不合格报告共计8份，不合格率为9%，均比2006年度有所下降；其中：包过滤防火墙7份，应用级防火墙1份，有新进入该领域的厂家生产的产品，在对产品、标准的理解和把握上还存在一定的差距；也有两年续证的产品，其不合格项的原因主要是市场销售产品功能与两年前送检的样品没有保持一致，这一问题也在2007年信息安全技术防火墙产品质量行业监督抽查中反映出来了，市场抽查的6家厂家中有2家的产品不合格。在产品技术方面和去年相比并无显著变化，数据包过滤的技术基本成熟，大部分产品均采用了数据包状态检测的技术，该项技术能够更好地提高防火墙的安全性，同时对性能的影响也较小。

访问控制类产品共出具74份检测报告，比2006年度大大增长。不合格报告12份，不合格报告的数量和比率均增加了，均按照信息安全技术访问控制产品检验规范进行检验。从技术上说，此类产品通过软硬件身份鉴别机制，对用户访问各种计算机资源或网络信息资源进行有限制的访问控制。由于此类产品功能灵活多样，且检验依据也较为简单。因此，与2006年度相比，此类送检产品数量有明显增长。

远程主机监测类产品共有47个产品送检，占总报告数的9%，比2006年度略有增长。该类产品多采用agent（引擎）/console（控制台）结构，在远程被监测的主机上安装agent，通过console端对远程主机上的活动进行监测。随着中小型企业安全意识的增强，因该类产品一般安装简便，操作方便，可以做到对远程主机在线状态、引擎运行状态监测，对远程主机的系统资源情况、软件安装情况、进程、外围接口设备使用、上网情况及非授权外联等进行监测，并能对这些远程主机进行集中统一管理，越来越受到企业级用户的欢迎。但非授权外联监测产品送检数量仍较少，仅有4个产品送检，较去年略有增加，这主要是因为这类产品功能相对单一、不及远程主机监测类产品的监测内容广。

安全审计类产品共出具45份检测报告，较2006年度有大幅度增加，不合格报告7份。其中网络通讯安全审计产品28份检验报告，不合格报告5份；日志分析产品9份检验报告，数据库安全审计产品8份报告，不合格报告均为1份。网络通讯安全审计产品按照《信息技术网络通讯安全审计产品检验规范》（此标准已升级为公安行标），日志分析产品和数据库安全审计产品均按照相应的安全检验规范进行检验。

入侵检测产品共出具44份检验报告，与去年同期相比基本持平，其中27个产品为基于网络的IDS产品，较2006年度略有增加，均依据公安部行业标准《GA/T 403.1—2002 信息技术 入侵检测产品技术要求》第1部分：网络型产品进行检验，不合格报告3份；但2007年度没有主机型IDS产品送检。入侵防御产品共出具17份检验报告，较2006年度略有增加，均按照我中心报部备案的安全检验规范进行检验；相对于IDS产品来说，IPS是一种更主动的、积极的入侵防范和阻止系统，在检测到攻击企图后，自动将攻击包丢弃或采取措施阻断攻击源。随着对主动防御类产品市场需求的逐步提高，单一的基于入侵行为特征匹配的检测和报警功能已不能满足市场和客户的需要，这也是IPS类产品产生和快速发展的动力所在。

身份鉴别类产品共出具39份检验报告，较2006年度略有增加，其中超过半数为采用生物指纹鉴别机制和动态口令鉴别机制的产品。对基于证书机制的此类产品，我中心要求其证书生成和管理机构（CA）也要有销售许可资质。不合格报告共计8份，不合格率也较去年略有上升，但多为新厂家的送检产品。

信息过滤产品共出具32份检验报告，不合格报告5份，较2006年度略有下降，均按照相应的安全检验规范进行检验；其中反垃圾邮件产品10份检验报告，较2006年度有所下降，不合格报告2份。从技术上来说，信息过滤产品中仍以HTTP网址过滤产品为主，也有单纯以内容过滤的产品，但相对较少；反垃圾邮件产品的技术实现仍以电子邮件内容的关键字过滤为主，同时也出现了以分析邮件内容特征为主要手段或两种方式相结合的反垃圾邮件产品。

隔离类产品共出具检验报告29份，报告数较2006年度略有下降，但所占全年报告总数的比例与2006年度基本持平；不合格报告4份，集中在物理隔离类和网闸产品；由于此类产品的特殊应用要求，目前均为国内自主研发产品，且业内老厂家送检的续证及升级产品比例较高。此类产品的国家标准已于2006年正式颁布，我中心也于2007年将此标准纳入到检验依据体系内。

继2005年我中心起草编制了互联网上网服务营业场所信息安全管理系统系列标准之后，《互联网公共上网服务场所信息安全管理系统》系列标准（GA 658—663）已于2006年11月发布，2007年1月1日起实施。我中心根据相关业务处的要求，组织研究检测方法，编制了《互联网公共上网服务场所信息安全管理系列标准检验实施细则》，研发了测试所需检测工具。2007年我中心共出具公共上网服务场所管理系统检验报告20份。建议厂商在具体应用产品的时候，针对当地场所的具体特点进行相应的补充，使得产品能够更好地满足实际应用。

完整性鉴别类产品共出具13份检验报告，与2006年度基本持平。由于牵涉密码技术，送检厂商都提供了其密码算法的国家密码管理局技术鉴定证书或产品型号证书。此类产品主要是对电子文档进行数字签章保护，其中有半数以上是专门针对微软Office文档的。

VPN类产品按照信息技术VPN产品安全检验规范进行检验。今年共出具12份检验报告，比2006年度略有增长，无不合格报告。此类产品都是通过建立加密隧道来保证数据传输安全性的硬件产品。

扫描器类产品共出具11份检测报告，与2006年度略有下降，不合格报告1份。其中网络安全漏洞检测产品7份检验报告，均依据公安部行业标准GA/T 404—2002信息技术网络安全漏洞扫描产品技术要求进行检验；主机安全漏洞检测产品1份检验报告，按照信息技术主机安全漏洞扫描产品安全检验规范进行检验；数据库扫描产品3份检验报告，按照信息安全技术数据库扫描产品检验规范进行检验，不合格报告 1 份。

文件加密类产品今年共出具 7 份检验报告，较 2006 年度略有下降，不合格报告 2 份。此类产品主要应用于中小型企业，对其重要的图表和报表等文件进行加密保护，往往结合不同的用户权限来实现解密操作，以防止机密信息通过内部人员泄密。由于此类产品也牵涉到密码算法，一般多结合具有商密资质的加密硬件来实现文件的加解密功能。

密钥管理类产品 6 份，送检厂商都提供了其密码算法的国家密码管理局技术鉴定证书或产品型号证书。而密钥管理类产品由于进入市场的门槛较高，故送检产品中多为续证检验或者老厂商的升级产品。

网站恢复类产品共出具 3 份检测报告，较 2006 年度略有下降，按照信息技术网站恢复产品安全检验规范进行检验，无不合格报告。此类产品提供对网站静态页面的恢复保护，基本都能做到了恢复时不影响网站的正常发布系统。

安全管理平台类产品共出具 8 份检测报告，继 2006 年度小幅下降后，2007 年度又有所增加，按照信息安全技术安全管理平台产品检验规范进行检验。

安全操作系统产品共出具 2 份检测报告，按照《GB/T 20272—2006 信息安全技术 操作系统安全技术要求》进行检验，无不合格报告；2007 年之前，我中心出具的安全操作系统的报告均依据《GA/T 389—2002 计算机信息系统安全等级保护数据库管理系统技术要求》检验。由于这些类型的产品适用范围较特殊，且检验标准要求较高，所以在历年检测中都较少。

另外值得一提的是，2007 年度我中心开展了网关和终端计算机系统两类新产品的检测工作，分别出具检验报告 4 份和 2 份，分别按照新发布的行业标准《GA/T 681—2007 信息安全技术 网关安全技术要求》和《GA/T 671—2006 信息安全技术 终端计算机系统安全等级技术要求》进行检验。

其他类产品今年共出具 14 份检验报告。此类产品分别实现了不同的功能，例如 WEB 过滤防护、自适应网络主动防御、网阀、终端安全检查系统、抗 DOS 系统等。由于没有国家、行业以及规范标准，我们将这些产品归为其他类产品，按照明示担保的企标进行检验。

（公安部计算机信息系统安全产品质量监督检验中心）

我国电子政务存在的保密问题与对策

一、前言

我国的电子政务起步于上世纪90年代初，经过十多年的建设与发展，取得了显著成绩。电子政务在促进国民经济和社会发展，提高行政质量和效率，增强政府监管和社会服务能力的同时，也带来了新的安全保密问题。一方面，随着综合国力不断增强和国际战略地位显著提高，我国已成为各种窃密活动的重点目标，国内外敌对势力加紧对我国实施全方位的情报战略，不择手段地搜集和窃取我国政治、经济、军事和科技等方面的信息。另一方面，随着我国信息化建设快速推进，党政军机关对信息技术的依赖程度越来越高，电子政务网络中承载的国家秘密数量越来越多，密级越来越高。2007年3月，国家保密局和国务院信息化工作办公室联合下发了《电子政务保密管理指南》（国保发〔2007〕5号），用于指导电子政务建设和运行过程中遇到的安全保密问题。但目前的现实情况是，我国电子政务安全保密防护手段和管理措施还很不到位，内部不设防和违规操作的情况还普遍存在，泄密事件特别是重大泄密事件时有发生，在近几年保密部门查处的案件中，与计算机和网络相关的已经超过一半以上。随着《政府信息公开条例》的正式实施，如何正确处理好保密与公开的关系，也将成为各级政务部门必须认真解决的一项重要课题与任务。因此，在当前形势下，保密问题已经成为电子政务的主要矛盾，其地位越来越突出，直接关系到电子政务建设的成败，这就要求我们必须高度重视电子政务的安全保密工作。

二、电子政务存在的主要保密问题

我国对电子政务的信息安全保密工作一直非常重视，中办、国办转发的《国家信息化领导小组关于我国电子政务建设指导意见》（中办发〔2002〕17号）、《国家信息化领导小组关于加强信息安全保障工作的意见》（中办发〔2003〕27号）和《国家信息化领导小组关于推进国家电子政务网络建设的意见》（中办发〔2006〕18号），明确要求建立健全电子政务网络和信息安全保障体系，并特别强调，对涉及国家秘密的信息系统建设和管理，要严格按照党和国家的有关保密规定执行。但就近两年的实际情况来看，电子政务的保密问题仍非常突出，主要表现在：

（一）信息定密不准确且缺少密级标识，大量的国家秘密和工作秘密没有得到有效的保护

一是有些部门的定密范围已经不能完全适应新的形势，没有完全覆盖业务工作范围，

需要进行调整；二是一些部门对该定密的文件不定密或在起草阶段发文前不定密；三是电子涉密信息缺乏密级标识；四是对工作秘密没有进行界定。这些情况常常会造成大量的国家秘密、工作秘密直接在政务外网和互联网上处理，得不到有效的保护。

（二）网络划分不科学，存在各种安全保密隐患

有的单位存在多个涉密网或业务专网，一些重要业务无法做到有效整合，有的单位则片面追求涉密最小化，虚化涉密网或者干脆不建设涉密网，导致业务应用部署不合理，使得用户不得不在政务外网和互联网上处理国家秘密和工作秘密；有的单位涉密网边界不清晰，对外连接不符合保密规定，没有采取有效控制措施。

（三）安全保密防护不到位，对严重违规行为缺乏有效技术手段

目前我国电子政务网络普遍存在着安全保密防护不到位、不符合国家安全保密标准的问题，最突出的情况为：一是对U盘等移动存储介质在涉密计算机和互联网计算机之间交叉使用的危害认识不清，管控不严，因涉密U盘在互联网计算机上使用以及非涉密U盘在涉密计算机上使用造成的泄密事件时有发生；二是对涉密计算机特别是涉密笔记本电脑的违规外联（包括安装使用无线网卡、蓝牙等无线互联设备的情况）没有采取技术防范措施，一旦用户出现违规行为，就会造成物理隔离的破坏，使国家秘密暴露在安全不可控的环境内。

（四）保密管理不到位，涉密人员保密意识薄弱

一方面是保密管理机构不健全，保密制度已经过时或不健全且缺乏监督执行，保密管理人员知识水平和能力也不足，不能满足信息化条件下保密工作的实际需要；另一方面是用户保密意识不强，不了解基本的现代保密常识，对泄密的途径和方式一无所知，表现为无知无畏，违反保密规定的情况时有发生，如使用非涉密计算机处理涉密信息或直接在互联网上处理办公业务等。

（五）自查能力不具备，管理缺乏技术保障手段

很多单位没有泄密自我检查发现能力，缺乏掌握保密检查技术的人员，也没有适用的自查工具，不能及时发现泄密隐患，对泄密情况也心中无数。窃密技术的发展决定了网络中国家秘密的安全风险是动态变化的，这就要求我们要及时了解泄密隐患，采取有效措施，控制安全风险。

上述保密问题的产生有其深层次原因，也是我国电子政务发展到一定阶段必然会出现的，对此我们应该深入分析，找准问题所在，抓住主要矛盾，研究提出相应的对策。

三、加强电子政务信息安全保密的对策

为了应对电子政务出现的保密问题，促进电子政务网络和信息化的健康发展，我们应该按照突出重点、积极防御的方针，结合政府信息公开的需要，从以下几个方面组织

开展工作。

（一）规范信息定密和密级标识工作

从国家层面来讲，应通过修改保密法，建立定密责任人制度，进一步完善保密体制、监督管理体制和法律责任体制。从政务部门来讲，应及时合理地调整定密范围，规范定密工作，按照承办人员提出具体意见、定密责任人审核、机关单位负责人批准的流程确定信息密级。电子涉密信息的密级一经确定，就应标注上自身不可篡改、与信息主体不可分离的密级标识。对于是否属于国家秘密或属于何种密级不明确的信息应该采取先行保护措施。

（二）加强工作秘密的保护

按照国家保密局、国务院信息化工作办公室2007年5号文件《电子政务保密管理指南》的定义，工作秘密是指未列入国家秘密的范围但扩大知悉范围会对机关的正常工作带来不利影响的秘密事项。由于工作秘密与国家秘密具有相关性，且不易区分，在一定的情况下存在着转化为国家秘密的可能，因此应根据国家有关信息安全保密标准，采取相应的安全保障措施进行防护，确保工作秘密信息的安全。对于集中处理工作秘密的信息系统，应参照涉密信息系统的有关要求进行保护与管理。

（三）明确电子政务网络的涉密属性

对电子政务网络进行安全保密防护就必须明确其涉密属性问题，其中政务内网的涉密定位更是核心问题。为了明确电子政务网络的涉密属性，我们首先回顾一下几个相关文件：

一是2002年8月的中办17号文件《国家信息化领导小组关于我国电子政务建设指导意见》。该文件规定，电子政务网络由政务内网和政务外网构成，两网之间物理隔离，政务外网与互联网之间逻辑隔离；政务内网主要是副省级以上政务部门的办公网，与副省级以下政务部门的办公网物理隔离；政务外网是政府的业务专网，主要运行政务部门面向社会的专业性服务业务和不需在内网上运行的业务。

二是2002年10月的中共中央保密委员会4号文件《关于加强计算机信息网络保密管理的通知》。该文件明确规定，政务内网要严格按照涉密信息网络的要求建设和审批。

三是2006年5月的中办18号文件《国家信息化领导小组关于推进国家电子政务网络建设的意见》。该文件在落实中办2002年17号文件的基础上，对政务内网、政务外网的范围和承载业务进行了重新界定，指出政务内网由党委、人大、政府、政协、法院和检察院的业务网络互联互通形成，主要满足各级政务部门内部办公、管理、协调、监督和决策的需要，同时满足副省级以上政务部门的特殊办公需要；政务外网主要满足各级政务部门社会管理、公共服务等面向社会服务的需要。

四是2006年12月的国家保密局16号文件《涉及国家秘密的信息系统分级保护管理办法》。该文件规定，集中处理工作秘密的信息系统，参照秘密级信息系统的有关要求进行保护。

五是2008年4月的中共中央保密委员会办公室、国家保密局的10号函《关于做好涉密计算机登记备案工作的通知》。该文件特别指出，对于集中存储处理工作秘密或内部敏感信息的计算机，应确定为工作秘密级计算机，并按涉密计算机进行登记和管理。

分析上述文件的内容，我们不难得出以下结论：

第一，按照中办2002年17号文件和2006年18号文件的规定，政务内网承载的内部办公、管理、协调、监督和决策信息，应该属于国家秘密、工作秘密或内部敏感信息的范畴；政务外网承载的社会管理、公共服务信息应该是可公开的，属于非涉密信息的范畴；由此可见，政务内网主要用于集中存储处理国家秘密、工作秘密或内部敏感信息，政务外网主要用于存储处理公开信息。

第二，根据中共中央保密委员会2002年4号文件、国家保密局2006年16号文件和国家保密局2008年10号函可知，用于集中处理国家秘密、工作秘密或内部敏感信息的网络或计算机应该按照国家保密要求进行保护和管理。因此，政务内网属于涉密信息系统的范畴，需要按照涉密信息系统的要求进行建设、使用和管理；政务外网属于非涉密信息系统的范畴，需要按照非涉密信息系统的要求进行建设、使用和管理。

（四）正确处理涉密最小化问题

要正确处理涉密最小化问题，必须认真分析我国电子政务中保密与公共服务的关系。在我国现行的行政框架下，一般来说越是行政级别高的政务部门，其电子政务对社会公众直接提供服务的业务就越少，需要保密的信息就越多。越是行政级别低的政务部门，数量也越大，对社会公众直接提供服务的业务就越多，需要保密的信息就越少。因此，对于电子政务网络的涉密最小化问题，必须具体分析，不能一概而论，从全国电子政务网络建设的角度来看，涉密最小化是有必要的；但具体一个部门，特别是省部级政务部门的电子政务网络，还应实事求是，根据涉密的实际情况确定政务内网的规模，不能片面强调最小化，否则会造成保密管理的被动。

（五）加强电子政务网络安全保密防护措施

加强电子政务网络安全保密，应该在明确涉密定位的基础上，处理好政务内网、政务外网、业务专网、互联网4种网络相互之间的关系，并采取相应的防护措施。

政务内网属于涉密信息系统，与政务外网、互联网物理隔离。应按照国家保密局要求，根据密级、系统重要性和安全策略合理划分安全域，进行分域分级保护。采取有效措施解决违规外联、移动存储介质交叉使用，以及外部信息向涉密计算机单向导入等突出问题。各级政务部门的政务内网在互联互通之前，必须通过保密部门组织的测评与审批。

业务专网原则上不单独设立，对确有需要、经审批后允许继续存在的业务专网应该根据涉密属性进行防护。处理国家秘密信息的业务专网，按照相应等级涉密信息系统的要求进行建设与管理，在通过保密工作部门组织的测评审批后，可与政务内网互联互通；集中处理工作秘密信息或内部敏感信息的业务专网，参照秘密级网络要求进行建设与管理。如有需要，可通过“安全隔离与信息交换系统”（网闸）与政务内网进行安全适度的信息交换。

政务外网只用于处理政务部门社会管理、公共服务等面向社会服务的业务信息，应按照公安部要求，准确定级，实行信息安全等级保护。在与互联网逻辑隔离的同时，加强监控管理与木马病毒等恶意代码的防治工作，并严禁处理国家秘密信息。如有需要，经过国家保密局批准，可以采用“安全隔离与信息单向导入系统”由政务外网向政务内网和涉密业务专网单向传输信息。地、市（含）以下政务部门的电子政务外网可通过VPN等技术，充分利用互联网资源开展业务应用工作。

互联网不处理国家秘密信息、工作秘密或内部敏感信息。各级政务部门可依托互联网建立电子政务网站，作为向社会公众提供服务的窗口。对于电子政务网站和互联网，应该加强对信息上网前的保密审查和对已上网信息的保密检查，做到“涉密信息不上网，上网信息不涉密”。

（六）加强安全保密管理

各级政务部门应建立健全安全保密管理机构和管理制度，配备专职、专业安全保密管理人员，对工作人员开展安全保密形势教育，宣传和贯彻安全保密法规政策，增强安全保密意识；对有关领导和安全保密管理人员也要进行安全保密法规、国家保密标准和专业知识的培训，增强安全保密管理能力，提高安全保密业务工作水平。

（七）提高保密自查能力

具备保密自查能力，以查促管，是提高电子政务保密管理水平和解决防泄密问题的根本出路。我们应该组织相关工具的研制和配备工作，各单位应安排人员学习使用自查工具，并建立相应机制，使保密自查工作制度化、日常化。

四、结束语

本文根据近几年发生的一些实际情况，从信息定密、网络划分、安全保密防护、保密管理和保密自查5个方面，剖析了现阶段我国电子政务存在的主要保密问题，并针对存在的问题就电子政务网络涉密属性、涉密最小化等问题进行了论述，提出7个方面的对策。目前我国电子政务在逐渐走向理性和务实，正处于健康发展的关键时期。电子政务存在的保密问题是发展中的问题，但不容忽视，只有认真应对，切实解决了这些问题，我国的电子政务才能全面、协调、可持续地向前发展。

（国家保密技术研究所 杜虹）

信息安全保障建设中的等级保护

2004年9月15日由公安部、国家保密局、国家密码管理局和国信办联合下发《关于信息安全等级保护工作的实施意见》（66号文件），明确实施等级保护的基本做法。2007年6月22日又由四单位联合下发《信息安全等级保护管理办法》（43号文件），规范了信息安全等级保护的管理。

等级保护不仅是对信息安全产品或系统的检测、评估以及定级，更重要的，它是围绕信息安全保障全过程的一项基础性的管理制度，是一项基础性和制度性的工作。

一、信息安全等级划分与保护

国家信息安全等级坚持自主定级、自主保护原则。应根据在国家安全、经济建设、社会生活中的重要程度，以及系统遭受破坏后的危害程度等因素确定等级。

在不同等级中，系统受到破坏后，会对公民、法人和其他组织的合法权益、国家安全、或者社会秩序和公共利益造成不同程度的损害，其相互关系如表1所示。

等级	合法权益		社会秩序和公共利益			国家安全		
	损害	严重损害	损害	严重损害	特别严重损害	损害	严重损害	特别严重损害
一级	√							
二级		√	√					
三级				√		√		
四级					√		√	
五级								√

表1　等级划分与系统损害关系表

等级	分级保护	保护级（GB 17859）	实施与管理
一级	自主保护	自主访问	主管部门审批 自定
二级	指导保护	审计（自主访问）	主管部门审批 公安备案
三级	监督检查	标记（强制访问）	主管部门审批 每年一次测评检查
四级	强制监督检查	结构化保证	专家委评审 半年一次测评检查
五级	专门监督检查	实时监控	专家委评审 专门检查

表2　等级保护、保护级要求与管理之间的关系

对信息系统进行分级分类是等级保护的关键。如果信息系统的分级分类不科学，则安全保障建设将事与愿违，甚至可能使我国的基础信息网络和重要信息系统面临严重安

全隐患。等级保护中的分级实际上涉及了三项工作：一是如何将信息系统划归到各个安全级别中，二是为每一级的信息系统规定安全要求，三是要求实施保护并进行检查管理。如表2所示。

二、等级保护与信息安全保障各环节的关系

等级保护、风险评估、应急处理和灾难恢复是信息安全保障的主要环节，对等于P.D.R.R模型的各要素。因此各环节应前后连接、融为一体。而现在往往各自独立地制定标准、试点推广，导致保障目标混乱，保护策略相互冲突，达不到应有效果，浪费资源，增大保护成本。这种局面应加以纠正，学术上应重点研究各环节内涵的一致性和外延的匹配性。

等级保护是以制度的方式确定保护对象的重要程度和要求，风险评估是检测评估是否达到保护要求的度量工具，应急处理是将剩余风险因突发事件引起损失降低到可接受程度的对应手段。灾难恢复是针对发生灾难性破坏时所采取的由备份进行恢复的措施。

它们都是为使一个确定的保护对象的资产少受或不受损失所进行的各个保障环节，缺一不可，单独进行也不成，必须从总体统一保障。

等级保护应根据信息系统的综合价值和综合能力保证的要求不同以及安全性破坏造成损失大小来确定其相应的保护等级。

信息资产由价值表示，分为经济价值和社会价值。如图1所示。

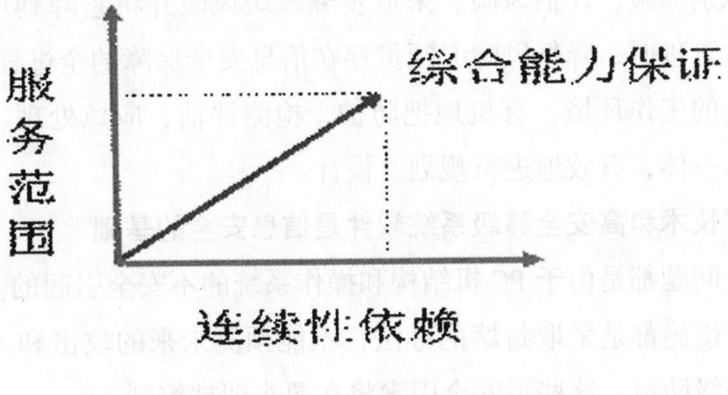

图1

信息系统的综合能力表现在信息服务上，分为服务范围和连续性依赖程度，他们的关系如图2所示。

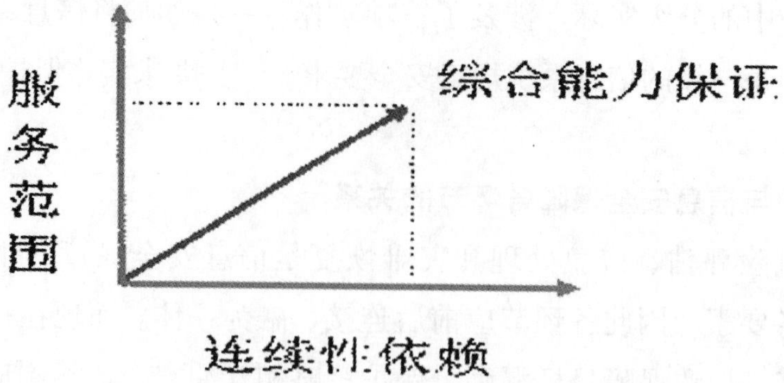

图2

一般说来，经济价值，每年可以用人民币进行估算，可是社会价值呢？以国家的保密系统为例，一旦发生泄密，不仅造成了经济损失，更重要的对社会、对国家安全造成了严重的损失，所以要从资产的经济价值和社会价值进行综合考虑。资产的价值不能静态地进行估算，要动态地发挥其作用，这样才能显示出它价值的存在，只有信息系统连续、稳定地进行工作，才是有价值的，所以，还要考虑信息资产的服务范围与连续性。

等级保护并不是信息安全保障的唯一环节。等级保护、风险评估、应急处理和灾难恢复在信息安全保障风险管理中一个都不能少，它们对确保信息安全有至关重要的意义。科学合理地确定安全保护等级是实施全程的风险管理的需求和目标，而其他环节是为信息系统提供有效的风险管理手段。

风险管理是识别风险，评估风险，采取步骤减缓风险并将它降到可接受水平之内的过程，在进行风险管理时，降低风险必须贯穿在信息安全保障的全过程中。同时应了解、熟悉信息安全系统的工作环境，有机地把防护、检测评估、应急处理、灾难恢复四个前后连接的环节融为一体，有效地进行规划、设计。

三、可信计算技术和高安全等级系统软件是信息安全的基础

现在的不安全问题都是由于PC机结构和操作系统的不安全引起的。恶意攻击手段变化多端，原有应对措施都是采取封堵的办法，不能预测未来的攻击和入侵。如果在终端操作平台实施高等级防范，这些不安全因素将在源头即被控制。

事实上，所有入侵攻击都是从个人电脑终端上发起的，黑客利用被攻击系统的漏洞窃取超级用户权限之后，才大肆进行破坏活动。此外，即使是合法用户也应该纳入严格的访问控制，因为再坚固的堡垒也会从内部被攻破。据权威机构统计，80%以上的信息安全事故为内部人员对外勾结所为，这一比例还呈上升趋势。建立信息安全保障体系需要我们改变思维方式，从终端开始防范攻击。把不同信息系统分成不同的安全级别，然后严格按照安全级别所规定的要求，从事信息活动。

可信计算平台是系统安全的必要条件。可信计算平台基于可信平台模块（TPM），以密码技术为支持、安全操作系统为核心。在通用计算机功能的基础上，赋予计算机开机过程中的身份认证、系统资源完整性校验及数字签名/验证、数字加/解密、外部设备的安全控制和日志审计等可信平台的安全功能。可广泛用于军队军工、公安、安全等涉密机关以及对信息安全敏感的普通商业用户，如金融、电信、电力等行业，有效防御来自外部和内部人员的泄密和恶意破坏行为，特别是对专用网，防止内外勾结攻击显得更为重要。

它具有以下几方面功能，它可以确保用户唯一身份、权限，工作空间的完整性和可用性；它可以确保存储、处理、传输的机密性与完整性；确保硬件环境配置、操作系统内核、服务及应用程序的完整性；确保密钥操作和存储的安全，确保系统具有免疫能力，从根本上阻止病毒和黑客等软件攻击；它能够做到非法人员进不来、拿不走、看不懂、改不了、赖不掉。

确保国家机密应以防内为主，必须采用高安全等级的操作系统和数据库；实施安全等级保护需要采取细粒度强制访问控制、全程的密级标识和严格的最小特权原则；目前我们还没有实施高安全等级的相应技术和产品，一定要在系统内核加强加固，力争自主可控。

满足国家标准（GB 17859）中的三级系统能防内部人员攻击；四级系统能防高手的攻击；五级能防内外勾结的集团性攻击。

商用的操作系统和数据库不能防止内部人员从系统底层读取和修改重要数据，应用软件中各种安全措施都不能防止高手窃密卖密严重事件的发生。即使完全物理隔离的信息系统也存在泄密的隐通道，例如攻击者采用木马摆渡技术，通过移动存储设备把内网重要数据拷贝出去。因此要必须从系统核心级上实施高安全等级防护，才能满足高安全等级信息系统防护的安全要求。

目前，我们迫切需要根据国情，从安全体系整体着手，在建立全方位的防护体系的同时，完善法律体系并加强管理体系。只有这样，才能保证国家信息化的健康发展，确保国家安全和社会稳定。

（国家信息化专家咨询委员会委员　中国工程院院士　沈昌祥）

抓住机遇，坚持自主创新，大力发展可信计算

一、可信计算产生的背景与特点

目前，由防火墙、入侵检测、防病毒系统等构成的传统信息安全系统以防外部入侵为重点，这与当今信息安全的主要威胁源自内部的实际情况不相符合。“老三样，堵漏洞、做高墙、防外攻，防不胜防”就是信息安全的基本现状。这样做的结果只能是网络上的“墙”越垒越高，而各种攻击却依然十分猖獗，效果不尽如人意。

事实上，产生信息安全事故的技术原因主要有以下几个方面：一是现在的PC机软、硬件结构简化，导致资源可任意使用，尤其是执行代码可被修改，恶意程序可被植入；二是病毒程序利用PC操作系统对执行代码不检查一致性这一弱点，将病毒代码嵌入到执行代码中实现病毒传播；三是黑客利用被攻击系统的漏洞窃取超级用户权限，植入攻击程序，肆意进行破坏；四是对合法的用户没有进行严格的访问控制，可以越权访问，造成不安全事故。针对这些问题，我国有关部门早在九十年代便研制了微机安全保护卡，目的就是监控终端所有的安全事故。

可信计算技术体现的是整体安全的思想，这一概念最早是在1999年由微软、Intel、HP、IBM等国际大公司提出的，其主要思路是利用可信计算技术构建一个通用的终端硬件平台，增强现有PC终端体系结构的安全性。2000年12月，由美国卡内基梅农大学和美国国家宇航局牵头，在IBM等著名企业的参与下，成立了可信计算联盟TCPA（Trusted Computing Platform Alliance）。2001年1月，TCPA发布了标准规范（v1.1），定义了一种与计算机主板相连的硬件设备——TPM（可信平台模块）。TCPA专注于从计算平台体系结构上增强其安全性，在计算和通信系统中广泛使用基于硬件安全模块支持下的可信计算平台，以提高整体系统的安全。2003年3月，TCPA改组为TCG（Trusted Computing Group）。

可信计算的主要做法是在PC机硬件平台上引入安全芯片架构。TPM是可信计算技术的核心，它实际上是一个含有密码运算部件和存储部件的系统芯片。以TPM为基础的“可信计算”可从以下几方面来理解：用户的身份认证，表示对使用者的信任；平台软硬件配置的正确性，表示使用者对平台运行环境的信任；应用程序的完整性和合法性，表示应用运行环境的信任；平台之间的可验证性，表示网络环境下用户终端的相互信任。

可信计算平台是新一代能提供可信计算服务的计算机软硬件平台，它基于TPM，以密码技术为支持、安全操作系统为核心，是信息安全领域中起关键作用的体系结构的变

革，也是对计算机安全结构的一种回归。与现有的普通计算机相比，它从芯片、主板等硬件结构和 BIOS、操作系统等底层软件做起，相当于增加了一台独立的监控计算机，用信任链的方法提供系统的完整性、可用性和数据的安全性。

二、可信计算的国内外研究与应用情况

国外有关情况

从国际上看，可信计算技术与产业正在成为一个比较热门的研究领域。目前，美国 IBM 公司和 HP 公司已研制出可信 PC 样机。在 TCPA 和 TCG 的推动下，微软公司独自在 2002 年 7 月公布了 Palladium 的“可信赖计划”，提出了今后十年可信计算战略的目标、措施和策略。该计划是在 PC 硬件中增加安全芯片，同时在 Windows 操作系统核心中增加新的安全模块，以构建相对安全的 PC。2003 年，微软将 palladium 更名为下一代安全计算机（NGSCB）。IBM 也发布了一套嵌入式安全子系统 ESS，Intel 则正式宣布了基于可信计算的 LaGrande 技术（简称 LT）。LT 技术是 Intel 公司提出的新一代 PC 平台安全解决方案，该方案与 TCG 推出的 PC 实施规范有所不同，它扩展了 TCG 所定义的可信计算功能和范围。目前，可信计算的研究领域已从个人计算机迅速扩展到服务器、PDA、手机等各类信息平台。然而，尽管如此，目前国外的可信计算研究从某种程度上来说依然是雷声大、雨点小，其原因主要是由 TCPA 发展而成的 TCG 成员国组织松散、各怀心事，在争夺话语权上各打各的算盘。

国内有关情况

2000 年起，国家密码管理委员会办公室开始对可信计算技术的研究进行立项，武汉瑞达科技有限公司较早申请了立项研究。该公司依托武汉大学的技术力量，独立进行了“安全计算机”的体系机构和关键技术的研究与实践。其研究思路同 TCG 非常相似，也是在主板上增加安全控制芯片 ESM 以及从 BIOS 入手来增强平台的安全性，建立信任链，所不同的是在具体设计上没有照搬 TCG 规范。

2004 年 6 月，瑞达公司推出了国内首款自主研发的具有 TPM 功能的可信安全计算机。当月，中国首届 TCP 技术论坛在武汉召开。同年 9 月，国家相关领导机构召开了一次专门的 TCP 技术研讨会，首次将全球 TCP 相关技术专家、厂商召集在一起，探讨可信计算的未来。10 月份，我国第一届可信计算与信息安全学术会议在武汉大学召开。随后，由武汉瑞达公司研制的我国第一款可信计算平台 SQY14 嵌入密码型计算机通过了国家鉴定。

总体而言，我国企业对可信计算技术的关注和投入研发是比较及时的。除武汉瑞达公司外，联想在 2004 年 3 月对外宣布，已开始计算机安全芯片的研发，并在下半年开始进行安全芯片的测试生产。2005 年 4 月，联想和兆日科技基于可信计算技术的 PC 安全芯

片（TPM）安全产品正式推出。此后不久，采用联想“恒智”安全芯片的联想开天 M400S 以及采用兆日 TPM 安全芯片（SSX35）的清华同方超翔 S4800、长城世恒 A 和世恒 S 系列安全 PC 产品纷纷面世。2005 年 12 月 10 日，在北京召开的第七届信息与通信安全国际会议上，国内有关安全产品在会上进行了展示。

经过近几年的不懈努力，“安全 PC”产业链在我国已初步形成。目前，不少厂商除研究可信终端外，还在研究可信网络设备、可信服务器等，旨在所有的网络节点中建立可信机制，最终形成一个全国性的可信网络。

我国已跻身于世界上少数研制出可信 PC 的国家之列，但由于我国信息安全技术整体水平的限制，加之企业规模小、缺乏足够的经济实力，可信计算技术目前尚未实现规模性和产业化，市场也未成熟。

从国家层面看，2005 年出台的国家“十一五”规划和“863”计划都将“可信计算”列入重点支持项目，并有较大规模的投入与扶植，2005 年年初，我国可信计算标准工作组正式成立，有关可信计算标准目前正在抓紧进行。可信计算呈现出信息安全主管部门重视，重要用户和企业关注的特点，相关工作正在有条不紊地积极开展起来。

三、可信计算的标准问题

标准是在我国发展可信计算的一个关键问题。目前 TCG 所提出的规范还不是国际标准化组织的标准，但对我国有很好的参考价值，应深入研究。可信计算不必像网络通信标准一样要求互通互联，其重点是保证节点自身的可信和相互之间的确认，这给我国制定相应标准提供了空间。

为了推进可信计算标准工作，我国信息安全标准化技术委员会于 2005 年 1 月 19 日在北京召开了 WG1（第 1 工作组）可信计算工作小组成立大会。另外，WG3（第 3 工作组）也开展了相应的工作，这充分体现了国家对可信计算标准工作的高度重视。

我国在制定可信计算标准时应遵循以下原则：第一，要保障国家利益和安全。可信链是机器基于源头的第一道防御系统，密码体系以及认证体系应采用我国自己的标准；第二，从技术上来讲，密码技术在国内是完全独立自主的，必须遵循我国《商用密码管理条例》的有关规定，密码和认证保障体系要我们自己来建立；第三，要总结 WAPI 的经验教训，不仅在技术上要自主创新，而且起步要早，并立足于国内首先执行，这样才能谈到与国际衔接问题。另外，可信计算平台的应用要满足各种层次的安全需求，也要实行产品分级。电子政务及一些敏感的关键行业，等级要求较高；面向个人、社会的可信计算标准则讲求通用性和自主性。当然，前提是必须使用国家主管部门批准的密码。

我国可信计算技术的研究正处在一个关键时期，可信计算技术在中国的发展势在必行。我们要把握住正确的研究方向，制定相应的发展战略，走符合我国国情的发展道路，采用国际先进技术，开发具有我国自主知识产权的可信计算产品，从而满足我国各行各业的迫切需要。因此，必须形成中国的可信计算标准，并在国际标准中占一席之地。

四、我国目前在可信计算研发方面存在的问题

我国对可信技术的研发从一开始就和发达国家站在同一起跑线上，在某些方面甚至处于领先地位。但是，国际TCG成员组中的主要企业均为资金实力雄厚的跨国公司。从微软、Intel、IBM到HP，可信操作系统、芯片和主机均由不同的厂商参与，在产业链的迅速构建上，TCG有其独到的优势。这些企业有足够的资金来完成实验工作，理论研究远高于国内，规范和标准做得早。他们采用的是一种分工合作的方式，整体产业力量强，一旦形成标准规范，整个产业发展会比我们快得多。

我国的IT企业规模偏小，实力不足。有一定创新意识的企业，在资金支撑上又显得力量单薄，捉襟见肘。这些小企业一方面依靠国家为数不多的技术资金支持，另一方面要尽快将产品和方案销售出去，以获得资金来进行下一步研发和市场推广。这种情况造成了我国的企业普遍缺乏竞争力。

此外，打造可信计算平台产业链需要走一条联合发展的道路。目前联合的基础尚未形成，应在国家意志的促进下加快联合。

从技术层面上看，高安全等级的操作系统是可信计算平台的基石。如何将可信计算技术与操作系统技术很好地融和起来，构造高等级的安全操作系统，是今后亟待解决的关键问题。同时，高安全等级的操作系统对应的是高安全等级的应用系统，如何体现可信机制，如何充分利用可信硬件的功能，为上层应用提供可信服务，都是我们在设计时需要考虑的问题。

五、可信计算的应用前景

用可信计算平台取代目前广泛使用的不安全的普通计算机，是解决信息安全问题的有效措施和手段。由此可见，可信计算在政府各部门、社会各行业有着广泛的应用背景和巨大的市场需求，可以形成一个产业链，并产生长远的效益。

我国很多党、政、军单位对可信计算平台反应积极。例如，在某省涉密网的网络设计方案中，已加入了可信计算平台的组成部分，并通过了主管单位专家组的论证。国家有关部委如公安部“金盾工程”已将可信计算平台纳入其使用范围，民政部拟在“全国城市低保信息系统”中将可信平台产品作为城市低保信息系统的终端，以强化身份认证和责任审计功能。

从行业系统来看，一些电信系统拟用可信计算技术来保障其关键信息和客户资料的安全。案件频发的银行系统也在尝试采用基于可信计算平台的身份认证和责任审计功能以及双网隔离等措施来防范内外勾结的计算机犯罪行为。

需要强调，可信计算平台产业是个新兴产业，我国与美国等先进国家几乎同时起步，技术差距不明显，今后的发展空间很大。只要抓住机遇，加速发展，完全可使我国在此领域取得优势，摆脱我国长期以来平台型产品受制于人的被动局面。国外大型企业大力发展可信计算平台产业的目的是为了保持其垄断地位，获取最大的商业利益，并通过技术控制别国。如果美国的可信计算产品推向市场，由于其核心技术芯片化，涉及大量知识产权，将形成强大的国际利益集团，我们在安全上更无法控制，一旦我国用户大量使用，将会非常被动。

有专家预测，经过5年的演变，全球可信计算即将全面进入商用阶段，可信计算将从基础层面上解决信息安全问题，我国决不能错过机遇。

六、我国可信计算的发展重点

关于我国可信计算未来的发展重点，应把握住以下几个方面：

1. 基于可信计算技术的可信终端是产业发展的基础

可信终端（包括PC、网络处理节点、手机以及其他移动智能终端等）以可信平台模块（TPM）为核心，这并不仅仅是一块芯片和一台机器，而是把CPU、操作系统、可信应用软件以及网络设备融为一体的基础平台，是构成可信体系的装备节点，应抓大力度研制开发，推进产业化。

2. 高性能可信计算芯片是提高竞争能力的核心

可信计算核心是TPM芯片，TPM的性能决定了可信平台的性能。不仅要设计特殊的CPU和安全保护电路，而且还要内嵌高性能的加密算法、数字签名、随机发生器等，这是体现国家主权与控制的聚焦点，是竞争能力的原动力，应在提高TPM性能上下工夫。

3. 可信计算理论和体系结构是持续发展的源泉。

可信计算概念来自于工程技术发展，到目前为止还未有一个统一的科学、严谨的定义，基础理论模型还未建立。因此现有的体系结构还是从工程实施上来构建，缺乏科学严密性。必须加强可信计算理论和体系结构研究，加强对安全协议的形式化描述和证明，逐步建立可信计算学科体系。

4. 可信计算应用关键技术是产业化的突破口

可信计算平台最终目的是保护应用资产的安全，其主要技术手段是使用密码技术进行身份认证，实施保密存储和完整性度量，因此在TPM的基础上，如何开发可信软件栈（TSS）是提高应用安全保障的关键。只有可信计算平台的广泛应用，其产业化规模才能扩大。

5. 可信计算相关标准规范是自主创新的保护神

我国可信计算平台研究起步不晚，技术上也有一定优势，但至今还没有相应的标准规范，处于盲目地跟踪和效仿 TCG 的阶段。这样很可能丧失已经取得的自主知识产权的创新成果。可信计算是以密码技术为基础的，每个国家都有相关的密码政策，即使采用美国的密码算法的中国可信计算产品也不可能推销到美国。为此，我国应加大力度制定相关标准规范，强制执行，促进我国在可信计算领域自主创新。

（国家信息化专家咨询委员会委员　中国工程院院士　沈昌祥）

解读信息安全创新突破点

在“十一五”863计划中，包含有很多应用，比如通信技术和信息安全。《国家中长期科技发展规划纲要》（简称《纲要》）对信息产业及现代服务业提出了四点发展思路，其中第四点是以发展高可信网络为重点，开发网络信息安全技术及相关产品，建立信息安全技术保障体系，具备防范各种信息安全突发事件的技术能力。

另一个纲领性文件是《2006—2020国家信息化发展战略》（简称《战略》），《战略》提出了九项战略重点。其中，第八项是建设国家信息安全保障体系，围绕网络安全涉及的内容，全面加强国家信息安全保障体系建设，建立和完善信息安全等级保护制度，重点保护基础信息网络和关系国家安全、经济命脉、社会稳定的重要信息系统。同时，还将加强信息安全风险评估工作，建设和完善信息安全监控体系，提高对网络安全事件应对和防范能力，从实际出发，促进资源共享，重视灾难备份建设，增强信息基础设施和重要信息系统的抗毁能力和灾难恢复能力。这些是安排863计划的核心指导方针，是指导性的文件。

在经典的网络模型中，有六个重要要素：分析、安全策略、保护、检测、响应、恢复。围绕着经典的网络安全模型，围绕着《纲要》和《战略》可以看出，863重点安排在八项技术上：第一是安全测评评估技术；第二是安全存储系统技术；第三是主动实时防护模型与技术；第四是网络安全事件监控技术；第五是恶意代码防范与应急响应技术；第六是数据备份与可再生技术；第七是可信计算平台项目；第八是UTM与网络安全管理。

一、安全测评评估技术

风险分析的重点将放在安全测评评估技术上。它的战略目标是掌握网络、信息系统安全测试及风险评估技术，建立完整的、面向等级保护的测评流程及风险评估体系。这一点和过去不一样，过去做测评是没有强调等级保护的。

国家中长期发展战略已经明确提出，要按照等级保护的原则来做，所以测评也是要服务于这一点。其主要创新点和切入点在于：首先提出适应等级保护和分级测评机制的通用信息系统与信息技术产品测评模型；适应不同的级别要有不同的测评方法，这个分级要符合等级保护体制；重点放在通用产品，要建成一个标准的方法；要建立统一的测评信息库和知识库，测评要有统一的背景，制定相关的国家技术标准；要提出面向大规模网络与复杂信息系统安全风险分析的模型与方法，尤其安全风险分析，重点面向大规模复杂网络，因为复杂网络要分析的要素很多，态势也很强，这是我们追求的创新点；要建立基于管理和技术的风险评估流程，测试风险评估面临的威胁和不安全因素。此外，因为保证信息安全不只是技术，管理不到位也会带来风险，所以风险评估应该把技术和管理都包括在内，要制定定性和定量的测度指标体系。

二、安全存储系统技术

安全策略的重点应放在安全存储技术上。安全存储系统产品很多，从安全角度来看，它的战略目标有两点：一个是机密性的安全，要掌握海量数据的加密存储和检索技术，保障存储数据的机密性和安全访问能力；另一个是安全自身要可靠，要掌握高可靠海量存储技术，保障海量存储系统中数据的可靠性。创新点在于，应提出海量分布式数据存储设备的高性能加密与存储访问方法，提出数据自毁机理。

加密是容易的，要对海量信息加密，影响当然是有的，但是应该不是很明显，这就对我们算法的效率提出了很高的要求。一旦数据出现被非授权访问，应该产生数据自毁，或者被别人破解时有自我保护能力。我们提出海量存储器的高性能密文数据检索手段，检索就要有规律，但加密的基本思路就是要把它无规则化，让它根本看不到规则，所以我们应找到一个折中的方法：什么样的加密可以支持检索，又具备一定的安全强度。

为此，我们提出了基于冗余的高可靠存储系统的故障监测、透明切换与处理、数据一致性保护方面的新模型预实现手段。双备份是比较简单的，问题在于实时切换，我们现在是整体地切换，如果切换非常频繁，就会出现一些误报警的情况。尤其当数据多备份的时候，就会有数据一致性的问题，为此我们提出信息安全的数据组织方法，提出基于主动防御的存储安全技术。如果不能完全自动备份，可以有两种选择：一种是局部冗余，哪些是重要信息，它在整个系统中不会出现太大的问题；另外一个是数据在相对分散的情况下，怎么能尽可能弱相关。检索要更加智能，要能判断访问是不是非授权访问，这里面要有一定的能力，而不是简单的存储。

三、主动实时防护模型与技术

防护强调的是主动实时防护模型与技术。它的战略目标是通过掌握态势感知、风险评估、安全检测等手段来对当前安全态势进行判断，并依据判断结果实施网络主动防御的主动安全防护体系的实现方法与技术。当通过态势判断出某个地方出现网络安全事件，别的地方就要跟着调整。特别是随着风险评估，某地方出现威胁，我们要提高风险防护，这被称为主动防护战略。创新点提出主动防护的新模型、新技术、新方法，现在这方面并不是很成熟，还要提出基于态势感知模型、风险模型，做主动实时协同防护机制和方法。

第二个是要提出网络与信息系统的安全运行特征和恶意行为特征的自动分析与提取

方法。根据分析才能监控特征，判断现在是不是处于安全状态，不同的系统可能有不同的需求，应该具有提取能力，然后监控，通过监控来判断现在出现的情况。要有提出可组合与可变安全等级的安全防护技术，可能在某种状态下，需要做级别的变化，我们采取一系列各种各样的安全手段，如果某种风险不存在，可以把安全手段降低，就可以提高运行效率，这方面应该提供相应的技术。

四、网络安全事件监控技术

监测的重点是网络安全事件监控技术。战略目标重点放在国家层面考虑，要掌握保障基础信息网络与重要信息系统安全运行的能力，支持多网融合下的大规模安全事件的监控与分析技术，提高网络安全危机处理的能力。三网融合也是势在必行，不同网的状态融合起来就对监测提出了要求。主要创新点在于，要提出网络数据获取接口标准，并且提出网络流量海量性与分析系统计算能力不匹配的应对方法。

一般而言，网络带宽增长每六个月翻一番，我们国家是每七八个月翻一番。计算机运行速度按照摩尔定律每18个月翻一番，这导致计算机处理能力越来越快。我们提出多通道综合检测和协同分析模型与技术，要建立大规模恶意代码传播演变的可视化展示手段。一旦恶意代码传播演变了，要有一个跟踪的态势，能在地图上不断发现蠕虫、病毒。提出蜜罐的攻击诱惑与自身隐蔽方法，现在的研究比较成熟，人类在防范，攻击者也寻找新的攻击诱惑。提出网络安全态势分析指标体系，建立基于复杂网络行为建模与模拟的网络安全态势的分析与预测体系。

这个态势怎么来的，要有一个指标体系，我们通过对指标体系的分析，通过重要的端口，或者某种协议的监测，把这些指数综合起来，计算当前态势。当每个事件出现，如果不采取措施，将来会变成什么样？这需要有复杂网络的模拟网络，模拟网络对复杂行为建模提出要求，模拟节点不是几万、几十万，至少几百万量级才能做出判断，这样才能真正做到预测。现在做到的只是预警，一个事态出现到形成规模不到10分钟，如果仅仅是预警，根本来不及采取措施。

五、恶意代码防范与应急响应技术

响应的相应重点应该放在恶意代码防范与应急响应技术上，其战略目标是掌握有效的恶意代码防范与反击策略。一旦发现恶意代码之后，要迅速提出针对这个恶意代码的遏制手段，要提供国家层面的网络安全事件应急响应支撑技术。其主要创新点在于，提出对蠕虫、病毒、木马、僵尸网络、垃圾邮件等恶意代码的控制机理。

比如，面对冲击波时，用户只有靠打补丁，如果用户没有打补丁，病毒就会通过网络不断传播，这时我们就要把这个端口封锁住。我们要研究每个问题，而且要建立恶意代码攻击的追踪、取证及遏制机制，提出支持遏制手段的恶意代码可控性的特征分析及提取技术。我们不是对恶意代码的判断特征识取，我们需要找出恶意代码特征，判断恶意代码是否存在，还要找出对于什么样的特征可以利用哪些手段去遏制它。

六、数据备份与可再生技术

数据备份与可生存性技术是围绕灾难恢复来做的。这主要是提供用于第三方实施数据灾难备份的模型与方法，为建设通用灾难备份中心提供理论依据与技术手段，建立网络与信息系统生存性和抗毁性，提高网络与信息系统的可靠性。比如我建立一套系统，如果系统重要，就建立一个应急系统做备份。但是这不适合第三方，现在有一些第三方是服务队伍，需要熟悉原来系统什么样，按照原来系统来做。

怎么能够做第三方呢？这里面创新点是提出源数据存储结构无关的数据远程备份及快速恢复模型、机制、方法与技术。现在，一个系统建完后，你必须掌握系统结构，为你的数据库系统再建一个数据库系统，这样你的数据才能保存起来。但是出现增量怎么办？是不是因为增加一个记录而全部备份呢？答案是否定的，因为大系统从头到尾备份需要 3 天。如果说传增量，那边没有一模一样的系统也无法把增量插进去。因此能不能做到结构无关？我们提出基于关键服务的网络与信息系统容错、容侵和容灾模型。如果我的系统资源足够多，入侵者通过连接攻击我的线程空间，但是我线程空间足够大。如果系统彻底垮了，我就换一个系统。而且我们还要提出网络与信息系统自适应生存机理与可恢复模型，提出故障感知模型与异常检测方法，围绕这一点要建立可生存性及抗毁性分析仿真和评测方法。

七、可信计算平台项目

网络如果采用可信的方法，比如硬件有改动，通过信息来验证，整个系统是可靠、不会被攻击的，这样应用系统都不会被病毒侵入。Vista 对这一点是一个重大的推动。对网络安全模型提出一个技术性模型，应该要有一个可信计算平台做整体的支撑。战略目标是掌握基于自主专利与标准的可信平台模块、硬件、软件支撑、应用安全软件、测评等一批核心技术，主导我国可信计算平台的跨越发展。

我国在可信计算方面介入特别早，但现在没有形成一个特别好的体系，只有尽早地提出一个标准体系，我国的产业才能冲上来。其主要创新点在于提出可信计算平台信任链建立和扩展方式，包括可信引导、可信度量、可信网络连接、远程平台证明等。从互操作和安全评估两个角度出发，建立可信计算标准体系。

八、UTM 与网络安全管理

现在，国际产业界提出了 UTM。它的目标要针对安全防护技术一体化、集成化的趋势，提出 UTM 与网络安全管理的有效模型、关键算法，提出相应的行业标准及其实现方式。有了标准之后大家可以往里集合，形成 UTM，这可以提高效果、降低投资，通过综合管理提高防护能力。

UTM与网络安全管理主要的创新点在于提出网络数据深度安全检测与分析，大规模特征扫描关键算法与硬件实现方式。由于现在多个产品共享一个大平台，所以这方面采取高速硬件匹配方式，这样导致投资非常巨大，底层原始数据库应该统一起来，然后分门别类给安全控件使用。提出支持可动态优化和多层次联动的UTM与网络安全管理模型、算法与结构，这种动态裁减非常重要。要制定各安全部件间的接口及操作标准，一个公司不可能把所有安全环节都做好，因为不同厂家有不同的优势，如果我们可以共享底层原始部分，可以形成一个完整体系，那就能取得更好的效果。

（方滨兴）

信息安全发展新动向——网际安全（CYBER SECURITY）

信息安全从专用的军事网络发展起来，已经历了二十年的发展历程，取得了瞩目的成绩。但是也暴露了在信息安全发展战略、技术路线、管理体制中存在的问题。目前，信息安全正经历着重大的变化。在这关键时刻，各国都在总结经验，吸取教训，明确下一步的努力方向。这一点集中体现在2005年美国总统信息技术顾问委员会（PITAC）的《网际安全－优先项目危机》的报告中。

一、各发展阶段的特点

信息安全经历了三个重要发展时期：一是上世纪80年代的专用网时期，二是上世纪90年代的互联网时期，三是21世纪由信息安全到网际安全（cybe security）的转变时期。各时期都有明确的特点和与之相适应的技术路线和策略。

专用网时期：由于专用网（计算机网）是封闭网，因此以等级划分、强制保护为主要策略。计算机网的特点是通过节点打通（开放）了各终端，第一次实现了计算机终端之间的交换。这个时期的主要政策可以美国国防部的橘皮书为代表，在交换网络中将人员划分为授权等级、数据划分为秘密等级，将传统的单级管理模式发展为新型的多级控制的管理模式。上世纪80年代末，这种先进的管理模式，在我国军事网络中已率先得到实现和应用。

互联网时期：由于互联网是开放网，打通（开放）了网间关系，也打通了各用户之间的关系，第一次实现了用户到用户的个人化通信。这个时期的主要政策以1997年美国总统令PDD63为代表，提出以脆弱性分析为主，依靠全体网民的安全意识，施行自我把握的assurance策略，称“深层次防御战略”。克林顿的assurance策略，打破了过去（政府的）强制性策略，提出了（网民的）自主性策略，以适应互联互通的个体化通信体制。这是观念上的一次历史性进步。但是美国国防部却发表了《信息自保技术框架》一书，提出了“边界保护”和“信息孤岛”的思想，把开放的互联网重新拉回到封闭的专用网，严重偏离了总统令的assurance（自保）中心思想。不得不指出，美国国防部的这种倒退的思想，在我国产生了负面影响。

公众网时期：信息系统已不是单纯的信息系统或网络系统，它与周围的社会结合起来构成了新的空间，这就是网际空间（cyber space）。2005年美国总统信息技术顾问委员会（PITAC）的《网际安全－优先项目危机》的报告提出，网际安全的主要任务是“在危险的世界构建可信系统（trusting system）”，为公众提供可信服务。信息安全的空间发生了变化，要达到的主要目标也发生了变化，因此，2005年标志着信息安全过渡到网际安全的里程碑。

二、美国对信息安全的看法

在PITAC的《网际安全－优先项目危机》的报告中，否定了克林顿PDD63总统令以脆弱性分析为主的信息安全防御战略和为实现这个防御战略而提出的优先发展的十大项目，提出了新的优先发展的十大项目。否定是历史发展的必然，历史总是在否定中前进。

在《网际安全－优先项目危机》的报告中对信息安全提出了结论性看法，并提出了非常有意义的观点，值得我们参考和研究，如：

1）堵漏洞、打补丁不是信息安全的解决方案；

2）内、外网的划分只能把本来复杂的事情更加复杂化，无益于问题的解决；

3）军事系统的密级划分不适用于公众网；

4）国防部IATF（信息自主保障技术框架）中“边界保护”、“信息孤岛”等基本思想，背离了总统令的自主保障思想；

5）信息安全所施行的原则是“出于好意”，而网际安全要施行的原则是“互相怀疑”；

6）可信系统很复杂，没有“银弹”（注：“银弹”指很好的解决方案，根据我们的研究，“银弹”是存在的，因此，准确的表述应为“还没有找到‘银弹’”）。

三、新的发展方向

在PITAC的《网际安全－优先项目危机》中提出了今后的发展方向。美国人的研究结果和我们研究的结果不谋而合，而且我们的认识更细化、更具实践性。但是，美国是官方的看法，而我国则停留于民间的认识。

1）主要任务：构建可信系统，建立可信的网络秩序，为公众提供可信服务，从被动防御为主的安全转到主动管理为主的安全。为此，PITAC在几百个项目中遴选出了十大优先发展的研究项目，将认证技术作为首要发展项目。网络秩序的关键是建立证明体系，就像在物理世界中公安部给每人颁发“身份证”一样，为建立社会秩序提供了基础。

2）主要课题：规模化认证技术是首要课题，从以脆弱性分析为主的课题转变到以真实性判别为主的课题。PITAC提出的目标是要解决数十亿规模的认证。主要技术是数字签名和密钥交换。数字签名中的最突出的问题是构建基于标识的“短签名”，密钥交换中的最突出问题是加密的直接性。

3）主要原则：网际安全遵循的原则是“互相怀疑”；从“出于好意”的信息安全观转变到主体鉴别为主的新的网际安全观，这就需要将过去信息安全理论从基于客体的“相信逻辑”提高到基于主体的“可信逻辑”。

4）主要应用：网际安全时代，主要应用不局限在信息系统本身，而要包括与之相连的所有空间，除交易活动以外还要包括如通信协议（防止非法接入）、软件工程（保证计算环境的代码认证）、整体解决方案、网络管理等与重要国家基础设施相关的领域，不仅限于用户级的认证，而是任何实体间“端对端的认证”，有人称“trusted end to end”。

四、历史的机遇

构建可信系统或构建和谐社会都是历史的重大变革。怎样从被动防御型的信息安全转到主动管理型的网际安全，是历史赋予我们的重大任务。现在在网络上的对抗形势发生了变化，网络已没有国界，全体网民的共同“敌人”是恶意软件，就像“恐怖分子”是全世界人民的共同敌人一样。

在构建可信系统中，我国已提出或形成了新技术、新理论、新逻辑，在网际安全的新一轮国际竞争中占有非常有利的地位，这是历史赋予我们的绝好际遇。

新技术：认证系统的发展，促使与之相适应的新技术的出现。如果美国解决了这个技术，那么美国也不会把规模化认证技术作为今后发展的首要任务来提出来。靠第三方证明的体制，不满足验证的及时性。现在提出了很多基于标识的公钥体制，即可以自身证明其真实性的新型算法。我国 CPK（Combined Public Key）体制不需要第三方证明，同时也不需要在线数据库的支持，进而能满足验证的规模性和及时性。经十年的改进，目前 CPK 技术已能实现签名密钥可以由个人自行定义的隐私保护机制，使 CPK 技术更加成熟，为成为国家标准和国际标准迈进了一大步。

新理论：认证技术包括主体认证、客体认证、行为认证，其中最核心的技术是标识认证，这一直是世界性难题。过去由于没有标识认证技术，无法证明主体的真实性，只能采用“出于好意”的原则。现在，作为主体认证的基本技术提出了“标识认证”（identity authentication）理论。标识认证理论能做到在事件发生之前就能判别主体的真实性，使过去无法解决的课题变得迎刃而解了。因此，标识认证技术实际上就是全世界苦苦寻求的“银弹”。如：通信中的非法接入，可以依靠标识鉴别在数据通信发生之前就能判别发送方的真实性。

新逻辑：有了标识认证技术，就可以构建“可信逻辑”（trust logic）。以往的逻辑是证明客体真实性的逻辑，即假设主体是可信的前提下证明客体的真实性，称“相信逻辑”（belief logic）。可信逻辑要贯彻“互相怀疑”的原则，不能假设主体是可信的，而要求证明其真实性。以可信计算为例，要依次证明主体真实性、客体真实性、行为真实性。如：如果主体为真，就可以加载；加载后证明数据的真实性，即判断加载得对不对，如果对，则进行行为真实性证明，即执行得对不对。这种“事先”认证在军事对抗中，在交易过程中尤为明显，即在对抗或交易之前首先要识别“敌友”或“真假”。

可信系统的建立，主要依靠示证系统的建立。有了示证系统，就能很快判别其真伪。可以说，可信系统是建立在认证技术基础上的安全系统。过去信息安全工作的缺点就在于没有注重示证系统的建设。在没有提供示证的情况下企图判别真伪，结果把简单的事情反而变复杂化了。在现实生活中，我国有建立示证系统的成功经验，即每一公民都有公安部颁发的居民证，为出行、住店、办事提供了方便。网络上的情况与现实社会相仿，网络之所以混乱，就是因为这种证明系统还没有建立起来。CPK体制的标识认证，正是为建立这种证明系统提供了技术支持。

由此可见，网际安全或可信系统可以说是建立在认证系统上的信息安全。CPK体制、标识认证、可信逻辑为软件的代码认证、通信的可信接入、网上的可信交易，并为建立可信的网络秩序打下了良好的技术和理论基础，并开辟了更广泛的创新领域。如：IPv6、无线宽带移动网、sensor网、手机电话等复杂系统的认证，可以采用一个信任根下的扁平化（非层次化）管理的先进技术。

（南湘浩）

ISMS 系列国际标准的最新动态

众所周知，技术和管理是相辅相成的，信息安全并不仅是技术过程，而是一个综合防范的过程，信息安全管理是综合防范过程中的一个重要部分，在信息安全保障工作中必须管理与技术并重，进行综合防范，才能有效保障安全，这也是实现信息安全目标的必由之路。

信息安全管理体系（Information Security Management Systems，简称 ISMS）是管理体系方法在信息安全领域的运用，它可以从组织整体的角度来识别安全风险，通过采取相应的安全控制措施（既包括安全技术措施，也包括安全管理措施），达到综合防范、保障安全的目标。ISMS 的概念已经跳出了传统的"为了安全而安全"的理解，它强调的是基于业务风险方法来组织信息安全活动，其本身是组织整个管理体系的一部分。

1. ISMS 的发展现状

1.1 全球 ISMS 建设及认证情况

自 2002 年以来，全球许多组织开始建立和实施 ISMS，并认识到 ISMS 认证给组织带来的利益。截至 2008 年 6 月，全球通过 ISMS 认证的组织（限于 UKAS 认可的认证机构所实施的认证）已达 4629 家，其中包括我国内地的 106 家，台湾 181 家，香港 33 家，详细信息如表 1 所示。

Japan	2554 *	UAE	14	Sri Lanka	3
India	421	Philippines	12	Vietnam	3
UK	365	Switzerland	12	Belgium	2
Taiwan	181	France	11	Bulgaria	2
China	106	Saudi Arabia	10	Denmark	2
Germany	101	Pakistan	9	Lithuania	2
USA	67	Iceland	8	Oman	2
Hungary	61	Russian Federation	7	Peru	2
Korea	59	Sweden	7	Qatar	2
Australia	53	Thailand	7	Argentina	1
Italy	48	Greece	6	Armenia	1
Netherlands	34	Kuwait	6	Egypt	1
Hong Kong	33	Slovenia	6	Iran	1
Singapore	29	Bahrain	5	Gibraltar	1
Czech Republic	28	Slovakia	5	Lebanon	1

Malaysia	23	Colombia	4	Luxemburg	1
Poland	21	Romania	4	Macedonia	1
Austria	20	Canada	3	Moldova	1
Brazil	18	Chile	3	Morocco	1
Ireland	18	Croatia	3	New Zealand	1
Mexico	16	Indonesia	3	Ukraine	1
Finland	14	Isle of Man	3	Uruguay	1
Norway	14	Macau	3	Yugoslavia	1
Turkey	14	Portugal	3	Relative Total	4499
Spain	14	South Africa	3	Absolute Total	4489 *

表1　2008年6月全球ISMS证书数量及分布

1.2　国内ISMS建设及认证情况

根据表1，由UKAS认可的认证机构颁发的中国内地地区的ISMS证书已经达到106张。此外，2006年3月，中国国家认证认可监督管理委员会批准了4家ISMS试点认证机构，分别是信产部四所、华夏认证中心、上海认证中心、赛宝认证中心，这四家试点认证机构从2006年开始就启动了ISMS认证业务。2006年11月，中国信息安全认证中心成立，也开展了ISMS认证业务。通过这五家机构认证的ISMS组织也已经达到几十家。

国内通过ISMS认证的组织主要分布在上海、深圳、大连、北京等城市，主要集中于生产制造、金融、通信、软件开发以及IT服务等行业。

2. ISMS系列国际标准

2.1　ISMS标准体系——ISO/IEC 27000族简介

ISO/IEC 27000族是国际标准化组织专门为ISMS预留下来的系列相关国际标准的总称。根据国际标准化组织的最新计划，该系列标准的序号已经预留到27019，其中将27000～27010留给ISMS基本标准，27011～27019预留给特定行业的ISMS标准。此外，ISO/IEC SC27 WG4正在制定的2703X系列标准，属于安全控制与服务方面的标准，也可视为27000族的相关标准。可见ISMS标准将来会是一个庞大的家族。

2.1.1　ISMS国际标准化组织

ISO/IEC JTC1/SC27/WG1（国际标准化组织/国际电工委员会 信息技术委员会/安全技术分委员会/第一工作组）是制定和修订ISMS标准的国际组织，我国是该组织的P成员（Participating Member）国。ISO/IEC JTC1/SC27成立后设有三个工作组：

· WG1：需求、安全服务和指南工作组

· WG2：安全技术与机制工作组

· WG3：安全评价准则工作组

在2006年5月8日至17日西班牙马德里举行的SC27第32届工作组会议和第18届全体会议上，通过了2005年11月在马来西亚会议上提出的调整SC27组织结构的提案，将原来的三个工作组调整为现在五个工作组：

· WG1：ISMS工作组

· WG2：密码和安全机制工作组

· WG3：安全评价准则工作组

· WG4：安全控制与服务工作组

· WG5：识别管理与隐私技术工作组

SC27组织机构的这次调整，专门将WG1作为ISMS标准的工作组，负责开发ISMS相关的标准与指南，充分体现了ISMS的发展在全球范围内受到高度重视。

2.1.2 ISMS相关标准框架

2.1.2.1 类型

根据ISO GUIDE 72：2001（Guidelines for the justification and development of management system standards 管理体系标准合理性和制定导则）和ISO/IEC的相关导则，ISO/IEC JTC1/SC27/WG1将ISMS标准分为4类：

· Type A Vocabulary Standard A类——词汇标准

· Type B Requirements Standard B类——要求标准

· B-1：针对ISMS要求的标准

· B-2：针对特定行业ISMS要求的标准以及包含ISMS审核要求的标准

· Type C Guidelines Standard C类——指南标准

· C-1：针对ISMS/管理过程/控制措施/技术等综合方面的标准

· C-2：针对ISMS/管理过程/控制措施/技术特定部分的标准

· C-3：针对ISMS/管理过程/控制措施特定行业的标准

· Type D Related Standard D类——相关标准

A类——词汇标准：主要提供标准族中所有标准所涉及的基础信息，包括通用术语、基本原则等内容。《信息安全管理体系基础和术语ISO/IEC 27000》同《质量管理体系基础和术语ISO 9000》、《标准中使用的风险管理术语指南ISO Guide 73》类似，属于此类标准。

B类——要求标准：主要提供管理体系的相关规范，它能够使一个组织证明其有能力满足内部和外部信息安全要求。《信息安全管理体系要求ISO/IEC 27001》属于B-1类标准，《从事信息安全管理体系审核认证机构的要求ISO/IEC 27006》以及特定行业ISMS要求标准和包含ISMS审核要求的标准属于B-2类标准。

C类——指南标准：此类标准的目的是帮助一个组织实施要求标准，或为指南标准提供附加信息。C类标准既包括针对信息安全综合方面的标准，也包括关注信息安全特定部分或特定行业信息安全的标准。满足ISMS要求的指南标准、选择和实施信息安全控制措施的指南标准属于C-1类标准；实现特定信息安全管理过程的指南标准（例如控制措施有效性测量）、实施特定信息安全控制措施/技术的指南标准（例如信息安全事件管理）属于C-2类标准；实施特定行业ISMS要求的指南标准（例如银行业、软件工程业、通信业）属于C-3类标准。

D类——相关标准：此类标准严格说不是管理体系标准族中的标准，他们主要提供关于信息安全特定方面或相关支持技术的进一步的指南，此类标准一般独立开发，与要求类标准和指南类标准无明显的关联。

2.1.2.2　基本要素

从ISO发布的管理体系标准来看，存在一些公共要素，这些公共要素可分为以下几类：

a）方针策略；

b）策划；

c）实施和运行；

d）评估；

e）改进；

f）管理评审。

2.1.2.3　标准制定进度的标识

一般情况下，国际标准化组织在制定标准时，会将标准的制定进度划分为七个阶段，其中每个阶段可能会有不同的版本，以表明标准所处的状态，七个阶段分别为：

a）SP（Study Period）研究阶段；

b）NP（New Proposal）新工作项目；

c）WD（Working Draft）工作草案；

d）CD（Committee Draft）委员会草案；

e）FCD（Final Committee Draft）最终委员会草案；

f）FDIS（Final Draft International Standard）最终国际标准草案；

g）IS（International Standard）国际标准。

2.1.3　已发布的ISMS国际标准

目前国际标准化组织已经正式发布的ISMS国际标准有三个：ISO/IEC 27001、ISO/IEC 27002、ISO/IEC 27006。

· ISO/IEC 27001：2005

ISO/IEC 27001（Information security management systems - Requirements，信息安全管理体系要求），该标准属于ISMS系列标准的核心标准，于2005年10月15日正式发布。它同ISO 9001的性质一样，是ISMS的要求标准，类型属于B类标准，基本要素为方针策略。该标准内容共分8章和3个附录，其中附录A中的内容直接引自并与ISO/IEC 27002：2005第5到15章一致。

ISO/IEC 27001：2005适用于所有类型的组织（如企事业单位、政府机关等）。它从组织的整体业务风险的角度，为建立、实施、运行、监视、评审、保持和改进文件化的ISMS规定了要求，并提供了方法。它还规定了为适应不同组织或其部门的需要而定制的安全控制措施的实施要求。ISO/IEC 27001：2005是组织建立和实施ISMS的依据，也是ISMS认证机构实施审核的依据。

· ISO/IEC 27002：2005

ISO/IC 27002（Code of practice for Information security management，信息安全管理实用规则），该标准于2000年12月1日正式发布，标准号为ISO/IEC 17799，2005年6月15日发布修订版即ISO/IEC 17799：2005，原来版本同时废止。ISO/IEC 17799的2005年版本比2000年版本在结构和内容上都有较大的变化。2007年4月，该标准号变更为ISO/IEC 27002，但内容没有变化。该标准主要提供了信息安全控制措施的实施指南，类型属于C-1类标准，基本要素为实施和运行。

· ISO/IEC 27006：2007

ISO/UEC 27006：2007（Requirements for bodies providing certification of information security management systems，从事信息安全管理审核体系认证机构的要求），该标准于2007年2月15日发布，主要对从事ISMS认证的机构规定了要求，或者说规定了具备怎样的条件才可以从事ISMS认证业务，并提供了指南，其中的要求涵盖了ISO/IEC 17021和ISO/IEC 27001两个标准中的内容。该标准属于B-2标准，基本要素涵盖了方针策略、规划、实施和运行、评估、改进、管理评审等各个方面。

2.1.4 正在制定过程中的ISMS国际标准

· ISO/IEC 27000

ISO/IEC 27000（Information security management systems - Overview and vocabulary，信息安全管理体系基础和术语），ISMS标准族中的每个标准都有“术语和定义”部分，但不同标准的术语间往往缺乏协调性，ISO/IEC 27000将提供ISMS系列标准中共同使用的系统词汇、基本原则集以及术语和定义的整体框架，是ISMS标准族中最基础的标准之一，可促使ISMS相关标准更加协调一致，使读者能够清晰地理解各个标准。该标准将充分利用ISO/IEC 13335—1：2004的内容，同时将基于其他ISMS标准进一步丰富。

该标准属于A类标准，基本要素为策划。目前该标准处于FCD阶段，预计2009年5月发布。

· ISO/IE 27003

ISO/IEC 27003（Information security management system implementation guidance，信息安全管理体系实施指南），该标准为建立、实施、运行、监视、评审、保持和改进符合ISO/IEC 27001的ISMS提供了实施指南和进一步的信息。

该标准还将在组织如何从ISO/IEC 27002控制措施列表中选择并改进信息安全控制措施方面，提供概念、模型和实施的独立指南。

该标准属于C－1类标准，基本要素为实施和运行。目前该标准处于第一版CD阶段，预计2009年11月发布。

· ISO/IEC 27004

ISO/IEC 27004（Information security management measurements，信息安全管理测量），该标准主要为组织有效测量信息安全控制措施和ISMS过程的成功级别提供指南。

该标准将测量分为两个类别：有效性测量和过程测量，列出了多种测量方法，例如调查问卷、观察、知识评估、检查、二次执行、测试（包括设计测试和运行测试）以及抽样等。

该标准还为表明ISO/IEC 27001的特定应用是否满足组织的需求提供了机会，可促使组织的ISMS得到持续的改进。

该标准属于C－1类标准，基本要素为评估。目前该标准处于FCD阶段，预计2009年5月发布。

· ISO/IEC 27005

ISO/IEC 27005（Information security risk management，信息安全风险管理），该标准给出了信息安全风险管理的指南，其中所描述的技术遵循ISO/IEC 27001中的通用概念、模型和过程。

该标准介绍了一般性的风险管理过程，并重点阐述了风险评估的几个重要环节，包括风险评估、风险处理、风险接受、风险沟通、风险监视和评审等，并进一步给出了如何满足ISO/IEC 27001要求的信息。

在标准的附录中，给出了资产、影响、脆弱性以及风险评估的方法，并列出了常见的威胁和脆弱性。最后还给出了根据不同通信系统以及不同安全问题和威胁选择控制措施的方法。

该标准属于C－1类标准，基本要素为策划。目前该标准处于FDIS阶段，预计2008年10月发布。

· ISO/IEC 27007

ISO/IEC 27007（Guidelines for Information security management systems auditing，ISMS 审核指南），该标准的目的是提供如何实施 ISMS 审核的指南，以及 ISMS 审核员能力的指南。在支持 ISO/IEC 27006 和 ISO/IEC 19011 中的一般性审核员指南的基础上，该标准考虑了 ISMS 审核所需的特定指南。该标准不会重复 ISO/IEC 19011 中的信息，将详细说明 ISO/IEC 27001和 ISO/IEC 27006 中的要求。

该标准属于C－1类标准，基本要素涵盖了方针策略、规划、实施和运行、评估、改进、管理评审等各个方面。目前该标准处于第 2 版 WD 阶段，预计 2010 年 5 月发布。

· ISO/IEC 27008

ISO/IEC 27008（Guidance for Auditors on Information security management systems Controls，ISMS 控制措施审核员指南），该标准为所有审核员提供了关于 ISMS 控制措施的指南，包括验证 ISMS 控制措施实施的程度、基于 ISO/IEC 27002 中的指南来审核控制措施、优化 ISMS 过程和所需控制措施的关系以及确保审核资源使用的效率和效果等内容。

该标准属于 C－2 类标准，基本要素包括方针策略、规划等多个方面，目前处于 NP 阶段。

· ISO/IEC 27010

ISO/IEC 27010（Information security management：sector to sector interworking and communications for industry and government，信息安全管理：工业和政府的部门间的协作和交流），该标准为相同工业部门、不同工业部门以及工业部门与政府间的信息安全协作与交流提供指南，一方面关注关键时期关键基础设施的保护，另一方面关注正常业务环境中信息交流的安全问题。该标准属于 C－2 类标准，基本要素为实施和运行，目前处于 NP 阶段。

· ISO/IEC 27011

ISO/IEC 27011（Information security management guidelines for telecommunications organizations，电信组织信息安全管理指南），该标准主要是针对电信组织提出的信息安全管理指南，它的内容基于 ISO/IEC 27002：2005，添加了针对电信组织的特定控制措施的内容。该标准属于 C－3 类标准，基本要素为实施和运行，目前处于 FDIS 阶段，预计 2008 年 10 月发布。

· ISO/IEC 27012

ISO/IEC 27012（Information security management guidelines for e－government services，电子政务服务信息安全管理指南），该标准是继《电信组织信息安全管理指南 ISO/IEC 27011》之后的另一个特定行业 ISMS 标准，是“针对不同领域、不同专业部门提出具体信息安全控制目标和控制措施要求，并形成相应行业 ISMS 标准”发展趋势的体现。该标准属于

C－3类标准，基本要素为实施和运行，目前处于NP阶段。

2.1.5 WG4正在制定的国际标准简介

ISO/IEC JTC1/SC27 WG4，安全控制与服务工作组，是2006年成立的新工作组，其主要关注点在于三个方面，分别是：

1）未知和已显现的安全问题的预备和响应；

2）已知安全问题的管理和预防；

3）安全系统或自然灾害导致的安全失效的管理，包括已发生的安全问题或安全违规的调查。

其中ISO/IEC 2703X系列标准，也可视为ISMS系列标准中的内容，在此简要介绍。

针对以上三个方面的需求，WG4目前正在制定的标准如下图1所示：

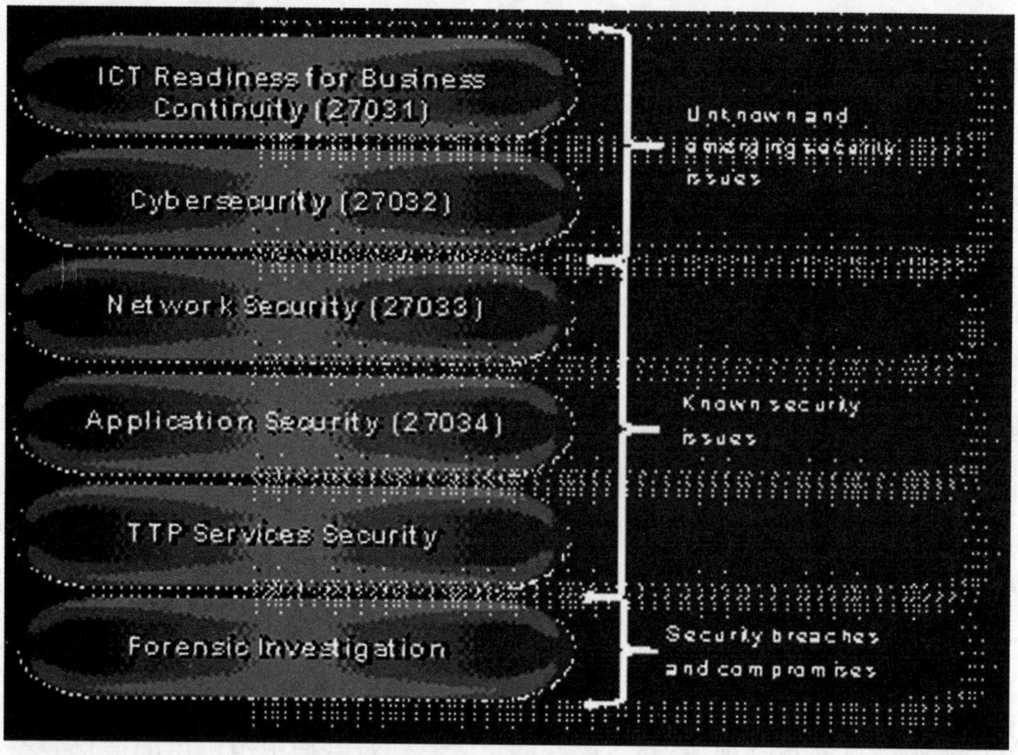

图1 WG4现有以及新项目/建议图

· ISO/IEC 27031

ISO/IEC 27031（ICT Readiness for Business Continuity，业务连续性的信息通信技术就绪），该标准是2007年9月启动的新项目，主要描述了业务连续性ICT就绪的概念和原则，并为所有组织提供了一个方法和过程的框架，来识别和规定改进其ICT就绪的所有方面，作为ISMS的一部分，确保其业务连续性。该标准还促使组织以持续和认可的方式测量其连续性，包括安全和就绪。该标准的范围包括对ICT基础设施和系统有影响的所有事项和事件。它包括并扩展了信息安全事件处理和管理的实践以及ICT就绪的策划和服务指南。

该标准共有八个部分，分别是：

第1部分：业务连续性的ICT就绪概要

第2部分：管理框架

第3部分：威胁监控和监测

第4部分：脆弱性管理

第5部分：事件管理

第6部分：服务

第7部分：测试和测量

第8部分：保障

目前ISO/IEC27031—1处于第2版WD阶段。

· ISO/IEC 27032

ISO/IEC 27032（Guidelines for Cybersecurity，网际安全指南），该标准主要提供信息安全控制措施特定类别的指南，在该标准中，阐明了网际安全的范围和目标，包括安全信息共享、企业网际安全最佳实践以及网际安全相关主题的用户教育等方面的指南。目前ISO/IEC 27032处于第1版WD阶段。

· ISO/IEC 27033

ISO/IEC 27033（Network security，网络安全），该标准将代替原来的ISO/IEC 18028系列标准，也是对信息安全控制措施的特定类别的指南。虽然目前ISO/IEC 18028系列标准与B类和C类标准没有明显的关联，但18028的内容接近于ISO/IEC 27002 10.6中的“网络安全管理”的内容。ISO/IEC 27033也将包括多个部分，其中前三个部分分别为：

第1部分：网络安全指南

第2部分：网络安全的设计和实施指南

第3部分：网络参考要素—风险、设计、技术和控制问题

目前ISO/IEC 27033—1处于第2版WD阶段，ISO/IEC 27033—2处于第2版WD阶段，ISO/IEC 27033—3处于第1版WD阶段。

· ISO/IEC 27034

ISO/IEC 27033（Application security，应用安全），也是一个多部分的标准，主要提供与应用系统相关的信息安全控制措施的特定类别的指南，其第1部分：概要和概念，目前处于第2版WD阶段。

3. 小结

ISO/IEC JTC1/SC27于2008年4月在日本京都召开了工作组会议以及第20届全体会

议，本文就该会议的一些最新情况，结合目前ISMS的发展，对ISMS国际标准化组织的构成、ISMS相关标准的框架作了简要介绍，重点阐述了ISMS系列国际标准的最新动态。

（王新杰　王连强）

第二章　大事记

1. 胡锦涛总书记强调：以创新的精神加强网络文化建设和管理

2007年1月23日，中共中央政治局就世界网络技术发展和中国网络文化建设与管理问题进行集体学习。胡锦涛总书记在主持学习时发表讲话，就加强网络文化建设和管理提出五项要求：

一是要坚持社会主义先进文化的发展方向，唱响网上思想文化的主旋律，努力宣传科学真理、传播先进文化、倡导科学精神、塑造美好心灵、弘扬社会正气。

二是要提高网络文化产品和服务的供给能力，提高网络文化产业的规模化、专业化水平，把博大精深的中华文化作为网络文化的重要源泉，推动中国优秀文化产品的数字化、网络化，加强高品位文化信息的传播，努力形成一批具有中国气派、体现时代精神、品位高雅的网络文化品牌，推动网络文化发挥滋润心灵、陶冶情操、愉悦身心的作用。

三是要加强网上思想舆论阵地建设，掌握网上舆论主导权，提高网上引导水平，讲求引导艺术，积极运用新技术，加大正面宣传力度，形成积极向上的主流舆论。

四是要倡导文明办网、文明上网，净化网络环境，努力营造文明健康、积极向上的网络文化氛围，营造共建共享的精神家园。

五是要坚持依法管理、科学管理、有效管理，综合运用法律、行政、经济、技术、思想教育、行业自律等手段，加快形成依法监管、行业自律、社会监督、规范有序的互联网信息传播秩序，切实维护国家文化信息安全。

2007年10月15日，胡锦涛总书记在中国共产党第十七次全国代表大会上指出，加强网络文化建设和管理，营造良好网络环境。大力弘扬爱国主义、集体主义、社会主义思想，以增强诚信意识为重点，加强社会公德、职业道德、家庭美德、个人品德建设，发挥道德模范榜样作用，引导人民自觉履行法定义务、社会责任、家庭责任。

2.《关于联合打击流氓软件、维护网民权益的声明》和《“恶意软件定义”细则》相继发布

2007年1月，反流氓软件联盟召开“流氓软件的综合治理研讨会暨反流氓软件立法促进研讨会”，并联合发表《关于联合打击流氓软件、维护网民权益的声明》，表示将加强在法律诉讼以及查杀流氓软件上的交流，呼吁国家立法机关加快流氓软件定义以及治理方法的立法步伐，呼吁执法机构追查流氓软件制作者。

2007年6月15日，中国互联网协会恶意软件协调工作组审议通过了《“恶意软件定义”细则》并正式对外公布。《“恶意软件定义”细则》对强制安装，难以卸载，恶意捆绑及其他侵犯用户知情权和选择权的恶意行为等八种现象进行详细的解释说明，只要涉及任意一项，即可被认定为恶意软件。

3．“熊猫烧香”病毒肆虐全国，病毒作者被判刑

2007年1月，“熊猫烧香”病毒在全国范围爆发，病毒变种达三百余个。2月，警方侦破此案，抓获了病毒制作者，并掌握了其背后的病毒产业链。9月，病毒制作者被以破坏计算机信息系统罪判刑。

4．中国密码学会成立

2007年3月25日至26日，中国密码学会第一届全国会员代表大会暨成立大会在京召开，大会审议通过了《中国密码学会章程》，选举产生了第一届理事会，广州大学裴定一教授当选为理事长。

5．第一批信息安全产品强制性认证目录审定

2007年4月，经国家信息安全产品认证管理委员会全体会议审定，13种信息安全产品列入第一批信息安全产品强制性认证目录，并按惯例向WTO进行了通报。这些产品是：防火墙、网络安全隔离卡与线路选择器、安全隔离与信息交换产品、安全路由器、智能卡COS、数据备份与恢复产品、安全操作系统、安全数据库系统、反垃圾邮件产品、入侵检测系统、网络脆弱性扫描产品、安全审计产品、网站恢复产品。

6．网上银行反欺诈联运机制启动

2007年4月26日，由中国银行、中国工商银行，中国建设银行、中国农业银行、招商银行等十几家商业银行和中国金融认证中心发起的“网上银行反欺诈联动机制”正式启动，其宗旨是通过建立和加强切实有效的行业联动机制和具体应对措施，进一步加固网上银行的资金安全。

7．《信息安全等级保护管理办法》公布，全国信息系统安全等级保护工作全面展开

2007年6月22日，《信息安全等级保护管理办法》（公通字〔2007〕43号）由公安部、国家保密局、国家密码管理局、国务院信息化工作办公室制定完成并审批通过，自发布之日起施行。《信息安全等级保护管理办法（试行）》（公通字〔2006〕7号）同时废止。

该管理办法包括总则、等级划分与保护、等级保护的实施与管理、涉及国家秘密信息系统的分级保护管理、信息安全等级保护的密码管理、法律责任以及附则共七章四十四条规则办法。7月20日，公安部、国务院信息办等4部门在北京联合召开“全国重要信息系统安全等级保护定级工作电视电话会议”，部署在全国范围内开展重要信息系统安全等级保护定级工作。国家信息安全等级保护协调小组组长、公安部副部长张新枫指出，信息安全等级保护制度是国家信息安全保障工作的基本制度。为了加快推进信息安全等级保护工作，此前，公安部、国务院信息办等部门已联合出台了有关信息安全等级保护工作的实施意见、管理办法等相关文件。定级是等级保护工作的首要环节，是开展信息系统建设、整改、测评、备案、监督检查等后续工作的重要基础。

8. 公安部“虚拟警察”工作在全国范围内展开

2007年8月，根据2006年公安部“虚拟警察”工作在全国八个城市试点的成果和经验，公安部决定在全国范围内开展互联网公开管理工作。互联网依法公开管理，是指公安网监部门借鉴公安机关传统治安管理工作经验，依据治安管理和互联网管理的有关法律法规，采取对网上虚拟社区、虚拟空间和虚拟人实行属地化、现实化管理的方式，开展网上社区巡查管理、基础管理、网上接警处置，服务群众等方面的工作。

公安机关以“报警岗亭”、“虚拟警察”的形式在网上公开巡查，可以震慑网上违法犯罪，接受群众报警求助，也有利于及时发现、处置网上有害信息，制止网上违法犯罪行为，维护网上治安秩序，保障互联网健康有序发展。

9. 微软与中国签署新一期政府安全计划源代码协议

2007年8月2日，微软与中国签署新一期政府安全计划源代码协议。根据该协议，中国信息安全产品检测中心和相关被授权机构将被授权在线即时查看包括Windows Vista、XP、2003、2000和CE6.0、5.0及4.2版的专业版全部源代码，以及Office专业版、2003以及Office系统中的任何附加产品在内的绝大部分现有版本的全部源代码以及相关技术信息。

10. 上海合作组织成员国元首签署关于保障国际信息安全行动计划

2007年8月16日，上海合作组织成员国元首理事会例行会议在比什凯克举行。哈萨克斯坦共和国总统纳扎尔巴耶夫、中华人民共和国主席胡锦涛、吉尔吉斯斯坦共和国总统巴吉耶夫、俄罗斯联邦总统普京、塔吉克斯坦共和国总统拉赫蒙、乌兹别克斯坦共和国总统卡里莫夫与会。

会议期间，六国元首签署了《比什凯克宣言》，批准了为落实2006年6月15日签署的《上海合作组织成员国元首关于国际信息安全的声明》而制定的《上海合作组织成员国保障国际信息安全行动计划》。

11.《信息系统灾难恢复规范》和《信息安全技术·服务器安全技术要求》相继实施

2007年11月1日，《信息系统灾难恢复规范》（GB/T 20988—2007）正式实施，这是中国灾难备份与恢复行业的第一个国家标准。《信息系统灾难恢复规范》规定了信息系统灾难恢复应遵循的基本要求，适用于信息系统灾难恢复的规划、审批、实施和管理。该规范对灾难恢复行业相应的术语和定义、灾难恢复概述、灾难恢复需求的确定、灾难恢复策略的制定和灾难恢复策略的实现等内容作了具体的描述。

2007年12月1日，国家标准化管理委员会和国家质量监督检验检疫总局联合发布的国标GB/T 21028—2007《信息安全技术·服务器安全技术要求》正式实施。该标准是我国第一个服务器安全标准，填补了国内外在服务器安全技术领域的空白。

12．信息安全主管部门联手开展净化网络环境行动

公安部、文化部、信息产业部、新闻出版总署联合发出通知，从2007年2月下旬开始用3个月的时间，开展规范网络游戏经营秩序、查禁利用网络游戏赌博的专项工作。

文化部、公安部、信息产业部、中国人民银行等14个部委联合印发的《关于进一步加强网吧及网络游戏管理工作的通知》发到相关企业。该通知明确了对黑网吧业主、为黑网吧提供互联网接入服务的运营商和为黑网吧提供场地业主的处罚规定，并首次明文强调“禁止倒卖虚拟货币”。

4月12日，全国依法打击网络淫秽色情专项行动电视电话会议在北京召开。全国依法打击网络淫秽色情专项行动协调小组组长、公安部副部长张新枫主持会议并作动员部署，中央宣传部、全国“扫黄打非”工作小组办公室、信息产业部、广播电影电视总局和国务院新闻办等部门负责同志出席会议并讲话。

12月，信息产业部组织中国电信等六家基础电信企业召开了“依法打击网络淫秽色情专项行动总结工作会议”；会议通报了专项行动总体情况与成效。在本次专项行动中，通过集中治理互联网接入等七个重点和热点业务市场，有效遏制了网络违法和不良信息的传播，进一步规范了市场秩序，营造了良好环境。

13．银行业金融机构联网核查公民身份信息系统和全国人口身份信息系统相继建成

中国人民银行、公安部于2007年7月26日在北京联合召开银行业金融机构联网核查公民身份信息系统建成运行新闻发布会，中国人民银行会同公安部于2007年6月底建成运行了联网核查系统。自此，银行机构在办理银行账户业务以及以账户为基础的支付结算、信贷等业务时，可通过联网核查系统方便、快捷地验证客户出示的居民身份证的真实性。公安部有关部门负责同志指出，在银行机构进行联网核查时，已采取了严密的技术手段和管理措施，确保公民身份信息的安全保密。

经过五年的建设，全国近13亿人口身份数据已于2006年年底全部入库，世界最大的人口身份信息数据库“全国公民身份信息系统”正式建成。该系统建成后，在保护公民个人隐私的前提下，以权威、齐备的身份信息数据为基础，可为社会各界提供多种身份信息服务，有效防范各种利用假身份证进行的欺诈和犯罪活动，为维护网络信息的安全，堵截不良信息源头提供有力的技术支持和保障，也为中国探索建设未来个人信用体系创造了条件。

14．中国政府表明愿同各国共同打击黑客的立场

针对西方一些媒体和政府部门发布中国黑客攻击他国的消息，中国外交部多次表明此等消息纯属无端猜测，并表明中国愿意同各国共同打击黑客的立场。温家宝总理也在与德国总理默克尔的会晤中表示：反对黑客袭击和破坏互联网和计算机系统是全世界面临的共同问题，我们愿意同德国政府保持合作，采取坚决有力的措施，制止任何破坏计算机体系的黑客行为。

第三章　法规标准篇

一、法规

（一）国务院及部委发布的法规

关于印发《信息安全等级保护管理办法》的通知

各省、自治区、直辖市公安厅（局）、保密局、国家密码管理局（国家密码管理委员会办公室）、信息化领导小组办公室，新疆生产建设兵团公安局、保密局、国家密码管理局、信息化领导小组办公室，中央和国家机关各部委保密委员会办公室、密码工作领导小组办公室、信息化领导小组办公室，各人民团体保密委员会办公室：

为加快推进信息安全等级保护，规范信息安全等级保护管理，提高信息安全保障能力和水平，维护国家安全、社会稳定和公共利益，保障和促进信息化建设，公安部、国家保密局、国家密码管理局、国务院信息化工作办公室制定了《信息安全等级保护管理办法》。现印发给你们，请认真贯彻执行。

公安部

国家保密局

国家密码管理局

国务院信息工作办公室

二〇〇七年六月二十二日

信息安全等级保护管理办法

第一章　总则

第一条　为规范信息安全等级保护管理，提高信息安全保障能力和水平，维护国家安全、社会稳定和公共利益，保障和促进信息化建设，根据《中华人民共和国计算机信息系统安全保护条例》等有关法律法规，制定本办法。

第二条　国家通过制定统一的信息安全等级保护管理规范和技术标准，组织公民、法人和其他组织对信息系统分等级实行安全保护，对等级保护工作的实施进行监督、管理。

第三条 公安机关负责信息安全等级保护工作的监督、检查、指导。国家保密工作部门负责等级保护工作中有关保密工作的监督、检查、指导。国家密码管理部门负责等级保护工作中有关密码工作的监督、检查、指导。涉及其他职能部门管辖范围的事项，由有关职能部门依照国家法律法规的规定进行管理。国务院信息化工作办公室及地方信息化领导小组办事机构负责等级保护工作的部门间协调。

第四条 信息系统主管部门应当依照本办法及相关标准规范，督促、检查、指导本行业、本部门或者本地区信息系统运营、使用单位的信息安全等级保护工作。

第五条 信息系统的运营、使用单位应当依照本办法及其相关标准规范，履行信息安全等级保护的义务和责任。

第二章 等级划分与保护

第六条 国家信息安全等级保护坚持自主定级、自主保护的原则。信息系统的安全保护等级应当根据信息系统在国家安全、经济建设、社会生活中的重要程度，信息系统遭到破坏后对国家安全、社会秩序、公共利益以及公民、法人和其他组织的合法权益的危害程度等因素确定。

第七条 信息系统的安全保护等级分为以下五级：

第一级，信息系统受到破坏后，会对公民、法人和其他组织的合法权益造成损害，但不损害国家安全、社会秩序和公共利益。

第二级，信息系统受到破坏后，会对公民、法人和其他组织的合法权益产生严重损害，或者对社会秩序和公共利益造成损害，但不损害国家安全。

第三级，信息系统受到破坏后，会对社会秩序和公共利益造成严重损害，或者对国家安全造成损害。

第四级，信息系统受到破坏后，会对社会秩序和公共利益造成特别严重损害，或者对国家安全造成严重损害。

第五级，信息系统受到破坏后，会对国家安全造成特别严重损害。

第八条 信息系统运营、使用单位依据本办法和相关技术标准对信息系统进行保护，国家有关信息安全监管部门对其信息安全等级保护工作进行监督管理。

第一级信息系统运营、使用单位应当依据国家有关管理规范和技术标准进行保护。

第二级信息系统运营、使用单位应当依据国家有关管理规范和技术标准进行保护。国家信息安全监管部门对该级信息系统信息安全等级保护工作进行指导。

第三级信息系统运营、使用单位应当依据国家有关管理规范和技术标准进行保护。国家信息安全监管部门对该级信息系统信息安全等级保护工作进行监督、检查。

第四级信息系统运营、使用单位应当依据国家有关管理规范、技术标准和业务专门需求进行保护。国家信息安全监管部门对该级信息系统信息安全等级保护工作进行强制监督、检查。

第五级信息系统运营、使用单位应当依据国家有关管理规范、技术标准和业务特殊安全需求进行保护。国家指定专门部门对该级信息系统信息安全等级保护工作进行专门监督、检查。

第三章　等级保护的实施与管理

第九条　信息系统运营、使用单位应当按照《信息系统安全等级保护实施指南》具体实施等级保护工作。

第十条　信息系统运营、使用单位应当依据本办法和《信息系统安全等级保护定级指南》确定信息系统的安全保护等级。有主管部门的，应当经主管部门审核批准。

跨省或者全国统一联网运行的信息系统可以由主管部门统一确定安全保护等级。

对拟确定为第四级以上信息系统的，运营、使用单位或者主管部门应当请国家信息安全保护等级专家评审委员会评审。

第十一条　信息系统的安全保护等级确定后，运营、使用单位应当按照国家信息安全等级保护管理规范和技术标准，使用符合国家有关规定、满足信息系统安全保护等级需求的信息技术产品，开展信息系统安全建设或者改建工作。

第十二条　在信息系统建设过程中，运营、使用单位应当按照《计算机信息系统安全保护等级划分准则》（GB17859－1999）、《信息系统安全等级保护基本要求》等技术标准，参照《信息安全技术 信息系统通用安全技术要求》（GB/T20271－2006）、《信息安全技术 网络基础安全技术要求》（GB/T20270－2006）、《信息安全技术 操作系统安全技术要求》（GB/T20272－2006）、《信息安全技术 数据库管理系统安全技术要求》（GB/T20273－2006）、《信息安全技术 服务器技术要求》、《信息安全技术 终端计算机系统安全等级技术要求》（GA/T671－2006）等技术标准同步建设符合该等级要求的信息安全设施。

第十三条　运营、使用单位应当参照《信息安全技术 信息系统安全管理要求》（GB/T20269－2006）、《信息安全技术 信息系统安全工程管理要求》（GB/T20282－2006）、《信息系统安全等级保护基本要求》等管理规范，制定并落实符合本系统安全保护等级要求的安全管理制度。

第十四条　信息系统建设完成后，运营、使用单位或者其主管部门应当选择符合本办法规定条件的测评机构，依据《信息系统安全等级保护测评要求》等技术标准，定期对信息系统安全等级状况开展等级测评。第三级信息系统应当每年至少进行一次等级测评，第四级信息系统应当每半年至少进行一次等级测评，第五级信息系统应当依据特殊安全需求进行等级测评。

信息系统运营、使用单位及其主管部门应当定期对信息系统安全状况、安全保护制度及措施的落实情况进行自查。第三级信息系统应当每年至少进行一次自查，第四级信息系统应当每半年至少进行一次自查，第五级信息系统应当依据特殊安全需求进行自查。

经测评或者自查，信息系统安全状况未达到安全保护等级要求的，运营、使用单位应当制订方案进行整改。

第十五条 已运营（运行）的第二级以上信息系统，应当在安全保护等级确定后30日内，由其运营、使用单位到所在地设区的市级以上公安机关办理备案手续。

新建第二级以上信息系统，应当在投入运行后30日内，由其运营、使用单位到所在地设区的市级以上公安机关办理备案手续。

隶属于中央的在京单位，其跨省或者全国统一联网运行并由主管部门统一定级的信息系统，由主管部门向公安部办理备案手续。跨省或者全国统一联网运行的信息系统在各地运行、应用的分支系统，应当向当地设区的市级以上公安机关备案。

第十六条 办理信息系统安全保护等级备案手续时，应当填写《信息系统安全等级保护备案表》，第三级以上信息系统应当同时提供以下材料：（一）系统拓扑结构及说明；（二）系统安全组织机构和管理制度；（三）系统安全保护设施设计实施方案或者改建实施方案；（四）系统使用的信息安全产品清单及其认证、销售许可证明；（五）测评后符合系统安全保护等级的技术检测评估报告；（六）信息系统安全保护等级专家评审意见；（七）主管部门审核批准信息系统安全保护等级的意见。

第十七条 信息系统备案后，公安机关应当对信息系统的备案情况进行审核，对符合等级保护要求的，应当在收到备案材料之日起的10个工作日内颁发信息系统安全等级保护备案证明；发现不符合本办法及有关标准的，应当在收到备案材料之日起的10个工作日内通知备案单位予以纠正；发现定级不准的，应当在收到备案材料之日起的10个工作日内通知备案单位重新审核确定。

运营、使用单位或者主管部门重新确定信息系统等级后，应当按照本办法向公安机关重新备案。

第十八条 受理备案的公安机关应当对第三级、第四级信息系统的运营、使用单位的信息安全等级保护工作情况进行检查。对第三级信息系统每年至少检查一次，对第四级信息系统每半年至少检查一次。对跨省或者全国统一联网运行的信息系统的检查，应当会同其主管部门进行。

对第五级信息系统，应当由国家指定的专门部门进行检查。

公安机关、国家指定的专门部门应当对下列事项进行检查：（一）信息系统安全需求是否发生变化，原定保护等级是否准确；（二）运营、使用单位安全管理制度、措施的落实情况；（三）运营、使用单位及其主管部门对信息系统安全状况的检查情况；（四）系统安全等级测评是否符合要求；（五）信息安全产品使用是否符合要求；（六）信息系统安全整改情况；（七）备案材料与运营、使用单位、信息系统的符合情况；（八）其他应当进行监督检查的事项。

第十九条 信息系统运营、使用单位应当接受公安机关、国家指定的专门部门的安全监督、检查、指导，如实向公安机关、国家指定的专门部门提供下列有关信息安全保护的信息资料及数据文件：（一）信息系统备案事项变更情况；（二）安全组织、人员的变动情况；（三）信息安全管理制度、措施变更情况；（四）信息系统运行状况记录；（五）运营、使用单位及主管部门定期对信息系统安全状况的检查记录；（六）对信息系统开展等级测评的技术测评报告；（七）信息安全产品使用的变更情况；（八）信息安全事件应急预案，信息安全事件应急处置结果报告；（九）信息系统安全建设、整改结果报告。

第二十条 公安机关检查发现信息系统安全保护状况不符合信息安全等级保护有关管理规范和技术标准的，应当向运营、使用单位发出整改通知。运营、使用单位应当根据整改通知要求，按照管理规范和技术标准进行整改。整改完成后，应当将整改报告向公安机关备案。必要时，公安机关可以对整改情况组织检查。

第二十一条 第三级以上信息系统应当选择使用符合以下条件的信息安全产品：（一）产品研制、生产单位是由中国公民、法人投资或者国家投资或者控股的，在中华人民共和国境内具有独立的法人资格；（二）产品的核心技术、关键部件具有我国自主知识产权；（三）产品研制、生产单位及其主要业务、技术人员无犯罪记录；（四）产品研制、生产单位声明没有故意留有或者设置漏洞、后门、木马等程序和功能；（五）对国家安全、社会秩序、公共利益不构成危害；（六）对已列入信息安全产品认证目录的，应当取得国家信息安全产品认证机构颁发的认证证书。

第二十二条 第三级以上信息系统应当选择符合下列条件的等级保护测评机构进行测评：（一）在中华人民共和国境内注册成立（港澳台地区除外）；（二）由中国公民投资、中国法人投资或者国家投资的企事业单位（港澳台地区除外）；（三）从事相关检测评估工作两年以上，无违法记录；（四）工作人员仅限于中国公民；（五）法人及主要业务、技术人员无犯罪记录；（六）使用的技术装备、设施应当符合本办法对信息安全产品的要求；（七）具有完备的保密管理、项目管理、质量管理、人员管理和培训教育等安全管理制度；（八）对国家安全、社会秩序、公共利益不构成威胁。

第二十三条 从事信息系统安全等级测评的机构，应当履行下列义务：（一）遵守国家有关法律法规和技术标准，提供安全、客观、公正的检测评估服务，保证测评的质量和效果；（二）保守在测评活动中知悉的国家秘密、商业秘密和个人隐私，防范测评风险；（三）对测评人员进行安全保密教育，与其签订安全保密责任书，规定应当履行的安全保密义务和承担的法律责任，并负责检查落实。

第四章　涉及国家秘密信息系统的分级保护管理

第二十四条　涉密信息系统应当依据国家信息安全等级保护的基本要求，按照国家保密工作部门有关涉密信息系统分级保护的管理规定和技术标准，结合系统实际情况进行保护。非涉密信息系统不得处理国家秘密信息。

第二十五条　涉密信息系统按照所处理信息的最高密级，由低到高分为秘密、机密、绝密三个等级。

涉密信息系统建设使用单位应当在信息规范定密的基础上，依据涉密信息系统分级保护管理办法和国家保密标准 BMB17 – 2006《涉及国家秘密的计算机信息系统分级保护技术要求》确定系统等级。对于包含多个安全域的涉密信息系统，各安全域可以分别确定保护等级。

保密工作部门和机构应当监督指导涉密信息系统建设使用单位准确、合理地进行系统定级。

第二十六条　涉密信息系统建设使用单位应当将涉密信息系统定级和建设使用情况，及时上报业务主管部门的保密工作机构和负责系统审批的保密工作部门备案，并接受保密部门的监督、检查、指导。

第二十七条　涉密信息系统建设使用单位应当选择具有涉密集成资质的单位承担或者参与涉密信息系统的设计与实施。

涉密信息系统建设使用单位应当依据涉密信息系统分级保护管理规范和技术标准，按照秘密、机密、绝密三级的不同要求，结合系统实际进行方案设计，实施分级保护，其保护水平总体上不低于国家信息安全等级保护第三级、第四级、第五级的水平。

第二十八条　涉密信息系统使用的信息安全保密产品原则上应当选用国产品，并应当通过国家保密局授权的检测机构依据有关国家保密标准进行的检测，通过检测的产品由国家保密局审核发布目录。

第二十九条　涉密信息系统建设使用单位在系统工程实施结束后，应当向保密工作部门提出申请，由国家保密局授权的系统测评机构依据国家保密标准 BMB22 – 2007《涉及国家秘密的计算机信息系统分级保护测评指南》，对涉密信息系统进行安全保密测评。

涉密信息系统建设使用单位在系统投入使用前，应当按照《涉及国家秘密的信息系统审批管理规定》，向设区的市级以上保密工作部门申请进行系统审批，涉密信息系统通过审批后方可投入使用。已投入使用的涉密信息系统，其建设使用单位在按照分级保护要求完成系统整改后，应当向保密工作部门备案。

第三十条 涉密信息系统建设使用单位在申请系统审批或者备案时，应当提交以下材料：（一）系统设计、实施方案及审查论证意见；（二）系统承建单位资质证明材料；（三）系统建设和工程监理情况报告；（四）系统安全保密检测评估报告；（五）系统安全保密组织机构和管理制度情况；（六）其他有关材料。

第三十一条 涉密信息系统发生涉密等级、连接范围、环境设施、主要应用、安全保密管理责任单位变更时，其建设使用单位应当及时向负责审批的保密工作部门报告。保密工作部门应当根据实际情况，决定是否对其重新进行测评和审批。

第三十二条 涉密信息系统建设使用单位应当依据国家保密标准 BMB20 – 2007《涉及国家秘密的信息系统分级保护管理规范》，加强涉密信息系统运行中的保密管理，定期进行风险评估，消除泄密隐患和漏洞。

第三十三条 国家和地方各级保密工作部门依法对各地区、各部门涉密信息系统分级保护工作实施监督管理，并做好以下工作：（一）指导、监督和检查分级保护工作的开展；（二）指导涉密信息系统建设使用单位规范信息定密，合理确定系统保护等级；（三）参与涉密信息系统分级保护方案论证，指导建设使用单位做好保密设施的同步规划设计；（四）依法对涉密信息系统集成资质单位进行监督管理；（五）严格进行系统测评和审批工作，监督检查涉密信息系统建设使用单位分级保护管理制度和技术措施的落实情况；（六）加强涉密信息系统运行中的保密监督检查。对秘密级、机密级信息系统每两年至少进行一次保密检查或者系统测评，对绝密级信息系统每年至少进行一次保密检查或者系统测评；（七）了解掌握各级各类涉密信息系统的管理使用情况，及时发现和查处各种违规违法行为和泄密事件。

第五章 信息安全等级保护的密码管理

第三十四条 国家密码管理部门对信息安全等级保护的密码实行分类分级管理。根据被保护对象在国家安全、社会稳定、经济建设中的作用和重要程度，被保护对象的安全防护要求和涉密程度，被保护对象被破坏后的危害程度以及密码使用部门的性质等，确定密码的等级保护准则。

信息系统运营、使用单位采用密码进行等级保护的，应当遵照《信息安全等级保护密码管理办法》、《信息安全等级保护商用密码技术要求》等密码管理规定和相关标准。

第三十五条 信息系统安全等级保护中密码的配备、使用和管理等，应当严格执行国家密码管理的有关规定。

第三十六条　信息系统运营、使用单位应当充分运用密码技术对信息系统进行保护。采用密码对涉及国家秘密的信息和信息系统进行保护的，应报经国家密码管理局审批，密码的设计、实施、使用、运行维护和日常管理等，应当按照国家密码管理有关规定和相关标准执行；采用密码对不涉及国家秘密的信息和信息系统进行保护的，须遵守《商用密码管理条例》和密码分类分级保护有关规定与相关标准，其密码的配备、使用情况应当向国家密码管理机构备案。

第三十七条　运用密码技术对信息系统进行系统等级保护建设和整改的，必须采用经国家密码管理部门批准使用或者准于销售的密码产品进行安全保护，不得采用国外引进或者擅自研制的密码产品；未经批准不得采用含有加密功能的进口信息技术产品。

第三十八条　信息系统中的密码及密码设备的测评工作由国家密码管理局认可的测评机构承担，其他任何部门、单位和个人不得对密码进行评测和监控。

第三十九条　各级密码管理部门可以定期或者不定期对信息系统等级保护工作中密码配备、使用和管理的情况进行检查和测评，对重要涉密信息系统的密码配备、使用和管理情况每两年至少进行一次检查和测评。在监督检查过程中，发现存在安全隐患或者违反密码管理相关规定或者未达到密码相关标准要求的，应当按照国家密码管理的相关规定进行处置。

第六章　法律责任

第四十条　第三级以上信息系统运营、使用单位违反本办法规定，有下列行为之一的，由公安机关、国家保密工作部门和国家密码工作管理部门按照职责分工责令其限期改正；逾期不改正的，给予警告，并向其上级主管部门通报情况，建议对其直接负责的主管人员和其他直接责任人员予以处理，并及时反馈处理结果：(一) 未按本办法规定备案、审批的；(二) 未按本办法规定落实安全管理制度、措施的；(三) 未按本办法规定开展系统安全状况检查的；(四) 未按本办法规定开展系统安全技术测评的；(五) 接到整改通知后，拒不整改的；(六) 未按本办法规定选择使用信息安全产品和测评机构的；(七) 未按本办法规定如实提供有关文件和证明材料的；(八) 违反保密管理规定的；(九) 违反密码管理规定的；(十) 违反本办法其他规定的。

违反前款规定，造成严重损害的，由相关部门依照有关法律、法规予以处理。

第四十一条　信息安全监管部门及其工作人员在履行监督管理职责中，玩忽职守、滥用职权、徇私舞弊的，依法给予行政处分；构成犯罪的，依法追究刑事责任。

第七章　附则

第四十二条　已运行信息系统的运营、使用单位自本办法施行之日起180日内确定信息系统的安全保护等级；新建信息系统在设计、规划阶段确定安全保护等级。

第四十三条　本办法所称“以上”包含本数（级）。

第四十四条　本办法自发布之日起施行，《信息安全等级保护管理办法（试行）》（公通字［2006］7号）同时废止。

关于印发《关于加强党政机关计算机信息系统安全和保密管理的若干规定》的通知

各省、自治区、直辖市保密局、信息化领导小组办公室，新疆生产建设兵团保密局、信息化领导小组办公室，中央和国家机关各部委保密委员会办公室、信息化领导小组办公室：

现将《关于加强党政机关计算机信息系统安全和保密管理的若干规定》印发给你们，请认真遵照执行。

国家保密局

国务院信息化工作办公室

二〇〇七年九月二十九日

关于加强党政机关计算机信息系统安全和保密管理的若干规定

为加强党政机关计算机信息系统安全和保密管理，保障计算机信息系统和国家秘密的安全，现依据国家有关法律法规和政策，针对当前网络安全保密管理工作存在的突出问题和薄弱环节，制定本规定。

一、按照“谁主管谁负责、谁运行谁负责”的原则，各部门在其职责范围内，负责本单位计算机信息系统的安全和保密管理。

二、各级党政机关应当明确一名主要领导负责计算机信息系统安全和保密工作，指定一个工作机构具体负责计算机信息系统安全和保密综合管理。各部门内设机构应当指定一名信息安全保密员。

三、计算机信息系统应当按照国家信息安全等级保护的要求实行分类分级管理。

四、涉及国家秘密的信息系统（以下简称涉密信息系统）应当按照国家保密法规和标准管理。涉密信息系统的建设，应当与保密设施的建设同步进行，经保密工作部门审批后，才能投入使用。

五、涉及国家秘密的信息（以下简称涉密信息）应当在涉密信息系统中处理。非涉密信息系统不得处理涉密信息。涉密信息系统必须与互联网及其他公共信息网络实行物理隔离。

六、要加强对与互联网连接的信息网络的管理，采取有效措施，防止违规接入，防范外部攻击，并留存互联网访问日志。

七、计算机的使用管理应当符合下列要求：

（一）对计算机及软件安装情况进行登记备案，定期核查；

（二）设置开机口令，长度不得少于8个字符，并定期更换，防止口令被盗；

（三）安装防病毒等安全防护软件，并及时进行升级；及时更新操作系统补丁程序；

（四）不得安装、运行、使用与工作无关的软件；

（五）严禁同一计算机既上互联网又处理涉密信息；

（六）严禁使用含有无线网卡、无线鼠标、无线键盘等具有无线互联功能的设备处理涉密信息；

（七）严禁将涉密计算机带到与工作无关的场所。

八、移动存储设备的使用管理应当符合下列要求：

（一）实行登记管理；

（二）移动存储设备不得在涉密信息系统和非涉密信息系统间交叉使用，涉密移动存储设备不得在非涉密信息系统中使用；

（三）移动存储设备在接入本单位计算机信息系统之前，应当查杀病毒、木马等恶意代码；

（四）鼓励采用密码技术等对移动存储设备中的信息进行保护；

（五）严禁将涉密存储设备带到与工作无关的场所。

九、数据复制操作管理应当符合下列要求：

（一）将互联网上的信息复制到处理内部信息的系统时，应当采取严格的技术防护措施，查杀病毒、木马等恶意代码，严防病毒等传播；

（二）严格限制从互联网向涉密信息系统复制数据。确需复制的，应当严格按照国家有关保密标准执行；

（三）不得使用移动存储设备从涉密计算机向非涉密计算机复制数据。确需复制的，应当采取严格的保密措施，防止泄密；

（四）复制和传递的涉密电子文档，应当严格按照复制和传递同等密级纸质文件的有关规定办理。

十、各级党政机关应当积极使用国产软硬件产品，公文处理软件、信息安全产品等原则上应当使用国产产品。

保密要害部门、部位使用的保密技术防护设备，应当按照有关保密规定和标准配备；使用进口设备和产品，应当进行技术检查。

十一、涉密计算机及相关设备维修，应当在本单位内部现场进行，并指定专人全过程监督，严禁维修人员读取和复制涉密信息。确需送修的，应当拆除涉密信息存储部件。

十二、涉密计算机及相关设备存储数据的恢复，必须由国家保密工作部门指定的具有涉密数据恢复资质的单位进行。

十三、处理内部信息的计算机及相关设备在变更用途时，应当使用能够有效删除数据的工具删除存储部件中的内部信息。

十四、涉密计算机及有关设备不再用于处理涉密信息或不再使用时，应当将涉密信息存储部件拆除或及时销毁。

涉密信息存储部件的销毁必须按照涉密载体销毁要求进行。

十五、加强对计算机使用人员的管理，开展经常性的保密教育培训，提高计算机使用人员的安全和保密意识与技能。

十六、各级党政机关应当与重点岗位的计算机使用人员签订安全保密责任书，明确安全和保密要求与责任。

十七、计算机使用人员离岗离职，有关部门应当即时取消其计算机信息系统访问授权，收回计算机、移动存储设备等相关物品。

十八、国家网络与信息安全协调小组办公室和国家保密局要在各自职责范围内，负责对中央和国家机关计算机信息系统安全和保密工作的协调、指导和督促检查。相关职能部门要密切配合，共同做好计算机信息系统安全和保密工作。

十九、各级党政机关要加强对本单位计算机信息系统安全和保密管理情况的监督，定期开展检查，发现问题及时纠正。

二十、计算机信息系统使用管理人员违法本规定，情节较轻的，由本单位予以批评教育；情节严重，造成安全和泄密隐患的，按有关规定处理。

二十一、违反本规定泄漏国家秘密的，按照有关规定给予直接责任人和有关领导行政或者党纪处分；构成犯罪的，依法追究刑事责任。

二十二、各级党政机关要根据本规定，结合实际，制定完善本单位计算机信息系统安全和保密管理的具体办法。

国家密码管理局公告（第8号）

现公布《商用密码产品使用管理规定》，自2007年5月1日起施行。

国家密码管理局

二〇〇七年三月二十四日

商用密码产品使用管理规定

第一条 为了规范商用密码产品使用行为，根据《商用密码管理条例》，制定本规定。

第二条 中国公民、法人和其他组织使用商用密码产品的行为适用本规定。

第三条 本规定所称商用密码产品，是指采用密码技术对不涉及国家秘密内容的信息进行加密保护或安全认证的产品。

第四条 国家密码管理局主管全国的商用密码产品使用管理工作。

省、自治区、直辖市密码管理机构依据本规定承担有关管理工作。

第五条 中国公民、法人和其他组织需要对不涉及国家秘密内容的信息进行加密保护或安全认证的，均可以使用商用密码产品。

使用商用密码产品，应当遵守国家法律，不得损害国家利益、社会公共利益和其他公民的合法权益，不得利用商用密码产品进行违法犯罪活动。

第六条 中国公民、法人和其他组织都应当使用国家密码管理局准予销售的商用密码产品，不得使用自行研制的或境外生产的密码产品。

国家密码管理局定期公布准予销售的商用密码产品目录。

第七条 需要使用商用密码产品的，应当到商用密码产品销售许可单位购买。

购买商用密码产品应当向商用密码产品销售许可单位出示本人身份证，说明直接使用商用密码产品的用户名称（姓名）、地址（住址）以及产品用途，提供用户组织机构代码证（居民身份证）复印件。

第八条 需要维修商用密码产品的，应当交该产品的生产单位或销售单位维修。

第九条 外商投资企业（包括中外合资经营企业、中外合作经营企业、外资企业、外商投资股份有限公司等）确因业务需要，必须使用境外生产的密码产品与境外进行互联互通的，经国家密码管理局批准，可以使用境外生产的密码产品。

外商投资企业申请使用境外生产的密码产品，应当事先填写《使用境外生产的密码产品登记表》，交所在地的省、自治区、直辖市密码管理机构。

省、自治区、直辖市密码管理机构自受理申请之日起5个工作日内，对《使用境外生产的密码产品登记表》进行审查并报国家密码管理局。

国家密码管理局应当自省、自治区、直辖市密码管理机构受理申请之日起20个工作日内，对《使用境外生产的密码产品登记表》进行审核。准予使用的，发给《使用境外生产的密码产品准用证》。

《使用境外生产的密码产品准用证》有效期3年。

第十条　使用境外生产的密码产品的外商投资企业的名称、地址、密码产品用途发生变更的，应当自变更之日起10日内，到所在地的省、自治区、直辖市密码管理机构办理《使用境外生产的密码产品准用证》更换手续。

第十一条　外商投资企业终止使用境外生产的密码产品的，应当自终止使用之日起30日内，书面告知所在地的省、自治区、直辖市密码管理机构，并交回《使用境外生产的密码产品准用证》。

第十二条　外商投资企业申请使用的密码产品需要从境外进口的，应当申请办理《密码产品进口许可证》。

密码产品入境时，外商投资企业应当向海关如实申报并提交《密码产品进口许可证》，海关凭此办理验放手续。

第十三条　用户不得转让其使用的密码产品。

第十四条　违反本规定的行为，依照《商用密码管理条例》予以处罚。

第十五条　《使用境外生产的密码产品登记表》、《使用境外生产的密码产品准用证》、《密码产品进口许可证》由国家密码管理局统一印制。

第十六条　本规定自2007年5月1日起施行。

国家密码管理局公告（第9号）

现公布《境外组织和个人在华使用密码产品管理办法》，自2007年5月1日起施行。

国家密码管理局

二〇〇七年三月二十四日

境外组织和个人在华使用密码产品管理办法

第一条　为了规范境外组织和个人在中国境内使用密码产品以及含有密码技术的设备（以下统称密码产品）的行为，根据《商用密码管理条例》，制定本办法。

第二条　境外组织和个人在中国境内使用密码产品的行为适用本办法。外国驻华使馆、领事机构，国际组织驻华代表机构等享有相应特权和豁免权的机构除外。

第三条　本办法所称境外组织，是指依照外国法律在中国境外成立的组织，包括这些组织在中国境内设立的分支机构、办事机构、代表机构等。

本办法所称境外个人，是指依照《中华人民共和国国籍法》不具有中国国籍的人。

本办法所称密码产品，是指采用密码技术对信息进行加密保护或安全认证的产品，包括境外生产的密码产品和中国生产的密码产品。

第四条　国家密码管理局主管境外组织和个人在中国境内使用密码产品的管理工作。

省、自治区、直辖市密码管理机构依据本办法承担有关管理工作。

第五条　境外组织或个人在中国境内使用密码产品，应当事先填写《境外组织或个人使用密码产品申报登记表》，交所在地的省、自治区、直辖市密码管理机构。

省、自治区、直辖市密码管理机构应当自受理申请之日起5个工作日内，对《境外组织或个人使用密码产品申报登记表》进行审查并报国家密码管理局。

国家密码管理局应当自省、自治区、直辖市密码管理机构受理申请之日起20个工作日内，对《境外组织或个人使用密码产品申报登记表》进行审核。准予使用的，发给《境外组织或个人使用密码产品准用证》。

《境外组织或个人使用密码产品准用证》有效期3年。

第六条　境外组织或个人使用的密码产品需要从境外进口的，应当申请办理《密码产品进口许可证》。

密码产品入境时，境外组织或个人应当向海关如实申报并提交《密码产品进口许可证》，海关凭此办理验放手续。

第七条 境外组织或个人使用中国生产的密码产品，应当到中国商用密码产品销售许可单位购买，并出示《境外组织或个人使用密码产品准用证》。

第八条 使用密码产品的境外组织或个人的名称（姓名）、地址（住址）、密码产品用途发生变更的，应当自变更之日起10日内，到所在地的省、自治区、直辖市密码管理机构办理《境外组织或个人使用密码产品准用证》更换手续。

第九条 境外组织或个人终止使用密码产品的，应当自终止使用之日起30日内，书面告知所在地的省、自治区、直辖市密码管理机构，并交回《境外组织或个人使用密码产品准用证》。

第十条 境外组织和个人不得转让其使用的密码产品。

第十一条 境外组织和个人在中国境内使用密码产品，应当遵守中国法律，不得危害中国国家安全、损害社会公共利益、破坏社会公共秩序。

第十二条 违反本办法的行为，依照《商用密码管理条例》予以处罚。

第十三条 《境外组织或个人使用密码产品申报登记表》、《境外组织或个人使用密码产品准用证》、《密码产品进口许可证》由国家密码管理局统一印制。

第十四条 香港特别行政区、澳门特别行政区、台湾地区的组织和个人在内地使用密码产品的行为，参照本办法进行管理。

第十五条 本办法自2007年5月1日起施行。

关于印发《信息安全等级保护商用密码管理办法》的通知

国密局发［2007］11号

各省、自治区、直辖市国家密码管理局（国家密码管理委员会办公室），新疆生产建设兵团国家密码管理局：

为规范信息安全等级保护商用密码管理，提高信息化密码保障能力，依据《商用密码管理条例》和公安等四部门联合印发的《信息安全等级保护管理办法》，我局制定了《信息安全等级保护商用密码管理办法》。现印发给你们，请认真贯彻执行。

国家密码管理局

二〇〇七年十一月二十七日

信息安全等级保护商用密码管理办法

第一条 为规范信息安全等级保护中使用商用密码的行为，依据《商用密码管理条例》和《信息安全等级保护管理办法》，制定本办法。

第二条 信息安全等级保护中使用商用密码对不涉及国家秘密内容的信息进行加密保护或者安全认证的行为，适用本办法。

第三条 国家密码管理局主管全国的信息安全等级保护中使用商用密码的管理工作。

省、自治区、直辖市密码管理机构，中央和国家机关有关部委密码管理机构负责本地区、本部门信息安全等级保护中使用商用密码的具体管理工作。

第四条 各级信息系统使用商用密码应当符合《信息安全等级保护商用密码技术要求》。

第五条 信息安全等级保护中使用的商用密码产品，应当是国家密码管理局准予销售的产品。

第六条 信息系统运营、使用单位应当按照《商用密码产品目录》选用商用密码产品。

第七条 信息安全等级保护中第二级及以上的信息系统使用商用密码产品应当备案，填写《信息安全等级保护商用密码产品备案表》。

中央和国家机关有关部委统一定级的信息系统使用商用密码产品，由本部门密码管理机构向国家密码管理局备案。

其他信息系统等级保护中使用商用密码产品，由信息系统所属单位向所在地的省、自治区、直辖市密码管理机构备案。

省、自治区、直辖市密码管理机构定期将备案汇兑情况报国家密码管理局。

第八条 信息系统运行过程中，商用密码产品使用情况发生变化的，应重新备案。

第九条 国家密码管理局和省、自治区、直辖市密码管理机构对第三级以上信息系统使用商用密码的情况进行检查。其中，第三级信息系统每两年检查一次，第四级、第五级信息系统每年检查一次；检查工作可以结合商用密码测评工作进行。

第十条 国家密码管理局和省、自治区、直辖市密码管理机构对未按照要求使用商用密码产品的，及时向备案单位发出整改通知，并对整改情况进行督促检查。

第十一条 信息安全等级保护商用密码测评工作由国家密码管理局指定的测评机构承担。

第十二条 信息安全等级保护商用密码测评机构应严格按照《信息安全等级保护商用密码技术要求》及相关规定进行测评。

第十三条 信息安全等级保护中违反商用密码管理规定的，由密码管理机构依据《商用密码管理条例》和《信息安全等级保护管理办法》及相关规定予以处罚。

第十四条 本办法由国家密码管理局负责解释。

第十五条 本办法自 2008 年 1 月 1 日起施行。

中华人民共和国国家发展和改革委员会令

第55号

为了贯彻落实《国务院关于投资体制改革的决定》，全面加强国家电子政务工程建设项目管理，保证工程建设质量，提高投资效益，特制定《国家电子政务工程建设项目管理暂行办法》，经国家发展和改革委员会主任办公会讨论通过，现予公布，自2007年9月1日起施行。

国家发展和改革委员会主任：马凯

二〇〇七年八月十三日

国家电子政务工程建设项目管理暂行办法

第一章　总　则

第一条　为全面加强国家电子政务工程建设项目管理，保证工程建设质量，提高投资效益，根据《国务院关于投资体制改革的决定》及相关规定，制定本办法。

第二条　本办法适用于使用中央财政性资金的国家电子政务工程建设项目（以下简称“电子政务项目”）。

第三条　本办法所称电子政务项目主要是指：国家统一电子政务网络、国家重点业务信息系统、国家基础信息库、国家电子政务网络与信息安全保障体系相关基础设施、国家电子政务标准化体系和电子政务相关支撑体系等建设项目。

电子政务项目建设应以政务信息资源开发利用为主线，以国家统一电子政务网络为依托，以提高应用水平、发挥系统效能为重点，深化电子政务应用，推动应用系统的互联互通、信息共享和业务协同，建设符合中国国情的电子政务体系，提高行政效率，降低行政成本，发挥电子政务对加强经济调节、市场监管和改善社会管理、公共服务的作用。

第四条　本办法所称项目建设单位是指中央政务部门和参与国家电子政务项目建设的地方政务部门。项目建设单位负责提出电子政务项目的申请，组织或参与电子政务项目的设计、建设和运行维护。

第五条　本办法所称项目审批部门是指国家发展改革委。项目审批部门负责国家电子政务建设规划的编制和电子政务项目的审批，会同有关部门对电子政务项目实施监督管理。

第二章　申报和审批管理

第六条　项目建设单位应依据中央和国务院的有关文件规定和国家电子政务建设规划，研究提出电子政务项目的立项申请。

第七条　电子政务项目原则上包括以下审批环节：项目建议书、可行性研究报告、初步设计方案和投资概算。对总投资在3000万元以下及特殊情况的，可简化为审批项目可行性研究报告（代项目建议书）、初步设计方案和投资概算。

第八条　项目建设单位应按照《国家电子政务工程建设项目项目建议书编制要求》（附件一）的规定，组织编制项目建议书，报送项目审批部门。项目审批部门在征求相关部门意见，并委托有资格的咨询机构评估后审核批复，或报国务院审批后下达批复。项目建设单位在编制项目建议书阶段应专门组织项目需求分析，形成需求分析报告送项目审批部门组织专家提出咨询意见，作为编制项目建议书的参考。

第九条　项目建设单位应依据项目建议书批复，按照《国家电子政务工程建设项目可行性研究报告编制要求》（附件二）的规定，招标选定或委托具有相关专业甲级资质的工程咨询机构编制项目可行性研究报告，报送项目审批部门。项目审批部门委托有资格的咨询机构评估后审核批复，或报国务院审批后下达批复。

第十条　项目建设单位应依据项目审批部门对可行性研究报告的批复，按照《国家电子政务工程建设项目初步设计方案和投资概算报告编制要求》（附件三）的规定，招标选定或委托具有相关专业甲级资质的设计单位编制初步设计方案和投资概算报告，报送项目审批部门。项目审批部门委托专门评审机构评审后审核批复。

第十一条　中央和地方政务部门共建的电子政务项目，由中央政务部门牵头组织地方政务部门共同编制项目建议书，涉及地方的建设内容及投资规模，应征求地方发展改革部门的意见。项目审批部门整体批复项目建议书后，其项目可行性研究报告、初步设计方案和投资概算，由中央和地方政务部门分别编制，并报同级发展改革部门审批。地方发展改革部门应按照项目建议书批复要求审批地方政务部门提交的可行性研究报告，并事先征求中央政务部门的意见。地方发展改革部门在可行性研究报告、初步设计方案和投资概算审批方面有专门规定的，可参照地方规定执行。

第十二条　中央和地方共建的需要申请中央财政性资金补助的地方电子政务项目，应按照《中央预算内投资补助和贴息项目管理暂行办法》（国家发展和改革委员会令第31

号）的规定，由地方政务部门组织编制资金申请报告，经地方发展改革部门审查并报项目审批部门审批。补助资金可根据项目建设进度一次或分次下达。

第十三条　项目审批部门对电子政务项目的项目建议书、可行性研究报告、初步设计方案和投资概算的批复文件是项目建设的主要依据。批复中核定的建设内容、规模、标准、总投资概算和其他控制指标原则上应严格遵守。

项目可行性研究报告的编制内容与项目建议书批复内容有重大变更的，应重新报批项目建议书。项目初步设计方案和投资概算报告的编制内容与项目可行性研究报告批复内容有重大变更或变更投资超出已批复总投资额度百分之十的，应重新报批可行性研究报告。项目初步设计方案和投资概算报告的编制内容与项目可行性研究报告批复内容有少量调整且其调整内容未超出已批复总投资额度百分之十的，需在提交项目初步设计方案和投资概算报告时以独立章节对调整部分进行定量补充说明。

第三章　建设管理

第十四条　项目建设单位应建立健全责任制，并严格执行招标投标、政府采购、工程监理、合同管理等制度。

第十五条　项目建设单位应确定项目实施机构和项目责任人，并建立健全项目管理制度。项目责任人应向项目审批部门报告项目建设过程中的设计变更、建设进度、概算控制等情况。项目建设单位主管领导应对项目建设进度、质量、资金管理及运行管理等负总责。

第十六条　电子政务项目采购货物、工程和服务应按照《中华人民共和国招标投标法》和《中华人民共和国政府采购法》的有关规定执行，并遵从优先采购本国货物、工程和服务的原则。

第十七条　项目建设单位应依法并依据可行性研究报告审批时核准的招标内容和招标方式组织招标采购，确定具有相应资质和能力的中标单位。项目建设单位与中标单位订立合同，并严格履行合同。

第十八条　电子政务项目实行工程监理制。项目建设单位应按照信息系统工程监理的有关规定，委托具有信息系统工程相应监理资质的工程监理单位，对项目建设进行工程监理。

第十九条　项目建设单位应于每年七月底和次年一月底前，向项目审批部门、财政部门报告项目上半年和全年建设进度和概预算执行情况。

第二十条　项目建设单位必须严格按照项目审批部门批复的初步设计方案和投资概算实施项目建设。如有特殊情况，主要建设内容或投资概算确需调整的，必须事先向项目审批部门提交调整报告，履行报批手续。对未经批准擅自进行重大设计变更而导致超概算的，项目审批部门不再受理事后调概申请。

第二十一条 项目建设过程中出现工程严重逾期、投资重大损失等问题，项目建设单位应及时向项目审批部门报告，项目审批部门依照有关规定可要求项目建设单位进行整改和暂停项目建设。

第四章 资金管理

第二十二条 项目建设单位在可行性研究报告批复后，可申请项目前期工作经费。项目前期工作经费主要用于开展应用需求分析、项目建议书、可行性研究、初步设计方案和投资概算的编制、专家咨询评审等工作。项目审批部门根据项目实际情况批准下达前期工作经费，前期工作经费计入项目总投资。

第二十三条 项目建设单位应在初步设计方案和投资概算获得批复及具备开工建设条件后，根据项目实施进度向项目审批部门提出年度资金使用计划申请，项目审批部门将其作为下达年度中央投资计划的依据。

初步设计方案和投资概算未获批复前，原则上不予下达项目建设资金。对确需提前安排资金的电子政务项目（如用于购地、购房、拆迁等），项目建设单位可在项目可行性研究报告批复后，向项目审批部门提出资金使用申请，说明要提前安排资金的原因及理由，经项目审批部门批准后，下达项目建设资金。

第二十四条 项目建设单位应严格按照财政管理的有关规定使用财政资金，专账管理、专款专用。

第五章 监督管理

第二十五条 项目建设单位应接受项目审批部门及有关部门的监督管理。

第二十六条 项目审批部门负责对电子政务项目进行稽查，主要监督检查在项目建设过程中，项目建设单位执行有关法律、法规和政策的情况，以及项目招标投标、工程质量、进度、资金使用和概算控制等情况。对稽查过程中发现有违反国家有关规定及批复要求的，项目审批部门可要求项目建设单位限期整改或遵照有关规定进行处理。对拒不整改或整改后仍不符合要求的，项目审批部门可对其进行通报批评、暂缓拨付建设资金、暂停项目建设、直至终止项目。

第二十七条 有关部门依法对电子政务项目建设中的采购情况、资金使用情况，以及是否符合国家有关规定等实施监督管理。

第二十八条 项目建设单位及相关部门应当协助稽查、审计等监督管理工作，如实提供建设项目有关的资料和情况，不得拒绝、隐匿、瞒报。

第六章　验收评价管理

第二十九条　电子政务项目建设实行验收和后评价制度。

第三十条　电子政务项目应遵循《国家电子政务工程建设项目验收工作大纲》（附件四，以下简称《验收工作大纲》）的相关规定开展验收工作。项目验收包括初步验收和竣工验收两个阶段。初步验收由项目建设单位按照《验收工作大纲》要求自行组织；竣工验收由项目审批部门或其组织成立的电子政务项目竣工验收委员会组织；对建设规模较小或建设内容较简单的电子政务项目，项目审批部门可委托项目建设单位组织验收。

第三十一条　项目建设单位应在完成项目建设任务后的半年内，组织完成建设项目的信息安全风险评估和初步验收工作。初步验收合格后，项目建设单位应向项目审批部门提交竣工验收申请报告，并将项目建设总结、初步验收报告、财务报告、审计报告和信息安全风险评估报告等文件作为附件一并上报。项目审批部门应适时组织竣工验收。项目建设单位未按期提出竣工验收申请的，应向项目审批部门提出延期验收申请。

第三十二条　项目审批部门根据电子政务项目验收后的运行情况，可适时组织专家或委托相关机构对建设项目的系统运行效率、使用效果等情况进行后评价。后评价认为建设项目未实现批复的建设目标或未达到预期效果的，项目建设单位要限期整改；对拒不整改或整改后仍不符合要求的，项目审批部门可对其进行通报批评。

第七章 运行管理

第三十三条　电子政务项目建成后的运行管理实行项目建设单位负责制。项目建设单位应确立项目运行机构，制定和完善相应的管理制度，加强日常运行和维护管理，落实运行维护费用。鼓励专业服务机构参与电子政务项目的运行和维护。

第三十四条　项目建设单位或其委托的专业机构应按照风险评估的相关规定，对建成项目进行信息安全风险评估，检验其网络和信息系统对安全环境变化的适应性及安全措施的有效性，保障信息安全目标的实现。

第八章　法律责任

第三十五条　相关部门、单位或个人违反国家有关规定，截留、挪用电子政务项目资金等，由有关部门按照《财政违法行为处罚处分条例》等相关规定予以惩处；构成犯罪的，移交有关部门依法追究刑事责任。

第三十六条　对违反本办法其他规定的或因管理不善、弄虚作假，造成严重超概算、质量低劣、损失浪费、安全事故或者其他责任事故的，项目审批部门可予以通报批评，并提请有关部门对负有直接责任的主管人员和其他责任人员依法给予处分；构成犯罪的，移交有关部门依法追究刑事责任。

第九章 附则

第三十七条 本办法由国家发展和改革委员会负责解释。

第三十八条 本办法自二〇〇七年九月一日起施行。

（二）地方政府发布的法规

北京市信息化促进条例（选摘）

（2007年9月14日北京市第十二届人民代表大会常务委员会第三十八次会议通过）

第五章 信息安全保障

第三十二条 本市对网络与信息系统按照国家和本市有关规定实行安全等级保护制度。

网络与信息系统的建设单位和运行维护单位应当按照国家信息安全等级保护管理规范和技术标准确定本单位网络与信息系统的安全保护等级，并按照国家和本市有关规定进行备案、审批。

第三十三条 信息系统的建设单位和运行维护单位应当根据确定的安全保护等级，按照国家信息安全等级保护管理规范和技术标准，保证相应投入，同步开展信息系统安全建设或者改建工作；建设完成后，建设单位和运行单位应当按照国家有关规定开展安全等级技术测评工作，并根据结果采取措施保障网络与信息系统的安全。

第三十四条 本市网络与信息系统的建设单位和运行维护单位应当加强安全管理，并制定网络与信息系统安全事件应急预案，定期进行演练。

发生网络与信息系统安全事故后，相关单位应当迅速采取措施降低损害程度，防止事故扩大，保存相关记录，并按照规定及时向同级信息化主管部门报告。

市和区、县人民政府有关部门应当组织制定相关行业的网络与信息系统安全事件应急预案，组织、协调有关单位做好应急预案的落实工作。

第三十五条 本市组建公共服务网络与信息系统信息安全应急救援服务体系，建立信息安全情况通报和协调机制，为发生公共服务信息安全事件的单位提供救援服务，为全市应急指挥体系提供网络与信息系统安全保障。

第三十六条 任何单位和个人不得利用网络与信息系统从事危害国家安全，扰乱公共秩序，损害公民、法人和其他组织的合法权益，危害网络和信息系统安全以及散布、传播违法信息等活动。

第三十七条 涉及国家秘密的信息化工程的管理，按照国家保密有关规定执行。

第七章 法律责任

第四十三条 违反本条例第十一条规定，未经资质认证的单位承揽、以其他单位名义承揽相应领域的信息化工程，或者已经资质认证的单位超越本单位资质等级承揽信息化工程的，由市或者区、县信息化主管部门给予警告，责令限期改正；情节严重的，处以1万元以上10万元以下罚款。

第四十四条 违反本条例第三十四条规定，未按要求制定网络与信息系统安全事件应急预案，或者对网络与信息系统安全事故情况隐瞒不报、谎报或者拖延不报的，由市或者区、县信息化主管部门责令限期改正，并可处3万元以下罚款。

第四十五条 违反本条例规定，有下列行为之一的，由有关部门依照《中华人民共和国政府信息公开条例》、《中华人民共和国计算机信息系统安全保护条例》等有关规定责令改正，给予警告或者责令停机整顿，并对直接负责的主管人员和其他直接责任人员依法处理：

（一）违反第十九条规定，未按照国家和本市的规定公开政务信息的；

（二）违反第三十二条规定，网络与信息系统的建设单位和运行维护单位未依法进行安全保护等级备案、审批的；

（三）违反第三十三条规定，未进行网络与信息系统安全建设或者改建工作，或者未进行网络与信息系统安全等级技术测评的。

第四十六条 违反本条例规定，有下列行为之一的，市或者区、县信息化主管部门可以对责任单位给予通报批评；造成重大损失的，依照有关法律、法规予以处理：

（一）违反第十七条规定，没有正当理由，重复采集政务信息资源目录内信息的；

（二）违反第二十九条第二款规定，未经审查同意擅自接入电子政务网络的。

第四十七条 对于信息化发展过程中有危害国家安全，扰乱公共秩序，损害公民、法人和其他组织的合法权益，危害网络与信息系统安全以及散布、传播违法信息等活动的，由国家安全、公安、保密、工商以及其他部门依法处理；构成犯罪的，依法追究刑事责任。

第四十八条 市和区、县信息化主管部门以及其他有关部门的工作人员在信息化工作中徇私舞弊、滥用职权、玩忽职守的，由有关部门依法给予行政处分；构成犯罪的，依法追究刑事责任。

关于印发《北京市政务外网管理办法》的通知

各市委、市政府各有关单位、各区县信息化主管部门：

为加强对本市电子政务网络中政务外网的管理，根据《北京市信息化工作领导小组关于推进北京市电子政务网络建设的意见》（京信发〔2007〕1号），我办组织制定了《北京市政务外网管理办法》，现印发给各单位，请遵照执行。

附件：《北京市政务外网管理办法》

北京市信息化工作办公室

二〇〇七年八月二十三日

北京市政务外网管理办法

第一章 总 则

第一条 为加强对本市电子政务网络中政务外网的管理，依据《中共中央办公厅、国务院办公厅转发<国家信息化领导小组关于推进国家电子政务网络建设的意见>的通知》、《北京市信息化工作领导小组关于推进北京市电子政务网络建设的意见》和其他政策法规，结合本市实际情况，制定本办法。

第二条 政务外网主要满足本市各级政务部门经济调节、市场监管、社会管理、公共服务等业务的需要，由市和区县两级网络组成。各单位通过电子政务传输网接入政务外网。

电子政务传输网是指使用本市各级财政经费投资建设或者租用的，用于连接各级政务部门的专用有线通信网络。

第三条 政务外网的管理遵循统筹规划、统一标准、资源共享、分级管理的原则。

第四条 本办法适用于本市政务外网的管理部门和各接入单位。

第二章 职责分工

第五条 北京市信息化工作办公室（以下简称市信息办）负责以下工作：

（一）负责全市电子政务传输网的统一规划。

（二）负责政务外网相关制度、标准、规范的制定。

（三）负责市级政务外网的接入审核与监督管理。

（四）对区县级电子政务传输网的规划、建设和管理工作进行指导；对区县级政务外网的管理工作进行指导。

（五）负责本市政务外网与国家政务外网间的互联互通。

第六条 区县信息化主管部门负责以下工作：

（一）依据全市电子政务传输网的统一规划，负责本辖区内电子政务传输网的规划、建设和管理工作。

（二）负责本辖区政务外网的接入审核、运维和安全管理工作。

（三）依据本市政务外网网络地址的统一规划，负责本辖区网络地址的分配和管理工作。

（四）负责对本辖区内政务外网接入单位的局域网建设进行技术指导。

（五）负责配合市信息办完成市级单位纵向业务系统的开通，实现网络资源共享。

（六）负责将本辖区政务外网相关情况于每年六月三十日前向市信息办备案，备案内容详见附件表一《区县政务外网备案表》。

第七条 北京市政务网络管理中心（以下简称市政务网络管理中心）在市信息办的领导下，负责以下工作：

（一）负责市级电子政务传输网的建设和管理工作。

（二）负责市级政务外网接入、运维和安全管理工作。

（三）负责本市政务外网网络地址和域名的统筹规划、分配和管理工作。

（四）对区县政务外网的运维进行技术指导。

（五）对市级政务外网接入单位的局域网建设进行技术指导。

（六）负责与国家电子政务网络管理机构的业务联系，以及本市政务外网与国家政务外网的连接和业务开通工作。

第八条 政务外网接入单位按照要求做好如下工作：

（一）负责本单位局域网的规划、建设、运维和安全管理工作。

（二）负责协调本单位政务外网接入地点的线路接入工作。

（三）市级政务外网的接入单位负责按照市信息办统一要求配备专用政务外网网络接入设备；区县级政务外网接入单位的网络接入设备按照本区县信息化主管部门的统一管理要求配备。

（四）市级政务外网的接入单位负责将本单位局域网情况于每年六月三十日前向市信

息办备案，备案内容详见附件表二《委办局局域网备案表》；区县级政务外网接入单位的局域网备案工作按照本区县信息化主管部门的要求执行。

第三章　接入管理

第九条　本市各级国家机关可以接入政务外网，其他财政预算单位经同级信息化主管部门审核同意后可以接入政务外网。确有需要的非财政预算单位，经同级信息化主管部门会同同级财政部门审核同意后方可接入。

第十条　市级单位接入市级政务外网，区县及以下单位接入区县级政务外网。市级单位的纵向业务系统应通过市和区县两级政务外网实现。

第十一条　接入政务外网可以通过专线和拨号两种方式，具体接入方式应当根据拟承载业务系统的数据量和实时性要求进行确定。

第十二条　市级政务外网的业务包括以下各类情况，各单位可根据实际情况进行申请。区县级政务外网的业务管理按照本区县信息化主管部门的要求执行。

（一）新增或撤销业务系统。

（二）新增或撤销已有业务系统接入单位。

（三）已接入政务外网的单位线路迁移或接入方式变更。

（四）连通或撤销与国家政务外网间的业务。

第十三条　市级单位在政务外网上新增业务系统，应根据以下要求进行：

（一）业务申请

1．由业务需求单位向市信息办提出申请；有业务主管部门的，应由业务主管部门向市信息办提出申请。

2．申请应包括申请依据和申请表：

申请依据可为市政府文件、市领导批示、项目审批部门批复的项目建议书或可行性研究报告等。申请表详见附件表三《新增业务系统申请表》，其中，尚未分配政务外网网络地址的申请单位应同时提交附件表十《政务外网网络地址申请表》。

3．业务需求单位应事先协调政务外网接入地点的物业管理方，确保线路接入。

（二）业务审核

1．网络接入审核以业务需求为依据。

2．以下情况不允许接入政务外网。

（1）可以通过互联网实现的业务系统。

（2）传输带宽大于十兆，传输频度低于每周一次且无实时要求的业务系统。

（3）不能接入政务外网的单位。

3．通过专线接入的带宽原则：数据业务带宽为两兆，视频业务带宽为十兆，多种业务并存的带宽为十兆，有特殊需求的，需提交相关依据。

第十四条　市级单位承载在政务外网上的业务系统需增加接入单位，应根据以下要求进行：

（一）业务申请

1．由原业务申请单位向市信息办提出申请。

2．申请应包括申请依据和申请表：

申请依据可为市政府文件、市领导批示、项目审批部门批复的项目建议书或可行性研究报告等。申请表详见附件表五《已有业务系统增加接入单位申请表》。

3．业务需求单位应事先协调政务外网接入地点的物业管理方，确保线路接入。

（二）业务审核

新增接入单位应按照原业务系统的接入方式和带宽需求接入政务外网。

第十五条　已接入政务外网的市级单位如需迁移线路或变更接入方式，由业务需求单位向市信息办提出申请；有业务主管部门的，应由业务主管部门向市信息办提出申请。附件表七《已接入政务外网单位线路迁移或接入方式变更申请表》作为申请的附件。业务需求单位应事先协调政务外网接入地点的物业管理方，确保线路接入。

第十六条　第十三条至第十五条所列三类申请的审核与接入时限：

（一）市信息办自收到申请之日起十五个工作日内做出答复。如遇特殊情况，可顺延五个工作日。

（二）通过专线方式接入政务外网的，市政务网络管理中心自答复之日起六十个工作日内完成网络接入工作。如因线路等特殊原因，可根据实际情况顺延。

（三）通过拨号方式接入政务外网的，市政务网络管理中心自答复之日起二十个工作日内完成网络接入工作。

（四）凡因接入单位原因导致政务外网在接入时限内无法完成接入的，当次接入申请取消。待接入条件具备后，由原业务申请单位重新向市信息办提出申请。

第十七条　市级单位撤销承载在政务外网上的业务系统，应由原业务申请单位提前二十个工作日向市信息办提出申请。附件表四《撤销业务系统申请表》作为申请的附件。

第十八条　市级单位承载在政务外网上的业务系统需撤销部分接入单位，应由原业务申请单位提前二十个工作日向市信息办提出申请。附件表六《已有业务系统撤销接入单位申请表》作为申请的附件。

第十九条　已接入政务外网的市级单位，因单位被撤销或因其他原因不再使用政务外网的，由该单位或其主管部门提前二十个工作日向市信息办提出网络撤销申请。附件

表八《已接入政务外网单位撤销申请表》作为申请的附件。

第二十条 需与国家政务外网连通的单位，应向市信息办提出申请。附件表七《国家政务外网连通申请表》作为申请的附件。

第四章 网络地址和域名管理

第二十一条 政务外网的网络地址范围包括政务外网接入单位的局域网网关地址、服务器地址、网络设备地址、局域网终端地址、远程拨号地址等。

第二十二条 市级接入单位和各区县需要进行政务外网网络地址的撤销、变更和追加时，应提前十五个工作日向市政务网络管理中心提交附件表十一《政务外网网络地址变更申请表》。

第二十三条 区县及以下接入单位的政务外网网络地址由区县信息化主管部门根据全市统一的政务外网网络地址规划进行分配。需要访问市级单位的区县及以下单位，由所在区县信息化主管部门负责将其地址转换为统一分配的纵向业务系统地址。

第二十四条 政务外网接入单位如需申请政务外网网络域名，应提前十五个工作日向市政务网络管理中心提交附件表十二《政务外网网络域名注册申请表》。

第五章 网络运维管理

第二十五条 政务外网实行市和区县分级运维制度，市级政务外网由市政务网络管理中心负责运维，区县级政务外网由各区县信息化主管部门负责运维，市与区县对接的网络设备由市政务网络管理中心负责运维。

第二十六条 市级政务外网汇聚节点机房应保证持续电力供应，市电供应中断后，应提供至少两小时的电源保障。

第二十七条 市级政务外网汇聚节点如需中断运行，所在机房的管理单位应提前两个工作日通知市政务网络管理中心。

第二十八条 市级政务外网与接入单位局域网的管理分界为网络接入设备。该设备由各单位按照政务外网的统一要求配备并维护，数据配置由市政务网络管理中心负责。局域网的运维管理由各接入单位负责。

第二十九条 各接入单位不得随意更改政务外网的连接线路和网络接入设备配置。

第三十条 各级电子政务网络管理单位可根据实际情况断开接入单位与政务外网的连接，保障政务外网安全。

第六章 接入政务外网的局域网运维管理

第三十一条 本市各级党委、人大、政府、政协、法院、检察院机关异地办公的业务部门与本单位主办公地点之间的网络连接按局域网要求进行管理，所需线路由同级信息化主管部门统筹。

第三十二条 机房管理应当符合如下要求：

（一）各单位机房的设计与建设，应严格按照国家和本市相关标准、规范执行。

（二）机房应由专人专职管理，并建立完善的值班、巡检、报告、人员登记等管理制度，做好值班日志、巡检日志。

第三十三条 局域网管理应当符合如下要求：

（一）各单位局域网的设计与建设，应严格按照国家和本市相关标准、规范执行。

（二）各单位局域网应由专人专职负责，并建立完善的局域网络安全、设备、网络地址、性能、故障等制度，做好运维日志，建立网络安全的应急响应和报告处理机制。

（三）局域网应经安全测评，达到安全接入要求后，方可与政务外网连接。安全接入要求应至少包括以下几个方面：

1．局域网应做好边界访问控制，防止其他网络经局域网访问政务外网。

2．局域网内应做好防病毒措施，防止病毒影响扩散到政务外网。

3．局域网内应做好安全监控措施，防止发生局域网内到政务外网的攻击事件。

（四）与政务外网连接的计算机或局域网在采取必要的安全措施并经安全测评后，可以与其他网络连接。

（五）市级政务外网接入单位应通过本地局域网访问互联网，不得通过政务外网与上级单位连接后，经上级单位的互联网出口访问互联网。区县级政务外网接入单位按照本区县信息化主管部门的管理要求执行。

（六）各单位应建立终端网络地址使用登记制度。终端的网络地址应使用全市统一规划的政务外网地址，不得随意更改。

（七）各单位可根据需要建立局域网网管系统，并为市级网管平台提供网络信息共享接口。

（八）各单位一旦出现影响政务外网稳定运行的事件，应立即断开与政务外网的网络连接，并向同级信息化主管部门报告，事件处理完毕后方可恢复连接。

第七章 应急保障

第三十四条 市和区县信息化主管部门、政务外网接入单位应建立本级的应急保障预案，并根据本单位实际工作情况及时修订。应急保障预案相关工作要求详见附件表十三《A、B、C、D四级通信保障对相关单位带班值班及信息报送工作要求》。

第三十五条 区县信息化主管部门应将应急保障预案报市信息办备案并定期组织演

练。

第三十六条 区县信息化主管部门、各接入单位应积极配合市信息办做好政务外网应急保障工作。

第八章 费用管理

第三十七条 政务外网运维经费由市和区县两级财政分级负担。市级政务外网及市与区县对接的网络设备所需费用由市级财政负担；区县级政务外网所需费用由各区县负担。

第三十八条 市级政务外网与接入单位局域网的投资分界点为网络接入设备。该设备及局域网所需费用由各接入单位负责。区县级政务外网与接入单位局域网的投资分界点按照本区县信息化主管部门的要求执行。

第三十九条 区县信息化主管部门及各接入单位应在网络运维费预算中考虑应急保障费用。

第九章 奖 惩

第四十条 各级信息化主管部门每年对在政务外网运维工作中表现突出的单位及个人给予表扬。

第四十一条 出现以下情况的，市或者区县信息化主管部门应当给予通报批评，情节严重或造成严重后果的，由有关部门依法追究相关单位和责任人的法律责任：

（一）各区县、各接入单位出现网络严重故障或屡次出现网络故障并造成严重后果的。

（二）未经允许，擅自更改政务外网的连接线路、网络接入设备配置或网络地址的。

（三）未经安全测评，擅自将政务外网与其他网络连接的。

（四）未经允许，擅自在政务外网上开通业务系统的。

（五）被撤销单位未及时办理政务外网网络撤销手续的。

（六）未按要求及时提交备案的。

第十章 附 则

第四十二条 本管理办法自二零零七年九月一日起施行，原《北京市有线政务专网管理制度》（试行）同时废止。

天津市人民代表大会常务委员会公告第九十七号

（2007年9月12日天津市第十四届人民代表大会常务委员会第三十九次会议通过）

《天津市信息化促进条例》已由天津市第十四届人民代表大会常务委员会第三十九次会议于2007年9月12日通过，现予公布，自2008年1月1日起施行。

天津市人民代表大会常务委员会

二〇〇七年九月十二日

天津市信息化促进条例（选摘）

第七章　信息安全保障

第三十九条　市信息化主管部门负责组织协调管理全市信息安全工作，会同公安、国家安全、国家密码、保密、宣传等有关部门建立健全全市信息安全保障体系。

公安、国家安全、国家密码、保密、宣传等有关部门在其职责范围内，依法负责信息安全保障的相关工作。

第四十条　信息网络和信息系统的运行单位或者主管单位，应当建立信息安全保障工作责任制，制定本单位信息安全保护措施。

第四十一条　市信息化主管部门应当会同有关部门建立信息安全应急处理协调机制和信息安全通报制度。

信息网络和信息系统的运行单位或者主管单位，应当制定信息安全应急处置预案，增强信息网络和信息系统的抗毁能力、灾难恢复能力。

第四十二条　本市实行信息安全等级保护制度。根据国家和本市的有关规定，对信息网络和信息系统的建设和运行实行信息安全等级保护。具体办法由公安机关会同有关部门制定。

第四十三条　市信息化主管部门、市国家密码管理部门应当会同有关部门，建立以身份认证、授权管理、责任认定等为主要内容的网络信任体系，加强网络安全管理工作。

市信息化主管部门和市国家密码管理部门根据国家规定对电子认证服务机构和电子认证服务实施监督管理。

第四十四条 信息网络和信息系统的运行单位或者主管单位，应当建立和完善信息安全监控系统，加强对信息内容的安全监管，防止违法、有害信息的传播。

第四十五条 市信息化主管部门应当对重点信息网络和信息系统进行安全检查评估，及时查找隐患，保障网络和系统正常运行。

第八章 法律责任

第四十六条 违反本条例的行为，法律、法规已有明确规定的，依照相关规定处理。

第四十七条 违反本条例第二十六条、第二十七条规定，不编制政务信息公开目录、不按要求公开政务信息、不编制政务信息资源共享目录的，由上级管理部门和监察机关责令改正；情节严重的，对直接负责的主管人员和其他直接责任人员给予行政处分。

第四十八条 违反本条例第二十八条规定乱收费的，由价格主管部门依法予以处罚。

第四十九条 违反本条例第三十一条规定，提供、发布虚假信息或者违法信息，制作、复制、发布、传播含有法律、法规禁止内容信息的，由有关主管部门责令改正；拒不改正的，依法给予行政处罚；给用户造成损失的，依法承担赔偿责任；构成犯罪的，依法追究刑事责任。

第五十条 信息化主管部门和有关部门及其工作人员滥用职权、玩忽职守、徇私舞弊的，由其上级主管部门或者所在单位给予行政处分；构成犯罪的，依法追究刑事责任。

上海市信息委、上海市国家密码管理办、上海市国家保密局关于印发《上海市数字证书使用管理办法》的通知

各区、县人民政府，市政府各委、办、局，各区、县信息委，各有关单位：

为贯彻实施《上海市信息安全“十一五”专项规划》，加快全市统一的网络信任体系建设，推进数字证书在电子政务、社会公共服务、电子商务活动中的应用，进一步加强本市信息安全保障工作，上海市信息化委员会、上海市国家密码管理委员会办公室、上海市国家保密局制定了《上海市数字证书使用管理办法》。现印发给你们，请遵照执行。

上海市信息化委员会

上海市国家密码管理委员会办公室

上海市国家保密局

二〇〇七年十二月二十七日

上海市数字证书使用管理办法

第一条（目的和依据）

为了规范本市数字证书的使用和管理，推进数字证书的应用，保障信息安全，根据《中华人民共和国电子签名法》、《中华人民共和国保守国家秘密法》、《电子认证服务管理办法》、《电子认证服务密码管理办法》的有关规定，制定本办法。

第二条（定义）

本办法所称的数字证书，是指以密码技术为基础的能够证实电子签名人与电子签名制作数据具有关联性的一种电子签名认证证书。

第三条（适用范围）

本办法适用于本市行政区域内数字证书的申请、发放、使用、更新及其相关的管理活动。

第四条（管理部门）

上海市信息化委员会（以下简称市信息委）、上海市国家密码管理委员会办公室（以下简称市国密办）、上海市国家保密局（以下简称市国家保密局）按照各自职责，负责本市数字证书使用的统一规划和管理。

第五条（电子认证服务）

本市电子政务活动中涉及数字证书使用的电子认证服务，应当由依法设立并经市信息委、市国密办、市国家保密局共同认可的电子认证服务机构统一提供，其系统建设应当符合本市统一的电子认证服务体系的建设要求。

本市社会公共服务活动中涉及数字证书使用的电子认证服务，应当由依法设立的电子认证服务机构提供，其系统建设应当符合本市统一的电子认证服务体系的建设要求。

本市电子商务活动中涉及数字证书使用的电子认证服务，应当由依法设立的电子认证服务机构提供。

第六条（数字证书在电子政务活动中的使用）

在下列电子政务活动中，需要解决身份认证、授权管理、责任认定的，应当按照国家和本市有关规定使用数字证书：

（一）利用电子政务系统开展内部办公或者协同办公、公文流转、公文归档以及归档公文向档案馆移交等活动；

（二）网上政府采购、招投标等活动；

（三）网上申报、年检、备案、审批、缴费、资质认定、统计等社会管理活动；

（四）利用网络向社会提供信息公开服务的活动；

（五）其他利用网络开展电子政务的活动。

第七条（数字证书在社会公共服务活动中的使用）

在下列社会公共服务活动中，需要解决身份认证、授权管理、责任认定的，应当按照国家和本市有关规定使用数字证书：

（一）法律、法规授权的具有管理公共事务职能的组织利用网络开展的社会公共服务活动；

（二）银行、证券、保险、期货等行业的机构利用网络开展的金融服务活动；

（三）教育、医疗卫生、供水、供电、供气、供热、公共交通、环保等领域的企事业单位，利用网络开展的社会公共服务活动；

（四）其他利用网络开展的社会公共服务活动。

第八条（数字证书在电子商务活动中的使用）

在下列电子商务活动中，需要解决身份认证、授权管理、责任认定的，鼓励使用数字证书：

（一）设立各类网络交易平台、信息服务平台和娱乐平台的活动；

（二）利用网络签订电子合同、进行电子支付、交付数字产品的活动；

（三）电子商务活动中交易各方认为需要使用数字证书的活动；

（四）其他利用网络开展的电子商务活动。

第九条（数字证书的申请和发放）

申请使用数字证书的政府机构、法律法规授权的具有管理公共事务职能的组织、企事业单位、民办非企业单位（以下简称单位）或者个人，应当向电子认证服务机构提供合法、有效的证件或者证明材料。经审查符合申请条件的，双方签订数字证书使用服务协议，由电子认证服务机构发放数字证书并收取相关费用。

因开展电子政务活动或者社会公共服务活动申请数字证书的，应当由单位集中办理。

第十条（数字证书的更新、挂失、撤销及服务协议示范文本）

数字证书的更新、挂失、撤销等事项和各方的权利义务，由数字证书使用服务协议予以约定。

市信息委会同市国密办、市国家保密局组织制定和发布数字证书服务协议示范文本，供协议各方参照使用。

第十一条（数字证书的收费标准）

用于电子政务和社会公共服务活动的数字证书的收费标准，应当经市价格主管部门会同有关部门批准。

用于电子商务活动的数字证书的收费标准，由电子认证服务机构明码标示或者由数字证书使用服务协议约定。

第十二条（数字证书持有人的使用保管义务）

数字证书应当保存在符合国家密码管理相关规定的载体中。数字证书持有人应当妥善保管数字证书及其密钥，未经明确授权，不得随意转借他人使用。

单位需要使用2个及2个以上数字证书的，应当建立内部规章制度，明确数字证书的实际保管人、使用权限、用途、登记、发放等内容。

第十三条（数字证书的相关信息保密）

电子认证服务机构应当按照《中华人民共和国保守国家秘密法》、《电子认证服务管理办法》等的规定，建立完善的保密制度，履行保密义务，并接受有关职能部门的监督指导。

除法律法规另有规定外，电子认证服务机构及其工作人员不得泄露下列信息：

（一）数字证书持有人的身份信息；

（二）数字证书持有人委托认证机构保管的数字证书密钥。

第十四条（电子认证服务系统的安全要求）

电子认证服务系统建设应当符合《电子认证服务机构管理办法》、《证书认证系统密码及其相关安全技术规范》等规定，以及国家和本市有关部门的安全要求。

第十五条（法律责任）

在使用数字证书的过程中，电子认证服务机构或者数字证书持有人违反《中华人民共和国保守国家秘密法》、《中华人民共和国电子签名法》、《商用密码管理条例》等法律法规的，依法予以处罚；构成犯罪的，由司法机关予以处理。

第十六条（解释部门）

本办法由市信息委会同市国密办、市国家保密局负责解释。

第十七条（实施日期）

本办法自2008年2月1日起施行。原《上海市数字认证管理办法》（沪信息办法〔2002〕340号）同时废止。

辽宁省人民政府办公厅关于印发《辽宁省政府网站管理办法》的通知

辽政办发〔2007〕58号

各市人民政府，省政府各厅委、各直属机构：

经省政府同意，现将《辽宁省政府网站管理办法》印发给你们，请按照执行。

二○○七年八月十七日

辽宁省政府网站管理办法（选摘）

第九章 安全保障

第三十三条 各市政府、省政府各部门应树立网站安全意识，按照“谁主管谁负责、谁运行谁负责”的要求，明确职责分工，建立健全组织领导机构和各项管理制度，形成多层次的完备的安全责任体系。

第三十四条 加强安全技术和手段的应用，完善安全基础设施，制定完备的安全策略和应急预案，提高应对网络攻击、病毒入侵、系统故障等风险的安全防范和应急处置能力，确保及时解决突发情况。

山东省人民代表大会常务委员会公告

（第118号）

《山东省信息化促进条例》已于2007年11月23日经山东省第十届人民代表大会常务委员会第三十一次会议通过，现予公布，自2008年1月1日起施行。

山东省人民代表大会常务委员会

二〇〇七年十一月二十三日

山东省信息化促进条例（选摘）

第七章 信息安全保障

第三十四条 县级以上人民政府应当加强对信息安全保障工作的领导，建立信息安全应急处理协调机制，不断提高信息系统的安全防御能力和处理信息安全突发事件的能力。

信息化、公安、国家安全、保密、密码管理、通信管理等部门应当按照国家和省有关规定，在各自职责范围内做好信息安全保障工作。

第三十五条 信息系统建设，应当遵守国家有关安全、保密规定。

信息安全系统应当与信息工程同步规划、同步建设、同步验收、同步运行。

信息安全系统建设投入占信息工程总投入的比例，不得低于国家和省规定的比例。

第三十六条 实行信息系统安全等级保护和安全风险评估制度。

信息系统的主管部门和运营、使用单位应当按照国家信息安全等级保护管理规范和技术标准，确定信息系统的安全保护等级，并按照有关规定进行备案、审批。

信息系统的主管部门和运营、使用单位应当定期组织开展信息安全风险评估，采取措施保障信息系统的安全。

第三十七条 县级以上人民政府信息化主管部门应当统筹规划信息系统灾难备份建设，并会同有关部门建立信息安全应急救援服务体系，为发生信息安全事故的单位提供救援服务。

第三十八条　任何单位和个人不得利用信息系统从事危害国家安全、损害国家利益和公民合法权益的活动，不得危害信息系统的安全。

第八章　法律责任

第三十九条　违反本条例规定，未取得资质证书或者超出资质等级许可范围承揽信息工程的，由县级以上人民政府信息化主管部门责令其限期改正；有违法所得的，没收违法所得，并可处以违法所得一倍以上三倍以下的罚款；没有违法所得的，处以一万元以上十万元以下的罚款。

第四十条　违反本条例规定，未取得电子认证服务许可证从事电子认证服务活动的，由省人民政府信息化主管部门根据国家有关规定处理。有违法所得的，没收违法所得；违法所得三十万元以上的，处以违法所得一倍以上三倍以下的罚款；没有违法所得或者违法所得不足三十万元的，处以十万元以上三十万元以下的罚款。

第四十一条　信息化主管部门及其他有关部门的工作人员不依法履行监督管理职责，或者有其他玩忽职守、滥用职权、徇私舞弊行为的，依法给予处分；构成犯罪的，依法追究刑事责任。

二、标准

（一）国家标准

已颁布的标准

序号	项目名称	标准号
1	信息安全技术 路由器安全技术要求	GB/T 18018－2007
2	信息安全技术 信息系统安全审计产品技术要求和评价方法	GB/T 20945－2007
3	信息安全技术 虹膜识别系统技术要求	GB/T 20979－2007
4	信息安全技术 网上银行系统信息安全保障评估准则	GB/T 20983－2007
5	信息安全技术 信息安全风险评估规范	GB/T 20984－2007
6	信息技术 安全技术 信息安全事件管理指南	GB/Z 20985－2007
7	信息安全技术 信息安全事件分类分级指南	GB/Z 20986－2007
8	信息安全技术 网上证券交易系统信息安全保障评估准则	GB/T 20987－2007
8	信息安全技术 信息系统灾难恢复规范	GB/T 20988－2007
10	信息安全技术 服务器安全技术要求	GB/T 21028－2007
11	信息安全技术 网络交换机安全技术要求	GB/T 21050－2007
12	信息安全技术 信息安全等级保护 信息系统物理安全技术要求	GB/T 21052－2007
13	信息安全技术 PKI 系统安全等级保护技术要求	GB/T 21053－2007
14	信息安全技术 PKI 系统安全等级保护评估准则	GB/T 21054－2007

正在报批的标准

序号	项目名称	标准号
1	证书认证机构运营管理规范	报批稿
2	证书策略与认证业务描述规范	报批稿
3	PKI 安全支撑平台	报批稿
4	证书认证系统密码及相关安全技术规范	报批稿
5	简明在线证书状态协议 SOCSP	报批稿
6	电子签名卡应用接口规范	报批稿
7	信息安全等级保护实施指南	报批稿
8	智能卡芯片安全技术要求	报批稿
9	信息安全技术 信息系统安全等级保护基本要求	报批稿
10	信息安全技术 信息系统安全保护等级定级指南	报批稿
11	信息安全管理实用规则	报批稿
12	信息安全管理体系要求	报批稿

（二）国家保密标准

一、2007年已发布的国家保密标准

1．BMB9.1－2007《保密会议移动通信干扰器技术要求和测试方法》（秘密）

2. BMB9.2－2007《保密会议移动通信干扰器安装使用指南》

3. BMB20－2007《涉及国家秘密的信息系统分级保护管理规范》（秘密）

4. BMB21－2007《涉及国家秘密的载体销毁与信息消除安全保密要求》（秘密）

5. BMB22－2007《涉及国家秘密的信息系统分级保护测评指南》（秘密）

二、2008年拟发布的国家保密标准

1.《涉及国家秘密的信息系统分级保护方案设计指南》

2.《保密会议室技术防护要求与测试方法》

3.《手机屏蔽产品技术要求和测试方法》

第四章　政府、行业规范性文件及工作篇

一、国务院部门、行业规范性文件及工作

关于开展全国重要信息系统安全等级保护定级工作的通知

公信安〔2007〕861号

各省、自治区、直辖市公安厅（局）、保密局、国家密码管理局（国家密码管理委员会办公室）、信息化领导小组办公室，新疆生产建设兵团公安局、保密局、国家密码管理局、信息化领导小组办公室，中央和国家机关各部委保密委员会办公室、密码工作领导小组办公室、信息化领导小组办公室，各人民团体保密委员会办公室：

为进一步贯彻落实《国家信息化领导小组关于加强信息安全保障工作的意见》和公安部、国家保密局、国家密码管理局、国务院信息化工作办公室《关于信息安全等级保护工作的实施意见》、《信息安全等级保护管理办法》（以下简称《管理办法》）精神，提高我国基础信息网络和重要信息系统的信息安全保护能力和水平，根据国家网络与信息安全协调小组2007年的工作部署，公安部、国家保密局、国家密码管理局、国务院信息化工作办公室定于2007年7月至10月在全国范围内组织开展重要信息系统安全等级保护定级工作（以下简称“定级工作”）。现就有关事项通知如下：

一、定级范围

（一）电信、广电行业的公用通信网、广播电视传输网等基础信息网络，经营性公众互联网信息服务单位、互联网接入服务单位、数据中心等单位的重要信息系统。

（二）铁路、银行、海关、税务、民航、电力、证券、保险、外交、科技、发展改革、国防科技、公安、人事劳动和社会保障、财政、审计、商务、水利、国土资源、能源、交通、文化、教育、统计、工商行政管理、邮政等行业、部门的生产、调度、管理、办公等重要信息系统。

（三）市（地）级以上党政机关的重要网站和办公信息系统。

（四）涉及国家秘密的信息系统（以下简称“涉密信息系统”）。

二、定级工作的主要内容

（一）开展信息系统基本情况的摸底调查。各行业主管部门、运营使用单位要组织开展对所属信息系统的摸底调查，全面掌握信息系统的数量、分布、业务类型、应用或服务范围、系统结构等基本情况，按照《管理办法》和《信息系统安全等级保护定级指南》的要求，确定定级对象。各行业主管部门要根据行业特点提出指导本地区、本行业定级工作的具体意见。

（二）初步确定安全保护等级。各信息系统主管部门和运营使用单位要按照《管理办法》和《信息系统安全等级保护定级指南》，初步确定定级对象的安全保护等级，起草定级报告（报告模版见附件 1）。跨省或者全国统一联网运行的信息系统可以由主管部门统一确定安全保护等级。涉密信息系统的等级确定按照国家保密局的有关规定和标准执行。

（三）评审与审批。初步确定信息系统安全保护等级后，可以聘请专家进行评审。对拟确定为第四级以上信息系统的，由运营使用单位或主管部门请国家信息安全保护等级专家评审委员会评审。运营使用单位或主管部门参照评审意见最后确定信息系统安全保护等级，形成定级报告。当专家评审意见与信息系统运营使用单位或其主管部门意见不一致时，由运营使用单位或主管部门自主决定信息系统安全保护等级。信息系统运营使用单位有上级行业主管部门的，所确定的信息系统安全保护等级应当报经上级行业主管部门审批同意。

（四）备案。根据《管理办法》，信息系统安全保护等级为第二级以上的信息系统运营使用单位或主管部门到公安部网站下载《信息系统安全等级保护备案表》（见附件 2）和辅助备案工具，持填写的备案表和利用辅助备案工具生成的备案电子数据，到公安机关办理备案手续，提交有关备案材料及电子数据文件。其中，第二级信息系统的备案单位只需填写备案表中的表一、表二和表三，第三级以上信息系统的备案单位还应当同时提交备案表表四所列各项内容的书面材料。隶属于中央的在京单位，其跨省或者全国统一联网运行并由主管部门统一定级的信息系统，由主管部门向公安部办理备案手续。跨省或者全国统一联网运行的信息系统在各地运行、应用的分支系统，向当地设区的市级以上公安机关备案。

涉密信息系统建设使用单位依据《管理办法》和国家保密局的有关规定，填写《涉及国家秘密的信息系统分级保护备案表》（见附件 3），按照属地化管理原则，中央和国家机关单位的涉密信息系统向国家保密局备案；地方单位的涉密信息系统向所在地的市（地）级以上保密工作部门备案；中央和国家机关地方所属单位的涉密信息系统，向所在地的省级保密工作部门备案。

（五）备案管理。公安机关和国家保密工作部门负责受理备案并进行备案管理。信息系统备案后，公安机关应当对信息系统的备案情况进行审核，对符合等级保护要求的，颁发信息系统安全保护等级备案证明。发现不符合《管理办法》及有关标准的，应当通知备案单位予以纠正。发现定级不准的，应当通知运营使用单位或其主管部门重新审核确定。各级保密工作部门加强对涉密信息系统定级工作的指导、监督和检查。

三、定级工作的要求

（一）加强领导，落实保障。各地区、各部门要加强对本地区、本行业信息安全等级保护工作的组织领导，及时掌握工作进展情况，并可组织成立专家组，明确技术支持力量。信息系统运营使用单位要成立等级保护工作组，落实责任部门、责任人员和经费，保障定级工作顺利进行。

（二）明确责任，密切配合。定级工作由各级公安机关牵头，会同国家保密工作部门、国家密码管理部门和信息化领导小组办事机构共同组织实施。公安机关负责定级工作的监督、检查、指导；国家保密工作部门负责涉密系统定级工作的监督、检查、指导；国家密码管理部门负责定级工作中有关密码工作的监督、检查、指导；信息化领导小组办事机构负责定级工作的部门间协调。各信息系统主管部门组织本行业、本部门信息系统运营使用单位开展定级工作，督促其落实定级工作各项任务。各信息系统运营使用单位依据《管理办法》和本通知要求，具体实施定级工作。

（三）动员部署，开展培训。各地区、各部门要按照统一部署广泛进行宣传动员，举办形式多样的培训班、研讨班等，层层培训。公安部会同国家保密局、国家密码管理局、国务院信息化工作办公室对国家有关部委、各省级公安、保密、密码和信息化领导小组办事机构就《管理办法》和《信息系统安全等级保护定级指南》等内容进行培训。信息系统主管部门对所管辖的信息系统运营使用单位进行培训。各地参照上述培训模式开展培训工作。

（四）及时总结，提出建议。各地区、各部门要结合本地区、本行业开展定级工作的实际，认真总结经验和不足，提出改进和完善定级方法的意见和建议。各地区、各部门负责等级保护的领导机构要及时总结定级工作经验，形成定级工作总结报告，并及时报送公安部。涉密信息系统定级工作总结报告向国家保密局报送。

此次定级工作完成后，请各主管部门、运营使用单位按照《管理办法》和有关技术标准，继续开展信息系统安全等级保护的系统建设或整改、等级测评、自查自纠等后续工作，各级公安、保密、密码管理部门要开展等级保护工作的监督、检查和指导。

执行中有何问题，请及时报告。

公安部
国家保密局
国家密码管理局
国务院信息化工作办公室
二〇〇七年七月十六日

关于进一步加强网吧及网络游戏管理工作的通知

文市发〔2007〕10号

各省、自治区、直辖市文化厅（局）、工商行政管理局、公安厅（局）、通信管理局、教育厅（教委）、财政厅（局）、监察厅（局）、卫生厅（局）、法制办、新闻出版局、文明办、综治办、团委，中国人民银行上海总部、各分行、营业管理部、各省会（首府）城市中心支行，教育部部属各高等学校，北京、上海、重庆市文化市场行政执法总队：

近年来，各地区各部门积极开展工作，网吧及网络游戏管理不断加强。但必须清醒认识到，当前一些青少年沉迷网吧和网络游戏的现象仍比较严重，网吧接纳未成年人、黑网吧和非法网络游戏仍是人民群众关注的突出问题。对此，党中央、国务院领导同志高度重视，要求切实加强管理和整治。进一步加强网吧及网络游戏管理，是构建社会主义和谐社会的客观需要，也是社会各界和广大家长的迫切期望。各地区各部门要进一步统一思想、提高认识，从深层次克服网吧及网络游戏管理中存在的模糊认识，以高度的政治责任感和紧迫感，加大工作力度，把加强网吧及网络游戏管理作为一项重要的民心工程和保护未成年人成长的希望工程，切实抓紧抓好。

为贯彻党中央、国务院领导同志指示精神，贯彻修订后的《未成年人保护法》，进一步加强网吧及网络游戏管理，规范网吧及网络游戏市场秩序，以创新的精神加强网络文化建设和管理，现通知如下：

一、严格执法，加强监管

（一）严厉查处网吧违法经营行为

文化行政部门要以禁止网吧接纳未成年人为工作重点，坚持严管重罚，强化市场退出机制。对2004年10月18日以来第2次接纳未成年人的网吧，依法责令停业整顿不少于15天并处罚款；第3次接纳未成年人的网吧，依法吊销《网络文化经营许可证》。对一次接纳3名以上（含3名）未成年人的网吧，依法责令停业整顿不少于15天并处罚款；对一次接纳8名以上（含8名）未成年人或在规定营业时间以外接纳未成年人的网吧，依法吊销《网络文化经营许可证》。对在规定营业时间以外锁闭门窗经营的网吧，依法责令停业整顿不少于15天并处罚款，情节严重的，依法吊销《网络文化经营许可证》。各省、自治区、直辖市文化行政部门要在《互联网上网服务营业场所管理条例》（以下简称《条例》）规定的幅度内对网吧的罚款额度制定量化的指导性意见。

文化行政部门要认真执行网吧现场检查记录制度、网吧日常检查频度最低标准制度和网吧违法经营案件处理公示制度。发挥网吧计算机监管平台的作用，及时上报有关信息。向社会公布违法经营网吧的黑名单，重点监管列入黑名单的网吧，对诚信经营、守法经营的单位给予激励。

公安机关要加强网吧的信息安全、治安安全和消防安全监管，并督促公益性上网场所和其他公共上网场所落实信息安全管理制度和互联网安全保护技术措施。通信管理部门要根据当地实际情况，依法、积极配合文化等部门，对有关部门认定未执行限时营业规定的网吧，要求相关互联网接入服务提供者在每日0时至8时暂停其互联网接入服务。

（二）坚决取缔黑网吧

工商行政管理部门对黑网吧要做到露头就打。对市场巡查中发现的、群众举报的、相关部门通报的、新闻媒体曝光的，都要及时查处取缔，决不手软。要依法没收黑网吧经营的违法所得及其从事违法经营活动的电脑主机、显示器、服务器、路由器、交换机等专用工具、设备。对以“电子竞技俱乐部（馆）”、电脑服务部、劳动职业技能培训等名义变相经营网吧的，依法予以取缔。公安、通信管理、文化等部门要积极配合工商行政管理部门做好取缔黑网吧的工作。

根据《条例》第27条和最高人民检察院、公安部《关于经济犯罪案件追诉标准的规定》第70条的规定，对无照经营网吧的，个人非法经营5万元以上，或违法所得1万元以上；单位非法经营50万元以上，或违法所得10万元以上的，工商行政管理部门要按照《行政执法机关移送涉嫌犯罪案件的规定》将案件移送公安机关，追究非法经营犯罪嫌疑人的刑事责任。

（三）根治黑网吧生存的条件和环境

对明知是黑网吧而为其提供互联网接入服务的，通信管理部门按照《电信业务经营许可证管理办法》第4条、第36条的规定，责令其改正，予以警告，并处5000元以上3万元以下罚款；工商行政管理部门按照《无照经营查处取缔办法》第15条的规定，责令其立即停止违法行为，没收违法所得，并处2万元以下罚款，对为存在重大安全隐患的黑网吧提供上述条件的，并处5万元以上50万元以下的罚款。

通信管理部门要根据有关部门提供的黑网吧及其互联网接入服务提供者名单，被吊销《网络文化经营许可证》或责令停业整顿的网吧及其互联网接入服务提供者名单，通知并监督互联网接入服务提供者立即终止或暂停接入服务。

对明知是黑网吧而向其租赁经营场所的，工商行政管理部门按照《无照经营查处取缔办法》第15条的规定予以查处。

（四）规范对学校内上网场所的管理

教育行政部门对学校内上网场所实施备案登记管理，具体规定由教育部会同有关部门另行发布。对未经教育行政部门备案登记的校内上网服务营业场所，工商行政管理部门根据教育行政部门通报，或接到群众举报后经与教育行政部门沟通查证属实的，依法予以取缔。

校内上网场所必须由学校直接管理，不得出租、承包，不得以营利为目的，其收费须按有关财务管理规定统一收支。禁止将学校的房产和设备出租用于开办网吧。违反以上规定的，由教育行政部门责令学校改正并追究有关责任人的责任。教育行政部门要向社会公示校内上网场所监督举报电话。

（五）打击和防范网络游戏经营活动中的违法犯罪行为

要按照公安部等部门《关于规范网络游戏经营秩序查禁利用网络游戏赌博的通知》（公通字〔2007〕3号）的要求，从严整治带有赌博色彩的网络游戏，严厉打击利用网络游戏赌博的行为。

中国人民银行要加强对网络游戏中的虚拟货币的规范和管理，防范虚拟货币冲击现实经济金融秩序。要严格限制网络游戏经营单位发行虚拟货币的总量以及单个网络游戏消费者的购买额；严格区分虚拟交易和电子商务的实物交易，网络游戏经营单位发行的虚拟货币不能用于购买实物产品，只能用于购买自身提供的网络游戏等虚拟产品和服务；消费者如需将虚拟货币赎回为法定货币，其金额不得超过原购买金额；严禁倒卖虚拟货币。违反以上规定的，由中国人民银行按照《中华人民共和国中国人民银行法》第32条、第46条的规定予以处罚。

二、采取治本之策，扎实推进长效管理机制建设

（一）严格控制网吧总量

根据《条例》第8条的授权，文化部逐年发布全国网吧总量和布局要求。根据目前网吧市场的供求状况和监管实际，2007年全国网吧总量不再增加，各地均不得审批新的网吧。对违反规定新批网吧的，由监察机关或任免机关按照管理权限，对直接负责的主管人员和其他直接责任人员依法给予处分。本通知发布之日前按照《条例》第11条规定已取得同意筹建批准文件的网吧，须在2007年6月30日前完成筹建工作，逾期不得向其颁发《网络文化经营许可证》。

（二）着力推进网吧存量市场结构调整

积极在现有网吧存量市场中推进连锁化、集团化、规模化、专业化、品牌化，不断提升网吧服务水准和行业形象。对网吧连锁经营单位的管理由事前的行政许可调整为事后的行政确认，按照“成熟一个，规范一个，确认一个”的原则管理，具体规定由文化部另行发布。鼓励网吧经营单位之间，通过收购、兼并、联合、重组、参股、控股等方式合作。鼓励依托网吧依法开展信息服务、远程教育、电子政务、电子商务等增值服务项目。网吧更名、迁址、变更网络地址等须依法办理手续。

（三）加大对网络游戏的管理力度，实现监管关口前移。

对未经许可、擅自运营网络游戏和运营未经审批或备案的网络游戏的网站，要按照

《国务院对确需保留的行政审批项目设定行政许可的决定》和《互联网文化管理暂行规定》、《互联网出版管理暂行规定》、信息产业部等部门《关于印发〈互联网站管理协调工作方案〉的通知》（信部联电〔2006〕121号）的要求，予以查处或关闭。加快完善网络游戏管理的政策法规，大力调整网络游戏产品结构，在研发和运营等环节对容易导致成瘾的网络游戏规则予以限制和改造。积极推动网络游戏防沉迷系统的开发应用，运用科技手段解决青少年沉迷网络游戏问题。

（四）广泛发动社会监督，积极引导行业自律

发挥好12318、12315、110、12355等举报电话的作用，认真办理群众举报，做到有报必查并及时反馈查处结果。建立和完善举报奖励制度，鼓励群众举报。举报奖励经费由地方财政解决。健全网吧社会监督员队伍，提高监督实效。定期向社会公示网吧市场的检查情况和查处结果。加强对网吧行业协会的指导，努力推动行业自律。在网吧和网络游戏行业中大力开展“文明办网、文明上网”活动。

（五）加强公益性上网场所的建设与管理

发挥好学校、文化馆（站）、图书馆、青少年宫、青年中心和中小学远程教育、全国文化信息资源共享工程在满足未成年人网络文化需求方面的作用。通过安排专业人员、招募志愿者、教师家长参与等方式建立专兼结合的辅导员队伍，为未成年人提供安全、健康的上网环境。公益性上网场所的建设要向中小城市和农村倾斜。

公益性上网场所应当对未成年人免费或优惠开放，不得以营利为目的，确需收费的应按照行政事业性收费的有关规定管理。地方文化行政部门要会同教育、共青团等部门制定对未成年人开放的公益性上网场所的内容、设施设备、环境、开放时间和辅导员配备等方面的管理制度，不符合条件的不得接纳未成年人。对违反规定条件接纳未成年人或违反规定收费的公益性上网场所，主管部门要予以查处，已享受国家有关政策、资金支持的，要予以取消、核减或追缴。

（六）实施预防、干预、控制网络成瘾的系统工程

要认真贯彻《国务院办公厅转发卫生部等部门关于进一步加强精神卫生工作指导意见的通知》（国办发〔2004〕71号）的要求，将预防、干预、控制网络成瘾纳入精神卫生工作范围。卫生、教育部门要组织精神卫生机构面向学生、家长和教师开展心理健康教育工作，提高早期识别和干预能力，从预防入手控制网络成瘾。动员社会力量，对网络成瘾的青少年积极采取措施矫治。

要强化家庭、学校的教育监护责任，特别是要强化家长作为未成年人监护“第一责任人”的责任意识。对违反《未成年人保护法》、《预防未成年人犯罪法》，不履行监护职责的监护人，由公安机关依法予以训诫，责令其严加管教。各级各类学校要向学生宣传国家关于网吧管理的有关规定，对在国家规定的营业时间以外在网吧上网的成年学生，

不得享受评优、评奖、困难补助。

三、加强领导，强化监督，落实责任，增强保障

（一）加强组织领导和部门协作

要进一步加强领导，将网吧及网络游戏管理纳入文明城市、文明社区、文明村镇、文明行业考核评价体系，纳入社会治安综合治理考核评价体系。充分发挥县、乡镇人民政府在农村网吧管理中的领导作用，落实管理责任。

根据工作需要，全国网吧管理工作协调小组调整为全国网吧及网络游戏管理工作协调小组，增加监察部、卫生部、中国人民银行、新闻出版总署、中央综治办为成员单位。各级网吧管理工作协调（领导）小组或联席会议可根据本地实际调整，保持原有的工作体系和工作机制，加强协调配合。

（二）强化对管理工作自身的监督

各地区各部门要按照《国务院办公厅关于推行行政执法责任制的若干意见》（国办发〔2005〕37号）的要求，进一步落实行政执法责任制，将责任落实到人；要严格责任追究制，确保政令畅通。上级文化、工商、公安等部门要采取异地交叉检查、明查暗访、重点回访、查阅执法文书等方式，加大对下级部门的督查力度。上级文化、工商部门在必要时可以调查、处理由下级文化、工商部门调查、处理的案件，或直接做出行政处罚。

监察机关要加强对文化、工商、公安等部门的执法监察。对因执法不严、行政不作为造成群众反映强烈并长期得不到解决的，对直接负责的主管人员和其他直接责任人员，依法给予处分；对行政机关及其工作人员在网吧管理工作中以权谋私、接受商业贿赂和乱收费、乱罚款的，参与或变相参与网吧经营的，为违法经营和黑网吧充当“保护伞”的，要坚决查处，构成犯罪的要及时移送司法机关追究刑事责任。

（三）加强对管理工作的保障

网吧管理工作是政府履行市场监管和社会管理职能的重要方面，各级财政要保证网吧管理所需经费。

各省、自治区、直辖市可以结合本地实际情况制定对本通知的贯彻意见。对本通知执行中的问题，及时向各主管部门反映和请示。建立网吧管理长效机制试点城市有关试点措施的后续工作，由全国网吧及网络游戏管理工作协调小组另行决定。

特此通知。

文化部 国家工商行政管理总局 公安部 信息产业部

教育部 财政部 监察部 卫生部

中国人民银行 国务院法制办公室 新闻出版总署

中央文明办 中央综治办 共青团中央

二〇〇七年二月十五日

商务部公告

2007年第19号

为贯彻落实国务院办公厅《关于加快电子商务发展的若干意见》（国办发〔2005〕2号）文件精神，推动网上交易健康发展，逐步规范网上交易行为，帮助和鼓励网上交易各参与方开展网上交易，警惕和防范交易风险，商务部现发布《关于网上交易的指导意见（暂行）》。

请参照本指导意见内容，积极开展网上交易活动，依法维护各方权益，创造和维护网上交易良好环境，不断总结经验，共同推动我国电子商务发展。

特此公告

商务部

二〇〇七年三月六日

商务部关于网上交易的指导意见（暂行）

网上交易是信息技术与经济发展相结合的产物，是一种新的交易方式，是电子商务的一种重要模式。鼓励开展网上交易有助于提高交易效率，降低交易成本，拉动消费，促进商品和各种生产要素的自由流动，为促进国民经济又好又快发展提供服务。

当前，网上交易正在我国城乡市场普及，发展速度快，社会潜力大。为贯彻落实国务院办公厅《关于加快电子商务发展的若干意见》，维护网上交易参与方的合法权益，促进网上交易健康有序发展，特提出以下指导意见。

一、网上交易及其参与方

（一）网上交易

网上交易是买卖双方利用互联网进行的商品或服务交易。常见的网上交易主要有：企业间交易、企业和消费者间交易、个人间交易、企业和政府间交易等。

（二）网上交易参与方

网上交易参与方包括网上交易的交易方和网上交易服务提供者。

1. 网上交易的交易方，具体指：

(1) 卖方，利用互联网出售商品或服务。

(2) 买方，利用互联网购买或获得商品或服务。

现行法律制度规定从事商品和服务交易须具备相应资格的，交易方应当符合其规定。

2．网上交易服务提供者，根据其服务内容可以分为：

(1) 网上交易平台服务提供者，从事网上交易平台运营并为买卖双方提供交易服务。网上交易平台是平台服务提供者为开展网上交易提供的计算机信息系统，该系统包括互联网、计算机、相关硬件和软件等。

(2) 网上交易辅助服务提供者，为优化网上交易环境和促进网上交易，为买卖双方提供身份认证、信用评估、网络广告发布、网络营销、网上支付、物流配送、交易保险等辅助服务。

生产企业自主开发网上交易平台，开展采购和销售活动，也可视为网上交易服务提供者。

网上交易平台服务提供者可以同时提供网上交易辅助服务。

二、网上交易的基本原则

(一) 遵守国家法律法规

网上交易具有特殊性，可以利用互联网和信息技术订立合同和履行合同，但网上交易的参与各方必须遵守国家相关法律法规，遵守国家信息安全等级保护制度的相关规定和标准。

(二) 遵守互联网技术规范和安全规范

网上交易以互联网环境为基础。为保证交易的正常进行，网上交易参与各方，特别是网上交易服务提供者，必须遵守国家制定的互联网技术规范和安全规范。

(三) 诚实守信，严格自律

网上交易各参与方必须遵守诚实守信的基本原则，严格自律，健康有序地开展网上交易，不得利用网上交易从事违法犯罪活动。

三、网上交易参与方规范行为

(一) 网上交易的交易方

1．认识网上交易的特点

网上交易通过现代信息技术和互联网进行信息交流、洽谈、签订合同乃至履行，效率高，成本低。但交易方在了解对方真实身份、信用情况、履约能力等方面有一定难度，存在一定的违约和欺诈风险。交易方应认识网上交易的特点，谨慎交易，积极防范风险。

2．了解交易相对方的真实身份

交易各方在交易前要尽可能多地了解对方的真实身份、信用状况、履约能力等交易信息，可以要求对方告知或向交易服务提供者询问，必要时也可以向有关管理、服务机构查询。

交易各方应在适当的时间将自身与交易有关的真实信息告知对方，如：营业执照和特殊业务许可证照的有关信息，实体经营地址和真实有效的联系方式。

如果一方拒绝提供基本身份信息，另一方要谨慎对待，慎重交易，警惕和防范利用网上交易进行欺诈的行为。

3．遵守合同订立的各项要求

交易各方采用电子邮件、网上交流等方式订立合同，应当遵守合同法、电子签名法的有关规定，注意下列事项：

（1）与数据电文确认收讫有关的事项；

（2）以数据电文形式发送的要约的撤回、撤销和失效以及承诺的撤回；

（3）自动交易系统形成的文件的法律效力；

（4）价款的支付，标的物和有关单据、凭证的交付；

（5）管辖法院或仲裁机构的选择，准据法的确定；

（6）法律、法规规定的其他事项。

交易方采用格式合同的，制定合同的一方应遵守法律、法规关于格式合同的规定，并注意适应网络特点，相对方要仔细阅读合同条款，谨慎操作。

4．依法使用电子签名

交易各方通过电子签名签订合同的，要遵守电子签名的法律规定，使用可靠的电子签名，选择依法设立的电子认证服务提供者提供的认证服务。

5．注意支付安全

交易各方选择网上支付方式的，要通过安全可靠的支付平台进行，及时保存支付信息，增强网上支付的安全意识。交易各方进行网下支付的，要充分考虑货到付款、预付货款等方式的特点，注意资金的使用安全。

6．依法发布广告，防范违法广告

交易各方发布的网络广告要真实合法。浏览广告的一方要增强警惕性和鉴别能力，注意识别并防范以新闻或论坛讨论等形式出现的虚假违法广告。

7．注意保护知识产权

交易各方要尊重知识产权，依法交易含有知识产权的商品或服务，不得利用网上交易侵犯他人知识产权。

8．保存网上交易记录

交易各方可以自行保存各类交易记录，以作为纠纷处理时的证据。大宗商品、贵重商品与重要服务的交易，可以生成必要的书面文件或采取其他合理措施留存交易记录。

（二）网上交易服务提供者

1．具备合法的主体资格

服务提供者提供网上交易相关服务，应遵守国家有关法律规定；需要办理相关审批和登记注册手续的，应依法办理；需要具备一定物质条件的，包括资金、设备、技术管理人员等，应符合要求的条件。

2．规范服务，完善制度

服务提供者应提供规范化的网上交易服务，建立和完善各项规章制度，如：

（1）用户注册制度，

（2）平台交易规则，

（3）信息披露与审核制度，

（4）隐私权与商业秘密保护制度，

（5）消费者权益保护制度，

（6）广告发布审核制度，

（7）交易安全保障与数据备份制度，

（8）争议解决机制，

（9）不良信息及垃圾邮件举报处理机制，

（10）法律、法规规定的其他制度。

3．信息披露

服务提供者应以合理方式向用户公示各项协议、规章制度和其他重要信息，提醒用户注意与其自身合法权益有密切关系的内容，从技术上保证用户能够便利、完整地阅读和保存。

4．维护交易秩序

服务提供者应采取合理措施，保证网上交易平台的正常运行，提供安全可靠的交易环境和公平、公正、公开的交易服务，维护交易秩序，建立并完善网上交易的信用评价体系和交易风险警示机制。

5．维护用户利益，保护消费者权益

服务提供者应采取合理措施保护用户的注册信息、隐私和商业秘密。交易各方发生争议时，应依照法律和约定协商解决或协助有关部门处理。

服务提供者应尊重和保护消费者的合法权益，尽可能为消费者提供必要的卖方信用信息查询服务，方便消费者选择可靠的卖方。

网上支付服务的提供者应根据网上交易的特点，采取合理措施保障交易资金的安全，保障使用人的身份信息和账号信息的安全。

6．保存交易记录，保证数据安全

服务提供者应特别注意保存网上交易的各类记录和资料，采取相应的技术手段保证上述资料的完整性、准确性和安全性。

7．监督平台信息

服务提供者应注意监督用户发布的商品信息、公开论坛和用户反馈栏中的信息，依法删除违反国家规定的信息，减少垃圾邮件的传播。

8．维护系统安全

服务提供者应按照国家信息安全等级保护制度的有关规定和要求建设、运行、维护网上交易平台系统和辅助服务系统，落实互联网安全保护技术措施，提高网上交易的安全性。

四、网上交易促进

（一）加强网上交易的环境建设

各级商务主管部门要建立范围广、层次高的电子商务工作体系，完善电子商务发展的政策环境、法制环境和促进机制。

鼓励企业通过技术引进和自主创新，不断发展网上交易技术，构建有利于网上交易发展的技术支撑体系。

鼓励行业协会、交易社区建设有利于网上交易的各类机制，包括预警、欺诈投诉、争议处理、信用评估、行业与交易社区联动机制等。

鼓励企业、行业协会等参与、协助相关主管部门研究、规范网上银行和第三方支付平台的行为，规范物流配送行为，促进电子签名应用，提高网上支付的安全性和物流配送的准确性。

鼓励企业、行业协会等参与制定网上交易的标准和规范，参与建设网上交易的安全认证体系、信用体系、网络仲裁和网络公证体系等。

（二）促进全国网上交易的协调发展

各级商务主管部门要引导网上交易发达地区与不发达地区的合作，特别注意促进中西部地区网上交易的发展。

各级商务主管部门要引导城市网上交易向农村扩展，提高农产品网上交易的比例。

各级商务主管部门要扶持第三方网上交易平台建设，引导中小企业通过网上交易走出国门，参与国际竞争。

（三）参与电子商务的国际交流与合作

鼓励企业、行业协会参加电子商务国际组织，参与电子商务国际交流与合作。

鼓励大专院校、研究机构参与电子商务相关国际规则、条约和示范法的研究和制定。

（四）倡导网上交易理论研究和案例研究

鼓励大专院校、研究机构开展网上交易模式、交易平台建设、交易主体行为分析、网上营销、网络广告、网上支付、物流配送、交易安全、纠纷解决、统计标准等方面的理论研究，为促进网上交易发展提供必要的理论基础。

鼓励企业、行业协会等与政府相关部门、大专院校、研究机构合作，总结网上交易的经验教训，形成具有推广价值的网上交易模式和操作规程。

关于做好网上银行风险管理和服务的通知

银监办发〔2007〕134号

各银监局，各政策性银行、国有商业银行、股份制商业银行，邮储银行：

近一时期，我国商业银行网上银行业务规模高速增长，服务效率稳步提高，网上资金交易和转移日益频繁，银行客户对电子渠道服务的依赖程度不断加深，为促进网上银行健康持续发展，积极防范针对网上银行的不法活动，维护商业银行和客户权益，现就商业银行做好网上银行风险管理和服务提出如下要求：

一、加强用户身份验证管理。各商业银行最迟于2007年12月31日前应对所有网上银行高风险账户操作统一使用双重身份认证。双重身份认证由基本身份认证和附加身份认证组成。基本身份认证是指网上银行用户知晓并使用，预先注册在银行的本人用户名及口令/密码；附加身份认证是指网上银行用户持有、保管并使用可实现其他身份认证方式的信息（物理介质或电子设备等）。附加身份认证信息应不易被复制、修改和破解。

商业银行可根据业务发展需要和风险控制要求对本行网上银行高风险账户操作进行具体界定。高风险账户操作应至少包括：向非本人（不含与本行签订业务合作等法律协议和客户预先约定的指定账户，如：代收费、第三方支付、贷款还款账户等）账户转移资金单笔超过1000元或日累计超过5000元。对于身份认证强度相对较弱的网上银行账户操作，商业银行应充分评估风险，相应进一步采取控制措施（如：限制资金转移功能、限定资金转移额度等）进行有效防范。商业银行还应积极研发和应用各类维护网上银行使用安全的技术和手段，保证安全技术和管理水平能够持续适应网上银行业务发展的安全要求。

商业银行应综合平衡经济效益和社会效益，不断降低网上银行客户双重身份认证的使用成本，促进双重身份认证的推广普及。

对于其他电子银行业务类型，商业银行可依据其安全程度自行确定是否参照网上银行管理，但应保证其他电子银行业务类型不构成网上银行的安全管理漏洞。

二、加强公众网上银行安全教育。商业银行应切实承担起对网上银行客户的安全教育责任，内容应至少包括：（一）通过各种宣传渠道向公众明示本行正确的网上银行官方网址和呼叫中心号码；（二）在本行网站首页显著位置开设网上银行（电子银行）安全教育栏目；（三）印制并向客户配发语言通俗，形象直观的网上银行安全宣传折页或手册；（四）在网上银行使用过程中应在电脑屏幕上向用户醒目提示相关的安全注意事项等。

三、加强网上银行安全防范，及时进行风险提示。商业银行应将扫描查找假冒本行网上银行网站及其他针对电子银行的犯罪活动纳入日常工作程序，定期搜索与本行相关的假冒网站（邮件、电话、短信号码等），检查本行网页上对外链接的可靠性，并开辟专门渠道接受公众举报。发现风险应立即采取防范措施，并通过本行网站及其他渠道向公众进行通报提示。

四、妥善处理客户投诉，减少投诉事件的发生。商业银行应建立规范的网上银行（电子银行）业务投诉处理机制，建立客户投诉的登记、统计制度，指定专门的人员或部门及时处理客户投诉，并对客户投诉情况进行研究分析。对于客户投诉集中的电子银行业务环节和产品，应及时制定有效的解决措施，加以改正。

五、加强对第三方机构的法律责任约束。商业银行应加强对与本行系统存在技术和业务连接的第三方机构的管理，通过正式法律协议明确双方的纠纷处理、赔偿等相关法律责任，向客户充分披露银行与第三方机构的业务流程和责权关系，积极防范法律风险和声誉风险。

六、其他银行业金融机构开展网上银行（电子银行）业务，应按照本通知中的各项要求执行。

请各银监局将本通知转发至辖内各银行业金融机构。

中国银行业监督管理委员会

中国银行业监督管理委员会令

2007年第6号

《商业银行内部控制指引》已经2006年12月8日中国银行业监督管理委员会第54次主席会议通过，现予公布，自公布之日起施行。

主　席：刘明康

二〇〇七年七月三日

商业银行内部控制指引（选摘）

第八章　计算机信息系统的内部控制

第一百一十七条　商业银行计算机信息系统内部控制的重点是：严格划分计算机信息系统开发部门、管理部门与应用部门的职责，建立和健全计算机信息系统风险防范的制度，确保计算机信息系统设备、数据、系统运行和系统环境的安全。

第一百一十八条　商业银行应当明确计算机信息系统开发人员、管理人员与操作人员的岗位职责，做到岗位之间的相互制约，各岗位之间不得相互兼任。

各级机构应当配备计算机安全管理人员，明确计算机安全管理人员的职责。

第一百一十九条　商业银行应当对计算机信息系统的项目立项、开发、验收、运行和维护整个过程实施有效管理，开发环境应当与生产环境严格分离。

技术部门与业务部门之间应当进行沟通协调，确保系统的整体安全。

第一百二十条　商业银行购买计算机软、硬件设备，应当对供应商的资格条件进行严格审查，在使用前进行试用性安全测试，明确产品供应商对产品在使用期间应当承担的责任，确保产品的正常使用和有效维护。

第一百二十一条　商业银行计算机机房建设应当符合国家的有关标准，出入计算机机房应当有严格的审批程序和出入记录，确保计算机硬件、各种存储介质的物理安全。

计算机机房和营业网点应当有完备的计算机监控系统，确保计算机终端的正常使用。

第一百二十二条　商业银行应当建立和健全网络管理系统，有效地管理网络的安全、故障、性能、配置等，并对接入国际互联网实施有效的安全管理。

第一百二十三条　商业银行应当对计算机信息系统实施有效的用户管理和密码（口令）管理，对用户的创建、变更、删除、用户口令的长度、时效等均应当有严格的控制。

员工之间严禁转让计算机信息系统的用户名或权限卡，员工离岗后应当及时更换密码和密码信息。

第一百二十四条　商业银行应当对计算机信息系统的接入建立适当的授权程序，并对接入后的操作进行安全控制。

输入计算机信息系统的数据应当核对无误，数据的修改应当经过批准并建立日志。

第一百二十五条　商业银行应当及时更新系统安全设置、病毒代码库、攻击特征码、软件补丁程序等，通过认证、加密、内容过滤、入侵监测等技术手段，不断完善安全控制措施，确保计算机信息系统的安全。

第一百二十六条　商业银行的网络设备、操作系统、数据库系统、应用程序等均应当设置必要的日志。

日志应当能够满足各类内部和外部审计的需要。

第一百二十七条　商业银行应当严格管理各类数据信息，数据的操作、数据备份介质的存放、转移和销毁等均应当有严格的管理制度。

第一百二十八条　商业银行运用计算机处理业务，应当具有可复核性和可追溯性，并为有关的审计或检查留有接口。

第一百二十九条　商业银行的电子银行服务应当具备客户身份识别、安全认证等功能，防止发生泄密事件，确保交易安全。

第一百三十条　商业银行应当尽可能利用计算机信息系统的系统设定，防范各种操作风险和违法犯罪行为。

第一百三十一条　商业银行应当建立计算机安全应急系统，制定详细的应急方案，并定期进行修订和演练。

数据备份应当做到异地存放，应当建立异地计算机灾难备份中心。

关于加强保险业信息化工作重大事项管理的通知

保监厅发〔2007〕8号

各保险集团（控股）公司、保险公司、保险资产管理公司：

为贯彻落实《中国保险业发展“十一五”规划信息化重点专项规划》，防范化解信息技术风险，进一步加强并规范保险业信息化工作重大事项的管理，现就有关要求通知如下：

一、各公司应高度重视保险信息化工作重大事项的管理，按照“谁主管、谁负责，谁运营、谁负责”的原则，加强组织领导，完善工作机制，落实责任，切实做好重大事项的报告和及时处置工作。

二、各公司应向中国保监会及时报告下列信息化相关的工作及重大事项：

（一）信息化发展战略、规划的正式形成或重大修订；（15个工作日内上报）

（二）信息化工作上一年度总结及本年度工作计划；（每一年度的第一季度内上报）

（三）数据中心、灾备中心新建或迁移计划的正式形成，新数据中心、灾备中心的正式启用；（15个工作日内上报）

（四）对公司经营管理有重大影响的信息系统建设或改造；（随时上报）

（五）公司信息化工作主要负责人、信息技术部门主要负责人和联系人的变更等；（5个工作日内上报）

（六）其他需要报告的重要事项。

三、各公司发生下列网络与信息安全重大事件时，应立即采取措施，妥善处置，并在24小时内向中国保监会报告：

（一）网络中发生有害信息或计算机病毒的大规模传播；

（二）网络或信息系统发生重大系统性故障，造成应用服务中断四小时以上或数据篡改、丢失；

（三）已经确定或可能遭受网络与系统入侵、网络诈骗、网络侵财、网络恐怖等违法犯罪活动；

（四）其他影响网络与信息安全的重大事件。

报告内容包括事件类型、影响范围、损失及危害情况、分析研判结果和已采取的措施等。

四、各公司应于2007年3月31日前将2006年信息化工作总结和2007年工作计划、信息化工作主要负责人、信息技术部门负责人及联系人的联系方式（手机、座机、传真以及邮箱地址）报送中国保监会统计信息部。

中国保险监督管理委员会

二〇〇七年三月五日

关于开展保险业信息系统安全检查工作通知

保监厅发〔2007〕28号

各保险公司、保险资产管理公司：

为进一步强化信息安全意识，提高保险业信息安全保障水平，现将开展2007年保险业信息系统安全检查工作有关事项通知如下：

一、信息安全检查的目的、原则和范围

（一）信息安全检查的目的

通过信息安全检查工作，分析网络与信息系统面临的风险，评估网络与信息系统的安全状况，查找薄弱环节和安全隐患，进一步强化信息安全意识，规范信息安全管理，提高保险信息系统的安全保障能力。

（二）信息安全检查的原则

按照"谁主管、谁负责，谁运营、谁负责"的原则，遵循"统一领导、分级负责，周密部署、务求实效"的方针，突出重点，充分吸纳去年信息安全检查的成功经验，切实做好保险信息系统安全检查工作。

（三）信息安全检查的范围

各保险公司、保险资产管理公司。

二、信息安全检查的方式和具体内容

（一）信息安全检查的方式

以各公司自查为主，中国保监会将组织检查组进行抽查。中国保监会统计信息部负责全行业信息安全检查工作的组织领导，各公司负责各自的信息系统安全自查工作的组织实施。

（二）信息安全检查的具体内容

1．资产调查。对网络与信息系统的资产进行统计调查，并分析其重要程度。资产主要包括网络与信息系统相关的硬件、软件、服务、信息、人员等。

（1）确定自查范围。

（2）对相关资产进行分类。

（3）对资产重要性进行分析。

（4）统计网络设备、安全设备、大型服务器、存储设备、操作系统、数据库等关键资产及信息技术服务和信息安全服务的国产化率。

（5）外国供应商提供产品和服务情况。

资产调查和赋值方法参见附表1和附表2，外国供应商提供产品和服务情况参见附表3。

2．威胁分析。对网络与信息系统所面临的威胁进行分析。

（1）分析威胁来源，包括环境因素和人为因素等。

（2）对威胁进行分类。

（3）研究威胁发生的可能性。

（4）分析威胁的严重程度。

威胁分析和赋值方法参见附表4和附表5。

3．脆弱性分析。对自查对象存在的管理和技术薄弱环节进行查找、分析和归纳，对已有安全管理体系、安全措施进行核实和评价。

（1）规章制度：安全策略及管理规章制度是否健全，有关规章制度的制定、发布、修订及执行情况，对有关政策、法规以及行业监管责任的落实情况。

（2）安全组织与职责：安全组织体系是否健全，管理职责是否明确，安全管理机构岗位设置、人员配备是否合理。

（3）人员管理：人员的安全和保密意识教育、安全技能培训情况，重点、敏感岗位人员有无特殊管理措施。

（4）体系结构：网络与信息系统的体系结构、各类安全保障措施的组合是否合理。

（5）网络安全：安全域划分、边界保护、内网防护、外部设备接入控制、内外网物理隔离等情况。

（6）设备和操作系统安全：网络交换设备、安全设备。主机和终端设备的安全性，操作系统的安全配置、病毒防护、恶意代码防范等。

（7）应用系统安全：数据库、WEB网站、日常办公和业务系统等应用的安全设计、配置和管理情况；关键应用系统开发过程中的质量控制和安全性测试情况。

（8）运维管理：设备、系统的操作和维护记录，变更管理，安全事件分析和报告；运行环境与开发环境的分离情况；安全审计、补丁升级管理、安全漏洞检测、网管、权限管理及密码管理等情况。

（9）数据安全：数据访问控制情况，服务器、用户终端、数据库等数据加密保护能力，磁盘、光盘、U盘和移动硬盘等存储介质管理情况，数据备份与恢复手段等。

（10）物理环境安全：机房安全管控措施、防灾措施、供电和通信系统的保障措施等。

（11）关键资产和服务管控：关键资产采购时是否进行了安全性测评，对服务机构和人员的保密约束情况，在服务提供过程中是否采取了管控措施。

(12) 应急响应与灾难恢复：应急响应体系（应急组织、应急预案、应急物资）建设情况，应急演练情况，系统灾难备份措施情况。

脆弱性分析和赋值方法见附表6和附表7。

4．综合评估。根据上述检查结果，综合分析网络与信息系统的整体安全现状。

(1) 对资产、威胁、薄弱环节、已有安全措施进行综合分析，分析安全事件发生的可能性。

(2) 分析安全事件发生后可能造成的后果及影响。

(3) 分析网络与信息系统的整体风险状况，提出风险列表。

风险赋值方法见附表8。

5．研究提出整改措施。根据对网络与信息系统的风险状况，结合法律法规、国家和行业政策要求以及当前的重点任务，统筹考虑，研究提出风险应对措施。

三、信息安全检查工作的要求和安排

（一）各公司应建立信息安全检查领导机构，由分管信息安全的公司领导亲自抓，切实加强自查工作的组织实施，并将自查方案报中国保监会统计信息部备案。（2007年6月25日前完成）

（二）各公司应完成信息系统的自查工作，并将检查结果以及改进措施报中国保监会统计信息部。中国保监会将对部分公司进行抽查。（2007年7月31日前完成）

（三）中国保监会对此次检查情况、发现的问题进行分析汇总后，将向全行业通报。

附表：

1．资产分类表

2．资产赋值方法

3．外国供应商提供产品和服务基本情况统计表

4．威胁分析表

5．威胁赋值方法

6．脆弱性分析表

7．脆弱性赋值方法

8．风险赋值方法

中国保监会统计信息部

二〇〇七年六月六日

关于开展保险业信息系统安全等级保护定级工作的通知

保监厅发〔2007〕45 号

各保监局，各保险公司、保险资产管理公司，中国保险行业协会：

为贯彻落实国家信息安全等级保护制度，按照《关于开展全国重要信息系统安全等级保护定级工作的通知》（公信安〔2007〕861 号）要求，中国保监会将在保险行业内开展信息系统安全等级保护定级工作。现将有关事项通知如下：

一、等级保护定级工作的要求及组织方式

各单位应按照“准确定级、严格审批、及时备案、认真整改、科学测评”的要求和“自主定级、自主保护”的工作原则，成立相应的领导及实施机构，结合本单位的实际情况，准确开展信息系统等级保护定级工作。

保监会成立等级保护定级工作领导小组，统一领导、解决保险行业信息安全等级保护定级工作中的重大问题；保监会等级保护定级工作领导小组下设办公室，具体负责保监会机关信息系统等级保护定级的具体实施工作和行业定级工作的指导审核。

各保监局负责本局内独立运行的信息系统等级保护定级工作，并对各自辖区内的保险公司分支机构的等级保护定级工作进行指导审核。

各保险集团公司、保险控股公司负责本公司信息系统等级保护定级工作以及其下属子公司信息系统等级保护定级工作的组织协调和指导。各保险总公司统一部署本公司和分公司的信息系统等级保护定级工作。

二、定级工作安排及定级范围

（一）定级工作安排

为稳妥做好等级保护定级工作，拟在保险行业内分步分批实施。

保险行业第一批定级单位包括：保监会及各保监局，中国保险行业协会，中国人民保险集团公司、中国人寿保险（集团）公司、中国再保险（集团）公司、中国出口信用保险公司、民生人寿保险股份有限公司、阳光保险控股股份有限公司、中国平安保险（集团）股份有限公司、中国太平洋（集团）股份有限公司及其下属各子公司和分公司。

其余公司作为第二批定级单位（具体时间安排另行通知）。

（二）定级范围

1. 保险监管部门监管、办公及网站等重要信息系统；保险公司和中国保险行业协会经营、管理、办公等重要信息系统。（以下简称“重要信息系统”）

2．涉及国家秘密的信息系统。（以下简称“涉密信息系统”）

三、主要工作步骤

第一阶段：自主定级（9月20日前完成）

各单位按要求成立相关定级实施机构，对本系统内的重要信息系统和涉密信息系统展开摸底调查，全面掌握信息网络和信息系统的数量、分布、业务类型、系统结构、应用或服务范围等基本情况，按照《信息安全等级保护管理办法》（以下简称“《管理办法》”，附件1）和《信息系统安全等级保护定级指南》（附件2）的要求，确定定级对象并初步确定保护等级，形成定级报告（报告模板见附件3）。

涉密信息系统的等级确定按照国家保密局的有关规定和标准执行。

第二阶段：审核（9月25日前完成）

各保监局将各自独立运行的重要信息系统和涉密信息系统的定级报告报保监会审核。

各公司对本公司内的重要信息系统和涉密信息系统定级进行统一审核，对跨省联网运行且由公司总部统一确定等级的，由总公司将重要信息系统和涉密信息系统的定级报告报保监会审核（有集团或控股公司的，由集团或控股公司将定级报告统一报保监会审核）；保险公司分公司将经过总公司审核的，且在分公司独立运行的重要信息系统和涉密系统定级报告报当地保监局审核。

保险行业协会将所确定的重要信息系统和涉密信息系统的定级报告报保监会审核。

保监会及各保监局在接到定级报告审核文件后，对不符合要求的于5个工作日内要求其改正，审核通过者不再单独答复。

第三阶段：备案（9月30日前完成）

根据《管理办法》，各单位定级报告通过保监会或保监局审核后，对重要信息系统安全等级确定为二级以上的信息系统应到公安部网站下载《信息系统安全等级保护备案表》（见附件4）和辅助备案工具，并持填写的备案表和利用辅助备案工具生成的备案电子数据文件，到公安机关办理备案手续（保险行业协会确定的信息系统、保险总公司统一定级的跨省联网运营的信息系统，向公安部备案；保险公司分公司将总公司定级的跨省联网在当地运行、应用的分支系统以及在当地分公司独立运行的信息系统，向当地省级公安机关备案）。备案完成后，各级单位将备案证明复印件报相对应的保险监管机构存档。

涉密信息系统建设使用单位依据《管理办法》和国家保密局的有关规定，填写《涉及国家秘密的信息系统分级保护备案表》（见附件5），按照属地化管理原则，将所确定的涉密信息系统，报送相对应的保密部门备案。备案完成后，各级单位将备案证明复印件报相对应的保险监管机构存档。

第四阶段：总结工作（10月15日前完成）

各单位应对等级保护定级工作进行总结，并报保监会等级保护定级工作领导小组。保监会根据定级工作开展的情况和定级工作报告，总结工作经验，研究并启动第二批等级保护定级工作。

中国保险监督管理委员会

二〇〇七年九月六日

关于开展电力行业信息系统安全等级保护定级工作的通知

电监信息〔2007〕34号

国家电网公司，南方电网公司，华能、大唐、华电、国电、中电投集团公司，各有关电力公司：

为贯彻落实公安部、国家保密局、国家密码管理局、国务院信息化工作办公室《关于印发的通知》（公通字〔2007〕43号）和《关于开展全国重要信息系统安全等级保护定级工作的通知》（公信安〔2007〕861号）要求，提高电力行业网络和信息系统的信息安全保护能力和水平，定于2007年8月至10月在电力行业组织开展信息系统安全等级保护定级工作。现就有关事项通知如下：

一、工作组织

电力行业网络与信息安全领导小组：统一协调领导电力行业信息系统安全等级保护定级工作。

电力行业网络与信息安全领导小组办公室（以下简称领导小组办公室）：具体负责组织开展电力行业信息系统安全等级保护定级工作，监督指导信息系统运营使用单位的定级工作。

电力行业信息系统安全等级保护定级工作专家组（以下简称专家组）：对电力行业信息系统安全定级工作进行指导、咨询，对定级结果进行评审。

各有关电力公司（名单附后）等级保护责任部门（以下简称公司责任部门）：负责组织开展本单位（系统）信息系统安全等级保护定级工作。

信息系统运营使用单位（以下简称运营使用单位）：具体负责所运营、使用的信息系统的安全定级工作。

技术支持单位：中国电力科学研究院信息安全研究所等单位为本次信息系统安全定级工作的技术支持单位，负责提供技术支持。

二、主要工作内容

1．摸底调查

各公司责任部门要组织本系统的信息系统运营使用单位，开展对所属网络和信息系统的摸底调查工作，全面掌握信息网络和信息系统的数量、分布、业务类型、系统结构、应用或服务范围等基本情况。

2．初步定级

各单位在摸底调查的基础上，要按照《信息安全等级保护管理办法》（以下简称《管理办法》，附件 1）和《信息系统安全等级保护定级指南》（附件 2）的要求，确定各定级对象。并初步确定定级对象的安全保护等级，起草定级报告（报告模板见附件 3）。各公司责任部门将本单位（系统）运营使用单位的定级报告汇总后统一报送领导小组办公室。

涉密信息系统的等级确定按照国家保密局的有关规定和标准执行。

3．评审

领导小组办公室组织专家对上报的定级报告进行分类评审。评审后领导小组办公室印发《电力行业信息系统安全等级保护定级实施指南》，指导各电力公司和信息系统运营使用单位的定级工作。

对于跨电力公司联网运行的信息系统，由领导小组办公室统一确定安全保护等级。

对于属同一电力公司，但跨省联网运行的信息系统，由公司责任部门统一确定安全保护等级。

对于通用信息系统，由领导小组办公室提出安全保护等级建议，运营使用单位自主确定安全保护等级。

对于运营使用单位所特有的信息系统，各运营使用单位自行确定安全保护等级。

对拟确定为第四级以上信息系统的，由领导小组办公室邀请国家信息安全保护等级专家评审委员会评审。

4．审批与备案

根据《管理办法》，信息系统安全等级确定为二级以上的信息系统运营使用单位到公安部网站下载《信息系统安全等级保护备案表》（见附件 4）和辅助备案工具，持填写的备案表和利用辅助备案工具生成的备案电子数据，到公安机关办理备案手续，提交有关备案材料及电子数据文件。其中，第二级信息系统的备案单位只需填写备案表中的表一、表二和表三，第三级以上信息系统的备案单位还应当同时提交备案表表四所列各项内容的书面材料。

各运营使用单位要参照《电力行业信息系统安全等级保护定级实施指南》，结合本单位实际，填写备案表，由集团公司责任部门审定后，统一汇总报送领导小组办公室审批。

备案表经领导小组办公室审查批准后，各有关单位应根据下列要求到公安机关办理备案手续。

（1）跨电力公司联网运行，且由领导小组办公室统一确定安全等级的信息系统，领导小组办公室负责统一向公安部办理备案手续。

（2）电力公司内部跨省联网运行，且由公司责任部门统一确定安全等级的信息系统，由公司责任部门负责统一向公安部办理备案手续。

(3) 其他信息系统的由运营使用单位直接向当地设区的市级以上公安机关备案。

(4) 跨省联网运行的信息系统，在各地运行、应用的分支系统，向当地设区的市级以上公安机关备案。

涉密信息系统建设使用单位依据《管理办法》和国家保密局的有关规定，填写《涉及国家秘密的信息系统分级保护备案表》（见附件5），按照属地化管理原则，中央和国家机关单位的涉密信息系统向国家保密局备案；地方单位的涉密信息系统向所在地的市（地）级以上保密工作部门备案；中央和国家机关地方所属单位的涉密信息系统，向所在地的省级保密工作部门备案。

5．备案管理

公安机关和国家保密工作部门负责受理电力行业信息系统等级保护定级备案，并进行备案管理。信息系统备案后，公安机关对信息系统的备案情况进行审核，对符合等级保护要求的，颁发信息系统安全保护等级备案证明。发现不符合《管理办法》及有关标准的，将通知备案单位予以纠正。发现定级不准的，通知运营使用单位或者领导小组办公室重新审核确定。各级保密工作部门加强对涉密信息系统定级工作的指导、监督和检查。

三、进度安排

动员部署阶段，8月15日前印发通知，对定级工作进行动员部署。

摸底调查及初步定级阶段，8月31日前完成。开展信息系统基本摸底调查，初步确定定级对象的安全保护等级，起草定级报告。

评审阶段，9月24日前完成。领导小组办公室对上报的初步定级报告进行分类评审，并编制印发《电力行业信息系统安全等级保护定级实施指南》。

审批与备案阶段，10月15日前完成。各运营使用单位按照《电力行业信息系统安全等级保护定级实施指南》，填写备案表并上报领导小组办公室审核，审核批准后按要求向公安机关备案。

总结阶段，10月20日前完成。各公司责任部门对本单位（系统）信息系统安全定级工作进行总结，并向领导小组办公室报送总结报告。领导小组办公室对行业信息系统安全定级工作进行总结，并报送公安部。

四、工作要求

1．加强领导，落实保障

各电力公司要按照领导小组办公室的统一部署，明确等级保护责任部门，加强组织领导，及时掌握工作进展情况。信息系统运营使用单位要落实责任部门、责任人员和经费，保障定级工作顺利进行。

2．明确责任，密切配合

信息系统的运营使用单位是安全等级保护工作的责任主体，要切实落实运营使用单位的责任。电力公司对所属单位信息系统的安全等级保护工作负总责，各单位要承担起本单位（本系统）信息系统安全等级保护工作的组织管理职责。

各电力公司、各运营使用单位要按照领导小组办公室的部署，积极协调做好本系统、本单位信息系统的安全等级保护工作。

3．动员部署，开展培训

各单位要按照统一部署，广泛进行宣传动员，举办形式多样的培训班、研讨班等，层层培训。领导小组办公室将根据电力行业特点，按照国家要求，会同有关专业培训单位，组织开展电力行业等级保护培训工作。

4．及时总结，提出建议

各电力公司、运营使用单位要结合本单位、本系统开展定级工作的实际，认真总结经验和不足，提出改进和完善定级方法的意见和建议。各公司责任部门要及时总结定级工作经验，形成定级工作总结报告，及时报送领导小组办公室。

此次定级工作完成后，领导小组办公室将按照《管理办法》和有关技术标准，继续组织开展信息系统安全等级保护的系统建设或整改、等级测评、自查自纠等后续工作。

附件：1.《信息安全等级保护管理办法》

2.《信息安全等级保护定级指南》

3.《信息系统安全等级保护定级报告》模版

4.《信息安全等级保护备案表》

5.《涉及国家秘密的信息系统分级保护备案表》

电力行业网络与信息安全领导小组办公室

二〇〇七年八月十三日

调整金保工程网络部署　提高社会保障信息安全水平

一、背景简介

2003年8月，金保工程一期项目建议书经国务院批准并由国家发展改革委批文下达，金保工程正式全国整体立项。2003年12月，项目可行性研究报告由国家发展改革委批复。2004年6月，项目初步设计和投资概算由国家发展改革委批准。同年11月，项目建设资金由财政部正式拨付。

根据2002年国家有关文件精神和金保工程一期任务，金保工程中央本级的网络部署和全国数据布局的基本梗概是：劳动保障部设立办公网（内网）和综合网（外网）两个局域网，两网之间物理隔离；办公网为机密级网，主要功能为办公管理系统，同国家电子政务内网（即国办专网）连接；综合网主要包括同全国劳动保障部门联网的业务专网和面向全国公众的公共服务网（政府网站），前者同互联网逻辑隔离，后者是政务公开主渠道和公共服务窗口，在有保护的情况下同互联网连接；金保工程业务数据生产区主要设在地级以上城市，中央本级在业务专网上设立交换区和决策区。

金保工程在此基础上部署网络安全系统。

二、工程实施中遇到的新要求

自2004年底金保工程开始正式实施的两年多中，国家在劳动保障工作方面提出了一些新的发展要求。同时由于计算机网络信息安全面临日益严重的挑战，国家对网络信息安全提出了更为明确、严格的要求。

在劳动保障业务需求方面：一是根据国务院建立适合农民工特点的养老保险制度的要求，需要建立全国集中式的农民工养老保险信息系统；二是要对建立全国统一社会保险关系转续办法和集中开展异地业务经办进行技术支持；三是要对不断加强的社会保险基金征缴和监管工作提供技术支持等。

系统信息安全保障方面：一是要求涉密信息系统必须与公共信息系统实行物理隔离，不得以任何方式与国际互联网连接；二是公共服务要按照“外网受理、内网办理、外网反馈”的模式开展工作；三是根据形势发展的要求和借鉴国外的教训，集中管理社保数据的计算机系统要提高安全防护水平，避免造成集合性个体信息的破坏或泄漏，对社会稳定和国家安全造成威胁。

因此，金保工程必须对原有的网络部署进行调整，以提高信息系统的安全保护水平。

三、金保工程调整网络部署

这次调整的主要内容是：

1．在部本级组建安全级别较高的劳动保障业务专网，将原规划的办公网、综合网（对应初步设计中的业务专网和公共服务网）两个物理网络，调整为内网（对应初步设计中的办公网和宏观决策系统）、业务专网（对应初步设计中的业务专网）、外网（对应初步设计中的公共服务网）三个物理网络，三网间相互物理隔离。其中，业务专网与地方劳动保障系统相连，与业务流程相关部委系统相连，满足劳动保障行业内部的纵向交互需要，满足劳动保障部与相关部委单位的横向交互需要。

2．将部本级各应用系统的部署位置进行配套调整。宏观决策系统由原综合网调整到内网。联网监测、基金监管、财务软件（财务交换库及财务报表）、异地业务系统部署位置保留在业务专网，同时在业务专网上增加征管方式试点系统。其他需要扩展的交换系统（包括征信、法人库、人口库等信息交换）、拟立项建设的农民工养老保险系统，将随着工作的推进也部署在业务专网上。公共服务系统（用工备案及职业培训等）部署在外网。

3．根据国家电子政务网络中央级传输骨干网网络服务的有关要求，且中央级传输骨干网采用与互联网无关的方案可以满足劳动保障业务专网的需求，因此将原业务专网自行租用的公共电信网调整为使用统一的中央级传输骨干网。

根据以上部署的调整，目前金保工程正在进行劳动保障部部本级业务专网构建、外网构建、内网扩建、灾备系统建设，并在部本级数据中心机房、网络安全等基础设施的部署上预留后续的系统扩展空间。同时，指导地方金保工程建设进行相应的调整。

（劳动和社会保障部信息化工作领导小组副组长　王东岩）

二、地方政府规范性文件及工作

2007 年上海信息安全保障工作概况

综述

2007 年，上海信息化建设取得了显著的成就，银行、税务、证券、海关、铁道、电力、民航、保险、水务、燃气、轨道交通、医疗卫生等各领域信息化程度不断提升，城市正常运行对于信息化的依赖程度越来越高，信息安全保障工作已与城市安全运转密不可分。同时，网络与信息安全形势也不容乐观，包括病毒、黑客等在内的信息安全问题仍然比较严重。今年，全市信息安全工作围绕国家信息安全保障工作的要求，按照《上海市信息安全“十一五”专项规划》的要求，稳步推进信息安全基础设施、机制规范、检测评估、监控防范、信任体系、应急响应等方面的工作，取得了良好的成效。在有效的措施和机制应对下，全市未发生重大信息安全事故，为上海成功举办“特奥会”等大型活动，以及“四个中心”建设提供了有力的保障和支撑。

信息安全工作管理体制机制得到不断完善，市网络与信息安全协调小组办公室（以下简称“市网安办”）在协调信息安工作协同和城市信息安全保障体系建设、处置信息安全突发事件上发挥了越来越大的作用。信息系统信息安全等级保全护工作不断深化，结合信息系统安全测评和风险评估工作，进一步规范了信息系统全生命周期信息安全管理。

信息安全功能性机构发挥了越来越大的作用。市计算机病毒防范服务中心除向社会定期发布病毒预报及解决方案，还在信息安全重点责任单位信息安全预案整改上发挥了重要作用；市信息安全测评认证中心积极开展对产品形态、系统形态的安全测评，面向社会提供 10 多类测评服务；市数字证书认证中心有限公司在电子商务、电子政务等方面积极拓展数字证书应用领域，为构建网络信任体系发挥了基础性和支柱性作用；9682000 信息化服务热线面向全社会提供信息安全咨询和计算机维修服务；上信计算机司法鉴定所面向社会提供可靠的计算机电子证据鉴定服务。

2007 年，信息安全产业也取得较大进展，全行业呈现出良性发展的格局，一批优秀企业脱颖而出，一批技术含量高、市场潜力大、经济效益好的技术和产品应运而生，提高了企业的市场竞争能力。国家信息安全成果产业化（东部）基地不断发展壮大，入驻企业及从业人员实现较大增长的同时，园区内企业技术研发能力亦显著提高。

一、信息安全管理

在上海市委、市政府的统一领导下，在上海市网络与信息安全协调小组（以下简称“市网安小组”）及上海市互联网舆论宣传领导小组（以下简称“市网宣小组”）的协调和指导下，公安、保密、密码、信息化等部门密切协同、有效配合，推动本市信息系统等级保护、安全监管、应急预案演练等方面工作开展，积极落实信息安全责任制，有效应对信息安全事件，保障了城市的信息安全。

按照国家的有关部署和要求，各单位在统一协调下通力配合，全年较好完成了等级保护定级备案、信息系统安全测评、应急预案整改演练、网络信任体系建设等方面的工作。《信息安全等级保护管理办法》发布后，上海市成立了等级保护定级协调小组和办公室，确保定级和备案工作的有序开展；按照《上海市公共信息系统安全测评管理办法》的要求，完成了全市50个公共管理和公共服务系统的安全测评工作，提出了相应的整改要求，并要求各系统管理部门将整改结果上报备案；在市网络与信息安全协调小组办公室的指导下，开展了全市163家信息安全重点责任单位信息安全预案的整改工作，并组织水务系统开展了预案演练；完成《上海市数字证书使用管理办法》编制及发布，同时完善了公务员数字证书发放方案，进一步推进了全市统一的电子认证平台建设。

（一）组织建设

1．体制机制

市网安小组作为全市信息安全保障工作的决策协调机构，在市国民经济和社会信息化领导小组的统一部署和领导下，对全市信息安全相关机构的设置、安全管理制度的建立、跨部门专项任务部署以及信息安全重大项目的投资等方面发挥领导决策作用，综合协调本市信息安全保障工作。市网安小组下设办公室（简称“市网安办”），作为市网安小组的常设办事机构，设在市信息委，具体承担全市信息安全的组织协调和管理工作，以及市网安小组交办的各项任务。

市网宣小组负责对互联网舆情的研判和引导。市网宣小组下设办公室（简称“市网宣办”），设在市委宣传部，作为常设机构承担日常工作，是上海舆论宣传工作的统筹协调机构。

各信息安全相关部门在网安、网宣两个平台协同管理的基础上密切协作，落实信息安全责任制，完善日常信息安全监管工作，有效实施本市信息安全各项工作。

2．功能性机构建设

本市主要建有以下信息功能性机构和基础设施，面向政府部门、企事业单位和社会公众提供服务：

(1) 市电子商务密钥管理中心：隶属于上海市国家密码管理委员会办公室，其主要职责是配合上海市数字证书认证中心有限公司进行工作，在政务外网、电子商务等网络服务中为用户提供密钥和加密技术，保证重要信息的安全保密。

(2) 市数字证书认证中心有限公司：按照政府指导、市场化运作的方式成立的第三方电子认证服务机构，主要负责构建全市性的数字证书认证服务平台，向政府、企事业单位和市民提供数字证书认证服务，推广数字证书应用，为构建统一的网络信任体系发挥基础性作用。

（3）市信息安全测评认证中心：隶属于上海市信息化委员会，主要业务包括信息安全产品测评、信息系统（网络）测评、计算机信息系统集成企业资质（三、四级）认证、信息系统安全方案评审和提供相关技术支持、咨询服务、技术开发和测试实验环境等。

（4）市计算机病毒防范服务中心：隶属于上海市信息化委员会，主要职责有包括组织开展信息安全和计算机病毒防范服务工作，组织开展信息安全和计算机病毒防范技术的研发工作，组织开展信息安全知识的宣传、培训工作，协同建立信息安全防范体系工作，协调管理9682000信息化服务热线的运作等。

（5）市信息安全行业协会：由上海地区从事信息安全产品研发、制造、经营和服务的企业和其他相关企事业单位按自愿、平等的原则组成，提供咨询和中介服务，组织调研、交流、合作、培训，开展会展、编辑出版以及政府委托的其他工作。

（6）9682000信息化服务热线：前身是上海市信息化办公室直属机构及2001年度上海市政府实事工程项目之一的“82000信息化服务热线”，作为信息化技术、信息增值服务的提供商，9682000面向全市提供信息化基础保障服务，为政府机关、企事业单位及家庭个人，提供全方位多层次的信息化建设、使用和应用的增值服务。

（7）上信计算机司法鉴定所：是由上海市信息化委员会直属机构上海市计算机病毒防范服务中心创办，经上海市司法局批准，于2005年6月16日正式成立，面向社会提供权威、公正的电子证据服务的第三方计算机司法鉴定组织。

（二）职能监管

1．加强互联网安全监管

本市公安等互联网监管部门抓体制机制建设，形成了集约高效的互联网监管工作模式，形成了统一指挥、快速反应、警种协作、警地联动的互联网工作运作模式，通过在本市重点网站设立了“虚拟报警岗亭”和“虚拟警察”，依法对互联网实施公开管理。严抓互联网犯罪的侦察打击，保持对互联网违法犯罪活动的高压态势。一是保持对多发案件的严打态势，全力净化网络环境；二是突出重点，打击侵害计算机和网络信息系统的新型犯罪，切实保障信息网络安全。

在加强体制建设和打击网络犯罪的同时，进一步加强行政管理。一是严格落实互联网服务场所的安全管理制度，在1452家有证网吧和300余家重点联网单位，以落实实名登记、日志留存、系统监管为重点的信息安全管理制度，进一步提升业主的守法自律意识。二是协同开展专项整治活动。公安、通信管理、文化稽查等部门开展了多次针对网站及网吧等的专项整治活动。

2．加强信息系统保密管理工作

2007年，本市保密部门积极开展信息安全保密管理机构和队伍建设，加强配套机构建设，完善专家队伍，力求在信息安全保密管理的各个环节都有可靠、可信、可管的部门和队伍做好相应的管理和服务工作。在具体工作上，一是抓好涉密信息系统建设运行的保密管理，同步建设，严格审批，规范防范，规划管理；二是加强信息安全保密技术检查，通过系统检查、漏洞扫描等专业检查，加强信息安全保密管理；三是加大信息保密技术产品的研发和装备应用，切实提高全市各级党政机关和涉密单位信息系统防渗透、防攻击、防泄密能力。

3．加强密码使用管理

在中央的统一部署下，今年密码管理工作有效开展。在加强商用密码管理基础设施建设上，一是在有关密码管理部门的指导下，本市数字证书认证中心通过了国家密码管理局的技术鉴定，获得了信产部办法的CA中心运营许可；二是规划建设上海市商用密码管理基础设施，为本市商用密码产品和数字证书认证提供密钥服务和管理。在建立商用密码执法协作机制上创新，探索符合涉及多部门密码管理工作的协作、管理模式以及相应的操作规程。

（三）制度建设

1．落实等级保护制度

2007年6月底，《信息安全等级保护管理办法》发布后，在市网络与信息安全协调小组办公室（以下简称“市网安办”）协调下，市公安局、市国家保密局、市国密办、市信息委有关部门成立了等级保护定级工作协调小组及其办公室，统筹推动和协调本市重要信息系统信息安全等级保护工作。7月和8月间，在全市重要信息系统中开展了基础调研工作，确定了198家信息系统主管部门和部分运营单位的定级范围，同时成立了由本市13位专家组成的“上海市重要信息系统安全等级保护技术专家组”，为定级工作的开展做好了准备。8月30日，召开全市定级工作大会，并对各单位技术人员进行了培训，全市信息安全等级保护工作有序展开。由各信息系统单位自主定级后，符合要求的相关系统均到公安、保密、密码部门进行备案，至年末，基本完成了本市定级备案任务。

2．加强应急预案体系建设

今年，市网安办着重开展了163家重点责任单位网络与信息安全突发事件应急预案的编制与调整工作。根据各个信息系统的特点和预案编制的特点，将这些预案分为协调管理类、信息技术类和综合类进行分类调整。在备案的预案中，绝大部分都能符合要求，但也存在着一些共性的问题：一是对预案处置过程及目的的定位问题，二是对网络与信息安全突发事件的认识问题，三是系统与预案之间契合度不够的问题。为了解决上述问题，进一步增加预案的可行性和可用性，提高应对网络与信息安全突发事件能力，市网安办于年底协调市水务系统开展了一次应急预案演练，邀请全市19个区县和40多家重要信息系统单位现场观摩。下一阶段，预案体系建设的重点将从预案编制和调整向预案演练、法规建设上转变。

3．完善信息通报制度

市网安办建立了由163家信息安全重点单位信息安全联络员组成的信息安全信息通报网络，定期汇总本市重要信息系统及基础网络的信息安全信息，研判网络与信息安全态势，为市网安小组做好本市信息安全工作决策发挥了重要作用。同时，上海市网络与信息安全信息通报中心（挂靠在上海市公安局公共信息网络安全监察处，简称“通报中心”）正式挂牌成立，其主要职责是汇总分析本市网络与信息安全情况并向国家网络与信息安全信息通报中心、市网安小组成员单位和各重要信息系统主管部门定期进行通报。9月，通报中心正式形成了工作方案，并在主要承担网络与信息安全信息通报工作的重要信息系统单位确定了职能部门、责任人和联络员，正式履行职责。

4．推广风险评估制度

上海市信息安全测评认证中心在参与2005年国信办组织的全国信息安全风险评估工作试点时，推出了得到国信办高度认可的“信息安全风险评估管理软件（IAS)”。该IAS软件的设计完全遵照了国家标准《信息安全风险评估规范》（GB/T 20984—2007)，适用于信息安全的风险自评估及检查评估两种形式。

2007年，上海市信息安全测评认证中心的风险评估软件推广工作得到了持续推进。继2006年为国家电网公司定制开发电力版风险评估软件后，2007年又成功向深圳信息安全测评中心销售35套，山东、贵州、江苏、安徽、浙江等地也向测评中心购买了风险评估管理软件，有力地指导、规范了当地的风险评估工作。

二、信息安全服务

目前，上海市的信息安全服务机构面向社会提供包括病毒预报及处置、电子证据鉴定、系统安全测评及风险评估、电子认证、计算机维修等多种服务。从总体上看，从事信息安全服务的机构不断扩充，部分信息安全从业企业也加入了信息安全服务机构的行列，使我市信息安全服务队伍不断壮大的同时，也提升了整体技术能力和服务水平。而接受服务的群体也在日渐扩大，除了信息安全重点责任单位，广大社会公众及企业也成为信息安全服务的主要对象。服务内容也不断丰富，除了上述服务外，信息安全方面的咨询和培训、安全方案设计等也逐渐成为信息安全服务的重要内容。2007年，各信息安全服务机构业务不断拓展，盈利能力不断提升，信息安全服务行业得到进一步发展。

(一) 计算机病毒防范

1. 重要信息安全单位防病毒概况

2007年，产生了许多新的计算机病毒种类，并且计算机病毒的功能也不断加强，由于计算机病毒防范的滞后特点，今年的“计算机病毒”事件比去年上升2%。全年肆虐比较严重的计算机病毒有“熊猫烧香”、“U盘病毒”及各种Trojan木马病毒极其变种。计算机病毒的发展趋势由破坏性向窃取用户信息变化。

“黑客攻击”事件与上一年度比较，数量明显减少，基本上是端口扫描、尝试性远程登入以及通过SNMP窃取设备配置信息等试探性动作。由于有关单位采取多种技术和管理方面的安全措施，使得攻击行为基本难以得逞。

“由于自身原因造成的信息系统瘫痪”的次数比上一年度大幅度减少。就单位而言，

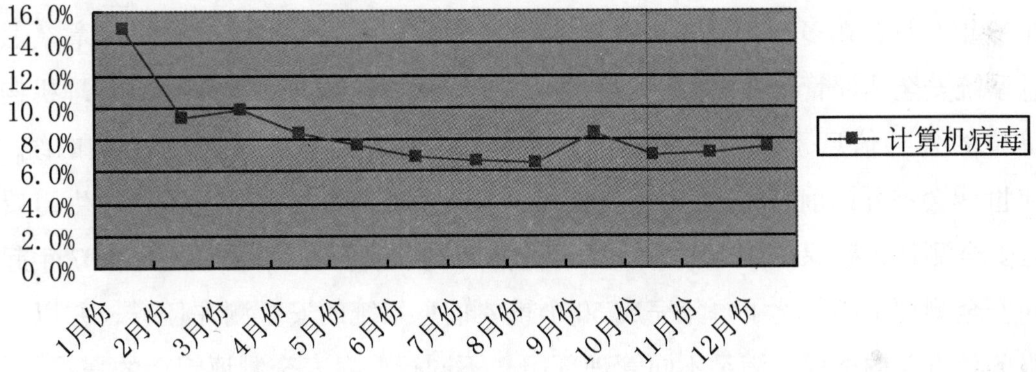

(图1) 2007年“计算机病毒”发生数量各月分布情况

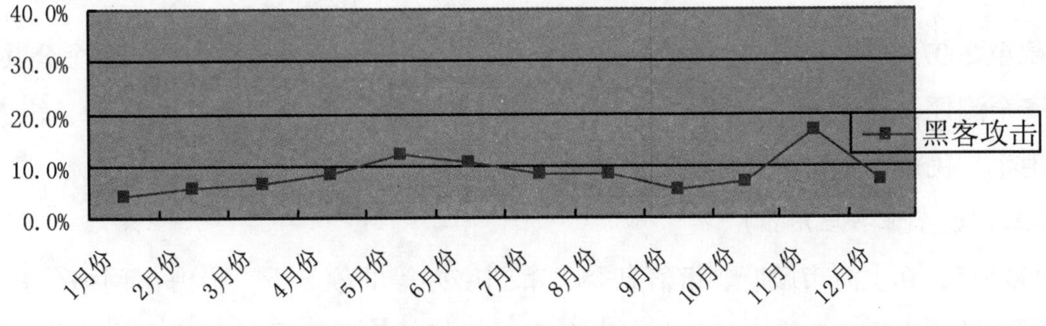

(图2) 2007年“黑客攻击”发生数量各月分布情况

这类信息安全事件发生概率最小，但是它对社会和经济生产活动的影响却不容低估。

纵览本年度本市信息安全状况，发生信息安全事件的重要原因固然是由于外部的破坏，但是，许多事件是由于内部管理疏漏和在安全方面投入不足引起。各单位需要根据自己的实际情况，进一步加强和调整信息安全应对措施。

2．计算机司法鉴定服务

上海市计算机病毒防范服务中心于2005年开始开展计算机司法鉴定业务，并经上海市司法局批准，获得司法鉴定许可证，于当年6月正式成立了上信计算机司法鉴定所，是全市最先向社会提供权威、公正的计算机司法鉴定服务的专业机构，面向刑事诉讼、民事诉讼、执法机关、财务审计、公司调查、网络服务、知识产权保护等领域开展电子证据和取证和鉴定服务。

中心开展计算机司法鉴定工作两年来，已为本市和外省市各级司法机关和当事人完成司法鉴定近百例，有力地维护了司法公正，维护了当事人的合法权益。这些鉴定涵盖了计算机应用的数据电文类、业务记录类、软件程序等不同类型的案例，

（二）安全测评

基础网络和重要信息系统安全测评

2006年5月，在多年系统安全测评实践的基础上，本市出台了政府规章《上海市公共信息系统安全测评管理办法》（市府58号令），58号令要求，本市公共管理机构及公共服务单位的公共信息系统，都应进行安全测评。同时，根据市网安小组的统一部署，2010年世博会召开以前，用3-4年的时间，对本市所有已建的涉及国计民生重要信息系统进行安全测评，确保“数字世博、安全世博”的顺利召开。为此，从2007年起，市信息委向安全测评中心下达了每年完成50个重要信息系统的安全测评任务，并以“一个平台、服务各方”的格局，满足不同管理部门、不同行业对安全测评管理的需求。

2007年1月-12月，上海市信息安全测评认证中心圆满完成了对本市50个重要信息系统的安全测评工作，其中：28个属于公共管理信息系统，22个属于公共服务信息系统，

截至2007年12月底，上海市信息安全测评认证中心已完成对本市200个公共信息系统的安全测评，测评范围涉及电子政务、银行、证券、电力、燃气、供水、轨道交通、医疗卫生、民航等关系国计民生的主要信息系统领域。

（三）数字证书应用推广

2007年，在上海市政府、市信息委、市国密办等的领导下，上海市网络信任体系建设取得了显著成绩。上海CA中心作为全市网络信任体系建设的基石和主力军，以建设全市统一的信任体系为抓手，依托上海信息化资源的优势，从完善系统、推广应用、普及服务等方面出发，大力推动数字证书在电子政务、电子商务和社会信息化系统中的应用，进入了一个较快的发展阶段。2007全年上海CA中心发放数字证书34万余张，相比去年同期增长了215%，累计发放证书超过106万张。其中个人身份证书占29.92%，企业身份证书占63.31%，设备证书占5.39%，其他证书占1.39%。上海CA中心以电子政

务领域和金融领域为主线，加大与安全产品提供商的合作，形成多种数字证书应用解决方案、企业级认证系统和安全产品的服务链，数字证书发放数量逐年放大，应用的范围和水平具有良好势头，综合竞争力继续保持在全国行业的领先水平。

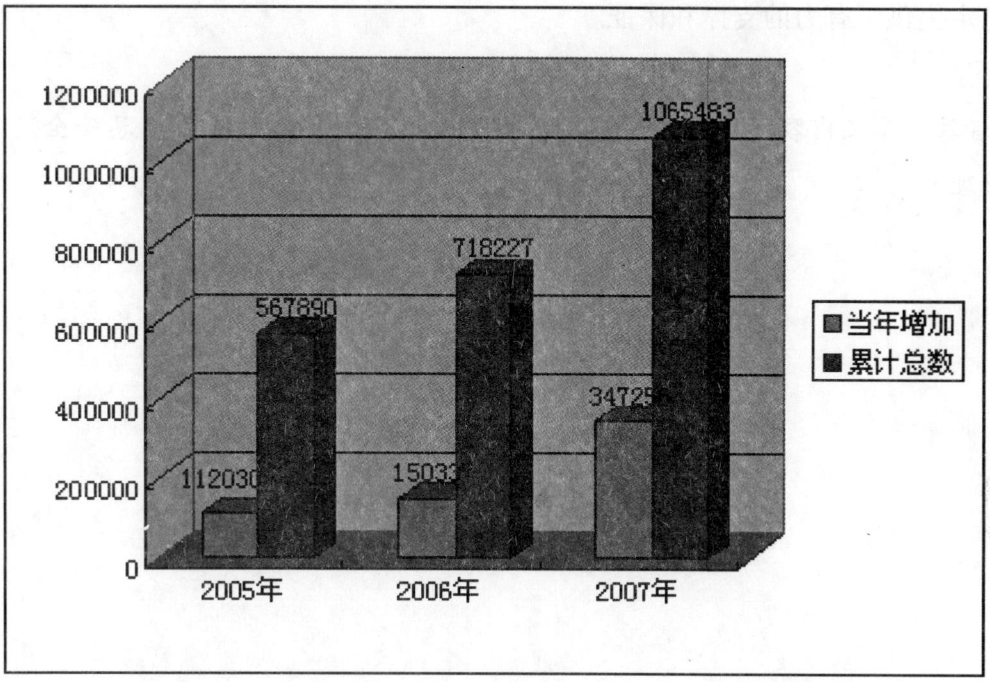

（图 3）上海市数字证书认证中心近三年发放证书情况

三、信息安全技术研发及产业化

上海信息化建设已经经历了十多年的快速发展，城市信息化整体水平大幅提高，而信息安全问题也成为日渐影响到国家及社会安全。因此，信息安全保障能力事关国家社会稳定、经济有序发展和社会主义和谐社会构建。上海市委、市政府历来重视信息安全工作，大力发展自主信息安全技术及其相关产业，取得了显著的成效。2007 年，上海信息安全技术研发和产业发展展现出蓬勃的生命力，信息安全技术在广度和深度上不断发展，信息安全产业发展迅速，预计全年实现收入额 29.1 亿元，同比增长 10.9%，从业人员一万余人。然而，挑战也是严峻的，信息安全产业仍然面临企业规模偏小、缺乏产品核心技术、产品结构依然单一等许多问题依旧存在。为此，仍然要在政府监管、人员培训、标准体系建设等方面不断努力，促进信息安全产业又好又快发展。

四、重要信息系统安全建设

2007 年，随着信息安全等级保护、安全测评、风险评估、应急响应、灾难备份、电子认证等各项长效机制的不断完善和落实，各重要信息系统信息安全防范和应急处置能力不断提升。同时，政府部门加强信息安全监管、加大媒体宣传力度，信息安全工作得到了大力的推广和落实。市内公共通信网、无线通信网、广电传输网等基础信息网络，以及电子政务网络，各种涉及国计民生的重要信息系统，都积极从技术和管理两方面入手，开展信息安全保障措施建设，加大信息安全管理制度落实力度，保证了系统的正常运行，确保全市全年未发生重大信息安全事故，保障城市的信息安全，为上海经济发展和社会稳定提供了有力的支撑和保证。

（编者注：本文内容摘自《上海信息化年鉴》2008年版第七篇《信息安全》，并经者加工整理）

广东省信息安全指引

（第一编　安全防范常识）

广东省公安厅

二〇〇七年二月

第一章　青少年上网守则

互联网在为我们的生活提供极大的便利和增添无穷色彩的同时，也带来了不少负面的东西，如网上诈骗、网络色情腐蚀、病毒木马、反动、淫秽有害信息的传播等，给社会秩序、人们的合法权益造成损害，尤其是青少年，正处于人生成长阶段，辨别能力较弱，更容易受到伤害。在这里，公安网监部门总结了几点建议，希望对于青少年正确使用互联网有所帮助。

1. 慎信他人

有的人为了骗取你的信任，网络骗子可以把他说成富豪、博士、超级帅哥、超级美女、甚至国家重要部门负责人。你要记住，网络上大家互相是看不见的，和你交谈的可能是一只会打字的“狗”。不要轻易相信带有攻击国家机构、领导人的电子邮件，那些自称“真相”“小参考”的反动邮件捏造了大量无中生有的事件来扰乱人心，企图制造社会动乱，谁能证明他们说的是真实的呢？不要相信带有邪教性质、迷信内容的邮件。例如一些邮件写着：“您收到这封邮件会给您带来好运气，只要把这封邮件转发给20个人。”请大家以后看到这样的邮件就应该毫不犹豫地删除掉。他们是在浪费网络资源，害得网络速度慢、邮件服务器堵塞。

2. 慎护隐私

在公共场所上网，应当避免输入自己的个人信息，在离开之前一定要记住将打开的浏览器关闭。不要对任何人公开你的姓名、电话、住址、任何密码等重要信息。其实告诉网友你的网名、职业、性别就OK。没必要说那么多，不然很有可能给你带来麻烦。例如：新浪新闻网站报道过多宗女大学生受到大量色情电话骚扰事件。就是因为她们向网友透露了个人姓名和电话，被网友恶意公布在色情网站的论坛里。

3. 慎收文件

现在都很流行使用QQ传送文件，接收别人的文件是极度危险的动作。不管是图片、文本、屏幕保护、电子宠物等任何格式、任何形式的文件都可能被合成过木马在里面。

如果你打开了这些万一带有木马的文件，你的电脑就完全被人控制、所有硬盘数据可以任人查看、修改、删除，QQ、邮箱、FTP、上网拨号等任何密码都会被人盗取。有些文件还带有恶性病毒，导致系统崩溃。所以再次强调：除非工作需要和不得已的情况，不然绝对不要接收任何不明文件。此外，不要运行电子邮件里来路不明的附件。电子邮件里的附件也有可能带有病毒和木马。请大家千万注意。

4. 慎载软件

下载免费、共享软件请到著名软件下载网站。例如华军软件园下载、各大ISP的软件下载基地。因为这些著名大网站的软件安全性很高，不会带有木马和极少可能带有病毒。

5. 慎会网友

千万要记住，在网上要想伪装自己的身份真是太容易不过的事情！一个自称是“12岁小女孩”的人可能实际上是个没安好心的成年男子。特别是女生，千万别随便和网友见面。如果真的很需要见面就多带几个朋友一起去，这样就安全得多了。最近新闻媒体经常报道多起女生单独会见网友被强奸、迷奸、诱奸、轮奸事件。

6. 远离色情

色情就是一种精神鸦片，毒害少男少女纯洁的心灵，腐化人民的思想，制造无数强奸犯和变态色狼。对于网络色情的蔓延，只能在这里呼吁大家自觉抵制网络色情，好好利用网络做有意义的事情。

7. 切忌沉迷

上网虽然很有趣，但沉迷其中未必是好事情。合理安排上网时间，不要影响了正常的学习和生活。

第二章　网络攻击防范

第一节　用户如何防范网络入侵、破坏

一、及时进行系统升级、下载补丁。

二、关闭不必要的端口，不安装不必要的服务。

三、经常更换密码，建议至少每月更换一次，密码长度不少于8位。

四、不随意开设共享，如确有必要开设，用后立即关闭。

五、不访问来历不明的网站，不从来历不明的网站下载程序、数据，不打开来历不明的电子邮件。

六、安装具有计算机信息系统安全专用产品销售许可证的计算机病毒防治、入侵检测、垃圾电子邮件防治软件和个人防火墙，并及时升级。

七、一旦系统被入侵，应关闭网络连接，及时报告所在地公安网监部门。

第二节 入侵、破坏计算机信息网络的法律责任

根据《中华人民共和国刑法》、《计算机信息网络国际联网安全保护管理办法》、《广东省计算机信息系统安全保护管理规定》，任何单位和个人未经允许，不得进入他人计算机信息网络或者使用计算机信息网络资源，不得对计算机信息网络功能进行删除、修改或者增加，不得对计算机信息网络中存储、处理或者传输的数据和应用程序进行删除、修改或者增加。入侵、破坏他人计算机信息网络的，依法给予行政处罚，后果严重的，依法追究刑事责任。

第三章　垃圾电子邮件防范

第一节　什么样的电子邮件属于垃圾电子邮件

垃圾电子邮件是指用户未主动请求或同意接收的电子刊物、电子广告和电子宣传品等电子邮件，一般没有明确发信人、发信地址、退信方式的电子邮件，或含有虚假信息源、发信地址、路由信息或发信人不存在。

第二节　垃圾电子邮件对网络安全有何危害

垃圾电子邮件是世界公认的一大互联网公害。对电子邮件用户来说，垃圾电子邮件违背用户意愿反复、强行投递，数量大，严重干扰了用户的正常通信；对电子邮件服务单位来说，垃圾电子邮件占用、浪费了大量网络资源，严重时造成服务中断，干扰企业的正常运行；对社会来说，大量的反动、淫秽色情、赌博以及诈骗等有害信息利用垃圾电子邮件传播，严重影响社会正常秩序，也妨害了互联网的健康发展。

第三节 电子邮件服务单位如何防范垃圾电子邮件

电子邮件服务单位应当在电子邮件设施设计、建设和运行的同时，采取反垃圾电子邮件的技术措施。

一是关闭操作系统的匿名转信服务、IIS服务或者直接关闭其中的电子邮件收发端口，并及时升级堵塞系统漏洞，以防止被不法分子利用转发垃圾电子邮件。

二是有条件、有能力自行落实技术防范措施的单位，可在公安部门的指导和电子邮件系统开发单位的协助下，按照规范要求落实各项防范措施。

三是不具备条件的单位，要安装取得公安部公共信息网络安全监察局颁发的销售许可证的设备。

第四节　网民防御垃圾电子邮件的办法

一是要有防范意识，发现陌生电子邮件不要打开，不要轻信，不要回复，立即删除。

二是如果电子邮件服务商提供反垃圾电子邮件指引的，可根据其指引在邮箱中作相

应的设置。

三是采用具有反垃圾电子邮件功能的电子邮件收发工具。

四是安装个人入侵检测产品、防病毒产品和个人防火墙产品防治来自垃圾电子邮件的各种恶意程序，并及时升级。

五是邮箱地址不要太简单，尽量将电子邮件地址名称设长，应包含字母、数字和符号。

六是不要轻易公开自己的邮箱，特别是不要在信用度不高的网站上订阅各类信息服务。

七是关闭操作系统的匿名转信服务、IIS服务或者直接关闭其中的电子邮件收发端口，并及时升级堵塞系统漏洞，以防止被不法分子利用转发垃圾电子邮件。

第五节　防范、查处垃圾电子邮件的相关法律规定

根据《计算机信息网络国际联网安全保护管理办法》和《广东省计算机信息系统安全保护管理规定》，电子邮件服务单位应当落实群发服务管理制度、电子邮件群发限制和有害信息过滤措施；任何单位和个人不得发送垃圾电子邮件危害国家安全、扰乱社会秩序、传播淫秽色情等有害信息，以及故意传播计算机病毒，不得利用互联网从事假冒他人名义发送信息，或者向他人发送垃圾信息，不得以营利或者非正常使用为目的，未经允许向第三方公开他人电子邮箱地址，违者要依法予以行政处罚，直至追究刑事责任。

第四章　有害信息防治

一、任何单位和个人不得制作、复制、查阅和传播下列信息：

（一）煽动抗拒、破坏宪法和法律、行政法规实施的；

（二）煽动颠覆国家政权，推翻社会主义制度的；

（三）煽动分裂国家、破坏国家统一的；

（四）煽动民族仇恨、民族歧视，破坏民族团结的；

（五）捏造或者歪曲事实，散布谣言，扰乱社会秩序的；

（六）宣扬封建迷信、淫秽、色情、赌博、暴力、凶杀、恐怖，教唆犯罪的；

（七）公然侮辱他人或者捏造事实诽谤他人的；

（八）损害国家机关信誉的；

（九）其他违反宪法和法律、行政法规的。

二、信息服务单位应当设立信息审查员，负责信息审查工作。告知用户发布、发送信息所应承担的法律责任，落实信息发布审查、登记、保存、备份和群发限制措施，以及垃圾信息和有害信息过滤措施。

三、向公众提供上网服务的场所以及其他从事国际联网业务的单位应当安装国家规定的安全管理软件。

四、互联单位、接入单位、信息服务单位及使用计算机信息网络国际联网的法人和其他组织发现有害信息应当保留有关原始记录，并在二十四小时内向当地公安机关报告。

五、互联单位、接入单位、信息服务单位及使用计算机信息网络国际联网的法人和其他组织应当按照国家有关规定，删除本网络中含有害信息的地址、目录或者关闭服务器。

第五章　网上诈骗盗窃防范

目前，网上一些利用“网络钓鱼”手法，如建立假冒网站或发送含有欺诈信息的电子邮件，盗取网上银行、网上证券或其他电子商务用户的账户密码，从而 窃取用户资金的违法犯罪活动不断增多。公安机关和银行、证券等有关部门提醒网上银行、网上证券和电子商务用户对此提高警惕，防止上当受骗。

第一节“网络钓鱼”的主要手法

一是发送电子邮件，以虚假信息引诱用户中圈套。诈骗分子以垃圾邮件的形式大量发送欺诈性邮件，这些邮件多以中奖、顾问、对账等内容引诱用户在邮件中填入金融账号和密码，或是以各种紧迫的理由要求收件人登录某网页提交用户名、密码、身份证号、信用卡号等信息，继而盗窃用户资金。

如一种骗取美邦银行（Smith Barney）用户的账号和密码的“网络钓鱼”电子邮件，该邮件利用了 IE 的图片映射地址欺骗漏洞，并精心设计脚本程序，用一个显示假地址的弹出窗口（如下图红色框）遮挡住了 IE 浏览器的地址栏，使用户无法看到此网站的真实地址。当用户使用未打补丁的 Outlook 打开此邮件时，状态栏显示的链接是虚假的。如图：

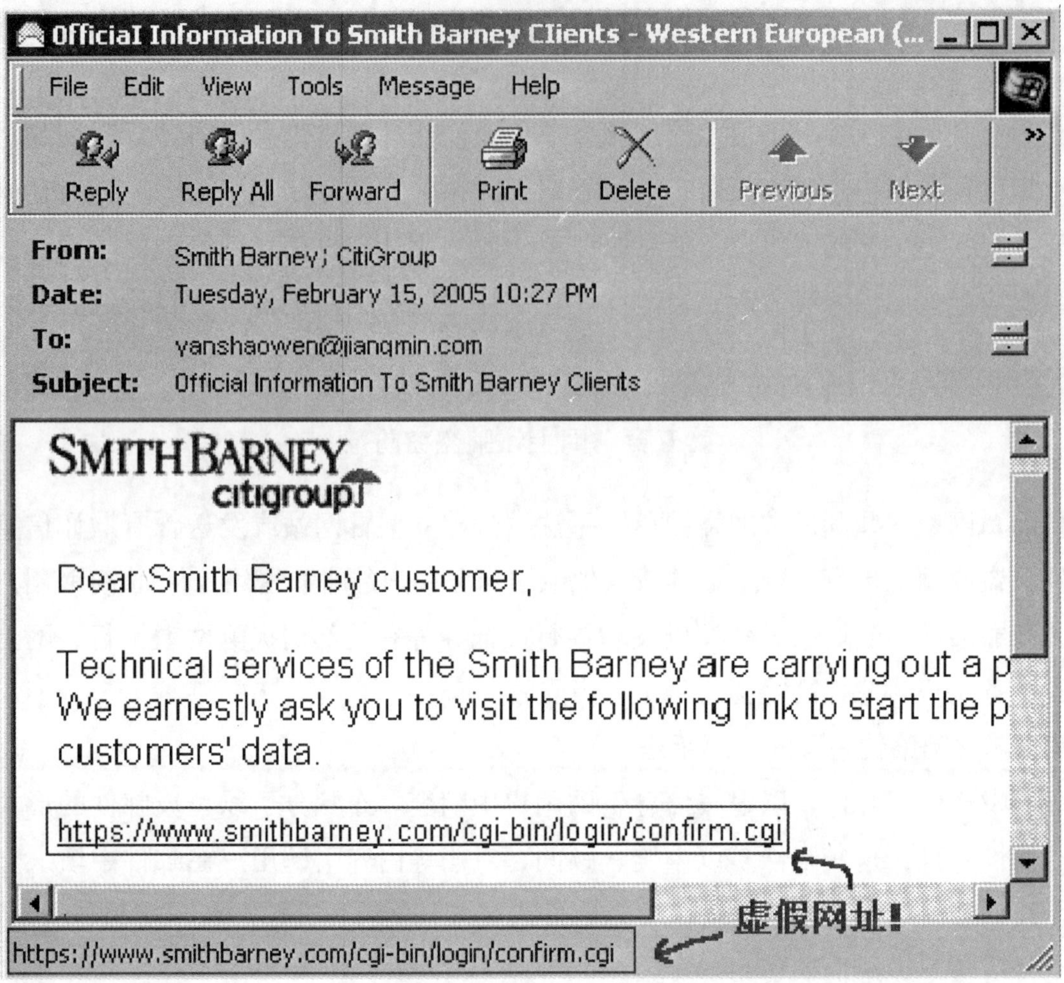

当用户点击链接时，实际连接的是钓鱼网站 http：// * * .41.155.60：87/s。该网站页面酷似 Smith Barney 银行网站的登录界面，如下图所示：

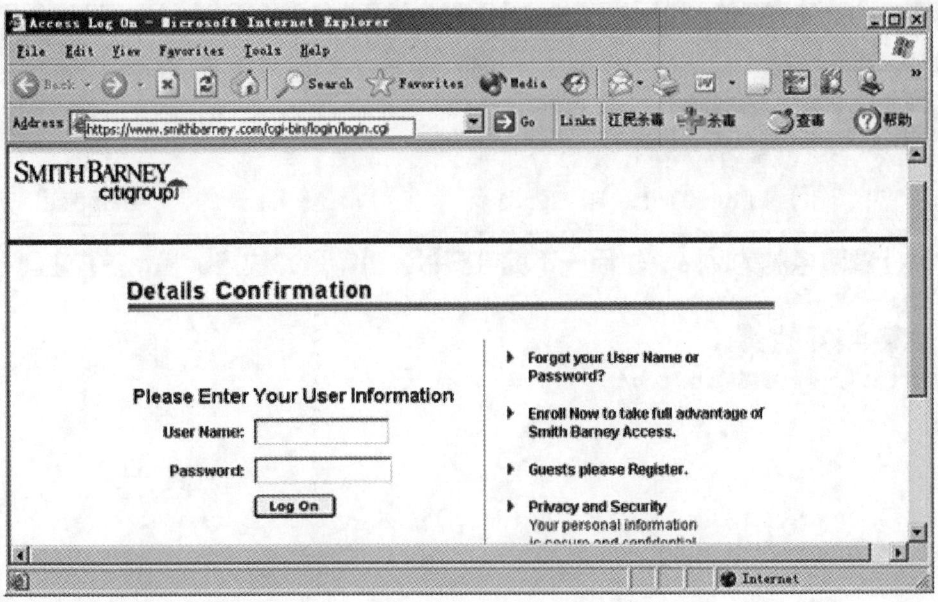

而用户一旦输入了自己的账号、密码，这些信息就会被黑客窃取。

二是建立假冒网上银行、网上证券网站，骗取用户账号、密码实施盗窃。犯罪分子建立起域名和网页内容都与真正网上银行系统、网上证券交易平台极为相似的网站，引诱用户输入账号、密码等信息，进而通过真正的网上银行、网上证券系统或者伪造银行储蓄卡、证券交易卡盗窃资金；还有的利用跨站脚本，即利用合法网站服务器程序上的漏洞，在站点的某些网页中插入恶意 Html 代码，屏蔽住一些可以用来辨别网站真假的重要信息，利用 cookies 窃取用户信息。

如曾出现过的某假冒银行网站，网址为 http：//www.1cbc.com.cn，而真正银行网站是 http：//www.icbc.com.cn，犯罪分子利用数字 1 和字母 i 非常相近的特点企图蒙蔽粗心的用户。

又如 2004 年 7 月发现的某假公司网站（网址为 http：//www.1enovo.com），而真正网站为 http：//www.lenovo.com，诈骗者利用了小写字母 l 和数字 1 很相近的障眼法。诈骗者通过 QQ 散布“XX 集团和 XX 公司联合赠送 QQ 币”的虚假消息，引诱用户访问。如下图所示：

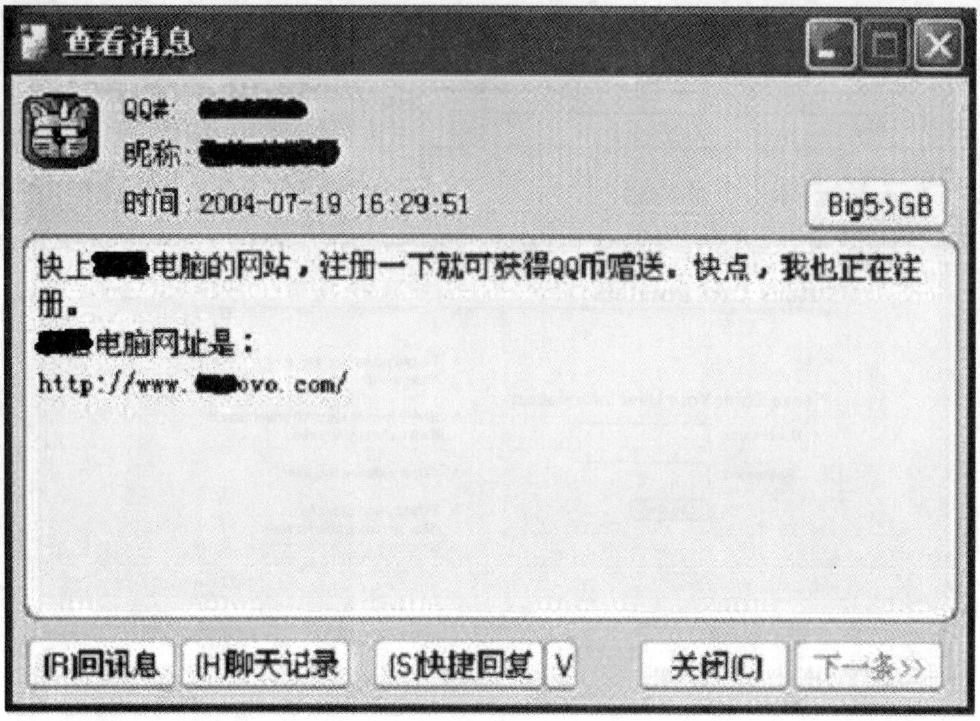

一旦访问该网站，首先生成一个弹出窗口，上面显示“免费赠送 QQ 币”的虚假消息。而就在该弹出窗口出现的同时，恶意网站主页面在后台即通过多种 IE 漏洞下载病毒程序 lenovo.exe（TrojanDownloader.Rlay），并在 2 秒钟后自动转向到真正的网站主页，用户在毫无觉察中就感染了病毒。如下图：

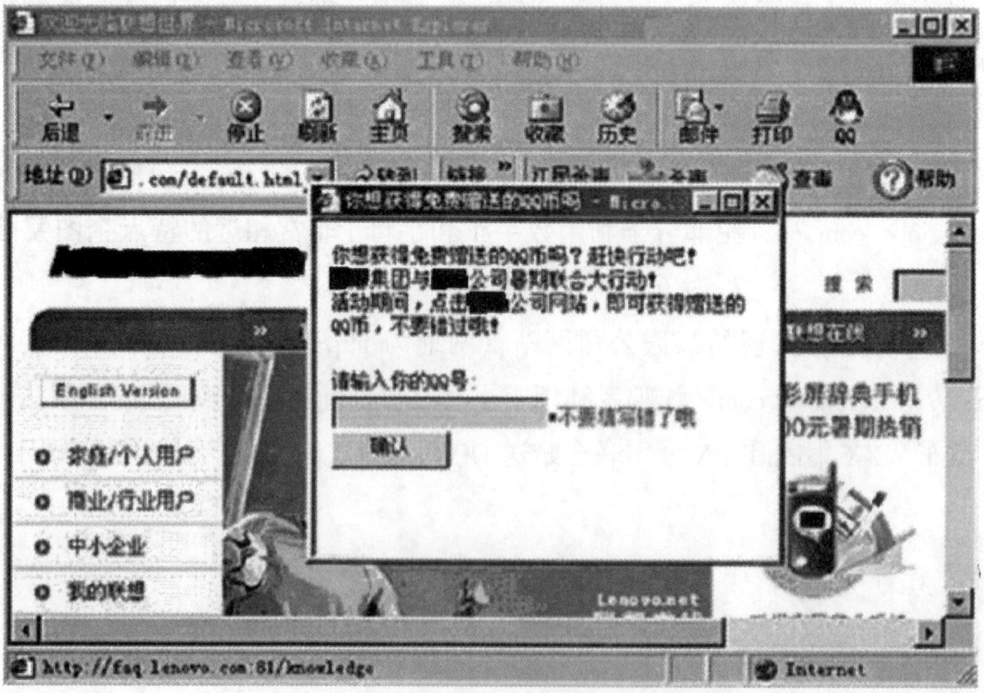

病毒程序执行后，将下载该网站上的另一个病毒程序 bbs5.exe，用来窃取用户的传

奇账号、密码和游戏装备。当用户通过QQ聊天时，还会自动发送包含恶意网址的消息。

三是利用虚假的电子商务进行诈骗。此类犯罪活动往往是建立电子商务网站，或是在比较知名、大型的电子商务网站上发布虚假的商品销售信息，犯罪分子在收到受害人的购物汇款后就销声匿迹。如2003年，罪犯佘某建立“奇特器材网”网站，发布出售间谍器材、黑客工具等虚假信息，诱骗顾客将购货款汇入其用虚假身份在多个银行开立的账户，然后转移钱款的案件。

除少数不法分子自己建立电子商务网站外，大部分人采用在知名电子商务网站上，如“易趣”、“淘宝”、“阿里巴巴”等，发布虚假信息，以所谓“超低 价”、“免税”、“走私货”、“慈善义卖”的名义出售各种产品，或以次充好，以走私货充行货，很多人在低价的诱惑下上当受骗。网上交易多是异地交易，通常需要汇款。不法分子一般要求消费者先付部分款，再以各种理由诱骗消费者付余款或者其他各种名目的款项，得到钱款或被识破时，就立即切断与消费者的联系。

四是利用木马和黑客技术等手段窃取用户信息后实施盗窃活动。木马制作者通过发送邮件或在网站中隐藏木马等方式大肆传播木马程序，当感染木马的用户进行网上交易时，木马程序即以键盘记录的方式获取用户账号和密码，并发送给指定邮箱，用户资金将受到严重威胁。

如网上出现的盗取某银行个人网上银行账号和密码的木马Troj-HidWebmon及其变种，它甚至可以盗取用户数字证书。又如去年出现的木马“证券大盗”，它可以通过屏幕快照将用户的网页登录界面保存为图片，并发送给指定邮箱。黑客通过对照图片中鼠标的点击位置，就很有可能破译出用户的账号和密码，从而突破软键盘密码保护技术，严重威胁股民网上证券交易安全。

又如2004年3月陈某盗窃银行储户资金一案，陈通过其个人网页向访问者的计算机种植木马，进而窃取访问者的银行账号和密码，再通过电子银行转账实施盗窃行为。

再以某市新华书店网站（http：//www.＊＊xhsd.com）被植入“QQ大盗”木马病毒（Trojan/PSW.QQRobber.14.b）为例。当进入该网站后，页面显示并无可疑之处：

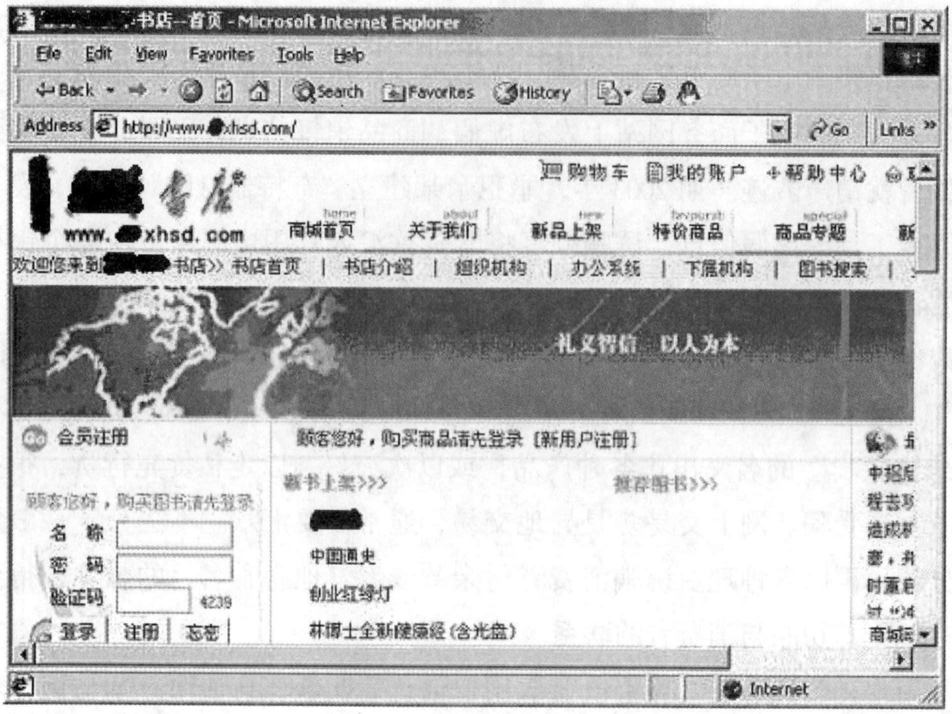

但主页代码却在后台以隐藏方式打开另一个恶意网页 http://www.dfxhsd.com/icyfox.htm（Exploit.MhtRedir），后者利用IE浏览器的MHT文件下载执行漏洞，在用户不知情中下载恶意CHM文件 http://www.dfxhsd.com/icyfox.js 并运行内嵌其中的木马程序（Trojan/PSW.QQRobber.14.b）。木马程序运行后，将把自身复制到系统文件夹：

同时添加注册表项，在Windows启动时，木马得以自动运行，并将盗取用户QQ账号、密码甚至身份信息。

五是利用用户弱口令等漏洞破解、猜测用户账号和密码。不法分子利用部分用户贪图方便设置弱口令的漏洞，对银行卡密码进行破解。如2004年10月，三名犯罪分子从网上搜寻某银行储蓄卡卡号，然后登录该银行网上银行网站，尝试破解弱口令，并屡屡得手。

实际上，不法分子在实施网络诈骗的犯罪活动过程中，经常采取以上几种手法交织、配合进行，还有的通过手机短信、QQ、msn进行各种各样的“网络钓鱼”不法活动。

第二节“网络钓鱼”防范知识

针对以上不法分子通常采取的网络欺诈手法，广大网上电子金融、电子商务用户可采取如下防范措施：

（一）针对电子邮件欺诈，广大网民如收到有如下特点的邮件就要提高警惕，不要轻易打开和听信：一是伪造发件人信息，如 ABC@abcbank.com；二是问候语或开场白往往模仿被假冒单位的口吻和语气，如“亲爱的用户”；三是邮件内容多为传递紧迫的信息，如以账户状态将影响到正常使用或宣称正在通过网站更新账号资料信息等；四是索取个人信息，要求用户提供密码、账号等信息。还有一类邮件是以超低价或海关查没品等为诱饵诱骗消费者。

（二）针对假冒网上银行、网上证券网站的情况，广大网上电子金融、电子商务用户在进行网上交易时要注意做到以下几点：一是核对网址，看是否与真正的网址一致；二是选妥和保管好密码，不要选诸如身份证号码、出生日期、电话号码等作为密码，建议用字母、数字混合密码，尽量避免在不同系统使用同一密码；三是做好交易记录，对网上银行、网上证券等平台办理的转账和支付等业务做好记录，定期查看“历史交易明细”和打印业务对账单，如发现异常交易或差错，立即与有关单位联系；四是管好数字证书，避免在公用的计算机上使用网上交易系统；五是对异常动态提高警惕，如不小心在陌生的网址上输入了账户和密码，并遇到类似“系统维护”之类提示时，应立即拨打有关客服热线进行确认，万一资料被盗，应立即修改相关交易密码或进行银行卡、证券交易卡挂失；六是通过正确的程序登录支付网关，通过正式公布的网站进入，不要通过搜索引擎找到的网址或其他不明网站的链接进入。

（三）针对虚假电子商务信息的情况，广大网民应掌握以下诈骗信息特点，不要上当：一是虚假购物、拍卖网站看上去都比较“正规”，有公司名称、地址、联系电话、联系人、电子邮箱等，有的还留有互联网信息服务备案编号和信用资质等；二是交易方式单一，消费者只能通过银行汇款的方式购买，且收款人均为 个人，而非公司，订货方法一律采用先付款后发货的方式；三是诈取消费者款项的手法如出一辙，当消费者汇出第一笔款后，骗子会来电以各种理由要求汇款人再汇余款、风险金、押金或税款之类的费用，否则不会发货，也不退款，一些消费者迫于第一笔款已汇出，抱着侥幸心理继续再汇；四是在进行网络交易前，要对交易网站和交易对方的资质进行全面了解。

（四）其他网络安全防范措施。一是安装防火墙和防病毒软件，并经常升级；二是注意经常给系统打补丁，堵塞软件漏洞；三是禁止浏览器运行 JavaScript 和 ActiveX 代码；四是不要上一些不太了解的网站，不要执行从网上下载后未经杀毒处理的软件，不要打开 msn 或者 QQ 上传送过来的不明文件等；五是提高自我保护意识，注意妥善保管自己的私人信息，如本人证件号码、账号、密码等，不向他人透露；尽量避免在网吧等公共场所使用网上电子商务服务。

广大用户如发现网上诈骗、盗窃等违法犯罪活动可向公安机关网监部门举报。（广东网警网站报警平台 www.gdnet110.cn，紧急报警请拨打当地 110。）

第六章 信息安全保护

第一节 个人如何做好计算机信息网络安全保护工作

一、不得利用计算机信息系统从事下列行为：

（一）制作、复制、查阅、传播有害信息；

（二）侵犯他人隐私，窃取他人账号，假冒他人名义发送信息，或者向他人发送垃圾信息；

（三）以盈利或者非正常使用为目的，未经允许向第三方公开他人电子邮箱地址；

（四）未经允许修改、删除、增加、破坏计算机信息系统的功能、程序及数据；

（五）危害计算机信息系统安全的其他行为。

二、应当对其所有、使用和管理的计算机信息系统承担相关的安全保护责任。增强安全防范意识，落实防计算机病毒、防网络入侵等安全措施。

三、发现利用计算机信息系统进行的违法犯罪行为及时向所在地公安网监部门报告。

第二节 计算机信息系统使用单位如何做好计算机信息系统安全保护工作

一、应当对其所有、使用和管理的计算机信息系统承担相关的安全保护责任。

增强安全意识，确定计算机安全管理责任人，建立健全安全保护制度，落实安全保护技术措施，保障本单位计算机信息系统安全，并协助公安机关做好安全保护管理工作。

提供电子公告、个人主页等信息服务的使用单位，应当设立信息审查员，负责信息审查工作。

二、建立并执行以下安全保护制度：

（一）计算机机房安全管理制度；

（二）安全管理责任人、信息审查员的任免和安全责任制度；

（三）网络安全漏洞检测和系统升级管理制度；

（四）操作权限管理制度；

（五）用户登记制度；

（六）信息发布审查、登记、保存、清除和备份制度，信息群发服务管理制度。

三、落实以下安全保护技术措施：

（一）系统重要部分的冗余或备份措施；

（二）计算机病毒防治措施；

（三）网络攻击防范、追踪措施；

（四）安全审计和预警措施；

（五）系统运行和用户使用日志记录保存60日以上措施；

（六）记录用户主叫电话号码和网络地址的措施；

（七）身份登记和识别确认措施；

（八）信息群发限制和有害数据防治措施。

四、对计算机信息系统中发生的重大安全事故和案件，应当采取应急措施，保留有关原始记录，在24小时内向当地县级以上人民政府公安机关报告。

五、计算机信息系统及计算机机房应当按照国家有关规定以及国家标准进行安全保护设计和建设。

六、不得利用计算机信息系统从事违法犯罪行为。

七、提供接入服务和信息服务以及主机托管、虚拟主机、网站和网页信息维护等其他服务的单位应当和用户在合同中明确双方的计算机信息系统安全保护责任。提供服务的单位应当承担与其提供服务直接相关的安全保护义务。

八、网吧、社区、学校、图书馆、宾馆等提供上网服务的场所和互联网运营单位应当落实相应的安全措施，安装已取得《计算机信息系统安全专用产品销售许可证》的安全管理系统。

九、计算机信息系统使用单位和个人为了保护计算机信息系统的安全，可以与安全服务机构明确服务项目和要求，建立相对稳定的服务关系。

第三节　重点安全保护单位范围

计算机信息系统的安全保护工作，重点维护国家事务、经济建设、国防建设、尖端科学技术等重要领域的计算机信息系统的安全。下列计算机信息系统使用单位为重点安全保护单位：

一、县级以上国家机关、国防单位；

二、银行、证券、能源、交通、邮电通信单位；

三、国家及省重点科研、教育单位；

四、国有大中型企业；

五、互联单位、接入单位及重点网站；

六、向公众提供上网服务的场所。

第四节　重点安全保护单位的安全措施

除落实安全措施的一般性规定外，还应落实以下的措施：

一、计算机安全管理责任人和信息审查员应当参加县级以上人民政府公安机关认可的安全技术培训，并取得安全技术培训合格证书。

二、计算机信息系统及计算机机房安全保障体系的设计、建设和检测应当由有安全服务资质的机构承担。

三、安全设计方案应当报公安机关网监部门备案。

四、计算机信息系统及计算机机房应当由有安全服务资质的机构检测合格后，方可投入使用。

五、安全检测结论应当报地级以上市公安机关网监部门。

六、公安机关网监部门对重点安全保护单位计算机信息系统的安全检查，每年不应少于一次。

第五节　计算机信息系统安全保护相关法律规定

计算机信息系统安全保护相关法律规定主要有《中华人民共和国计算机信息系统安全保护条例》、《计算机信息网络国际联网安全保护管理办法》、《计算机信息系统安全专用产品检测和销售许可证管理办法》、《广东省计算机信息系统安全保护管理规定》、《中华人民共和国刑法》。不落实计算机信息系统安全保护措施，危害计算机信息系统安全的，依法给予行政处罚，后果严重的，依法追究刑事责任。

省、市两级网络安全报警处置中心报警电话和电子邮箱

广东网警网站 www.gdnet110.cn

市别	报警电话	电子邮箱
广州	020－83116203 或 110	Gzgz@mail.gzgov.cn
深圳	0755－4464900	Szgcngan@pudic，szpttnet.cn
珠海	0756－8642190	Zhop@pubzhuhai.gd.cn
佛山	13702935110	fsgawjk@fsgagov.cn
东莞	0769－2489000	Cybercop@pub.dgnet.gdcn
肇庆	0758－110	Zqgaxj@pubzhaoqinggdcn
阳江	0662－3366083	Zjyjga@ouldic.yangiang.gdcn
湛江	0759－3258291，3251288	Zjwj58388@sina.com.cn
茂名	0668－2912481，110	Zjmmga@pubmaominggd.cn
江门	0750－3260324，3260426	Jmgawj@pubjiangmengdcn
中山	0760－8309090	Zsnet110@sina.com
韶关	0751－8462491（白天）或 110	Gzsggajj@pub.shaoguan.gd.cn
清远	0763－3463326	Qingyuangongan@163.com

（续表）

市别	报警电话	电子邮箱
汕头	0754－8974515（上班时间），8296192（休息时间）	Stpdica@pub.shantou.gd.cn
潮州	0768－2356155	Czjak@puldic.chanzhou.gd.cn
河源	0762－3310371，0762－3337200，67327 或 110	Wjk3310371@yahoo.com.cn
惠州	0752－2829957	Hzgawj@pubhuizhou.gd.cn
梅州	0753－110	Mzmagad@pubmeizhou.gd.cn
揭阳	0663－8237063，8221249 或 110	Ganet001@pubjieyangnet.cn
云浮	0766－8130026	Chen－01@163.net
汕尾	0660－3361293	Aqjo@puldic.shanwei.cn
顺德	0765－2637023	Sdwj@shunde.gd.cn
省公安厅	020－83110110	Net110@gdga.gov.cn

河北省人民政府信息化工作办公室关于下达2007年度第一批重要信息系统安全测评计划的通知

冀政信〔2007〕9号

省直有关单位及各设区市信息化主管部门：

信息安全测评是保障信息安全的一种重要技术手段，对保障全省网络与信息安全具有重要意义。根据《河北省关于加强信息安全保障工作的实施意见》（冀办发［2004］12号）要求，2006年省信息化办制订了年度测评计划，委托省信息安全测评中心对省发改委、省信息产业厅、省委组织部、省中小企业局、省政协办公厅、省科技厅、省地震局、省物价局、省统计局、省劳动与社会保障厅等10个单位重要信息系统进行了安全测评，被测单位均根据测评整改建议进行了整改。在电子政务网络建设整合和信息系统安全测评过程中发现，有关部门在政策落实、信息安全管理、信息安全技术防护措施、信息保密管理等方面还存在一些突出问题，网络与信息安全工作亟待加强。

为了进一步加强我省重要信息系统的信息安全工作，保障国家信息安全，根据各单位信息化与电子政务建设实际情况，经研究决定，今年上半年重点对省建设厅、省农业厅等7个单位重要信息系统进行安全测评。具体测评工作由河北省信息安全测评中心（以下简称测评中心）实施。现就有关事项通知如下：

1. 信息系统安全测评工作应当依据国家标准以及相关行业标准、有关部门确认的国际标准和其他补充技术要求进行，以保证测评工作的科学规范和客观公正。

2. 在信息安全测评的实施过程中，测评中心要协助被测单位制定应急预案，确保测评过程中信息系统的安全。

3. 被测评单位应当与测评中心签订信息系统安全测评协议，明确测评的范围、内容、方案、期限和责任等事项，同时签订保密协议。测评中心要加强对参与测评人员的保密教育，确保被测单位信息系统的技术数据和业务资料的保密安全。

4. 被测评单位应积极配合测评中心开展测评工作，明确测评工作负责人和联络员，并提供必要的工作条件，按协议要求及时、准确提供测评所需信息系统的有关资料。具体资料目录清单请在测评中心网站下载（http：//www.hbtec.org.cn/）。

5. 测评中心实施信息系统安全测评后，应当出具测评报告，内容包括：测评范围、内容；测评所依据的相关标准、规范；系统安全的评估结论；整改建议。测评报告应当由测评中心负责人签署并加盖公章。

附：2007年度第一批重要信息系统安全测评单位及系统名单

河北省人民政府信息化工作办公室

二〇〇七年三月十二日

关于印发《吉林省信息网络安全专业技术人员继续教育工作实施方案》的通知

吉公办字〔2007〕27号

各市、州公安局，人事局：

现将《吉林省信息网络安全专业技术人员继续教育工作实施方案》印发给你们，请遵照执行。

吉林省公安厅

吉林省人事厅

二〇〇七年三月三十日

吉林省信息网络安全专业技术人员继续教育工作实施方案

近年来，随着我省经济社会信息化的深入发展，信息网络安全问题日益突现，信息网络安全案件、事件造成的危害不断加大，信息网络安全保障工作日益重要。当前，进一步加强信息网络安全专业技术人员队伍建设，提高信息网络管理和使用单位安全管理和技术防范水平，做好信息网络安全保障工作，是维护我省信息网络安全的一项重要措施。根据公安部、人事部联合下发的《关于开展信息网络安全专业技术人员继续教育工作的通知》（公信安［2006］526号）要求，制订《吉林省信息网络安全专业技术人员继续教育工作实施方案》（以下简称《方案》）。

一、目标任务

通过继续教育，使信息网络安全专业技术人员及时更新法律法规、管理和技术知识，提高政治素质和职业道德水平。进一步建立健全信息网络安全专业技术人员培训体系和长期管理机制，提高培训师资水平，规范培训机构，丰富培训方法方式，推动信息网络安全专业技术人员继续教育工作的深入开展。同时将信息网络安全专业技术人员继续教育工作作为一项长期工作，纳入公安机关信息网络安全监督管理工作，逐步建立一支与公安机关密切配合，维护信息网络安全的社会力量。

二、继续教育工作对象

国家机关、企事业单位、互联网服务和联网使用单位信息网络管理组织负责人、管理和技术人员。

三、组织管理

（一）组织方式。信息网络安全专业技术人员继续教育工作由省公安厅、人事厅共同组织实施，省公安厅网络警察总队具体负责。成立“吉林省信息网络安全专业技术人员继续教育工作办公室”（以下简称“办公室”）。原“吉林省计算机安全员培训考试领导小组办公室”变更为“吉林省信息网络安全专业技术人员继续教育工作办公室”，使用“吉林省信息网络安全专业技术人员培训考试专业章”，“办公室”的日常工作由省公安厅网络警察总队承担。

（二）继续教育管理。施教机构经“办公室”审批并报全国信息网络安全专业技术人员继续教育工作办公室备案后，方可承担信息网络安全专业技术人员继续教育工作任务。培训教员要经过全国统一考试合格后上岗。建立信息网络安全专业技术人员继续教育登记和统计制度，建立信息网络安全专业技术人员继续教育情况数据库，进行统一管理和统计，每年要将统计数据和工作情况报“办公室”。“办公室”定期将有关统计数据和情况报中国继续工程教育协会。

（三）监督保障。鼓励各部门和相关单位把信息网络安全专业技术人员参加继续教育培训情况作为考核内容和人员岗位聘用结合起来。公安机关将信息网络安全专业技术人员继续教育情况作为对信息网络管理和使用单位安全教育和培训制度进行监督检查的一项内容。各级公安、人事部门要积极筹措经费，信息网络安全工作领域相关部门和企事业单位要按照国家规定，积极落实信息网络安全专业技术人员继续教育经费。其职工参加省公安厅、人事厅计划内的培训，费用可从单位职工教育培训经费中列支。公安部、人事部举办的信息网络安全专业技术人员高级研修班纳入人事部整体规划，人事部提供一定的经费支持。开展信息网络安全专业技术人员继续教育活动不能以盈利为目的，所有收费培训项目须上报“办公室”进行审批，严格按照物价部门核定的标准收取费用，并接受相关部门的监督检查。

四、继续教育内容和方式

（一）继续教育内容。信息网络安全专业技术人员继续教育培训内容以近三年来设计信息安全的国家法律法规、国家信息安全保障工作政策措施、信息安全管理技术发展动态、防范网络攻击、计算机病毒和有害信息传播的管理技术措施为重点，每年结合新出台的信息安全法律法规以及信息安全管理和技术发展情况，对继续教育内容进行调整。信息网络安全专业技术人员继续教育分为信息网络安全管理、信息网络安全技术和网吧等公共上网场所安全管理三类，统一使用公安部组织编写的培训大纲和教材。

（二）继续教育方式和培训时间。信息网络安全专业技术人员继续教育培训要结合各地实际情况，以集中培训为主，自学、研修、网络培训为辅等多种有效、简便的培训方式方法。重要领域信息网络安全管理使用单位、重点互联网络服务和联网单位、信息安全产品生产和信息安全服务单位，由公安部、人事部统一组织开办信息网络安全专业技术人员高级研修班，对参加高研班的学员颁发《人事部专业技术人员高级研修班结业证书》。信息网络安全专业技术人员继续教育培训要注重质量和效果，每年各种形式的继续教育时间累计不少于12天或72个学时。

（三）培训考试。信息网络安全专业技术人员需经过继续教育后参加由省公安厅、人事厅组织开展的考试。考试合格者，由“办公室”统一颁发《信息网络安全专业技术人员继续教育证书》，加注培训类别、培训内容、课时和考试成绩，同时加盖“吉林省信息网络安全专业技术人员培训考试专用章”。《信息网络安全专业技术人员继续教育证书》可作为相关专业技术人员参加各类继续教育活动的凭证。

五、实施步骤

（一）启动阶段（2007年上半年）。组建吉林省信息网络安全专业技术人员继续教育工作机构，开展施教机构评估和培训师资的培训考核工作，全面启动信息网络安全专业技术人员继续教育工作。

（二）实施阶段（2007年下半年至2010年上半年）。大规模开展信息网络安全专业技术人员继续教育工作，不断完善继续教育的工作体系、服务体系和制度体系，同时开展信息网络安全专业技术人员继续教育工作阶段性总体评估和经验推广工作。

（三）总结评估阶段（2010年下半年）。对信息网络安全专业技术人员继续教育工作进行全面总结和评估，继续开展信息网络安全专业技术人员继续教育工作。

六、工作要求

信息网络安全专业技术人员继续教育工作是一项长期工作，建立一支高素质的信息网络安全专业技术人员队伍，对维护我省的信息网络安全，进一步完善我省的信息网络安全保障体系具有重要的意义。各市、州务必高度重视此项工作，进一步加强对国家机关、企事业单位、互联网服务和联网使用单位信息网络的安全管理，并将信息网络使用单位安全管理组织负责人、管理和技术人员是否经过信息网络安全专业技术人员继续教育培训作为对单位信息网络安全检查的一项重要内容。接此通知后，请各市、州公安局按年度提出本辖区内的培训计划并上报省公安厅。信息网络安全专业继续教育工作将纳入省公安厅年终对下考核的重要内容。

江苏省关于开展信息安全风险评估试点工作的通知

苏信息办〔2007〕23号

各有关单位：

为探索信息安全风险评估工作经验，提高全省信息系统安全保障水平，省信息办定于2007年9月至2008年1月，组织开展全省信息安全风险评估试点工作。现将有关事项通知如下：

一、试点对象

（一）检查评估试点：省质量技术监督局12365举报投诉指挥信息系统，无锡市地理信息共享平台交换系统。

（二）自评估试点：省交通厅公路局公路养路费征稽管理系统，省水利厅防汛决策支持信息系统。

二、试点目的

（一）贯彻落实《国务院信息化工作办公室关于开展信息安全风险评估工作的意见》(国信办［2006］5号)、《省委办公厅、省政府办公厅关于加强信息安全保障工作的意见》(苏委办［2007］25号)，研究完善信息安全风险评估的管理程序和制度。

（二）探索科学有效开展风险评估工作的模式和方法，为在全省普遍推行信息安全风险评估制度提供经验。

（三）参照国家有关技术标准，结合我省实际加以完善和扩充，形成地方标准。

三、时间安排

试点工作时间安排为2007年9月至2008年1月，分三个阶段：

（一）准备阶段（2007年9月）

1．成立信息安全风险评估试点工作专家组，各试点单位与测评机构签订工作协议，明确双方职责任务，建立工作机制。

2．组织试点单位相关人员开展风险评估专题培训。

3．各试点单位根据风险评估要求，对信息系统进行资产自识别。9月14日前，将系统资产自识别清单送省信息办。

（二）实施阶段（10月至12月）

1．各风险评估试点测评机构完成现场识别、风险分析计算等各项试点任务，完成风险评估报告。

2．专家组对风险评估报告进行审核，明确改进完善措施。

（三）总结阶段（2008年1月）

1．组织召开各试点单位和专家工作座谈会，交流情况，听取建议。

2．测评机构修改形成完整的风险评估报告，报省信息办。

四、工作要求

请各试点单位明确试点工作责任部门和专门人员，积极配合测评机构开展风险评估活动，协商解决试点工作中出现的问题。省信息安全测评中心、省国瑞信安有限责任公司作为本次试点授权测评机构，要认真贯彻国家有关风险评估技术标准，积极探索评估新技术、新方法，严格遵守测评流程和工作纪律。

在试点工作中遇有新情况、新问题，请及时与省信息办联系。

二〇〇七年八月二十日

关于印发《浙江省信息安全等级评审实施细则》的通知

浙信信〔2007〕145号

省级各部门、各市信息办：

根据《浙江省信息安全等级保护管理办法》（省政府令223号），我厅制定了《浙江省信息安全等级评审实施细则》，现印发给你们，请认真贯彻落实。

浙江省信息产业厅

二OO七年六月十五日

浙江省信息安全等级评审实施细则

第一条　为加强信息安全等级保护定级工作的组织实施和监督指导，科学合理地评审、确定信息系统等级，促进等级保护管理工作规范化、制度化，根据《浙江省信息安全等级保护管理办法》（省政府令223号）规定，制定本细则。

第二条　基础信息网络和重要信息系统保护等级，实行专家评审制度。

基础信息网络和重要信息系统是根据其在国家安全、经济建设、社会生活中的重要程度及实际安全需要，遭到破坏后对国家安全、社会秩序、经济建设、公共利益以及公民、法人和其他组织的合法权益的危害程度来确定的。

基础信息网络主要包括公用通信网、广播电视传输网等。

重要信息系统主要包括：

1. 党政事务处理信息系统；

2. 金融、财税、海关业务信息系统；

3. 铁路、机场、交通（港口）等业务信息系统；

4. 医疗、社（医）保、供水、电力、燃气等业务信息系统；

5. 国家和省规定的其他重要信息系统。

第三条　省、设区的市信息化行政主管部门分别建立省、市信息系统保护等级专家评审组。专家评审组成员由信息安全专家以及政治、经济、法律和技术等领域信息化方面的专家组成。专家评审组组长、副组长由信息化行政主管部门从评审组成员中确定。

评审时可以邀请相关行业的专家参加。

第四条　省信息化行政主管部门负责对全省信息系统安全等级的定级审定及相关的指导、服务、协调和管理工作。其主要职责是：

（一）组织指导、协调、管理全省信息系统安全等级定级评审工作；

（二）组织建立省信息系统安全保护等级专家评审组；

（三）审核各市信息系统安全等级保护专家评审组方案；

（四）受理设区的市信息化行政主管部门的定级备案，对有重大异议的，组织复审；

（五）受理省级单位信息系统安全等级定级、等级变更的评审申请，并审定专家组评审意见；

（六）受理三、四级信息系统安全等级定级、等级变更的评审申请，并审定三、四级专家组评审意见；

（七）通报全省信息系统安全等级审定结果；

（八）信息系统安全等级定级的其他相关工作。

第五条　设区的市信息化行政主管部门负责管理本行政区域内的信息系统安全等级定级及相关的指导、服务、协调和管理工作。其主要职责是：

（一）组织指导、协调、管理信息系统安全等级定级评审工作；

（二）组织拟定信息系统安全保护等级专家评审组方案，报经省信息化行政主管部门审核后实施；

（三）受理二级信息系统安全等级定级、等级变更的评审申请，并审定本市专家组评审意见；

（四）对三、四级信息系统安全等级定级、等级变更的申请提出初审意见，并报省信息化行政主管部门审定；

（五）通报二级信息系统安全等级审定结果并向省信息化行政主管部门报备；

（六）信息系统安全等级定级的其他相关工作。

第六条　信息系统保护等级专家评审组职责：

（一）根据国家和省有关规定，开展信息系统安全等级保护的咨询工作；

（二）受信息化行政主管部门委托，对信息系统安全等级进行评审，并提出评审意见；

（三）对信息系统安全等级保护工作提出意见和建议；

（四）承办信息化行政主管部门委托的其他事项。

第七条　基础信息网络和重要信息系统的运营、使用单位，应当按照等级保护的管理规定和技术标准制定（或完善）本行业、本系统的等级划分具体细则。

第八条 对于包含多个子系统的信息系统运营、使用单位，在保障信息系统安全互联和有效信息共享的前提下，应当根据等级保护的管理规定、技术标准和信息系统内各子系统的重要程度，分别确定各子系统的安全保护等级。

第九条 申报审定的单位，应当向信息化行政主管部门提交下列资料：

（一）申报单位基本情况：单位名称、法定代表人、通信地址、联络方式等基本信息。

（二）信息系统基本信息：

1. 信息系统的行业特征、主管机构、地理位置、业务范围、业务种类和特性等基本情况；

2. 信息系统管理框架，主要包括组织管理结构、管理策略、部门设置和部门在业务运行中的作用、岗位职责、用户范围和用户类型等基本内容；

3. 信息系统的网络及设备部署，主要包括信息系统的物理环境、网络拓扑结构、网络边界描述和硬件设备的部署等情况。

（三）信息系统划分资料：

1. 划分原则和方法；

2. 信息系统列表；

3. 每个信息系统的概述；

4. 每个信息系统支撑的业务应用的列表；

5. 每个业务应用处理的信息资产类型；

6. 每个业务应用的服务范围和用户类型；

7. 每个业务应用的其他特性。

（四）信息系统安全保护等级确定资料：

1. 安全需求分析（安全需求分析报告、等级保护基本要求）；

2. 总体安全设计规划（总体安全策略、总体安全方案、安全技术防护措施、安全保护管理制度、信息安全应急预案等）；

3. 信息系统安全自评估报告；

4. 安全保护等级自定级报告。

第十条 受理申请的信息化行政主管部门，应当自受理之日起20个工作日内，委托专家组进行评审。信息化行政主管部门应当自评审之日起45个工作日内审定专家组提出评审意见并书面通报。

第十一条 对审定结果有异议的，应当自收到该审定结果之日起60日内，向省信息化行政主管部门提出复审申请。

第十二条 信息系统运营、使用单位需要变更安全等级的，应当向原审定的信息化行政主管部门提出等级变更申请。受理申请的信息化行政主管部门按照本细则第十条规定重新组织审定。

第十三条 申报审定的单位按照本细则规定提供的资料，应当真实、全面和及时；对提供的资料不实、弄虚作假和故意拖延的，信息化行政主管部门可以给予通报批评。

第十四条 本细则由省信息产业厅负责解释。

福建省人民政府办公厅关于加强我省政府类互联网站安全管理的通知

闽政办〔2007〕182号

各市、县（区）人民政府，省人民政府各部门、各直属机构，各大企业、各高等院校：

为加强我省政府类互联网站的安全管理，确保网站健康有序发展，现就加强我省政府类互联网站安全管理工作通知如下：

一、要高度重视网站安全管理工作

各级各单位要高度重视信息安全工作，把信息安全放到至关重要的位置上，切实加强本单位互联网站的安全管理，正确处理好安全与发展的关系，按照以发展求安全、以安全保发展的信息化建设根本要求，坚持一手抓好互联网站的建设，一手抓好互联网站的安全保障。一要严格按照“谁主管、谁负责，谁使用、谁负责”的原则，建立互联网站安全管理工作小组，由单位分管领导任组长，并确定本单位负责互联网站安全管理工作的主要责任部门以及部门主要责任人，逐级签订网络与信息安全责任状，将互联网站安全管理工作分解到具体部门及具体人员。领导小组名单应报当地公安机关备案。二要严格网站接入管理。市、县（区）政府类互联网站开通前，应报设区市公安局备案，省直单位应报省公安厅公共信息网络安全监察部门备案，并由省网络与信息安全测评中心进行安全评估。评估合格后，方可接入互联网。之前已经开通的政府类互联网站，应于本通知下发后一个月内，向公安机关补办备案手续，并向省网络与信息安全测评中心申请开展安全评估。评估不合格不得投入使用。托管在省外的政府类互联网站应在年底前移回省内，并在移回后一个月内，及时向公安机关备案，并向省网络与信息安全测评中心申请开展安全评估。评估不合格不得投入使用。三要加强信息发布管理。由专人负责对拟上网发布的信息进行审核，统一信息发布出口，未经审核批准的信息不得上网发布。要指定专门人员对网站日常信息进行监控及安全技术维护。

二、要建立健全网站安全管理制度

各级各单位要将建立互联网站安全管理制度作为本单位信息安全规范化建设的一项重要内容，依据国家相关法律法规及公安机关等信息安全主管部门的相关要求，建立健全安全管理制度。一要建立政府类网站计算机房人员出入管理登记等管理制度。二要建立操作权限管理制度，明确互联网站安全负责人、安全管理员、系统管理员、信息发布员等的权限和操作范围。三要建立操作人员密码管理制度，定期修改管理密码。四要建立计算机病毒防治制度，定期进行病毒检查。用介质交换数据必须进行病毒预检，防止病毒破坏系统和数据。要建立网络安全漏洞检测和系统升级管理制度，及时检测发现漏洞，下载安装系统补丁。五要制定网络与信息应急处置预案，完善应急措施，有效应对各种突发事件。

三、要落实网站安全技术措施

各级各单位要根据公安部《互联网安全保护技术措施规定》，完善互联网站的安全技术措施。一要建立重要数据库和系统主要设备的容灾备份措施。二要落实防范计算机病毒、网络入侵和攻击破坏的技术措施。三要建立防范网站、网页被篡改以及自动恢复的技术措施。四是提供交互式栏目等服务的网站，必须具备记录用户注册信息，记录并留存发布的信息内容及发布时间。五是开办电子邮件和网上短信服务的网站，要建立防范和清除以群发方式发送伪造、隐匿信息发送者真实标记的技术措施。

四、要加强督促检查

各级公安机关应当依法对辖区内政府类互联网站安全组织、安全管理制度及安全技术措施的落实情况进行指导、监督和检查。各级各单位要加强与公安机关等有关主管部门的沟通联系，积极配合和支持公安机关公共信息网络安全监察部门开展安全监察和查处案件等工作，发生安全事件应第一时间报告当地公安机关。要加强网络与信息安全培训工作，积极选送互联网站安全负责人及管理员，参加公安、人事部门组织的信息网络安全专业技术人员继续教育。

福建省人民政府办公厅

二〇〇七年九月十日

山东省信息产业厅《关于开展网络与信息安全检查的通知》

省直有关部门：

随着各级党政机关和企事业单位的计算机网络建设不断完善，极大地推动了网络和信息资源的广泛和深入应用。与此同时，网络与信息安全风险也日益增长，网络设施被破坏、网站被黑、系统停运等现象比较突出，并有上升趋势；网上有害信息传播、信息内容失泄密情况屡屡发生，信息安全形势不容乐观。从中央和有关部门通报的情况看，一些单位的计算机网络在信息安全保密方面存在的问题相当突出，有些问题具有一定的普遍性，严重威胁我们党和国家秘密的安全。为进一步加强新形势下计算机网络与信息的安全和保密工作，及时堵塞安全漏洞，消除失泄密隐患，根据国家和省有关文件精神及省综治委关于建设和谐社会要求，经研究决定，从2007年3月开始，对省直各机关、重要企事业单位计算机网络与信息安全情况进行一次全面检查。现将有关事项通知如下：

一、检查内容

主要包括网络安全基础设施建设情况、安全技术防范措施和安全管理制度等。

1. 网络安全基础设施建设情况：网络的组成结构及其配置是否合理，是否符合有关安全的规定；网络使用的各种硬件设备、软件和网络接口是否经过安全检验、鉴定、认证；涉密网是否按规定进行了审批；网络承建单位的资质等有关情况；网络内部数据信息的产生、使用、存储和维护是否安全、合理等。

2. 网络采取的安全防范技术措施情况：网络采用的防病毒、防火墙、防黑客攻击和非法入侵、数据加密等安全设备和产品设置情况；网络与互联网安全隔离采取的逻辑隔离、物理隔离技术等；机房的安全建设；网络授权管理和安全审计情况。

3. 网络信息安全保密管理情况：网络信息安全保密管理的组织领导、规章制度、人才培训及开展信息安全保密教育情况；网络管理人员的技术水平；应急制度的建立和准备情况；网络安全事件的记录、上报和处置情况。

二、检查方式

由省网络与信息安全协调领导小组办公室组织有关专家、指定的网络与信息安全评测机构成立检查组，到各单位进行现场检查。被检查单位汇报本单位计算机网络建设、运行和安全保密管理情况并形成书面材料；检查人员对网络进行必要的技术安全测试，并根据测试情况和存在的问题，与用户单位共同研究、提出改进意见。

三、时间和要求

本次检查共分三个阶段：

第一阶段为自查阶段：3月份，各单位要对本系统的网络与信息安全状况进行自查，对检查中发现的安全漏洞和失泄密隐患，要立即采取整改措施，予以消除。

第二阶段为检查阶段：4月份，省信息办组织检查组，对重要部门和单位进行现场检查和测试。

第三阶段为总结整改阶段：5月份对检查结果进行汇总整理，编写《山东省省直部门网络与信息安全报告》。对存在的问题提出整改措施和建议，并送达相关部门。

本次检查既是对省级重要信息系统安全状况的调查了解，又是各单位加强网络与信息安全保障体系建设，进行规范化管理的重要契机，必须予以高度重视，希望各单位切实加强组织领导，积极配合、支持检查工作。

附件：1. 网络与信息安全一期检查单位名单。

2. 自查表。

3. 检查表。

二〇〇七年二月五日

河南省开展重要信息系统安全等级保护定级工作实施方案

根据公安部、国家保密局、国家密码管理局、国家信息化工作办公室下发的《关于开展全国重要信息系统安全等级保护定级工作的通知》（公信安［2007］861号）要求，为进一步贯彻落实《国家信息化领导小组关于加强信息安全保障工作的意见》和公安部、国家保密局、国家密码管理局、国务院信息化工作办公室《关于信息安全等级保护工作的实施意见》、《信息安全等级保护管理办法》（以下简称《管理办法》）精神，全面提高我省基础信息网络和重要信息系统的信息安全保护能力和水平，省公安厅、省国家保密局、省国家密码管理委员会办公室和省信息化工作领导小组办公室决定于2007年7月至9月在全省范围内组织开展重要信息系统安全等级保护定级工作（以下简称“定级工作”），具体实施方案如下：

一、组织领导

成立河南省信息安全等级保护工作领导小组，省公安厅副厅长吕宏跃任组长，省人民政府信息化工作办公室副主任张震宇、国家保密局副局长陆宁、省国家密码管理委员会办公室副主任侯典臣任副组长。领导小组办公室设在省公安厅，省公安厅公共信息网络安全监察总队总队长丁士显任办公室主任，具体负责定级工作的组织实施。同时成立河南省信息安全等级保护工作专家组，为我省重要信息系统的定级、建设、整改、备案、等级评测等工作提供技术支持。

二、定级范围

（一）电信、广电行业的公用通信网、广播电视传输网等基础信息网络，经营性公众互联网信息服务单位、互联网接入服务单位、数据中心等单位的重要信息系统。

（二）铁路、银行、海关、税务、民航、电力、证券、保险、外事、科技、发展改革、国防科技、公安、人事劳动和社会保障、财政、审计、商务、水利、国土资源、能源、交通、文化、教育、统计、工商行政管理、邮政等行业、部门的生产、调度、管理、办公等重要信息系统。

（三）市（地）级以上党政机关的重要网站和办公信息系统。

（四）涉及国家秘密的信息系统（以下简称“涉密信息系统”）。

三、定级工作的主要内容

（一）开展信息系统基本情况的摸底调查。各行业主管部门、运营使用单位要组织开展对所属信息系统的摸底调查，全面掌握信息系统的数量、分布、业务类型、应用或服务范围、系统结构等基本情况，按照《管理办法》和《信息系统安全等级保护定级指南》的要求，确定定级对象。各行业主管部门要根据行业特点提出指导本地区、本行业定级工作的具体意见。

（二）初步确定安全保护等级。各信息系统主管部门和运营使用单位要按照《管理办法》和《信息系统安全等级保护定级指南》，初步确定定级对象的安全保护等级，起草定级报告（报告模版见附件 1）。跨省、跨市或者全国统一联网运行的信息系统可以由主管部门统一确定安全保护等级。涉密信息系统的等级确定按照国家保密局的有关规定和标准执行。

（三）评审与审批。初步确定信息系统安全保护等级后，可以聘请专家进行评审。对拟确定为第四级以上信息系统的，由运营使用单位或主管部门请国家信息安全保护等级专家评审委员会评审，可由具有满足测评条件的第三方进行测评。运营使用单位或主管部门参照评审意见最后确定信息系统安全保护等级，形成定级报告。当专家评审意见与信息系统运营使用单位或其主管部门意见不一致时，由运营使用单位或主管部门自主决定信息系统安全保护等级。信息系统运营使用单位有上级行业主管部门的，所确定的信息系统安全保护等级应当报经上级行业主管部门审批同意。

（四）备案。信息系统安全保护等级为第二级以上的信息系统运营使用单位或主管部门到 http：//www.hcsa.net 下载《信息系统安全等级保护备案表》（见附件 2）和辅助备案工具，持填写的备案表和利用辅助备案工具生成的备案电子数据，到公安机关办理备案手续，提交有关备案材料及电子数据文件。其中，第二级信息系统的备案单位只需填写备案表中的表一、表二和表三，第三级以上信息系统的备案单位还应当同时提交备案表表四所列各项内容的书面材料。跨省或者全国统一联网运行的信息系统在各地运行、应用的分支系统，向当地市公安局网监支队备案。省级单位，其信息系统向省公安厅网监总队备案；跨市或者全省统一联网运行并由主管部门统一定级的信息系统，由主管部门向省公安厅网监总队办理备案手续，其在各地运行、应用的分支系统，向当地市公安局网监支队备案。

涉密信息系统建设使用单位依据《管理办法》和国家保密局的有关规定，填写《涉及国家秘密的信息系统分级保护备案表》（见附件 3），按照属地化管理原则，省直单位的涉密信息系统向省国家保密局备案；地方单位的涉密信息系统向所在地的市保密工作部门备案；中央和国家机关驻豫单位的涉密信息系统，向省国家保密局备案。

（五）备案管理。公安机关和国家保密工作部门负责受理备案并进行备案管理。信息系统备案后，公安机关应当对信息系统的备案情况进行审核，对符合等级保护要求的，颁发信息系统安全保护等级备案证明。发现不符合《管理办法》及有关标准的，应当通知备案单位予以纠正。发现定级不准的，应当通知运营使用单位或其主管部门重新审核确定。各级保密工作部门要加强对涉密信息系统定级工作的指导、监督和检查。

四、定级工作时间安排

（一）动员部署阶段（7月31日至8月10日），各省辖市要立即开展宣传、动员部署工作，使各行业主管部门、运营使用单位充分认识到开展重要信息系统安全等级保护定级工作的重要意义；要制订本地具体工作实施方案，认真组织各行业主管部门、运营使用单位认真学习《管理办法》、《信息系统安全等级保护定级指南》和本方案等文件，全面做好定级工作前的各项准备工作。

（二）自主定级阶段（8月11日至8月25日），各行业主管部门、信息系统运营使用单位根据摸底调查情况，按照《管理办法》和《信息系统安全等级保护定级指南》的要求，自主确定定级对象的安全保护等级，定级为第二级以上的信息系统运营、使用单位，要到指定网站下载填写《信息系统安全等级保护备案表》，并按照规定向相应的公安机关提交表一、表二、表三。涉密信息系统的备案表报相应的保密工作部门。

（三）备案准备阶段（8月26日至9月15日），第三级以上的信息系统除提交《信息系统安全等级保护备案表》表一、表二、表三外，还应按照《信息系统安全等级保护备案表》表四的要求准备系统拓扑结构及说明等材料；聘请信息系统安全保护等级专家进行评审，提交评审意见；邀请具有测评资质的机构进行测评，提交检测评估报告；有上级主管部门的报上级主管部门审核，出具审核批准的意见书。

（四）备案阶段（9月16日至9月25日），第二级的信息系统运营、使用单位要完善自主定级阶段所报送的备案表。第三级以上的信息系统运营、使用单位将《信息系统安全等级保护备案表》表四所要求的内容材料，报公安机关备案。涉密信息系统按照规定向相应的保密工作部门备案。

（五）检查审核阶段（9月26日至9月30日），省市级公安机关和国家保密部门对信息系统运营、使用单位报送的备案材料进行审核、确认，对符合等级保护要求的，颁发信息系统安全保护等级备案证明。不符合的，通知运营使用单位重新审核确定。

五、工作要求

（一）加强领导，落实保障。各省辖市要成立相应的领导小组，加强对本地区信息安全等级保护工作的组织领导，及时掌握工作进展情况。信息系统运营、使用单位要成立等级保护工作组，落实责任部门、责任人员和经费，保障定级工作顺利进行。

（二）明确责任，密切配合。定级工作由省、市公安机关牵头，会同同级保密、密码和信息办共同组织实施。公安机关负责定级工作的监督、检查、指导；国家保密工作部门负责涉密系统定级工作的监督、检查、指导；国家密码管理部门负责定级工作中有关密码工作的监督、检查、指导；信息化领导小组办事机构负责定级工作的部门间协调。各信息系统主管部门组织本行业、本部门信息系统运营使用单位开展定级工作，督促其落实定级工作各项任务。各信息系统运营使用单位依据《管理办法》和本实施方案，具体实施定级工作。

（三）认真组织，开展培训。省公安厅将会同省国家保密局、省密码办和省信息办对省级有关单位进行定级工作培训；各省辖市公安、保密、密码和信息办也要按照《管理办法》和《信息系统安全等级保护定级指南》等内容进行培训。信息系统主管部门负责对所管辖的信息系统运营使用单位进行培训。

（四）及时总结，提出建议。各省辖市、各部门要结合本地区、本行业开展定级工作的实际，认真总结经验和不足，提出改进和完善定级方法的意见和建议。9月30日前，各省辖市公安机关负责将这次定级工作总结，报送至省公安厅。涉密信息系统定级工作总结向省国家保密局报送。

此次定级工作完成后，请各主管部门、运营使用单位按照《管理办法》和有关技术标准，继续开展信息系统安全等级保护的系统建设或整改、等级测评、自查自纠等后续工作，各级公安、保密、密码管理部门要依据《管理办法》开展等级保护工作的监督、检查和指导。

陕西省人民政府办公厅转发省信息办《关于加快我省网络信任体系建设意见》的通知

陕政办发〔2007〕124号

各设区市人民政府，省人民政府各工作部门、各直属机构：

省信息办《关于加快我省网络信任体系建设的意见》已经省政府同意，现转发给你们，请认真贯彻执行。

陕西省人民政府办公厅

二〇〇七年九月十九日

关于加快我省网络信任体系建设的意见

省信息办为了进一步规范和加强我省网络信任体系建设，促进信息技术应用，保障信息化健康发展，根据《国务院办公厅转发国家网络与信息安全协调小组关于网络信任体系建设若干意见的通知》（国办发〔2006〕11号）精神，结合我省实际，提出以下意见：

一、充分认识网络信任体系建设的重要性

网络信任体系建设是实施国家信息化战略的重要保障，是建设诚信社会的必然要求，是信息安全保障体系建设的重要组成部分。

网络信任体系是以密码技术为基础，以法律法规、技术标准和基础设施为主要内容，以解决网络应用中身份认证、授权管理和责任认定等为目的的完整体系。

身份认证是通过技术手段确认网络信息系统中主客体真实身份的过程和方法；授权管理是综合利用身份认证、访问控制、权限管理等技术措施解决访问者合理使用网络信息资源的过程和方法；责任认定是应用数据保留、证据保全、行为审计、取证分析等技术，记录、保留、审计网络事件，确定网络行为主体责任的过程和方法。

加快网络信任体系建设，保障国家、企业和个人信息安全可控，实现网络行为可核查、网络事件责任可追究，对于有效打击网络犯罪，维护网络活动中有关各方的合法权益，为信息化建设提供安全保障具有十分重要的现实和长远意义。

二、网络信任体系建设的总体要求和基本原则

网络信任体系建设的总体要求是：树立和落实科学发展观，健全管理机制，完善法律法规，统一技术标准，加强基础设施建设，促进技术研发，加快人才培养，提升应用支撑能力，形成布局合理、安全可控、经济适用、运行有序的网络信任体系，为信息化建设提供安全保障。

网络信任体系建设的基本原则是：坚持统筹规划、统一标准、协调有序地推进，正确处理当前与长远、局部与全局、中央与地方的关系，坚持突出应用、保障安全、务求实效、坚持技术保障和依法管理相结合。

三、加快网络信任体系建设的任务和措施

（一）规范和加强电子认证工作。

1. 加强管理，依法开展电子认证。

电子认证涉及法规、管理、技术、标准等环节，必须加强宏观指导，规范管理。省信息办要进一步加强电子认证整体规划和发展战略研究，加快完善已建电子认证基础设施，逐步建设市（区）级数字证书注册机构，各市（区）、各部门要按照有关规定，依法使用根认证在省内的区域性电子认证机构颁发的数字证书，实现省内统一认证，为推进全国电子认证互通互认创造条件。要加强对电子认证活动的监督管理，指导认证机构完善服务设施，规范业务流程，提高服务质量。电子认证活动提倡走社会化、专业化道路，认证服务的监督管理、系统建设和运行应相对分离，监督管理部门不直接承担具体的认证服务工作。

电子认证活动要遵守国家有关法律法规，保障国家信息安全，电子政务认证不得采用境外机构提供的认证服务。

2. 推广电子签名应用，促进电子商务持续发展。

省信息办、省商务厅、省工交办、西安海关要积极宣传《电子签名法》，推广电子签名应用，逐步建设以电子认证为基础的电子商务安全平台，实现安全可控，互联互通的电子商务认证系统，保障网上交易和支付安全。各级政府要发挥引导示范作用，率先在网上招标、网上询价采购和网上支付等活动中使用电子认证，推动电子认证的广泛应用。

3. 加强电子政务认证，保障电子政务健康发展。

省国家密码管理局要依据国家有关规定和技术标准，尽快提出我省电子政务活动中使用电子签名、数据电文的具体办法，明确协议标准、应用接口、认证服务等技术要求，保障电子政务认证机制建设顺利推进。各市（区）、各部门要坚持“需求主导、务求实效”的原则，积极在电子政务网络和业务系统中实现安全有效的身份认证。

4. 规范经营，诚信服务，保障应用。

电子认证服务机构要按照《电子签名法》和《电子认证服务管理办法》的规定，进一步完善服务设施，加强从业人员的培训和管理，严格工作制度和操作程序，认真履行义务和责任，不断提高服务质量。要积极拓展服务领域，加大宣传力度，做好电子签名的推广应用工作。要关注并参与国家电子认证互通互认工程，做好与国内其他认证机构的相互认证工作。

（二）认真做好授权管理和责任认定工作。

加强对网络中各种行为主体访问、利用、处理信息资源权限的管理，保障信息资源合理利用。加强对网络行为和事件跟踪记录、事后责任追究技术的研究应用，规范网络秩序。省内有条件的企业、高校和科研机构要积极开展授权管理、责任认定等信息安全技术研究，主动参与国家标准规范的制定。省公安厅要组织相关单位，深入研究证据保全、行为审计、取证分析等责任认定技术，建设相应的技术平台，完善打击网络犯罪的方法和手段。省信息办、省发展改革委、省科技厅等部门要组织、引导和支持我省企业引进、开发网络信任体系建设急需的技术和产品，重点发展具有自主知识产权的关键产品，带动我省信息安全产业发展，为网络信任体系建设提供技术支持和保障。

（三）突出应用，规范建设，注重实效。

各部门、各单位要把网络信任机制建设作为各类信息系统建设的前提和必要条件。各类电子政务系统要采用基于数字证书的身份认证方式，充分利用信息安全技术措施解决授权管理问题，并必须具备必要的安全审计、数据保留等功能，与我省经济运行、社会稳定密切相关的重要电子商务系统也应采取相同的安全措施。要重视系统的运行维护工作，加强对日志、审计数据的管理，确保提供充分的证据数据。要加强对电子政务系统和重要电子商务系统的规划设计、建设和运行维护的监督管理，项目主管单位要按有关要求编制方案，搞好与网络信任体系建设规划的衔接，项目审批单位要对建设方案中的身份认证、授权管理、责任认定等功能进行审核，项目投入运行前应对信任体系相关功能进行验收，系统运行过程中要定期检验信任机制的有效性。

四、加强组织领导，有序推进网络信任体系建设

省信息化领导小组负责全省网络信任体系建设的统筹规划、统一管理和统一领导。

省信息办负责会同有关部门制订网络信任体系建设规划，审核项目建设方案，研究制定相关的管理办法，协调解决建设中的有关重大问题。

省科技厅要加大对网络信任体系基础性和关键性技术研究开发项目的支持；省教育厅负责指导高校完善信息安全相关学科建设，以加强信息安全专业人才的培养；省通信管理局要指导通信网络运营商搞好基础网络的信任体系建设。工商、税务、质监、财政等部门要在企业网上注册、网上纳税等业务和企业基础信息共享、法人基础数据库、财税银库等信息共享工程建设中搞好网络信任体系建设；人行西安分行等金融行业监管部门要规范、指导省内金融机构，搞好金融行业网络信任体系建设；省级各部门要搞好各自业务应用系统的网络信任体系建设。

三、行业组织规范性文件

中国互联网协会《博客服务自律公约》

第一章　总则

第一条　为规范互联网博客服务，促进博客服务有序发展，制定本公约。

第二条　本公约所称博客，是指互联网服务提供者提供给用户的自主网络空间，包括文字、图片、音视频等形态。

第三条　博客服务应当遵循文明守法、诚信自律、自觉维护国家利益和公共利益的原则。

第四条　中国互联网协会负责本公约的组织实施。

第二章　自律条款

第五条　博客服务提供者应当自觉遵守国家有关法律、法规和政策，维护博客用户及公众的合法权益。

第六条　从事互联网博客服务业务应当具备合法的互联网信息服务资质，同时还应当具备下列条件：

（一）完善的博客服务和管理制度；

（二）足够的博客服务管理人员和技术人员，能够提供优良服务，实施有效管理；

（三）健全的博客信息安全保障措施，包括用户注册流程、用户信息保密措施、博客内容信息安全保障措施等；

（四）符合国家法律法规和规章要求的其他相关规定。

第七条　鼓励博客服务提供者积极探索博客服务模式，为博客提供良好的创作环境，引导博客用户创作和传播优秀网络文化作品。

第八条　博客服务提供者应当与博客用户签订服务协议，要求博客用户自觉履行服务协议，拒绝签订服务协议的，博客服务提供者有权拒绝为其提供博客服务。

第九条　博客服务提供者与博客用户签订的服务协议，应当包括以下内容：

（一）博客用户保证自觉遵守国家有关互联网信息服务的法律、法规，文明使用网络，不传播色情淫秽信息以及其他违法和不良信息；

（二）博客用户保证不传播侮辱或贬损其他民族、种族、不同宗教信仰和文化传统的信息；

（三）博客用户保证不传播造谣、诽谤信息以及其他虚假信息，不传播侵害他人合法权益的信息；

（四）博客用户保证不传播侵害他人知识产权的信息；

（五）博客用户保证对跟帖内容进行有效监督和管理，及时删除违法和不良跟帖信息；

（六）博客用户保证不利用博客传播计算机病毒等恶意程序，不危害他人计算机信息安全。

第十条 博客用户违反服务协议的，博客服务提供者应当及时予以督促改正，直接删除相关违法和不良信息内容或停止为其提供博客服务。

第十一条 鼓励博客服务提供者对博客用户实行实名注册，注册信息应当包括用户真实姓名、通信地址、联系电话、邮箱等。

第十二条 博客服务提供者应制定有效的实名博客用户信息安全管理制度，保护博客用户资料。未经实名博客用户本人允许，不公开或向第三方提供用户注册信息及其存储在网站上的非公开博客内容，法律、法规另有规定的除外。

第十三条 博客服务提供者应当为博客用户提供对跟帖内容的管理权限，博客用户应当对跟帖进行有效管理，应当删除违法和不良跟帖信息。

第十四条 博客服务提供者应当自觉履行对博客内容的监督管理义务，应当设立便捷的在线投诉窗口、投诉电话等渠道，受理公众对博客服务和博客内容的举报与投诉，并及时予以处理。

第三章 公约的执行

第十五条 倡议广大博客服务提供者积极签署并实施本公约，中国互联网协会将定期公布签约单位名单。

本公约发布之前未与博客用户签订服务协议的，应当从本公约发布生效之日起补充签订服务协议。

第十六条 凡签署本公约的博客服务提供者应当规范履行本公约的各项内容，违反本公约并造成不良影响的，由本公约的组织实施机构视不同情况给予警示或向社会公布。

第十七条 博客服务提供者应当自觉接受有关政府部门的业务指导，自觉接受社会公众的监督，增强自律意识，促进博客服务健康发展。

第四章 附 则

第十八条 本公约由中国互联网协会负责解释。

第十九条 本公约自公布之日起施行。

第五章　战略规划篇

北京市“十一五”时期国民经济和社会信息化发展规划

北京市信息化工作办公室
北京市发展和改革委员会
二〇〇六年十月

序　言

“十一五”时期是首都抓住本世纪头 20 年重要发展战略机遇期，实现“新北京、新奥运”战略构想的关键时期；也是首都信息化必须加快、推进、带动经济社会实现全面协调可持续发展取得成效的关键时期。随着全球信息化进程的不断深入，信息化对经济社会的影响愈加深刻和广泛，已成为引导生产方式、生活方式变革的重要引擎，成为首都新时期现代化建设的新主题和新动力，成为建设社会主义和谐社会首善之区的重要基础。国务院批复的《北京城市总体规划（2004 年—2020 年）》明确要求：“加快首都信息社会建设，建成完善的首都信息基础设施，社会信息化各项指标达到与现代国际城市相适应的水平，全面建设‘数字北京’。”

根据市委、市政府关于制定国民经济和社会发展第十一个五年规划的总体部署，依据《2006—2020 年国家信息化发展战略》、《北京城市总体规划（2004 年—2020 年）》和《北京市国民经济和社会发展第十一个五年规划纲要》，特制定《北京市“十一五”时期国民经济和社会信息化发展规划》。本规划是“十一五”时期本市信息化发展的指导性文件，规划期限为 2006 年至 2010 年。

第一部分　规划背景

一、良好基础

“十五”期间，北京市信息化工作取得了较快发展，“十五”信息化规划确定的主要任务顺利完成，构建“数字北京”基本框架的战略目标已经实现。本市信息化已处于由基础设施建设阶段向“深化应用、惠及全民”阶段过渡的时期，整体水平全国领先，在推进首都经济社会发展和城市现代化建设的进程中发挥着重大作用。

社会信息化发展呈现新气象。城市信息网络建设实现跨越式发展，无线网络和宽带网络发展迅速，广播电视“村村通”工程推进顺利，广播、电视人口综合覆盖率水平在全国位居前列，有线电视入户率达到 64.1%，城市信息网络已成为支撑经济社会发展的关键基础设施。燎原行动计划、百万家庭上网、“数字北京”信息亭等项目的实施将网络和信息引向基层和大众。全社会应用信息技术的意识和能力不断提升，整体水平居全国前列，数字化生活方式逐步普及，手机通信、电子邮件、即时通信、网上购物、网上学习等已成为大众日常生活和工作的重要工具。截至2005年底，本市固定电话用户数达到950万户，移动电话用户数达到1470万户，网民数达到428万人，网站数达到12万多个。

电子政务建设取得新成效。电子政务从政府上网阶段向业务应用阶段全面过渡。一批重大应用系统建成，在提高城市管理水平、加强公共服务、辅助宏观决策和加强政务信息资源共享等方面取得了实效。网格化城市管理新模式全面推广，成效显著；地税网上服务达到国际先进水平；社会保障信息系统基本建立，有力支撑了社会保障制度改革，其中，医保信息系统已接入所有的社保所、覆盖了近600万参保人员；城市应急指挥信息系统在抗击SARS、禽流感中发挥了重要作用。电子政务专网集约化建设初见成效，初步建成了以市区两级网络平台为核心，覆盖全市城乡，连接市、区（县）、街道（乡镇）的电子政务网络。电子政务信息安全保障工作不断加强，建成了信息安全测评、数字证书认证等信息安全基础设施，初步建立了风险评估、等级保护、“年度日历”等项制度，综合防护能力不断提高。

城市信息服务水平实现新提升。政务和公共服务信息化取得长足进步，初步构建了市、区（县）、街道（乡镇）和社区（村）的四级信息服务体系，“首都之窗”网站成为政务公开、网上服务、政民互动的主渠道，日点击量超过400万次；政务信息网上公开逐步走向深入和规范，初步建成了网上审批平台，一大批行政许可和审批事项实现了不同程度的网上办理。依靠社会力量建设的一批面向市民日常生活的信息系统开通运行，提供的衣食住行信息服务受到欢迎。“首都之窗”开通了外文版，为外国人提供信息服务。

信息化带动产业优化升级达到新阶段。信息产业保持持续高速发展，对经济增长贡献度稳步上升。信息化催生出一大批新的产业业态，成为首都经济新的增长点。现代信息服务业持续增长，信息传输、计算机服务和软件业“十五”期间年均增长16.6%，2005年实现增加值517.2亿元。电子商务发展迅猛，企业信息化水平全国领先，信息技术改造传统产业效果日渐显著。

“数字奥运”建设取得新进展。奥运会场馆周边道路信息管道、综合信息枢纽“数字北京”大厦等奥运会信息基础设施建设进展顺利；服务奥运会的无线政务指挥调度网初步建成；奥运会无线电管理专项工程已经启动；已经和正在建设一批满足奥运会需求的信息化应用项目，其中，食品安全管理信息系统基本建成，智能交通信息平台、流动人口和房屋管理信息系统、奥运会综合信息服务系统等已开始建设。

二、历史机遇

“十一五”时期，北京市信息化将迎来难得的发展机遇。从外部看，信息技术持续创新，信息化已成为全球发展的大趋势，国家进一步加大了信息化的推进力度。从内部看，北京市经济社会已到了必须更多地依靠科技进步、自主创新来实现进一步发展的新阶段，要求信息化加快发展步伐。

信息和通信技术创新持续深入。总趋势是宽带和无线技术不断发展完善，向“无所不在的计算”方向演进。随着宽带网络、移动设备更加普及，人们突破地域、带宽等因素对通信限制的能力不断加强，可以更方便地获取更丰富的信息。这为城市信息化走向深入提供了技术基础。

贯彻落实国家信息化发展战略。《2006—2020年国家信息化发展战略》的发布，为北京市信息化工作创造良好的外部环境，提供强大的发展动力。战略的落实将促进信息化更新发展理念、创新发展模式、破解发展难题，推动形成北京市的信息化中长期发展战略，实现信息化又快又好地可持续发展。

经济社会持续稳定发展。首都经济向“高端、高效、高辐射力”转型，北京市民对优质服务日趋强劲的需求，城市管理理念和手段的不断更新，推动了对信息化需求的不断增长，构成了信息化加快发展的内在动力。新修编的城市总体规划要求，加快首都信息社会建设，全面建设“数字北京”。

大力推进创新型城市建设。创新型城市的建设将有利于充分挖掘北京优势资源，突破一批核心技术，促进信息产业向高端发展，促进信息技术与传统产业的融合，为信息化建设提供经济、适用、安全的产品和服务。

举办2008年奥运会。奥运会的筹备和举办将有利于完善北京市信息网络基础设施，推广应用先进信息技术，建立以人为本、个性化、符合国际惯例、体现中国特色的综合信息服务体系，促进首都信息化各项指标达到与现代国际城市相适应的水平。

三、主要挑战

“十一五”时期，北京市信息化面临着难得的发展机遇，同时也面临着发展中的问题和挑战，必须充分认识、积极应对、妥善解决。

电子政务建设和管理的统筹规划有待加强。电子政务统一规划、统筹建设的机制没有完全落实，推进的体制机制不够完善，部门分割和条块分割造成的多头投资、多头管理、重复建设的现象依然存在。

信息化对首都经济发展的作用需要进一步增强。现代服务业信息化的整体水平不高，信用、物流等基础环境不健全制约了电子商务发展，互联网领域的业态创新活跃程度与先进国家和地区相比存在差距。信息化带动核心技术和关键装备的研发缺乏群体性突破。

企业运用信息技术进行综合创新的潜力需要进一步挖掘。

全民信息能力整体提升任重道远。不同市民群体间信息技术应用的意识、机会、能力呈现“贫富不均”，存在明显的“数字鸿沟”，并有加速扩大的趋势，呈现出“强者越强，弱者越弱”的趋势。

信息安全保障能力面临新的挑战。随着信息网络逐步融入到经济社会的各个领域和市民生活的各个环节，信息安全形势日益严峻，计算机病毒、网络攻击、垃圾邮件、系统漏洞、网络窃密、虚假有害信息和网络违法犯罪等问题日渐突出，各类信息安全事件频发，已经影响到了人们正常的工作生活乃至社会稳定。

第二部分　指导原则与发展目标

一、指导原则

以科学发展观为指导，坚持以信息化带动工业化、以工业化促进信息化的基本方针，切实将信息化作为首都现代化建设的基本战略，加快首都信息社会建设，全面建设“数字北京”，以信息化带动城市服务和管理水平的提高，带动经济结构调整和增长方式转变，服务好社会主义新农村建设，为落实“新北京、新奥运”战略构想、构建社会主义和谐社会首善之区提供有力保障。

未来五年，在信息化建设过程中要注意把握以下原则：

（一）坚持统筹规划、分步实施。以服务全市经济社会发展的大局为指针，统筹全市信息化推进的目标和任务，统筹城乡、区域、行业信息化发展，统筹政府引导和社会力量参与，制止盲目建设、重复建设和资源浪费。制定规划实施的年度计划，有计划、有步骤地推进。

（二）坚持深化应用、务求实效。要把信息化建设的重点从铺网络、建系统转移到使信息化在促进经济发展、加强城市管理、提高市民生活品质中发挥实实在在的作用上来。要以最终应用效果作为衡量信息化成效的关键指标。

（三）坚持集约建设、资源共享。政府要加强引导，推动集约化建设，实现资源共享。加快信息资源的有效整合与共享交换，促进网络融合和系统互联互通，提高信息化发展的效益。

（四）坚持自主创新、积极探索。要把信息化的过程作为自主创新的机遇，大力推进体制创新、技术创新、管理创新，优化创新环境，增强创新能力。把试点和示范作为一项基本的工作方针和内容长期坚持，鼓励和支持各区域、各部门、各行业根据实际情况开展试点和示范，探索符合自身特点、体现自身特色的信息化推进路径。

（五）坚持安全与发展并重。始终不渝地把信息安全作为国家安全和城市安全的重要组成部分，正确处理安全与发展的关系，以安全保发展，在发展中求安全。

二、发展目标

到2010年，北京市信息化发展的目标是：政府率先实现信息化，城市管理和公共服务信息化达到现代国际城市的水平，信息产业对首都经济增长的贡献率进一步提高，信息化带动自主创新的能力显著增强，带动经济结构调整和增长方式转变取得明显成效，“数字奥运”各项任务全面完成，“数字北京”初步建成，为迈向信息社会奠定基础。

（一）公共服务信息化水平显著提升。基本建成“首都之窗”城市门户，形成政府在线、社情民意、公共服务、人文北京和国际交流等一批专业门户，80%以上的行政许可事项能够实现网上办理，培育一批面向大众生活的信息服务品牌，使北京成为信息服务普遍、便捷、高效的典范城市。

（二）政务信息化水平显著提升。2008年前，建成市、区两级信息资源共享交换平台，人口、法人单位、空间地理、宏观经济等基础数据库全面建成并实现共享，在交通管理、流动人口管理、城市应急指挥等领域实现跨部门业务协同。到2010年，各级政府核心业务100%实现信息化支撑，基本形成资源共享、部门协同、服务规范的全市电子政务体系。

（三）国民经济信息化水平显著提升。企业信息化整体水平要实现再提高，带动现代服务业、高新技术产业的业态创新、结构优化升级实现新的突破。信息资源开发利用取得显著成效，信用、物流等制约电子商务发展的瓶颈问题得到有效解决，使北京成为全国信息服务中心和电子商务中心。

（四）信息化对自主创新的带动作用显著增强。信息化对核心技术和关键装备研发、产业化的支撑模式得到进一步完善，把北京建设成为信息技术应用环境最佳城市，研发及应用具有自主核心技术产品的示范城市。

（五）城市信息网络等基础设施进一步完善。基本实现网络建设统筹规划、网络资源有效利用、有线网络公平接入、无线信号普遍覆盖、带宽服务满足需求。建成完善、可靠的信息安全保障体系。新城建成区信息管道通达率达到100%。有线电视光缆乡镇通达率达到100%。固定电话用户数达到1070万户，移动电话用户数达到1870万户，宽带用户达到480万户，网民数量达到560万人。

（六）“数字奥运”各项任务圆满完成。实现对奥运会信息化需求的有力保障，对公众对于奥运会信息服务需求的完全满足，对奥运经济可持续发展的有力促进。

第三部分　主要任务

围绕加快首都信息社会建设、全面建设“数字北京”的战略目标，服务首都经济社会发展大局，实施“三二一”（三大应用计划、二大基础工作、一大专项工程）信息化推进方略。

三大应用计划。以支撑构建社会主义和谐社会首善之区为目标的“信息惠民”计划；以促进政府更好地履行职能、提高城市服务和管理水平为目标的“信息强政”计划；以促进经济结构调整、实现增长方式转变为目标的“信息兴业”计划。

二大基础工作。信息安全保障体系建设工作；信息基础设施完善工作。

一大专项工程。加速推进“数字奥运”专项工程的实施。

一、实施“信息惠民”计划

围绕贯彻国家信息化战略之国民信息技能教育培训、缩小“数字鸿沟”等战略行动计划，突出以人为本，丰富服务内容，创新服务模式，拓宽服务渠道，完善服务体系，提高服务质量，着力解决好公共服务延伸到基层，让社会大众用得上、用得起、用得好的问题，努力实现公共信息服务的普遍、优质和高效。

（一）深化公共服务领域的信息化应用。

加强医疗、卫生领域信息化。加快构建社区卫生服务信息体系，逐步建立市民健康档案数据库及健康评价指标体系，增强对市民健康的信息服务。整合首都疫情、病情监测和预警信息系统等公共卫生信息资源，建设和完善公共卫生信息网络体系，提高公共卫生监控、监测、决策和应急处置能力。提高医院信息化建设和应用水平。

深化劳动和社会保障、社会救助领域信息化。全面完成北京市金保工程建设，建立健全覆盖市、区（县）、街道（乡镇）、社区（村）四级的就业和社会保障信息系统，推动养老、医疗、失业、工伤、生育、低保、优抚安置等领域的信息资源共享和网上服务整合，大力推进各类服务向基层延伸。加快建设城乡一体化的就业服务系统，促进劳动力的有序流动，促进社会充分就业。

加强文化领域信息化。加快文化资源的数字化进程，提高图书馆、博物馆、档案馆的信息化水平。进一步推进北京市公共图书馆计算机信息服务网络和全国文化信息资源共享工程建设，加强数字图书馆建设工作。建立和完善北京文物、博物馆数据库信息共享体系，在博物馆藏品保护、管理和研究方面广泛应用信息技术，初步实现资源数字化、管理信息化。积极推进数字档案馆建设，到“十一五”末期，市档案馆馆藏档案数字化率达到50%，总量达到3500万页，已数字化的开放档案的全文上网率达到80%。

深入推进科技、教育领域信息化。建立和完善首都科研基础平台，实现科技信息共享和科研设备的充分利用，推动科技交流与协作。加大科普资源信息服务整合，搭建服务本市、辐射全国的科普信息服务平台。深化“校校通”工程，整合网络资源，形成覆盖全市的现代远程教育网络；加强教育资源开发利用和共享，支撑学习型城市建设。

强化公共事业领域信息化。大力推进煤、水、电、气、交通等公共事业的信息化，运用信息化手段提高企业内部管理水平和工作效率。鼓励发展交通信息服务，使市民能够及时、方便、准确地获得车辆、路况、导航等方面的信息。完善“数字北京”缴费通服务平台，整合各类缴费服务，完善服务网点布局，提高对市民的服务能力和水平。

（二）建立健全公共信息服务体系。

构建首都城市综合信息平台。办好“首都之窗”政府在线、社情民意、公共服务、人文北京和国际交流等专业门户。推进“首都之窗”城市门户与各类政务和公共服务呼叫中心、“数字北京”信息亭、“数字北京”缴费通、数字电视、手机等终端的互联互通，形成以市民为中心、覆盖城乡、布局合理的政务和公共信息服务体系。加强政务信息内容整合，深化政务信息网上公开。完善网上审批平台，整合网上服务，实现行政许可和审批在线服务事项在“首都之窗”网站的“一口受理”。继续发挥“首都之窗”政风行风热线、城市管理广播在促进政民互动中的作用，统筹建设政务和公共服务非紧急呼叫中心，不断创新政民互动的渠道和模式。

加强电子社区建设。以电子社区为平台，服务和支撑和谐社区建设。进一步完善社区信息基础设施建设，整体规划建设一批街道信息亭，形成以电话、电视、计算机、信息亭为主体的社区信息服务渠道。完善社区公共信息服务网，整合政府各部门面向社区居民的在线服务，梳理、整合各类服务热线、呼叫热线，鼓励相关企业以社区公共信息服务网为平台，提供购物、餐饮、家政服务、洗衣、维修、再生资源回收、中介等社区服务，提高社区政务和公共服务水平。

加快新农村信息化建设。深入推进“燎原行动计划”，实施农村信息化建设工程，积极开展农村无线网络覆盖试点，大力促进农村地区的“三网融合”，推进光缆入村、网络入户。建设完善农村综合信息服务体系，制定“数字村镇”和农村“数字家园”建设和运维标准，加快公共信息服务终端在村镇的部署，为农民提供适用的就业、市场、科技、教育、卫生保健等信息服务，整合涉农信息资源，加强农业信息咨询、农产品电子交易推广等项工作，服务现代农业发展。培养村镇信息化推广带头人，鼓励发展农村信息服务中介机构，促进农民信息技术应用技能的提高。

培育和完善信息服务市场。不断优化信息服务的市场环境，促进社会力量开展信息资源开发和信息服务，着力提高城市信息内容和服务的供给能力，促进信息服务市场繁荣。支持企业对海量网络信息资源进行加工，并向社会提供服务。鼓励社会力量整合与市民生活相关的交通出行、旅游购物、娱乐休闲、食品安全、药品安全、餐饮卫生、紧急求助等信息，形成服务品牌。

创造良好的网络传播和信息服务环境。依法加强市场管理，采取法律、经济、技术和行政手段，打击传播不良信息、滥发垃圾邮件和短信、侵犯知识产权等行为，继续做好互联网违法举报、不良信息举报和垃圾邮件举报受理工作。加强行业自律，提倡文明办网，营造一个健康向上的网络服务市场，营造一个公平、有序、文明的信息服务行业竞争环境。

（三）提高全民信息能力。

努力提高全民信息技术应用技能。按照国家国民信息技能教育培训计划的有关要求，制定北京市提高全民信息能力行动纲要，开展对市民的信息化培训。到2010年，北京市机关工作人员、在校学生、科技人员等重点人群信息能力要大幅提高，大多数城乡居民要掌握基本信息技能。充分运用学校、科技馆、图书馆、文化站等单位的培训资源，调动其参与培训的积极性。利用“校校通”、“数字家园”等公益性设施，开展形式多样、内容丰富的信息化培训。实施“百万家庭上网”二期工程，不断提升千家万户应用信息技术的意识和能力。

着力抓好缩小“数字鸿沟”工作。抓好国家缩小“数字鸿沟”战略行动计划的落实，加强对信息化弱势群体的教育和培训，增加其接触信息技术的机会，增强其获取和使用信息的技能。探索建设农民工信息服务系统，围绕农民工技能培训、就业服务和权益维护等突出问题提供信息援助。

二、实施“信息强政”计划

围绕贯彻国家信息化战略之电子政务战略行动计划和国家电子政务总体框架，结合城市管理水平和能力提升的要求，突出电子政务体系建设，强化资源整合、信息共享和业务协同，增强电子政务整体效能，促进政府实现决策科学、管理高效、监管有力、服务到位。

（一）电子政务提升宏观决策能力。

建设完善领导决策信息化服务体系。充分利用信息技术，整合各部门的决策信息资源，依托电子政务专网和政务信息资源共享交换平台，建设和完善覆盖全市的领导决策信息化服务体系，为各级领导宏观决策提供全面、准确、及时、可靠的信息，增强宏观决策的有效性和科学性，满足城市运行、经济发展和成功举办奥运会的决策需求。

加强政府财政、投资管理信息化。以金财工程建设和完善为主线，建成覆盖所有财政核心业务的财政综合业务管理系统，推广财政、税务、银行、国库之间系统联网和信息共享，支撑各项财政改革。加快推进宏观经济管理信息系统建设，提升国民经济预测、预警和监测水平。加强网上审批服务系统建设与应用，在现有基础上，进一步促进业务协同、资源整合与流程优化，提高工作效率和服务水平。

推进审计、监察领域的信息化进程。加快审计信息化步伐，建立适应业务发展需求的审计业务和审计管理信息化操作平台，提高审计效率，增强审计机关在信息化环境下的查错纠弊、遏制腐败的能力。加强网上监察系统建设，促进依法行政。加快建设完善信访管理信息系统，强化社会监督。

（二）电子政务提高城市管理水平。

深化城市运行管理的信息化。深入推广网格化城市管理新模式，建设完善市区两级信息化城市管理系统，加强市级系统、区级系统、具有城市管理职能委办局的业务系统、相关公共服务企业业务系统之间的信息共享和业务协同，完善工作规范和管理流程，促进城市管理的精细化、网格化、信息化、人性化。积极探索新模式在其他区域的推广，不断扩展功能，逐步实现对地下管网的有效管理，逐步整合水、电、气、热、通信、地铁等城市生命线的运行监控信息，实现对城市运行的精确、综合监管。

推进城市人口管理的信息化。建设全面、准确的人口资源信息库和人口宏观管理与决策信息系统，实现跨部门的信息资源共享，全面提高人口管理水平。充分利用信息技术，加强流动人口居住地的管理，加快出租房屋管理和暂住登记等项工作的进程，为流动人口管理与服务工作模式创新提供支撑。

推进城市土地和水等自然资源管理的信息化。大力推进土地、水、森林等自然资源管理的数字化进程，逐步形成全面、准确、直接支撑自然资源管理的基础信息。大力推进城市规划、土地资源、城市建设、园林绿化、环境保护等领域信息资源共享，促进跨部门业务协同，提升对土地、水、森林等自然资源的规划、监管和利用能力。

加快智能交通建设步伐。以提高城市交通管理、指挥和调度水平为目标，加快建设具有国际先进水平的智能化道路交通管理和出行信息系统、公共客运调度与乘客信息服务系统，推进跨部门、跨层级的交通管理信息的共享，各种交通工具的管理信息的共享，城市交通管理、监控、调度、服务与应急处理等业务的整合和协同，全面实现交通管理信息化、智能化。

推进城市综合减灾防灾和应急指挥信息化。加快建设完善覆盖全市的应急指挥信息平台，实现市级信息平台和各专项应急指挥部信息平台、区县应急指挥中心信息平台的信息共享、协同联动。制定应急指挥信息通信和信息安全保障预案并组织演练。完善突发事件的监测、发布和报告机制，形成统一指挥、反应灵敏、运转高效的应急机制，显著增强城市防灾、减灾、救灾能力。

加快社会公共安全信息化步伐。以保障首都公共安全为核心，以构建社会公共安全保障体系为目的，建设综合指挥联动信息系统，实现城市安保预警、整体防范控制、诸警联动指挥、业务精确管理、社会民众服务的一体化，提升首都社会公共安全保障和服务能力。

（三）电子政务提高市场监管能力。

进一步提高协同监管能力。推动建立统一的市场监管综合执法信息平台，加强与司法机关的信息共享与执法协作，实现执法资源整合、信息共享、业务协同和政务公开。围绕财政、金融、税收、工商、海关、国资监管、食品药品安全、城市建设等关键业务，统筹规划，有序推进业务系统间信息共享和业务协同，提高协同监管能力。提高建设、银行、税务等部门的信息共享水平，健全信息公开与披露制度，完善房地产市场等信息系统，提高对建筑市场和房地产市场的监管水平。整合工商、税务、质监等领域相关资源，强化对食品安全、药品安全、餐饮卫生、农资物流配送的监管。建立和完善互联网文化市场监管系统，增强对互联网等新型传媒的管理能力。完善综合治税信息化，强化税源监控信息的及时性、全面性、准确性。建设事故隐患、重大危险源、危险化学品等数据库，提高安全生产监管的信息化水平，提升安全生产总体态势掌控、生产事故预防和处置的能力。

加快社会信用体系建设。以相关企业信用信息和个人信用信息系统为基础，从完善信贷、纳税、合同履约、产品质量的信用记录入手，建立信用政策法规体系、信用数据技术支撑体系、现代信用服务体系、信用市场监管体系、信用宣传教育体系和失信惩戒机制。加快信用信息资源整合和共享开放，逐步形成以政府部门为主体的政务信息披露体系和以信用服务中介机构为主体的市场信用服务体系，促进信用产品的推广和信用服务业的发展。

（四）夯实电子政务发展基础。

制定和实施全市电子政务总体框架。落实好国家电子政务总体框架的有关要求，统筹整合全市各级党委、人大、政府、政协、法院、检察院的信息化服务与应用系统、信息资源、网络和安全基础设施、信息化政策法规与技术标准等电子政务资源，建设和完善电子政务电子认证体系，统筹建设电子政务专网、信息安全设施、基础数据库、门户网站，形成全市统一的电子政务平台。加强全市电子政务运行维护保障体系建设，建立健全运行维护的制度和标准，实现按照统一标准管理和运维。

推进全市统一的政务信息资源共享交换平台建设。加快政务信息资源目录体系建设，建立健全政务信息共享交换的规则和机制，制定和完善政务信息资源目录体系、交换体系的技术标准。加强对政府信息资源的统筹和监管，规范政府的信息采集、维护、共享、交换、公开等行为。进一步规范政府电子文件的归档和管理，保障电子文件的及时归档和安全保存。按照统一规划、统一标准、集中采集、共享使用的原则，建成一批服务全市的基础数据库和专题数据库，重点是加快建设人口、法人、空间地理和宏观经济四大基础数据库，以及居住场所、流动人口、地下管网、社会信用信息等专题数据库。

三、实施“信息兴业”计划

围绕贯彻国家信息化战略之电子商务、网络媒体信息资源开发利用、关键信息技术自主创新等战略行动计划，围绕北京市产业优化升级的总体目标，促进信息化在国民经济各个领域的有效应用。以激发企业利用信息化进行综合创新的主体意识、发挥其主体作用为目标，推进企业信息化。以不断优化发展环境为手段，提高电子商务应用水平。重点提升现代服务业和高新技术产业的整体信息化水平，促进服务水平提高，增强自主创新能力。

（一）深入推进企业信息化。

优化企业信息化的基础环境。加强对企业信息化建设的组织领导，支持建设数字化设计与制造的技术支撑体系，支持企业建设和应用辅助决策支持信息系统，推进企业设计研发信息化、生产装备数字化、生产过程智能化和经营管理网络化，推动企业产品数据管理、产品全生命周期管理、供应链管理和客户关系管理。充分发挥协会、联盟等中介机构的作用，推动低价团购，降低企业信息化成本。支持企业使用正版软件，开展知识产权保护工作。加快企业数字证书认证工作。加快科技园区、工业开发区、现代商贸专业集聚区等产业集聚区信息化建设。

加强企业信息化试点示范工作。进一步加强政府对企业信息化建设的扶持力度。开展企业信息化试点示范工作，对重点试点示范项目给予一定的资金支持，促进试点示范企业在生产、管理和经营的全过程中应用信息技术，带动企业的资源整合、服务整合和业务流程整合，提高企业的综合竞争力。

建立和完善中小企业信息化服务平台。建设完善面向中小企业的公共服务信息平台，加强中小企业信息化工作的分类指导、分层次培训、择优扶持，调动社会各方面资源，服务中小企业信息化，促进中小企业信息化工作健康持续发展。

（二）提高电子商务应用水平。

加快电子商务支撑环境建设。加快信用、认证、标准、支付和现代物流体系建设，完善结算清算信息系统，大力支持第三方电子商务服务企业发展。加强电子商务基础性和关键性技术的研发和推广。完善电子商务政策法规。

扶持骨干企业和重点行业发展电子商务。充分发挥龙头企业的带动效应，支持其应用电子商务，并通过供应链带动上下游企业的电子商务发展。加快汽车、电子信息、石化新材料、装备制造、生物工程与医药、都市工业等行业的电子商务示范和推广。加强电子商务在政府采购中的应用。

（三）促进现代服务业做大做强。

建设首都文化创意产业发展信息化支撑和孵化平台。整合文化创意产业领域的公共技术资源、信息资源和服务资源。建设咨询和培训体系，促进文化创意资源和信息技术的融合，文化产业企业和信息技术企业的合作。建设产业研发和产品展示体系，促进研发与产业化的对接，产品与市场的对接。建设技术共享体系，统一建设共用性高、大型、复杂的技术设备，为企业提供技术服务，降低企业尤其是中小企业的运作成本。建设国际交流合作体系，促进企业的国际交流合作。

促进金融产业提高管理和服务水平。支持金融机构开展信息化建设，建设功能齐全、效率优先、运行安全的跨行支付清算系统，完善同城票据清分系统，创新发展在线支付工具。大力推动银行卡的应用，奥运会前，奥运场馆及周边地区的商业服务网点、重点商务区、商业街区、旅游景区等要实现全部可以受理国际卡，为奥运会创造良好的银行卡用卡环境。促进银行卡在零星支付、公共缴费及其他与市民生活密切相关领域的一卡通用。支持建立金融信用网络，将金融信用网络建设与社会信用体系建设结合起来，推动资金信用信息与基础信用信息的整合和共享，提高金融风险防范能力。

促进旅游业提高品牌认知度和服务能力。充分利用互联网的优势，支持建设面向旅游者的宣传和展示系统，全面整合和系统展示北京丰富的旅游资源，强化北京旅游品牌的宣传和推广，辅助旅行者深度了解北京、设计旅行计划。支持企业间以信息共享带动业务协同，推动形成集食、住、行、游、购、娱六要素于一体的旅游综合信息服务系统，为旅游者提供“一站式”服务。以举办奥运会为契机，加强旅游电子商务的市场开拓。

深化信息化在商贸商务服务领域的应用。加强对全市商贸商务信息整合，建设首都商务之窗，为国内外贸易和经济合作提供商务咨询、商务指南和商务信息，为企业做好服务。不断提高商贸商务服务管理部门电子政务水平，提高工作效率，方便企业办事。积极支持商业企业开展信息化建设，采用信息技术改造商业设施，改善商业管理。

加快建设全市物流公共信息平台。提升对物流企业服务的专业化、信息化和社会化水平，建设公共信息平台，支持企业实现在线物流信息发布与获取、在线交易、数据交换、智能配送、GPS货物跟踪、物流供应链管理等。大力推进“电子口岸”建设，推行物流企业与口岸通关监管部门信息联网、信息共享，提高通关速度，提高北京市物流的国际化程度。

（四）促进高新技术产业提高自主创新能力。

大力推进信息服务业发展。充分利用好北京人才、技术、信息、网络的比较优势，抓住“三网融合”机遇，大力发展软件服务、信息增值服务和网络服务。加强互联网资源开发，加快传统信息资源的数字化进程，大力发展电子商务、数字娱乐、远程教育、远程医疗、互联网出版、网络电视等互联网内容服务。积极推进基于移动设备的信息服务，促进语音通信、数据通信、即时通信、移动商务等各种增值服务发展。大力支持数字广播、数字电视不断创新服务内容和方式。积极培育IT服务市场，做好计算机信息系统集成资质管理工作，促进形成一批系统集成龙头企业。

促进软件产业市场竞争力不断提高。继续支持和鼓励软件企业以自主核心技术为依托，以标准为纽带，建立以产品功能互补、企业利益共赢为目的的企业联盟，形成功能较为完善、市场竞争力较强、能满足信息化需求的软件产品系列。进一步推进软件正版化工作，支持国产软件在信息化建设中的推广。

促进电子信息产业向高端发展。充分利用信息化建设的有利机遇，通过示范和试点等手段，大力推动具有自主核心技术的集成电路、计算机和网络、移动通信、数字电视、光电显示等产品在城市信息化建设中的应用，通过应用促进其产品品质和服务水平不断提高，带动电子信息产业逐渐向高端发展。

促进移动通信产业升级。抓住国家第三代移动通信、数字电视、下一代互联网的部署机遇，支持关键技术标准研发和自有核心技术项目的产业化，完善各类信息传输网络，强化全国信息传输中心城市的地位，保障信息传输服务业持续稳定增长。

四、加强信息安全保障体系建设

以保障2008年奥运会信息安全为阶段目标，建立健全信息安全保障体系，全面提升信息安全保障能力。

（一）完善信息安全组织管理体系。

建立长效机制。在北京市网络与信息安全协调小组的统一指挥和综合协调下，加强信息安全责任机制和协调联动机制建设，建立完善的信息安全管理体系，落实信息安全责任制。全面实行信息安全风险评估与等级保护制度。规范信息安全培训机构，建立健全信息安全人员执业资格认证和持证上岗制度。

加强监督指导。定期开展全市信息安全检查和态势评估，重点保障基础信息网络和城市生命线的信息安全。加强信息内容管理，构建健康的网络环境。加大执法力度，依法打击各类网络违法犯罪，保护公民通信隐私。支持高等院校建立健全信息安全学科和专业设置。组织开展各类宣传活动，增强全民信息安全意识。

保障安全投入。进一步建立和完善信息安全建设投入制度，在信息化建设中同步考虑信息安全建设投入。要根据信息安全保护等级确定资金的投入比例，重点保障信息安全基础设施建设与运行维护、信息安全关键技术的研究以及信息安全基础性工作的经费。

（二）加快信息安全基础设施建设。

加快建设一批信息安全设施。统筹规划，建设全市信息安全测评、密码保障和网络信任、应急处理与容灾备份等基础设施，满足信息安全保障需要。

提升信息安全技术研发和服务水平。加强信息安全评估、测试、监管的队伍建设和技术条件建设，积极开展信息安全新技术、新业务的前瞻性研究。加强信息安全产业基地建设，形成信息安全科技成果转化的良好环境。培育和规范市场，促进信息安全产业发展，逐步形成完整的信息安全产业链。

五、完善城市信息基础设施

坚持集约化、合理化建设，提高信息管道、无线电频率等资源的利用率。坚持信息基础设施建设与运营服务相分离的原则，探索信息基础设施建设特许经营等模式，促进设施运营企业的公平、有效竞争，保障居民对服务企业的自主选择权。以“数字北京”建设为目标，促进形成布局合理、资源共享、互联互通、安全可靠的信息基础设施体系。

（一）加强信息基础设施建设统筹规划。

统筹开发利用信息通信空间资源。按照统一规划、统一建设、统一管理的建设和经营方针，加强对地下信息管道、无线基站站址、局房等信息化自然资源的统筹开发利用，减少重复浪费，提高基础设施的使用效率和经营水平。从节约土地资源、美化城市景观出发，集约化建设公共局房和通信铁塔。从搭建小区公共信息平台入手，探索“最后一公里”问题的解决模式，理顺最终用户、开发商或物业、信息通信服务提供者、小区公共信息平台运营商之间的关系，保障信息通信运营企业平等接入到最终用户，保障居民自主选择信息通信运营企业的权利。

进一步完善网络基础设施。统筹规划网络建设，充分利用现有网络资源，促进资源共享和互联互通，构建有线网络公平接入、无线信号普遍覆盖、带宽服务满足需求的宽带网络环境。大力发展宽带通信网、数字电视网和下一代互联网，以业务融合促进“三网融合”。

加强新城、重点城镇和旧城改造区域的信息化基础设施建设。通州、顺义、亦庄三个新城以及重点城镇信息基础设施建设要坚持“统一规划、统一建设、统一管理”的原则，高标准高起点建设，避免重复投资。新城城区避免建设架空杆路，在有条件的地区，尝试建设地下综合管廊。积极推进旧城改造区域信息基础设施的建设、更新和完善，提高旧城信息化建设水平。

加强电子政务专网的集约化建设和管理。各部门已建的电子政务网络，要按全市统一标准运维，到2010年，原则上要全部纳入全市电子政务专网，实行一体化建设、管理和保障。各部门电子政务建设原则上不得新建基础网络，开展电子政务应用必须依托全市电子政务专网。不断完善无线政务指挥调度网。加强电子政务专网安全监管，推行等级保护、风险评估、容灾备份、网络信任等制度。积极探索电子政务专网为中央在京单位提供服务的模式。

（二）加强无线电管理。

加强无线电频率资源统筹规划。以满足首都经济社会发展需求、保障奥运会等首都重大活动的频率需要为目标，在严格遵循国家频率划分、分配和指配政策的基础上，建立频率资源战略储备，建立健全与国家、军队和天津、河北等周边省市无线电管理机构的协调工作机制，加强频率资源整合和利用，及时调整已有的频率指配规划。根据奥运会无线通信需求，制定奥运会无线电频率指配方案。

综合治理和净化电磁环境。建立监督检查机制，充实监管队伍，发挥行业、区县无线电管理部门的监管作用，进一步加强监督检查工作，严格依法加强无线电频率和台站的清理整顿工作，规范空中电波秩序，遏制非法使用无线电发射设备、特别是非法使用对讲机现象快速增长的势头，为奥运会筹措频率资源、创造良好的电磁环境。充分运用电磁兼容分析、无线电监测、检测等技术手段，支持无线电台站管理和监督检查工作。

加快无线电管理基础设施建设。完善和扩展无线电监测网，加强遥控无人值守监测站、小型监测站和高山监测站建设，积极推进面向奥运会的移动监测设施建设，完善微波监测设施，强化电磁环境噪声监测，做好全市的监测网的联网工作，建设监测数据库系统。加强无线电检测中心建设，建立检测专业数据库，更新检测设备，增强检测能力。

六、加速推进“数字奥运”专项工程

以保障举办一届有特色高水平奥运会为核心，大力推动“数字奥运”建设，全力支持北京奥组委的工作，为奥运会的成功举办提供有力支撑。

（一）保障奥运会信息服务。

加快奥运会信息基础设施建设。统一规划和建设奥运基础通信管线共用管道。建设城市容灾备份中心，基本完成对重要信息系统实现同城异地备份，提高信息安全保障能力。建设以多功能综合应用为目标的奥运综合信息枢纽，为各类信息系统互联互通、资源共享和决策指挥提供支持和保障。实施奥运会无线电管理专项工程。建设面向奥运会的呼叫中心。以“首都之窗”公共服务专业门户为基础，构建奥运会综合信息服务系统。完善无线政务指挥调度网、“数字北京”信息亭等城市信息服务基础设施。

制定奥运会期间保障信息服务的各种方案和预案。制定涉奥地区综合信息服务设施的建设标准和服务标准，重点提升政府部门、通信运营商、涉奥场所（比赛场馆、奥运村、奥林匹克公园、宾馆、公共设施、主要干道等）的信息服务水平。研究制定奥运会期间保障信息服务的各项规章制度，建立电信网、互联网和广播电视网主管部门、运营企业之间协调机制。确保奥运会信息安全，积极开展风险评估，制定应急预案，并组织重点保障单位进行预案演练，提高应急处置能力。

（二）促进奥运机遇最大化。

促进新技术应用。结合奥运需求，大力推动无线宽带接入、下一代互联网、数字电视、网络电视、RFID、多媒体音视频等新技术的应用试点。在奥运会食品安全、门票销售等重要领域，用好新技术，实现有效的监控和管理。积极支持国产技术的推广应用，发挥奥运会的技术示范作用。

促进奥运经济发展。利用奥运契机，依托北京市丰富的信息资源，鼓励文化、教育、出版、广播影视等行业开发数字化产品，提供网络化服务。支持旅游、餐饮、住宿等与奥运紧密相关的服务行业，加强信息资源整合，提供网络信息服务，提高服务能力和水平。

推广城市形象。以“首都之窗”城市门户国际交流和奥运会综合信息服务系统为依托，全方位、多层次地展示古都北京的历史文明与人文风采，利用互联网办好一批互动主题活动，吸引全国和世界各地人民认识北京、了解北京，提升城市的影响力。

第四部分 保障措施

以科学发展观为统领，以体制机制创新为动力，加快首都信息社会建设，全面建设“数字北京”，保障“十一五”信息化目标的全面实现。

一、加强信息化的组织领导

加强信息化工作的领导。在市信息化工作领导小组的统一领导下，进一步加强对全市重大信息化事项的决策统筹，凡涉及全市的信息化重大政策和事项要经市信息化工作领导小组审定。进一步加强信息化发展战略研究，指导信息化宏观决策，动态调整信息化发展目标，适应城市经济社会发展大局的需要。

深化信息化工作管理体制改革。抓紧研究建立适应社会主义市场经济体制、分工合理、责任明确的信息化综合管理体制。加强信息化主管部门的统筹协调职能，促进市与区县之间、各部门之间信息化工作的协同配合。进一步加强全市各级信息化推进机构的组织建设。

二、完善政策法规和技术标准

加强信息化政策法规工作。以信息化地方立法为契机，在政府信息公开共享、电子文件管理、无线电管理、个人和企业信用管理、电子商务、电子政务网络建设、信息化项目外包等方面尽快出台配套政策，加强信息化行政执法，保障信息化推进的法制化、制度化。

强化信息化标准化工作。加强信息化标准化的统筹协调。在信息化标准化领域，建立政府与企业以及其他组织之间的协调机制。加强信息化标准战略研究，不断完善信息化技术标准体系，重点要做好电子政务信息共享和信息安全类地方标准的组织制定，积极参与国家信息化标准编制。强化标准的宣贯和执行情况的监督检查。

三、加强信息化建设机制创新

创新信息化建设和管理体制。创新信息化项目市场运作机制，积极探索并完善外包、特许经营等模式。优化信息化投融资环境，逐步向投资主体多元化、投资方式多样化方向转变，完善信息化建设风险投资、知识产权保护等方面的政策。保障信息化建设投入与国民经济增长相适应，加强对信息化建设资金使用的统筹管理，充分发挥市、区两级财政的积极性，重点支持基础性、公益性的重大城市信息化项目建设。进一步统筹和完善政府对企业信息化在政策、资金方面的支持措施，鼓励企业加大对自身信息化的投入。建立健全电子商务、信息服务业、“数字鸿沟”等领域发展水平的监测制度和信息产业统计体系。

加强对自主创新的支持力度。创造有利于自主创新产品和服务公平参与市场竞争的环境，在首都信息社会建设过程中，以政府采购为杠杆，优先采用具有自主核心技术的软硬件产品和服务，拓展自主创新成果的市场空间，促进其产业化。积极支持建设信息安全、软件开发、测试测评等各类信息化研究基地，研发核心技术，并在信息化建设中推广应用。

加强信息化试点示范工作。鼓励各地区、各部门积极开展各类信息化试点示范，不断完善信息化试点示范的配套政策和管理措施，鼓励探索，促进试点示范成为一种规范、有力的信息化推进工作手段。

四、加强信息化人才培养和队伍建设

加强信息化人才培养工作。充分利用国内国际两种资源、两个市场，建立信息化人才战略高地。加大人才领域的国际合作，建立开放的干部交流、培训制度。完善人才引进配套政策，吸引高端人才来京服务。加强对中央在京单位信息化人才资源的开发利用。推行信息化高级雇员制度和信息主管制度。建立信息化人才培训基地，加大对公务员尤其是领导干部的信息化培训力度。加强农村信息化人才队伍建设，培养基层信息化推广带头人。积极加强和各类教育培训机构合作，培养各类信息化人才。

发挥信息化行业协会等组织的作用。支持信息化行业组织发挥好行业服务、行业自律以及维护行业合法权益等作用。鼓励其在信息化标准制定、教育培训、宣传推广等方面积极开展工作。

五、优化信息化推广的社会环境

加大宣传和普及力度。抓好提高全民信息能力行动纲要的落实，政府引导，发动社会力量，采取多种形式和手段，有步骤、有重点地开展市民信息化培训。加强信息化的宣传普及工作，推动全社会对信息化推进的关注、支持和参与。支持社会力量举办各类信息化宣传活动。支持建立面向大众的信息化体验中心，使更多的市民有机会接触信息技术、感受信息技术、学习信息技术和应用信息技术。

学习和借鉴先进经验。不断加强与国内兄弟省市以及国外先进城市的信息化交流与合作，加强京津冀都市圈信息化合作，选择标杆城市作为系统研究和学习的对象，努力借鉴一切先进的信息化推广理念和方法，促进首都信息化推进环境的不断优化。

六、做好规划滚动实施的管理

制订年度实施计划。“十一五”时期的信息化建设，以本规划为基准，每年对“三大应用计划”、“两大基础工作”的实施情况进行评估，并制定下一年的实施计划，“数字奥运专项工程”要根据全市的年度奥运会折子工程确定主要内容，确保本规划得到分阶段落实。

搞好滚动衔接。组织好信息化规划实施的监测和中期评估，积极借助社会中介组织力量，多角度分析评价规划实施效果和政策措施落实情况，及时发现问题和提出改进意见。不断探求解决信息化工作中面临问题的新思路、新机制、新办法，设计和把握好规划实施的重点和时序，为规划的有效实施和年度计划的制定创造条件，保障“十一五”时期全市信息化阶段目标和总体目标的有机衔接，保障各项任务的全面完成。

上海市人民政府关于印发《上海市国民经济和社会信息化“十一五”规划》的通知

各区、县人民政府，市政府各委、办、局：

《上海市国民经济和社会信息化“十一五”规划》已经市政府常务会议原则同意，现印发给你们，请认真按照执行。

上海市人民政府

二〇〇七年七月十六日

上海市国民经济和社会信息化“十一五”规划

为全面落实科学发展观，加快推进本市国民经济和社会信息化，根据《2006—2020年国家信息化发展战略》和《上海市国民经济和社会发展第十一个五年规划纲要》，编制本规划。

第一章　现实基础与发展趋势

一、现实基础

20世纪90年代中期，上海抓住全球信息化发展的历史机遇，启动国民经济和社会信息化建设。“十五”期间，上海按照国家以信息化带动工业化，以工业化促进信息化，走新型工业化道路的战略部署，把信息化作为覆盖城市现代化建设全局的重要战略举措加以全面推进，实现了信息化与工业化同步发展，信息化主要发展指标保持国内领先地位，基本达到发达国家中心城市平均水平，为“十一五”时期的深化发展奠定了坚实基础。

（一）信息网络基础设施基本达到国际先进水平。

坚持适度超前建设信息基础设施，注重统筹规划和综合协调，形成多家运营商同城竞争、共同发展的良好局面。信息通信网络基本实现宽带化、数字化和广覆盖，信息传输瓶颈问题基本得到解决。在上海登陆的国际通信海底光缆通信容量达到260G，占全国总量的70%，上海已成为亚太国际通信海底光缆重要登陆地之一；互联网络国际出口带宽达到30G，占全国的22%以上；信息通信管线、无线通信基站、信息通信局房、室内无线通信覆盖等集约化建设初见成效；基础通信服务实现按需提供，各类终端普及率跃居国际先进行列；国内最大的上海超级计算中心总运算能力已达到每秒 11 万亿次，功能型设施的公共服务能力显著提高（见图 1—1）。

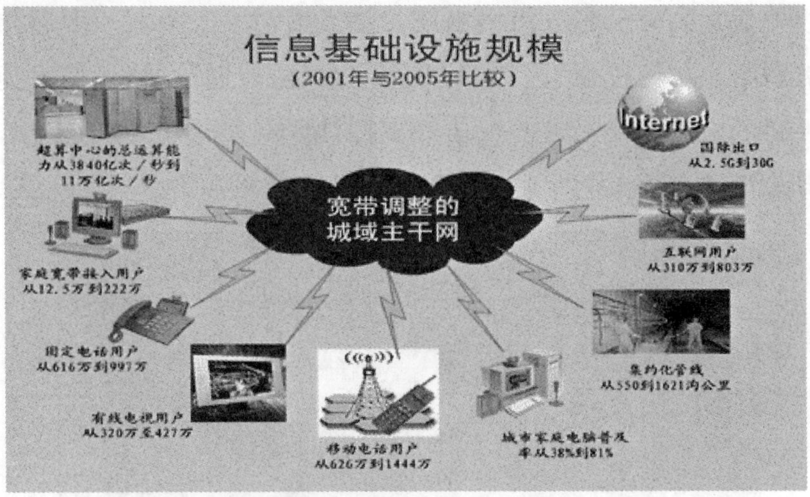

图 1—1

（二）信息产业跃升为全市第一支柱产业。

贯彻国家“优先发展信息产业”的战略，利用国际、国内两个市场、两种资源，通过政策聚焦和市场培育，信息产业快速成长为上海具有较高国际化程度的全市第一支柱产业，增加值占全市生产总值的比重由 2000 年的 7.4%上升为 2005 年的 12%，从业人员达到 45 万，出口额约占全市三分之一，在集成电路、通信设备、软件、信息服务等领域形成了较强的竞争优势，特别是软件业和集成电路业实现跨越式发展。软件业连续 5 年保持 50%以上的增速，成长倍“数字北京”信息亭、“数字北京”缴费通、数字电视、手机等终端的互联互通，形成以市，分别占全国的七分之一和五分之一左右；集成电路产业创新能力不断增强，形成了较为完整的产品链，2005 年销售收入是 2000 年的 5.4 倍，超大规模集成电路销售收入占到全国 70%以上。

（三）信息技术在经济社会各领域应用效能日益显现。

贯彻“贴近市民、服务发展、促进改革”的发展方针，信息技术在政务、经济、社会、城市建设与交通等领域得到广泛应用。

从促进政府职能转变出发，建成一批重点业务应用系统，基本构筑起统一的电子政务基础网络，“中国上海”政府门户网站成为市民知情办事的重要载体；政府信息公开制度率先在全国省级政府中推行，主动公开信息超过 16 万条；政务信息共享和人口、法人基础信息库建设取得阶段成果。从提升城市管理和服务水平出发，整合建成 12319 城建服务热线，推动了水务、房地、交通、市政、绿化等业务的协同联动；城市管理网格化试点取得成效，初步形成网格化的城市管理新模式；地理信息系统、应急联动、智能交通等重大项目不断深化。从提升城市经济功能出发，建成“大通关”平台，通关效率大幅提升；实施企业信息化示范工程和传统产业电子水平提高计划，电子商务交易规模和企业信息化程度明显提高。从服务市民出发，重点推动了三个“一卡通”（社会保障卡、公共交通卡、银联卡）、“校校通”、“市民信箱”、“付费通”、社区信息苑等一批受益面广、示范效应明显的应用项目，以信息技术支撑社区网格化管理试点工作初见成效，各行各业积极主动应用信息技术的发展格局基本形成（见图1—2）。

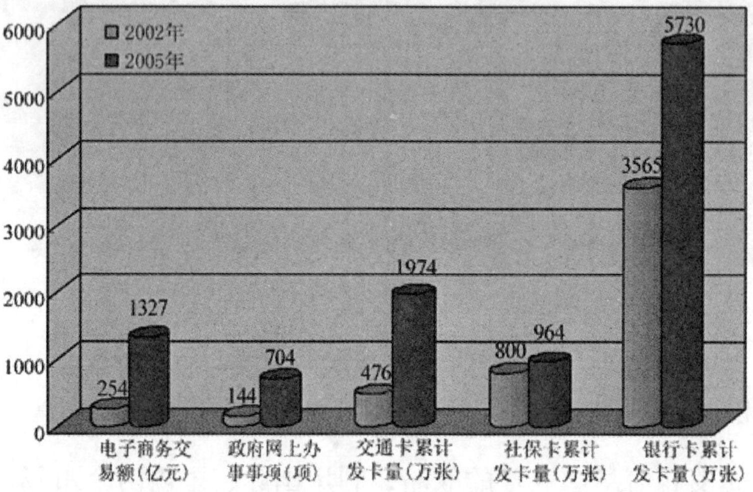

图1—2

（四）信息化发展综合环境得到明显改善。

坚持发展、改革、管理并重，基本形成全社会共同推动信息化建设的良好氛围，基本确立层次清晰、权责明确、市和区县两级的信息化组织管理体制，相继建立一批信息化行业协会和功能性服务机构；信息安全保障能力不断增强，建立起覆盖全市的信息安全责任体系，形成信息安全测评、等级保护等一系列基本制度；信息化法治建设取得成效，共发布市人大决定、政府规章和规范性文件60多件，配套的政策、标准不断完善；信息化知识普及、人才培养力度明显加大，71万社区居民参加了持续3年的“百万家庭网上行”培训活动，近400万人次通过国家计算机应用能力等级考试，分类实施信息技术管理职业资格认证培训制度，市民信息化素质和信息化工作者专业能力不断提高。

在市委、市政府高度重视和全社会共同推动下，过去5年是上海信息化紧抓机遇、全力推进的5年，城市信息化得到全面快速发展，有力地促进了本市产业结构的优化升级，支撑了全市经济社会的持续发展。但是，伴随信息化建设不断深入，影响和制约信息化长远发展的因素也日益显现。一是信息资源开发利用面临着与现有体制、机制、法制的不相适应，条线分割的信息孤岛问题依然存在；二是信息技术自主创新能力不足，产业对外依存度较大，拥有的核心技术和自主品牌不多，产业结构有待优化；三是信息技术促进传统产业发展的作用尚未得到充分发挥，社会化专业服务体系和配套的政策措施尚待完善；四是信息化“双刃剑”的负面效应日益突出，信息安全的技术能级和管理能力亟待提升；五是信息化发展水平尚不平衡，不同区域、不同领域、不同群体之间的“数字差距”较为明显。

二、发展趋势

“十一五”时期是我国全面建设小康社会的关键时期，也是上海坚持以科学发展观统领经济社会发展全局，加快推进“四个率先”、形成“四个中心”基本框架和成功举办世博会的关键时期。上海信息化必须服从服务于国家重大战略部署，服从服务于全市发展大局，顺应信息化发展的基本规律和趋势，在把握趋势中寻求突破，在实现突破中增创优势。

（一）持续创新的信息技术引领科技发展。

今后相当长时期内，信息技术将朝着智能、开放、集成、安全的方向持续创新，信息传输呈现全IP化、宽带化、无线化相融合的趋势，直接与网络相联的传感器应用逐渐普及，新产品、新应用层出不穷，将形成随时随地可用的宽带互联网。发达国家掌握绝大部分核心技术知识产权和标准制定的主动权，对关键技术向国外转移依旧采取分类限制。在建设创新型国家的战略背景下，这一趋势在给上海信息化进程带来更多技术选择和创新机遇的同时，也对信息技术领域的自主创新提出了更高的要求。上海只有加快完善城市创新体系，增强技术创新、应用创新和管理创新能力，才能降低对技术引进的依赖度，缩小与发达国家和地区的差距。

（二）信息产业全球竞争日益激烈。

在技术创新的带动下，信息产业依旧是今后相当长时期内最具活力和快速发展的产业。信息产品技术水平不断提升，而相应价格基本保持稳定；信息产品的加工生产继续向发展中国家转移，跨国IT企业加快由以制造为主向以软件和服务为主转型，离岸IT外包成为高速成长的新的发展模式；国内市场进一步国际化。这一趋势，一方面为上海发挥在集成电路、通信设备等领域形成的比较优势，进一步引进能耗低、污染少、效益高的信息产品制造业提供可能；另一方面也预示着上海只有尽快增强自主创新能力，不失时机地推动先进适用技术的商用化、产业化，抓住新的产业增长点，加快产业结构的战略转型，才能真正做强信息产业，提升在国际产业分工中的地位。

（三）信息技术的广泛渗透推动经济社会变革。

信息资源日益成为重要的生产要素、无形资产和社会财富，信息技术应用已渗透到政府管理、企业运营、社会事业、公共服务等各个领域，触及业务流程重组、信息资源整合和体制机制创新，成为经济社会发展和变革的重要驱动力，推动着经济增长、公共服务、公众参与新模式的形成。上海只有把握这一趋势和特点，加快信息资源的整合共享，不断拓宽应用领域，加速信息技术在各类应用中的融合渗透，才能充分发挥信息技术在突破发展瓶颈中的重要作用，更有力地支撑上海经济结构优化升级、社会和谐发展、城市功能提升、政府职能转变和市民生活水平的提高。

（四）信息安全问题日益突出。

现代经济社会运行日益依赖网络和信息系统。日益普及的互联网，以及以互联网为基础逐渐形成的网络虚拟社会，正在成为各种思想文化新的汇聚、传播、碰撞之地，不断改变着社会组织方式，成为社会动员的新方式；随着信息技术应用的普及，信息系统故障、计算机病毒、网络犯罪、黑客攻击、不良信息传播等安全问题的日益突出，信息安全已经成为国家安全的重要组成部分。作为信息化先行地区的上海，将面临更加严峻的信息安全形势。因而，必须高度重视信息安全，在加快发展自主安全技术和产业的同时，不断强化管理，弥补互联网在安全方面的先天不足，针对网络虚拟社会探索有效的引导和管理方式。

面对新的形势，站在新的起点，必须进一步增强使命感、责任感和紧迫感，主动抓住机遇，积极应对挑战，勇于开拓创新，努力寻求新的突破，不断开创信息化发展的新局面。

第二章　指导思想和发展原则

一、指导思想

“十一五”期间，要以邓小平理论和“三个代表”重要思想为指导，全面落实和自觉实践科学发展观，按照加快推进“四个率先”的总体要求，紧紧围绕全市经济社会发展的大局，以及建设“四个中心”基本框架和成功举办世博会的奋斗目标，以推动信息技术创新和深化信息技术应用为主线，全力实施信息化领先发展战略，充分发挥信息化在构建和谐社会与创新型城市建设中的促进作用。顺应信息技术的创新趋势和信息化的发展规律，坚持以信息化带动工业化，充分发挥信息化在现代服务业发展中的基础作用，促进以服务经济为主的产业结构的形成；坚持以信息资源整合共享为突破口，加速信息技术应用的渗透和覆盖；坚持以自主创新为动力，大力提升信息产业核心竞争力；坚持以信息化便利市民生活，促进社会和谐，提升城市功能，保障城市安全，带动上海经济社会又好又快地发展。

二、发展原则

——统筹规划，协调发展。适应上海“十一五”经济社会发展和建设社会主义现代化国际大都市的要求，坚持信息化与工业化相结合、全面推进与重点突破相结合、加快建设与强化管理相结合、注重政府引导与完善市场机制相结合，促进城区与郊区信息化、经济与社会信息化的统筹协调发展。

——深化应用，集约共享。按照“服务发展需求、综合集成应用、整合共享资源、提升整体效能”的要求，深化推进信息技术在不同领域、区域和群体中的普遍应用；着力推动信息基础设施、公共信息系统的集约建设和信息资源的充分开发、整合共享，不断提高信息化的整体质量与效益。

——着力创新，提升能级。把科技创新作为信息化发展的首要推动力量，把提高自主创新能力作为促进信息产业结构优化升级、实现跨越式发展的中心环节，着力构建以企业为主体、市场为导向、产学研用相结合的信息技术创新体系，努力在重要领域、核心产品和关键技术上求得突破，增强产业的持续发展能力和国际竞争力。

——保障安全，优化环境。坚持积极防御与综合防范相结合，始终把信息安全放在与信息化发展同等重要的位置，增强以信息化手段保障城市安全、引导网上舆论的能力；不断完善信息化管理体制和推进机制，强化政策、标准的引导与规范作用，提高依法行政、依法治业的能力，加快信息化人才的培养与集聚，拓宽国内外信息化交流与合作，促进城市信息化持续健康发展。

——以人为本，普遍受益。始终把贴近市民、服务发展作为信息化工作的基点，把全社会普遍受益、长期受益作为信息化推进的根本宗旨，把群众用得上、用得起、用得好作为深化信息技术应用的基本要求，不断缩小城区和郊区之间、不同社会群体之间的“数字差距”。

第三章 总体目标和具体目标

一、总体目标

力争通过5年全面、协调、可持续地发展，到“十一五”期末，上海信息化整体水平继续走在全国前列，主要指标基本达到发达国家中心城市先进水平，把上海建设成为信息技术创新与应用能力强、信息资源开发与利用程度高、信息产业国际竞争力明显提升、信息安全保障体系健全、亚太地区信息通信枢纽作用突出的城市，在2010年上海世博会上充分展示以信息化为重要特征的现代化国际大都市形象，为上海迈向信息社会奠定坚实基础。

二、具体目标

（一）基本形成覆盖面广、集成度高、效益明显的信息技术应用局面，信息资源开发利用和共享程度明显提高。信息化成为提升产业能级的重要基础和主导力量，传统产业信息化改造和企业信息化水平明显提升，基本形成信息技术与其他专业技术融合创新的发展局面。电子政务成为各级政府实现业务处理、事务受理、服务办理的基本手段，基本构建起“可用、可亲、可信、可靠”的电子政务体系。电子商务成为市场经济交易活动中的重要方式，基本建立起电子商务发展的支撑、服务和监管体系。社会管理和公共服务信息化水平显著提升，基本构建起便利市民生活、内容形式丰富、覆盖城区和郊区的社会公共信息服务体系。以信息化为支撑的网格化管理成为城市现代化管理的基本模式；基本构建起满足特大型城市发展需求的智能交通体系框架。

（二）基本形成具有国际竞争力的集研发、生产、服务于一体的信息产业集群，作为全市基础性、支柱性、先导性、战略性产业的地位和作用更加突出。形成集成电路、软件、新型基础元器件、数字音视频、新一代移动通信、汽车电子、半导体照明和数字内容八大产业优势；打造一批国内外知名品牌和企业，形成一批功能完善、服务一流的产业基地和园区。突破软件、集成电路和新型元器件三大核心产业的关键技术，2010年实现集成电路产业销售收入800亿元，软件业经营收入1200亿元，新型元器件销售收入1200亿元。完善以企业为主体的信息技术创新体系。信息设备和产品的自主开发能力明显提升，产品技术含量和产业技术能级明显提升，企业创新的动力和能力明显增强。

（三）基本建成亚太地区信息通信枢纽，信息基础设施综合服务能力显著增强，城乡“数字差距”明显缩小。普遍接入能力显著增强。信息基础设施空间布局更趋合理，信息通信网络实现全市域的普遍接入和优质服务，基本实现全市范围内任何人在任何地点和任何时间都能随需接入宽带网络。业务融合能力显著增强。信息通信多样化、多媒体化和个性化服务能力明显提升，各大运营网络具备提供话音、视频、数据等综合业务的能力。国际通信能力显著增强。国际信息通信容量明显增加，国际通信数据交换和管理等服务能力显著提高，国际互联网访问速度和服务质量明显提高。功能服务能力显著增强。通信网络及互联网络交换能力显著增强；超级计算中心国家网格南方主节点全面建成。行业管理能力显著增强。信息基础设施规划和建设管理、电信业务监管、网络资源管理、无线电管理水平明显提升。

（四）基本健全适应特大型城市安全要求和信息化发展需求的信息安全保障体系，安全防护、监控应急和打击网络犯罪的能力明显增强。本市基础网络与重要信息系统的安全运行得到有效保障，应对突发性公共信息安全事件的能力显著增强。网上有害信息传播和各类涉网违法犯罪活动的比例明显降低，基本形成诚信、健康、安全的网络空间环境。信息安全管理体制、协调机制和社会化服务体系不断健全，全社会信息安全意识明显增强。

（五）基本形成适应信息化持续发展需求的环境支撑体系，有利于信息化发展的体制、机制、法制不断完善，市民信息技术应用能力显著提高。覆盖各级党政机关的信息化管理体制、政府引导与市场机制相结合的信息化推进机制、以专业服务外包为重点的信息化社会服务体系更加完善和健全。有助于信息化持续发展的政策法规、规范标准、知识产权保护等工作取得新进展。基本构建起以职业化为导向的信息化人才培养体系和工作机制，成为国内信息化人才的培养基地和集聚高地。信息化国际、国内交流领域不断拓展、合作成效明显，服务全国、服务“长三角”的能力明显提高。

第四章　发展重点和主要任务

“十一五”期间，上海信息化工作要全力推进以下八个方面的主要任务：

一、深化电子政务建设，促进政府职能转变和行政效能提升，围绕建设服务政府、责任政府、法治政府的目标，适应本市电子政务步入深化应用、集约共享的阶段特征，把电子政务的工作重心从建设网络、数据库和单一部门业务系统转移到完善利用网络、推动信息共享和跨部门业务协同上来，加快完善电子政务公共基础设施，着力推进政府网上服务和业务协同，提升政府的执行力和公信力，让全社会普遍享受电子政务带来的便捷和实惠（见图 4—1）。

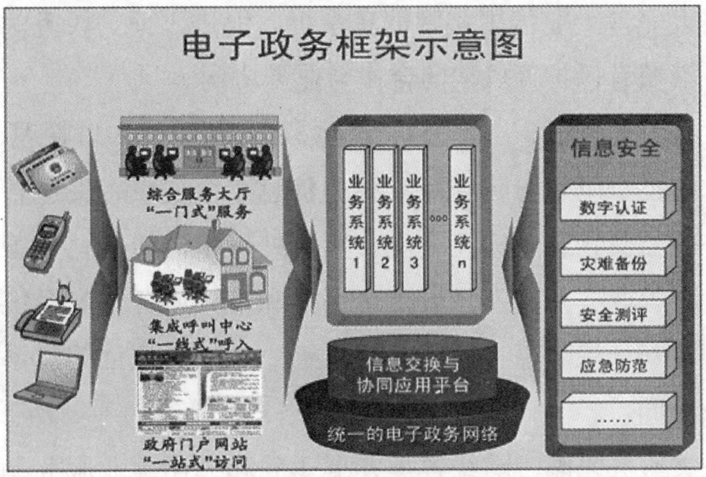

图 4—1

（一）完善统一、安全、可靠的电子政务基础支撑体系。

全面建成全市统一的电子政务基础网络设施和协同应用平台，形成以网络信任、应急响应与灾难备份等为重点的安全保障体系，各级部门按照各自业务属性和有关规范标准，分别搞好网络接入和业务应用系统的部署，不再分散建设新的电子政务通信传输网络和数据灾难备份中心。

总结、借鉴国内外政务信息系统建设、运行、管理的成功经验，基本建立起政府主导、专业化管理、社会化服务的电子政务运行维护体系。

（二）着力推进跨部门、集约化的政务信息系统建设。

按照“统筹规划、试点先行、综合集成、协调推进”的思路，重点推进需求迫切、受益面广的跨部门信息系统建设，逐步推行跨部门系统的“一体化”建设和应用模式，鼓励新建系统利用已有网络、设备、应用基础平台等资源适度拓展，实现所需功能。

着眼于增强经济调节职能，围绕综合财政管理、政府采购、税收监管、进出口管理、国有资产监管等业务，完善综合财政管理信息系统，加快建设政府采购一体化信息平台，促进财政收支综合监管、政府采购、审计分析的协同；完善税收管理信息系统，促进税源跟踪、监管和征税的协同；结合电子口岸建设完善进出口管理信息系统，加快检验检疫、进出口许可、通关税收、外汇管理、边防检查等业务协同。

着眼于增强市场监管职能，围绕食品药品安全监管、安全生产综合监管、土地房屋综合监管、社会信用管理等市场监管业务，加快建设完善食品安全监管信息系统，促进监测预报预警、检验检测评价、卫生执法检查、事故报告处理等业务协同；统筹建设安全生产综合监管信息系统，促进安全生产预警预防、危险源监控、事故处理等业务协同；深化完善土地房屋综合管理信息系统，促进土地监管、房地产开发、房产交易、物业管理等业务协同；建设完善企业信用监管信息系统，促进工商、税务、知识产权、质量技监等部门与银行、消费者保护等机构的合作与业务协同。

着眼于增强社会管理职能，围绕公共安全、社会保障、人口管理、综合治理等业务，重点推进城市图像监控、应急与防灾减灾相关信息系统建设，促进各部门在城市日常管理及突发公共事件的监测预警、应急响应、紧急处置中的协同；完善社会保障、社会救助、人口和计划生育等业务系统，拓展社会保障和市民服务信息系统应用领域，加快建成集居住、就业、治安、保障等管理服务功能于一体的居住证信息系统，促进人口综合调控与管理的业务协同。

着眼于增强公共服务职能，围绕各类办事业务和公用事业服务，重点完善政府门户网站，深化网上办事功能，基本形成公共服务事项“网上一口受理、在线协同办理”的工作格局；在城市管理、应急联动、市场监管、市民服务、社会保障与救助等重点领域，整合集成若干综合性政府服务热线，逐步推行“电视政务”、“电话政务”、“手机政务”等为民服务新模式。

（三）加快政务信息资源的共享和开发利用。

以跨部门应用系统建设带动政务信息资源的开发利用，重点围绕人口、法人及空间地理信息，完善集中式基础信息库与分布式专业信息库相结合的政务信息资源体系，实现政务信息资源在同级政务部门和市区两级间的交换与共享，探索建立政务信息资源用于社会公益服务的机制，促进公益性、商业性的信息资源开发利用。

按照集约化采集、规范化登记、制度化更新、依据管理职能和业务需求共享的目标，研究制定政务信息资源开发利用的管理办法；按照国家有关规范，分级建立政务信息资源目录体系与交换体系，以及基础信息注册登记制度，规划建设覆盖全市的政务信息资源目录与交换服务系统（平台），逐步形成“一次采集、多次使用，一口采集、多方使用”的政务信息资源交换共享机制。

加快建设实有人口信息系统，分步推进法人信息的交换与共享，按照“一数一源”的原则，形成准确完整的人口、法人基础信息库；完善本市基于统一空间地理坐标的基础数据平台，结合示范应用，构建地下空间信息基础平台基本框架，推动海洋数字观测与信息网络系统覆盖本市海域海面和海底重要部位；加快宏观经济信息资源的开发共享，不断充实和完善部门业务信息库。

按照“公开为原则，不公开为例外”的原则，深化政府信息公开工作，充实完善主动公开、依申请公开的政府信息目录，明确免予公开的政府信息类别和内容；拓宽政府信息公开渠道，不断改善档案馆等集中查阅场所的服务条件和功能，完善考核评估、监督评议、内容审查、更新维护等长效管理机制。

二、加快国民经济信息化，促进经济增长方式转变和产业结构优化升级

按照“试点探索、典型示范、形成模式、逐步推广”的原则，加快提升支柱产业和骨干企业的信息化水平，支持先进制造业、现代服务业和都市型现代农业的发展，促进本市经济增长方式和企业生产经营方式转变以及产业结构优化升级。

（一）加快传统工业信息化改造，促进先进制造业发展。

以信息技术改造传统制造业。围绕提升汽车、造船、装备等制造业能级，以提高装备智能化水平和优化工艺流程为重点，推进计算机辅助设计（CAD）、计算机辅助工程（CAE）、计算机辅助工艺过程（CAPP）、计算机辅助制造（CAM）、企业资源计划（ERP）等信息技术在制造业企业研发、生产、管理、营销等环节中的应用，促进信息技术与制造技术的融合发展，支持自主知识产权软硬件产品的推广应用。

全面提升工业企业信息化水平。充分发挥企业信息化促进机构的规划咨询、推进实施、业务培训和桥梁纽带作用，促进 IT 企业面向行业开发专用软硬件和服务产品，参与企业信息化改造项目；推动各类工业园区全面提高信息化管理和服务水平，为入园企业提供示范和服务；支持电信运营商等针对企业，特别是中小企业信息化需求和行业特点拓展增值业务，提供专业化、高品质的应用租赁服务（ASP）。

（二）以信息技术为支撑，促进现代服务业和都市型现代农业发展。

支撑金融中心建设。加快金融信息服务产业园区建设，积极促进区域性金融信息服务发展；改善银行卡发展环境，实施银行卡从磁条卡向芯片卡（EMV）迁移工程，拓展银行卡应用领域，推广金融税控收款机；推动以信息技术支撑金融产品创新和服务水平的提升。

支撑航运中心建设。以实现监管、交易、支付、物流信息一体化为目标，完善上海电子口岸统一平台；以通信网络为基础，应用电子标签等先进适用的信息技术，推动口岸物流、园区物流、制造业物流和城市配送物流的信息化建设，加快形成本市、“长三角”乃至长江流域的多式联运物流网络体系。

支撑服务业快速发展。以行业性社团组织为依托，积极促进文化、旅游、会展、商贸、专业服务等服务行业普遍应用信息技术，创新服务手段，提升服务能级，支撑和促进创意产业快速发展；推动行业信息资源开发利用，建设一批专业信息库和公共服务平台，支持面向行业企业或社会公众的公益性、商业性信息服务。

加快发展数字农业。大力推进信息技术在农业生产和经营、农产品市场流通和安全监管中的应用，重点建设农产品安全溯源、鲜活农产品物流配送等信息系统，搭建农产品跨国采购信息平台，扶持农业产业化龙头企业、农民专业合作社等涉农组织或企业开展网上交易，基本建立起现代都市农业信息支撑体系，促进农业现代化水平的提高。

（三）加快发展电子商务，完善支撑、服务、监管体系。

加快电子商务应用发展。推进以行业骨干企业为主导的企业间（B2B）电子商务应用，以产业链为基础、供应链为重点，完善大企业电子采购与销售系统，深化大企业主导的供应链整合与协同应用，在钢铁、石化、汽车、物流等先进制造业和现代服务业的重点领域，有计划、有步骤地扶持10个左右第三方行业电子商务平台做大做强；促进企业和消费者间（B2C）电子商务发展，整合建设具有公信力的B2C电子商务公共服务平台，增强消费者网络消费安全的信心。

改善电子商务发展环境。加快构建以电子支付、社会信用、物流配送等为重点的电子商务支撑体系，推进第三方电子支付平台和现代物流公共信息服务平台建设；完善覆盖电子商务争议解决过程中举报投诉、法律援助、调解赔付、失信惩戒等环节的电子商务公共服务体系，增强政府网上协同监管和服务能力。

拓宽电子商务的服务与应用。充分利用市民信箱、付费通、社区信息苑等建设成果，扩大电子商务服务内容和应用范围；积极扶持中小企业电子商务发展，促进移动商务等电子商务新模式发展。加快政府采购、重大工程招标活动电子化，发挥政府的示范引导作用，深入实施网上创业工程。

三、推进社会公共服务信息化，促进社会事业健康发展与和谐社会建设

按照“方便市民应用、服务社会事业、聚焦社区发展”的要求，从不断满足市民日益增长的物质文化需求出发，大力推进社会事业和公共服务领域信息化，基本构建起以“网格化管理、信息化服务、智能化生活”为特征的电子社区体系框架，支撑社区事务受理服务、社区卫生服务、社区文化活动“三个中心”与和谐社区建设。

（一）推进社会事业领域信息化。

推进教育领域信息化。以上海教科网和“校校通”工程为基础，以教育信息资源开发利用为核心，按照“学习型城市”的要求，建设面向广大师生的教学与科研协作平台、面向社会公众的开放性终身学习平台；完善市、区县两级教育城域网及各类学校内部校园网，推动校园信息化建设，依托家校互动系统促进校园信息化建设成果向家庭延伸。

推进文化领域信息化。深入推进以数字图书馆、数字博物馆、数字音视频等为重点的文化信息资源共享工程，发展数字广播、数字电视、数字电影、移动电视、分众电视、流媒体等新兴文化业态，加快公共文化信息资源开发和信息服务体系建设，促进信息技术在保护民族民间文化、打造精品文化产品等工程中的广泛应用，营造文明和谐的群众网络文化环境。加强互联网对外宣传和文化交流。

推进医疗卫生领域信息化。在公共卫生事件应急信息系统建设的基础上，完善公共卫生信息系统，增强防疫监控、应急处置和救治能力。推进医疗服务信息化，加快市民健康档案和电子病历的应用推广，促进医疗、医药、医保机构的信息共享和业务协同，支持医疗体制改革。

（二）加快推进电子社区建设，不断完善市民信息服务体系。

以加强社区实有人口管理和服务为重点，按照“网格化管理”的要求，利用信息技术实现“前台一口受理、后台协同办理”的行政服务模式。构建并依托区县级电子政务一体化平台，深化推进社区管理和公共服务信息化，不断完善社区事务受理、社会救助等信息系统。推动政府管理和公共服务资源向社区延伸和集聚，发挥信息化对社区党建和社区建设的支撑作用，促进社区和居民的良性互动。

完善社区信息苑、社区服务网等基层信息服务设施，拓展与市民生活密切相关的社会保障卡、居住证、市民信箱、“付费通”、“安康通”等的服务领域和功能，推广“一站式（网站）”、“一线通（热线）”、“一卡通（智能卡）”、“一机通（集成终端）”等集约化信息服务模式，促进相关信息内容、应用设施、服务队伍等资源的整合和利用，鼓励居民自治组织、企业和社会机构参与社区信息服务设施的建设和运营，为市民群众尤其是老年人、残疾人、来沪务工人员等群体提供便捷、经济、实用的信息服务。

促进信息技术在楼宇、小区、家庭中的应用发展，加强住宅小区综合管理。不断完善智能楼宇、现代小区的信息化功能性标准和信息基础设施建设规范，建设一批具有示范效用的智能化楼宇和小区，促进信息技术在小区节能、安保、物业管理、家政服务，以及现代家居生活等方面的广泛应用。

加强面向农村、农民的信息服务体系建设。拓展“农科热线”等涉农服务设施的服务领域和功能，全面实施村级为农综合信息服务站建设工程，推进农业政策、科技、市场等信息进村入户。

加快郊区城镇信息化建设步伐，促进郊区县、乡镇、村委会信息基础设施的共建共享，推动信息资源的开发利用，完善镇务、村务信息公开，努力让郊区农民享受到电子政务的普遍服务。

四、全力推进世博信息化建设，带动城市管理和服务现代化水平的提升

围绕办好一届成功、精彩、难忘的世博会需求和特大型城市建设与管理要求，以网格化为抓手，信息化为手段，集约化为保障，高起点规划和建设世博园区信息平台，深化推进城市管理对象、管理过程和管理评价的综合信息系统建设与应用，基本形成便捷高效的城市智能交通体系框架，全面提高城市管理和服务的现代化水平。

（一）全力推动世博园区信息化建设。

围绕世博会的组织、管理、运营、布展、游览等需求，在依托城市信息化建设成果、充分整合存量资源的基础上，统筹规划和建设具有综合管理、安全监控、应急处置、参展及观展服务等功能的世博综合信息平台，实现对世博会人流、物流、信息流、资金流等方面的高效管理和服务。

运用成熟、先进的信息技术，开发支持世博信息化应用、展示和体验的产品和解决方案，鼓励建设和运营单位、参展机构、参观游客积极应用新技术、新产品，充分利用世博会展示信息技术的创新成果和城市信息化的建设成效，带动本市信息服务业的发展。

（二）深化拓展空间地理数据平台的应用。

基于全市统一的空间地理基础数据平台，加快推进防灾应急、交通、规划、市政、房地、环保、绿化、安全监管、水务、海洋、农业等领域专业应用系统的集成建设及其信息资源的开发利用，满足政府管理和服务的需要。

围绕城市部件管理和事件处理，在充分整合和利用现有信息系统和资源的基础上，加快建设市、区县两级的城市网格化管理信息平台和综合管理数据库，实现市、区县、街道（乡镇）三级管理信息资源共享，基本形成主动发现问题、及时处理问题的城市管理长效机制。

（三）加快推进城市综合交通信息化。

依托市交通信息中心，加快拥堵信息、事件信息、气象信息、客流信息等道路交通相关信息资源的采集、处理和加工，完善交通信息发布系统并逐步覆盖航空、水路、铁路等交通领域，为政府管理、社会服务和企业运营提供支撑。

以交通管理、交通诱导、车载导航、指挥调度、电子车牌、停车管理、中心区限流、轨道交通自动售检票等为重点，加快交通信息资源的深度开发和应用，形成集数据资源中心、共享交换枢纽和信息发布渠道于一体的综合交通信息平台，基本建立城市智能交通体系框架。

五、大力发展信息产业，提升产业核心竞争力

坚持国际化、规模化、专业化、自主创新的发展方向，处理好规模扩张与能级提升、政策导向与市场配置、自主创新与引进消化、技术进步与增加就业、建立竞争机制和健全服务体系的关系，重点实施电子强市发展计划，打造国际知名品牌和企业，继续鼓励资源消耗少、环境污染低、经济和社会效益好的信息产业引进与发展，提升信息产品制造业能级，加快壮大信息服务业，促进经济新业态的发展。

（一）不断优化信息产业发展环境。

1．加强产业政策的引导作用。适应产业发展要求和国际通行规则，贯彻落实国家产业发展方针和政策，适时调整本市产业政策支持的方向、重点和力度，重点研究制定有助于提升企业创新能力、保护知识产权、培育产业新增长点、壮大骨干企业、引进重大项目、促进信息消费等方面的政策，做好政策、法规、标准的衔接与配套。

2．推动信息产业关键领域科技攻关项目建设。以国家科学技术中长期发展规划重大专项和本市重大产业科技攻关项目为引领，大力推动信息产业关键领域的科技攻关，加快科技成果产业化步伐，促进产学研用的有机结合和以产业链为纽带的企业联盟建立，发挥企业在技术攻关、产品研发、应用推广、成果产业化中的主体作用，提升企业自主创新能力。

3．完善产业公共服务体系。加强产业基地、特色园区的规划布局、功能建设和政策设计，完善微电子、软件、半导体照明、消费类电子产品等国家和本市重要产业基地园区建设，促进产业链上相关企业向基地园区集聚。鼓励咨询评估、产权交易、教育培训、市场营销等产业服务机构发展，深化集成电路设计与工艺研发、硅知识产权交易复用、软件开发测试、数字内容开发、宽带无线通信、汽车电子等公共服务平台和工程研发中心建设。

（二）大力提升信息产品制造业能级。

1．集成电路。建设成为全球重要的集成电路产业基地之一。重点发展设计业，持续实施芯片设计与整机联动等专项计划，力争在中央处理器（CPU）、数字信号处理器（DSP）、微控制芯片（MCU）、信息芯片、数字成像芯片、移动通信芯片、显示驱动芯片等关键领域取得突破，拥有自主知识产权；培育若干家销售收入超1亿美元的设计公司，主要芯片制造企业的制造工艺技术达到90纳米水平，建成2—3条12英寸生产线，形成相当于年产500万片8英寸晶圆的生产能力。

2．新型元器件。把握片式化、微型化、复合化、集成化、高性能化的发展趋势，围绕新一代移动通信、数字音视频、计算机等产业发展要求，加强传统元器件的改造和新技术、新工艺、新产品的开发，加快高性能阻容器件、显示器件、发光器件、电力电子器件、高频声表面波器件、高性能电池、新型传感器等新型元器件的研发和产业化，鼓励采用绿色环保生产工艺，支持环保型电子元器件产业发展，推动形成与整机产业互动发展的机制，建设我国重要的新型元器件研发、生产和应用基地。

3．通信设备。加快新一代移动通信国际标准产品的产业化进程，支持下一代网络（NGN）相关的芯片、嵌入式软件、高端路由器等技术的研发和产业化。建立商用POS机、税控机、定位导航终端，以及多功能信息服务终端（手机、PDA、掌上电视）等生产基地，促进新产品的研发和产业化。

4．消费类电子产品。重点发展平板显示产业，形成五代以上薄膜晶体管液晶显示器（TFT－LCD）及等离子显示器（PDP）的生产规模，推进新型显示关键技术的研发和产业化；推动蓝光DVD等新一代光存储系统的研发，形成自主知识产权的核心技术和关键件；加强家庭网络设备研发和产业化；提高数码相机、影碟机等消费类电子产品的生产能力。

5．汽车电子。重点发展电子控制单元（ECU）的核心芯片及软件、各种传感器、执行器、车身附件、车载信息系统、车载多媒体系统、定位导航系统、混合动力汽车驱动与控制系统等电子和机电一体化产品。

6．光电子。以应用带动半导体照明、特种光电子材料、光纤传感器、光存储、光源和激光等产业的协调发展。

（三）加快发展信息服务业。

1．软件业。培育1—2家年经营收入超过50亿元和一批从业人员超过千人、经营收入超过10亿元的软件企业。推动操作系统、数据库和基于构件的中间件等领域的技术创新，形成具有自主知识产权的软件产品系列。大力发展嵌入式软件、大型行业应用软件，支持装备制造业产品升级换代和传统产业改造升级。深化软件产业基地建设，整合社会各方面资源完善软件公共服务平台功能，建立软件能力推进中心，促进企业交流合作、技术资源共享和软件产品交易；加强上海（国家级）软件评测中心建设，提高软件评测服务能力。实施“走出去”战略，提升上海国家软件出口基地能级，大力拓展软件出口，鼓励软件企业开拓国际市场、承接国际软件服务，鼓励海外留学人员回沪创办软件企业。

2．数字内容产业。以新一代通信网络发展为契机，以动漫、影视制作、网络游戏为突破口，支持企业依托各类宽带网络平台，加快数字内容产业发展，努力成为全国广播电视业信息内容集散中心、文化创新基地。重点建设一批各有特色的国家级和市级数字内容产业基地和园区，探索建立数字内容产品研发及产权交易平台，促进健康向上的网络文化产品的创作和研发，推动数字内容产业价值链的形成与发展；以数字电视、楼宇电视等发展为契机，推动数字音视频内容的制作与服务，拓展传统媒体信息服务渠道，促进文化创意产业发展。

3. 专业信息服务业。加快教育、科研、医疗卫生、文化、法律、体育等领域专业信息数据库、信息产品和服务平台建设，推动专业信息资源的社会化开发与利用；加快建设国际信息服务外包基地，引导企业参与网络服务、数据服务、呼叫中心、交易结算、影视制作、采购招标等国际外包服务；推动信息咨询、互联网服务、信用服务等行业发展，促进信息资源商品化。

六、聚焦关键技术，增强信息技术自主创新能力

贯彻自主创新、重点跨越、支撑发展、引领未来的方针，着眼国家战略，发挥上海优势，加快信息技术的自主研发与集成应用，实现若干关键信息技术的创新突破；贯彻人才强市战略，加强信息技术领域各类中高级创新型、复合型、实用型人才队伍建设，大力引进和培养领军人才和创新团队，不断优化人才结构。

（一）加快重大关键信息技术研发和应用推广。

1. 下一代互联网。加快下一代网络工程技术、网络中间件技术、重大网络应用系统等的研发及产业化。重点开发高性能的核心网络设备、传输设备、接入设备和终端设备，以及在可扩展、安全、移动、服务质量、运营管理等方面的关键技术，建立可信的网络管理体系。

2. 新一代移动通信。研制新一代公众蜂窝移动通信系统及其核心电子器件、芯片、基础软件以及商用终端，建立低成本的宽带无线接入系统，开发基于新一代移动通信网络的应用软件和增值业务，参与制定具有国际、国内主流技术水平的宽带移动通信系统标准。

3. 先进计算。开发具有先进概念的计算方法，构建以网格技术为基础，由超级计算机、先进计算平台和计算应用组成的，具有高性能、高可信、高效能的先进计算与信息服务基础设施。

4. 软件。建立软件技术创新公共支撑平台，开发以服务器操作系统、数据库管理系统、中间件和办公软件等为核心的基础软件；开发以网络通信、信息安全、数字音视频、智能控制、汽车电子等为重点应用领域的嵌入式基础软件；支持高可信、网络化、平台化、构件化的软件开发技术和智能搜索、智能挖掘等技术的发展，突破若干通用性关键技术。

5．超大规模集成电路。加快国产芯片的研发，加强系统芯片（SoC）的设计开发，建设开放共享的SoC设计平台，掌握具有自主知识产权的65纳米级系统芯片的设计方法和技术，研制光刻机、刻蚀机等关键微电子设备。加强工艺装备、新型材料、封装测试等技术研发。

6．传感器网络及智能信息处理。加强对无线智能传感器网络体系结构、网络协议栈，低功耗无线传感器网络核心芯片，模拟、混合信号及射频芯片，信号电路相关关键技术的研发；开发基于多种传感信息的智能化信息处理技术，发展低成本的传感器网络和实时信息处理系统。

（二）加强信息化人才培养和知识普及。

1．大力培养和引进高层次信息化人才。按照“一流项目、一流团队”的目标，促进人才和项目、基地的一体化发展。以国家和本市产业科技攻关项目、重大专项、行动计划等为载体，以各类信息技术创新基地、产业园区等为依托，以海内外人才市场和中介机构为媒介，拓宽人才引进渠道，完善人才培养机制，重点发掘和引进领军人才，培养创新型团队，不断集聚各类中高级创新型、复合型、实用型信息化人才。

2．不断加强信息化专业人才的职业化教育。建立信息化职业分类体系，完善电子信息行业职业技能鉴定、信息化职业资格（水平）认证和注册等制度；建立人才市场供求预测机制，加强各类培训机构和实践基地建设，发展和规范信息化培训市场，完善社会各方参与的信息化人才培养体系；全面实施信息技术领域专业技术人才知识更新工程，5年累计完成12万人次的中高级创新型、复合型、实用型人才知识更新培训。

3．持续推进信息化知识与技能的普及教育。普及中小学信息技术基础教育，完善高等院校信息化相关学科建设，促进信息技术与各专业学科的融合，创新教育模式，拓宽办学渠道；广泛开展面向社会尤其是弱势群体的信息化知识与技能普及培训，提高公众的信息化意识和信息技术应用能力。

七、完善信息基础设施，提升信息通信综合服务能级

应对信息通信技术的持续创新和应用需求的不断增长，深化完善信息基础设施的统一规划、集约建设、资源共享、规范管理，保持信息基础设施适度超前建设，促进信息基础设施在城市新一轮发展中的合理布局和配套建设，形成无所不在、高速互联、业务融合的新型信息通信服务网络。

（一）完善信息基础设施布局。

推进信息基础设施专业规划编制。配合“1966”城镇体系建设，制定信息基础设施中长期发展规划，加快推进区域信息基础设施专业规划的编制；城镇规划覆盖率达90%以上。

推进信息基础设施集约化建设。推广集约化建设模式，提高信息基础设施资源使用效率。新建集约化信息管线2500沟公里，建成覆盖中心城区和郊区城镇的信息管线网络；新建2.5万平方米左右公共信息通信局房；推动无线通信基站的集约化建设和景观化改造，推动以室内合路方式解决无线通信室内覆盖。

推动郊区和产业园区信息基础设施配套建设。信息基础设施资源配置重点向郊区倾斜，实现新城、新市镇和中心村信息基础设施与其他基础设施同步规划、同步建设、同步使用。推进国家级和市级工业园区、产业基地、物流园区、现代服务业集聚区等重点区域的信息基础设施配套建设。

（二）推动信息通信网络向下一代网络演进。

推动各类信息通信网络优化升级，满足宽带化、智能化、个性化要求，提高话音、视频、数据等多业务综合承载能力，实现各类网络业务在不同网络间的互通和融合。建成第三代（3G）移动通信网。推动IPv6、智能网、软交换、新一代移动通信、下一代互联网等技术的研发和应用。

加快推进数字电视发展，实施有线电视数字化整体转换工程，实现中心城区有线数字电视全覆盖，并逐步向郊区扩展；推动基于直播卫星、地面传输、互联网和移动通信网等多种传播方式的数字电视有序发展，加快数字电视普及应用。

发展多种方式的宽带接入网。积极发展基于电信网、计算机网、有线电视网的各类宽带接入。重点推进郊区宽带接入网建设，逐步推进光纤到户，基本实现新市镇主要公共场所、新城和中心城区的无线宽带覆盖。

（三）增强亚太地区重要信息通信枢纽功能。

扩展国际信息通信容量。按照国家国际信息通信网络建设布局，积极创造条件，争取新增国际通信海底光缆落户上海，不断扩展海底光缆系统容量和互联网国际出口带宽。

提升国际信息通信服务能力。以海底光缆登陆站为依托，推动建设亚太地区重要的海底光缆传输中心，增强国际通信数据交换和管理服务能力。

（四）建设和完善功能型信息基础设施。

高标准建设国际通信出入口局、国际互联网交换中心、电信网络交换中心、数据处理中心等功能型基础设施，增强信息通信网络核心交换能力。完成上海互联网络交换中心的升级扩容，提高互联网本地交换能力。

加快国家网格南方主节点建设，实施上海超级计算中心计算应用平台扩建工程，使运算能力达到百万亿次/秒；整合本市高性能计算资源，联合外省市相关单位，共同构建超级计算网格；继续推进超级计算在气象、基因、药物、工程等领域的应用。

建设若干无线应用服务设施。完善数字集群公众网，建成数字集群政务共网和地面无线测控网，推进城域无线宽带网建设，满足城市管理、应急保障、定位测控、生产调度、公众服务等方面的无线应用需求。

（五）完善信息基础设施服务管理体系。

提高信息基础设施统筹规划和综合协调能力，运用多种手段建立本市信息基础设施规划、建设的长效管理机制。

加强电信行业监管。营造公开、公平、公正的有序竞争环境，保证公用电信网的互联互通和公平接入，促进电信市场有序开放。加强电信管理基础设施建设，提高公用网络监控能力和专用网络服务能力。

加强无线电管理。建成覆盖全市、上联国家、互联周边省市的无线电监测网，完善无线电管理平台，提高无线电管理和监控水平。加强无线电频率的统筹规划，提高频率资源的利用率和复用度；强化无线电秩序的综合管理，不断改善电磁环境。

（六）健全通信服务保障体系。

完善本市大型活动信息通信保障体系，满足特奥会、世博会等重大活动的信息通信需求；完善应急通信保障体系，增强应对信息通信网络突发事件的能力；完善重要信息通信基础设施保护体系，确保国际海底光缆等重要设施的安全。

八、构建城市信息安全保障体系，增强信息安全可控能力

坚持管理与技术并重，以基础信息网络和重要信息系统的安全保障为重点，加强信息安全基础设施建设，大力实施信息安全关键技术创新工程，加强互联网信息安全管理，提高信息安全防护、监控应急和打击网络犯罪的能力，不断完善城市信息安全保障体系。

（一）加强信息安全基础设施建设。

建设网络与信息安全事件应急防范综合支撑平台，增强监测预警、应急处置和灾难备份功能，提高对网络系统运行故障、网络违法犯罪、网络失泄密、网络公害、非法密码使用的监控、执法与应急处置能力。

依托市数字证书认证中心和市密钥管理中心，建设本市电子政务统一的网络信任平台，以及面向社会、互联互通的电子认证体系，支持网上身份认证、数据加密和电子印章的应用。

依托市信息安全测评认证中心，建成信息安全综合测评认证平台，建立集风险评估、等级保护、安全测评等功能于一体的信息安全技术服务体系。

（二）加强信息安全关键技术研发。

从行业监管、资金投入、政府采购等方面入手，加大对高性能密码芯片、网络公害防范、网络传播工具监控等信息安全关键技术研发及产业化的支持力度，进一步发挥国家信息安全成果产业化（东部）基地的作用，加快形成具有自主知识产权的信息安全产品研发创新体系。

（三）完善信息安全长效机制与管理体制。

积极参与互联网治理的国际交流，加强相关部门的协调与配合，在引导积极健康的网络文化同时，推动形成政府、企业、行业协会和市民共同参与，权利和义务对等的互联网治理机制。

进一步完善信息安全组织领导体制，不断健全信息安全责任制，完善情况通报、应急联动等工作机制，逐步形成法律规范、行政监管、行业自律、社会参与、技术保障相结合的信息安全管理体系。

第五章　主要对策措施

“十一五”期间，要进一步改善和优化信息化发展环境，不断创新体制机制，完善政策法规，建立并落实规划的实施机制，充分发挥政府的引导作用和企业的主体作用，形成全社会广泛参与和实施规划的合力。

一、不断完善信息化组织推进机制

继续完善市和区县两级的信息化组织管理体制，加强信息化职能机构建设，在各级政府部门中探索建立首席信息主管（CIO）制度。按照统筹区域协调发展的要求，充分发挥区县在信息化工作中的重要作用，鼓励区县依据全市规划，立足本区域发展基础和区位特点，加快发展，形成特色。以浦东综合配套改革试点为契机，贯彻聚焦浦东、聚焦张江战略，鼓励并支持浦东新区优先发展信息产业和信息化建设的先行先试，发挥信息化在转变政府职能、转变经济增长方式、改变城乡二元经济与社会结构中的促进和支撑作用。

完善信息化社会服务机制。强化行业协会在促进行业发展中的服务、自律、代表、协调职能，不断培育信息化咨询服务、安全测评、数字认证、软件评测、工程监理、项目审计等功能性社会服务机构，完善市信息化专家委员会工作机制。

二、加强政府投资信息化项目管理

围绕项目的规划设计、立项审批、采购招标、建设监理、审计验收、运行维护、绩效评估等环节，加强政府投资信息化项目的全过程管理。重点完善政府投资信息化项目的“源头控制”机制，加强项目的统筹规划和归口把关，不断完善项目支出的预算管理和立项审批；继续推行信息化项目监理制度，建立信息化项目绩效评估机制，提高项目的建设质量和应用效益。

三、大力推行信息化服务外包制度

围绕用户技术支持、系统运行维护、软件设计开发等服务需求，积极在政府部门中推行信息化服务外包制度。改善预算管理，完善信息化项目支出预算相关规范，探索将信息系统的技术支持、运行维护、软件开发等外包服务纳入政府采购序列，为政府部门购买服务、推行外包制度提供保障；培育外包市场，通过政府授权、委托、认定等方式，引导、扶持提供外包服务的企业和专业机构，建立资质认定、服务承诺、收费管理等配套的规范标准，为推行外包制度创造条件、形成规范。

四、拓宽信息化建设投融资渠道

按照国家投资体制改革的要求，建立以政府投入为引导、企业投入为主体的多元化投融资机制。适当增加财政性资金投入规模，重点投向公共性、基础性、公益性项目建设和工作推进；竞争性领域坚持以社会资金投入为主，积极鼓励民间资本、社会法人资本进入法律法规未禁止的信息市场，鼓励外国资本在国家政策允许的范围内进入信息市场；完善信息产业风险投资机制，编制信息产业、信息化项目等投资指南，引导各类资本投向信息化建设和信息产业发展的重点领域和区域。

五、加快信息化政策法规标准的配套与完善

按照“重点推进、及时配套、急用先上”的原则，加强有助于信息产业发展、创新能力提升、信息技术应用的政策配套；加快信息资源开发利用、电子商务、电子政务、信息安全、公共信息系统管理、信息基础设施规划等方面法规规范的制定和实施，提高依法管理水平；在无线电、信息安全、电子商务等领域建立相对完善的执法监管体系，提升协同监管能力。

贯彻执行国家和行业标准，鼓励企业、高等院校、科研院所参与制定国际和国家信息技术及应用相关标准；围绕本市信息产业发展、信息技术应用、信息资源开发共享等需要，组织制定相关配套标准，注重发挥行业协会在标准制定中的组织协调作用，推动制定联合企业标准，建立标准符合性测试和评估机制，培育相关服务机构。

六、建立有利于信息技术创新的知识产权保护体系

跟踪信息技术领域知识产权发展动向，依托知识产权公共服务平台，加强知识产权的信息发布、交易交换和成果利用；围绕信息技术研发、应用和信息产业发展重点，运用多种手段，鼓励和促进企事业单位积极申请国内外专利、商标，推进软件等信息产品的版权申请和认定；加大知识产权保护的执法力度，打击各种侵权、盗版、制假、贩假等不法行为；借鉴发达国家成功经验，重视技术和商业秘密的合法保护，鼓励企业依法建立本行业、本领域的知识产权保护联盟，形成有利于企业创新和行业成长的知识产权保护机制。

七、促进信息化领域国内外交流与合作

积极发展国际、国内信息化交流与合作。充分利用国际、国内两个市场、两种资源，加大外资、人才与技术的引进力度，扩大与国内外企业、教育科研机构的信息化项目开发与合作，支持有条件的企业“走出去”，增强开拓市场、服务全国的能力。

重点推动“长三角”区域信息化合作与交流。完善政府、行业协会、企业等不同层面的区域合作机制，加强在标准制定、跨区域公共数据库和系统建设、行业发展等方面的互利合作，扩大信息基础设施共享，优化信息化和信息产业领域的合作环境，加快诚信体系建设、数字认证、智能卡应用、互联网络交换、无线电监管、电子政务、电子商务监管服务、口岸物流、信息安全保障等方面的区域联动，促进信息系统互联和信息资源共享，进一步推动“长三角”区域信息化和信息产业联动发展。

八、加强信息化规划的实施与保障

各有关部门和单位在编制各自的信息化规划或安排信息化建设任务时，要加强与本规划的衔接，贯彻全市信息化发展的总体思路和要求，分解有关目标和指标，细化充实有关任务和举措。

各级政府部门要结合本部门职能和实际，通过各类行动计划、建设计划、年度计划、项目和资金计划等落实规划任务，调控引导社会资源，合理配置公共资源；要完善信息化统计体系，建立相应规划指标的评价与实施机制，在工作评价和绩效考核中体现规划要求；要做好规划及相关信息的公开工作，形成全社会共同参与规划实施、依据规划办事的局面。

在规划实施一段时期后组织开展规划执行情况评估，科学分析规划目标的实现程度，客观检查规划任务措施的落实情况，为规划的动态调整和新一轮规划的编制提供依据。

天津市信息安全保障“十一五”发展规划纲要（2006—2010 年）

信息技术的飞速发展和广泛应用极大地促进了经济和社会的发展，也正在改变着人们的工作和生活方式，信息安全对社会和经济的影响越来越大，已经成为信息化健康发展的重要制约因素。从某种意义上讲，信息安全保障问题已经成为一个地区和国家的战略性问题。天津是我国信息化水平较高的地区之一，信息化建设一直走在全国的前列。随着我市信息化进程不断加快，信息安全保障必须与之相适应，因此，编制好天津信息安全保障“十一五”规划纲要，对于进一步加快信息化进程，提高我市信息化水平，加快实现我市“三步走”战略，推动滨海新区的开发建设都具有十分重要的意义。

一、基本现状

（一）发展基础

1. 信息安全的组织和领导工作得到加强

建立了天津市网络与信息安全协调小组，对全市信息安全保障工作进行统一领导、协调和管理。协调小组按照国家和我市网络与信息安全保障的方针政策，推动全市信息安全工作的顺利开展，着重研究并协调解决各部门和地区间网络与信息安全保障系统及重要设施建设的协同工作问题；组织检查全市重要信息网络的安全与防范工作，清理整顿规范网络秩序。协调小组于 2005 年 5 月 25 日召开了第一次会议，明确了各部门责任，对我市信息安全工作进行了总结和部署，出台了《关于加强我市信息安全工作的意见》，建立起了我市信息安全的组织和领导机制。

2. 信息安全基础设施和服务机构的建设不断完善

天津市数字证书认证中心的建成，标志着我市网络信任体系的建设迈出了重要一步。建成了首家电子数据司法鉴定中心——天信电子数据司法鉴定中心，为一系列案件的侦破、处理和司法审判提供了科学依据和证据，到 2005 年底，该中心为我市和兄弟省市公安机关出具《电子数据鉴定书》200 余份。建立了综合网络信息安全应急处理中心，初步形成了互联网安全应急机制。完善了公共网络安全监控中心的建设，加强了对公共网络信息内容安全的监督和管理。进一步完善了国家计算机病毒应急处理中心功能，提高了我市对计算机病毒的防范能力。

3. 电子认证中心的建设取得实质性进展

天津市数字证书认证中心建设是我市“十五”期间信息化建设的重点工作，也是我市信息安全的重要基础设施。按照“统筹规划、资源共享、推动应用、保障安全”的原则，积极推进数字证书认证中心的建设和应用服务。成立了天津市数字认证管理委员会，制定出台了《关于加强天津市数字证书认证应用和管理的意见》和《关于贯彻落实<关于加强天津市数字证书认证应用和管理的意见>的通知》，加强了数字认证工作的统筹规划和监督管理，促进了数字证书的推广和应用。

4. 信息内容安全管理进一步加强

采取点面结合的方式，加强对各网络和重点应用系统信息内容的管理和监测，在不断完善安全设施的同时，加大监查和检查力度，防止了一些重要信息失泄密。针对互联网上不良信息多、传播范围广、对青少年危害大的特点，结合在全国开展的净化网络环境，推动青少年绿色上网活动，加强了健康网络建设与宣传，通过加大网上正面宣传力度，占领网络阵地，正确引导网民开展健康的网上活动，提高了对未成年人的保护能力。组织并实施了打击淫秽色情网站专项行动、网吧等互联网上网服务营业场所专项整治、垃圾电子邮件专项治理、手机短信息清理整治、打击网络赌博等活动，对发布不良信息内容的网站源头进行清除，对非法经营的网站、网吧和电子出版物进行严厉的处罚，使网络秩序明显好转，网络行为进一步规范。

5. 信息安全基础性理论和技术研究稳步推进

积极发挥在津高校、科研院所和相关企业的技术优势，开展密码学、安全操作系统、计算机病毒防治和信息隐藏等领域的研究工作。支持“国家计算机病毒应急处理中心”与在津高校和企业联合成立“计算机病毒防治技术国家工程研究中心”。引导和扶持信息安全企业加快新产品的研发和产业化步伐。有计划地聘请信息安全方面的院士、专家、学者在津召开不同层次的讲座和研讨会，促进了基础理论和技术研究的开展。

（二）存在的问题

近年来，信息安全保障工作取得了很大的成绩，但仍存在一些急需解决的问题。主要是：一些地区和部门对信息安全保障工作认识不高，意识淡薄，表现为重应用、轻安全，重建设、轻管理；信息安全的技术水平还比较落后，网络与信息系统的防护水平不高，应急处理能力不强，网络攻击、病毒入侵等事件呈上升趋势；从事信息安全的企业少，信息安全产业尚未成规模；网上不良信息传播、信息内容失泄密、网上犯罪等情况仍有发生，信息内容安全管理仍需加强；信息安全法律法规和标准还不完善，信息安全管理和技术人才严重缺乏，资金投入不足，等等。这些问题必须引起我们的高度重视，在今后的工作中认真加以解决。

“十一五”期间，将是我国信息化实现更大发展的重要时期，也是我市信息化水平在纵深领域有较大发展的关键时期。信息化为主导的社会各个层面将发生较大的变化，经济和社会发展对信息化的依赖程度越来越高。信息安全作为信息化发展的重要保障，其地位和作用越来越突出。因此，“十一五”期间，在国家信息安全保障体系框架下，做好天津市信息安全保障工作，服务天津市的信息化发展，保障全市经济、社会的和谐发展是一项重要而且紧迫的任务。

二、指导思想与发展目标

（一）指导思想

以邓小平理论和“三个代表”重要思想为指导，树立和落实科学发展观，贯彻和落实国家关于加强信息安全保障工作的一系列方针、政策和措施，坚持“高水平是财富，低水平是包袱”的理念，围绕天津信息化发展的总体目标，坚持“积极防御、综合防范”的方针，遵循管理与技术并重和谁建设谁负责、谁运营谁负责的原则，正确处理安全与发展的关系，不断满足天津信息化建设与经济和社会发展的需要。

（二）总体要求和发展目标

信息安全保障工作的总体要求是：适应新形势，抢抓新机遇，跟踪新趋势，开创新水平。

信息安全保障工作的总体目标是：以服务和促进信息化发展为方向，以提高保障能力为重点，全面实施信息安全等级保护制度，形成反应灵敏的应急处理机制，构建完善的网络信任体系、信息安全监控体系和政策法规体系，基本建成与我市信息化发展水平相适应的信息安全保障体系，为天津率先基本实现现代化提供强有力的信息安全保障。

经过5年左右的艰苦努力，到2010年，对全市的网络和重点应用系统实行严格的等级保护制度；快速有效地处理各类突发性信息安全事件，形成反应灵敏的应急处理机制；推进认证、授权、认定等技术的广泛应用，建成较为完善的网络信任体系；对网络病毒、入侵等安全事件以及不良信息实现有效监控和处置，形成严密的信息安全监控体系；加快信息安全专业人才的培养和引进力度，加强从业人员的培训，造就一批高素质的人才队伍；加强信息安全技术的研究开发，鼓励和扶持信息安全企业做大做强，推进信息安全产业规模化发展；加快制定和完善天津信息安全政策和法规，形成有利于信息安全工作发展政策法规体系。

三、重点任务

“十一五”期间，天津市的信息安全保障工作，将围绕“与我市信息化发展水平相适应的信息安全保障体系”这一总体目标开展工作，重点抓好以下十个方面的工作。

（一）实施信息安全等级保护

根据公安部等四部委制定的《关于信息安全等级保护工作的实施意见》，在全市范围内实施信息安全等级保护制度。通过选择试点、加强培训、积累经验、完善标准等措施，在我市电子政务应用信息系统、关系国计民生重要的基础信息网络和信息系统，实施信息安全等级保护制度。主要任务：一是电子政务方面，包括全市党政办公系统以及财政、金融、税务、海关、审计、工商、社会保障、能源、交通运输、国防工业等过细国计民生的信息系统。二是社会信息化方面，包括教育、科研等单位的信息系统；各级公共通信、广播电视传输等基础信息网络中的信息系统；互联网管理中心、重要网站和网络节点的信息系统和其他领域的信息系统。

（二）开展信息安全风险评估

按照国信办转发国家网络与信息安全协调小组《关于开展信息安全风险评估工作的意见》（国信办〔2006〕5号）文件的要求，2006年开展2—3家信息安全风险评估试点工作，探索组织实施和管理的经验，用三年左右的时间，在我市基础信息网络和重要信息系统普遍推行信息安全风险评估工作，有计划、有步骤地对基础网络和重要应用信息系统实施风险评估。风险评估是信息安全保障工作的基础性工作和重要环节，其方式包括检查评估和自评估，在网络与信息系统的设计、验收及运行维护阶段都应进行风险评估。通过风险评估，分析评估网络与信息系统的威胁、薄弱环节、防护措施，发现问题，查找隐患、堵塞漏洞，提出整改要求，保障系统的安全应用，全面提高我市信息安全的科学管理水平，提升网络与信息系统安全保障能力，为保障和促进我市信息化发展服务。

（三）完善网络信任体系

按照《电子签名法》、《电子认证服务管理办法》、《关于网络信任体系建设的若干意见》等政策法规的要求，建立健全适应天津信息化发展的密码管理体制，坚持统筹规划、统一标准、协调有序地推进网络信任体系建设，突出应用，保障安全，务求实效，用五年左右的时间，基本建成以身份认证、授权管理、责任认定等为主要内容的网络信任体系，保障电子政务、社会信息化的安全。主要任务：一是规范和加强电子认证工作。要加强电子政务、电子商务中电子认证工作的规划、指导和管理，制定电子政务活动中使用电子签名、数据电文的具体办法，促进密码技术、认证技术的广泛应用，推广电子签名的应用，加强对电子认证服务及机构的监督管理。二是认真做好授权管理和责任认定工作。在信息资源开发利用和应用系统中，综合利用身份认证、访问控制、权限管理等技术措施解决授权管理问题，促进信息资源合理利用，有效保障国家、企业和个人信息的安全可控。各类电子政务系统和重要电子商务系统，要通过记录、保留、审计网络事件来确定网络行为主体的责任。三是在社会信息化业务中，引导和推动数字认证证书的应用，逐步建立诚信和谐的网络环境，保障电子商务和公民个人等信息和应用安全。到2010年，认证证书的应用量达到20万张以上。

（四）建立健全信息安全监控体系

充分发挥各职能部门的优势和作用，建立市级信息安全监控系统，依法为加强信息内容安全管理、查处违法犯罪和防范网络攻击、病毒入侵、网络失窃密等工作提供技术支持。主要任务：一是各电子政务网络和信息系统的运营或主管部门要根据实际情况建立和完善信息安全监控系统，提高对网络攻击、病毒入侵、网络失窃密的防范能力，防止有害信息传播。二是进一步提升完善互联网监控中心的功能，加强对网上不良信息和违法犯罪行为的监控检查力度，保障互联网应用安全。

（五）建设信息安全应急防范体系

制定信息安全应急处理协调机制和指挥调度机制，提高处理信息安全紧急事件的指挥和调度能力。建立重大信息安全事件会商制度，对信息安全重大事件和突发事件协商处理，加强信息安全事件的应急处理力度。主要任务：一是成立市级信息安全应急处理中心，制定全市信息安全应急预案，建立全市综合网络信息安全报警应急处置系统，完善应急处理体制，建设应急响应服务队伍，对重大或突发的安全事件提出有效的控制措施。二是各信息网络和重要信息系统的运营单位，在充分考虑网络和系统的抗毁性与灾难恢复能力的基础上，制定和不断完善信息安全应急处置预案。三是建立我市信息安全通报中心和重要信息安全事件通报制度，通报、交流重大安全事件和安全信息，必要时向社会发布预警信息。四是建立市级数据备份中心，组织有关职能部门制定我市重要信息系统灾难备份指南，提高应急处理能力。

（六）强化信息内容安全监管

按照“积极发展、加强管理、趋利避害、为我所用”的方针，利用技术监控和行政检查等手段，加强对我市政务信息系统、互联网和其他网络、系统信息内容的审查、监督和管理。主要任务：一是加强电子政务涉密信息系统的保密管理，严格各种涉密信息和载体的控制和监管。二是加强内部防范，重点抓好涉密人员的管理，完善人防、物防和技防措施，做到责任到人、管理到位。三是进一步强化电子政务非涉密信息系统的数据保护，严格加强管理、完善技术措施，努力防止网上信息失泄密。四是用先进的思想文化占领网络阵地，依法打击网上各种犯罪活动，遏制不良和有害信息的大面积传播，为先进生产力和先进文化的发展创造健康的网络和社会环境。五是要充分发挥行业协会、群众团体的作用，大力倡导网络道德，动员全社会共同推进网络文明建设。

（七）健全信息安全保密体系

编制并实施《天津市“十一五”保密技术工作发展规划》。逐步开展相关领域保密技术防范工作，加强涉密信息处理、传输安全保密体系的建立。健全保密技术管理制度和监督管理机制，实现对涉密信息的有效保护和规范管理。加强对涉及国家秘密的通信、办公自动化和计算机信息系统的测评、审批和管理。严格执行上网信息保密审查和审批制度，加大对党政机关要害部门、重要部位保密环境和办公设施及重大涉密活动、重要涉密场所的保密技术检查力度，防止涉密信息网上泄密。加强涉密计算机信息系统测评、集成资质审批、工程监理、分级保护、保密产品监测等工作。

（八）建立信息安全测评机制

根据我市信息技术普及与应用发展的需求，采取政府引导、市场化运作的方式，积极与国家信息安全测评中心、涉密信息系统测评中心合作。主要任务：一是建立天津市信息安全测评中心（国家信息安全测评中心天津分中心）和天津市涉密信息系统测评中心。二是按照国家两个测评中心的授权，通过对信息安全产品和信息技术进行测评和认证、对涉密信息系统进行测评，对信息系统和工程进行安全性评估和认证、对提供信息安全服务的组织和单位进行评估和认证及信息安全专业人员的资质进行评估和认证，从而基本建立信息安全系统测评机制。

（九）推进信息安全技术创新

我市应加强信息安全技术研究。主要任务：一是建立以科研单位和大学为核心，以企业为依托，产学研相结合的技术创新机制。二是依靠在津高校和相关企业，大力开展信息安全技术创新研究，不断提高自主开发和自主创新的能力，开发具有自主知识产权的技术和产品。三是通过5年左右时间的努力，建成具有一定信息安全主导技术和主导产品的技术创新研发体系，为我市信息安全保障体系建设和产业发展奠定技术基础。

（十）大力发展信息安全产业

围绕滨海新区功能定位和信息化发展规划，积极打造我市信息安全产业园。加大对信息安全企业的扶持力度，促使现有信息安全企业做大做强。主要任务：一是选择一批发展潜力大、市场前景好、具有自主知识产权的重点信息安全产品，促使其尽快实现产业化，培育我市信息安全产业的龙头企业。二是积极发展信息安全市场，着力培育环渤海乃至北方信息安全技术、产品市场，努力发挥引导、示范和带动作用。三是充分发挥国家计算机病毒应急处理中心的带动效应，加快计算机病毒技术国家工程研究中心的建设步伐，积极开展计算机防病毒技术的研发，开发一批新产品，孵化一批新企业，形成我市计算机防病毒产业。

四、政策与措施

（一）加强组织领导，强化管理职责

在市委、市政府的领导下，充分发挥市网络与信息安全协调小组领导、管理、协调和组织推动的职能作用，完善信息安全组织与管理体系，实行信息安全责任制。建立并完善信息通报制度，及时掌握全市信息安全工作情况，加强行政领导和业务指导。各职能部门要根据各自的职责，认真抓好信息安全工作的监督和管理。各地区、各部门、各网络和信息系统的运营单位，逐级建立并认真落实信息安全责任制，做到信息安全负责人、信息安全负责机构和队伍落实，上岗到位。

（二）严格规范管理，完善政策法规

根据国家和天津信息安全有关的法律法规，规范网络行为，维护网络秩序。坚决贯彻实施国家有关信息安全的标准，规范网络和信息系统的建设和应用，使我市信息安全工作健康、有序地发展。适应形势的发展，借鉴先进地区的经验和做法，抓紧研究制定出台我市相关的政策、法规，基本建立起比较完善的信息安全政策法规体系。

（三）开发人力资源，造就安全队伍

结合我市的人才强市战略，发挥大专院校的积极性，建立信息安全相关的学科和专业，造就信息安全人才培养基地。加快高层次信息安全人才的引进，特别是对掌握信息安全先进技术和信息安全管理理念的复合型人才的引进，制定相关的政策和措施，保证引进来、留得住，并充分发挥他们的作用。加强从业人员的技能培训，与信息产业部有关部门合作开展信息安全岗位培训，将各网络与信息系统的信息安全管理人员培训一遍。要求我市基础网络和应用系统安全员要持证上岗。开展信息安全业务和技能培训，提高从业人员的业务素质和技术水平。通过以上措施，尽快造就一支高素质的信息安全技术和管理人才队伍。

（四）拓宽融资渠道，加大投资力度

采取政府引导、市场化运作相结合的方式。积极争取国家有关部委支持信息安全发展的资金，不断加大政府对信息安全建设的投资，鼓励和吸引企业和民间资本、风险投资基金等，建立风险投资基金，形成多领域、多渠道、多层次的投融资格局，切实保障信息安全建设的投入和运行维护费用。

按照信息安全保障与信息化同步规划、同步建设、同步发展的要求，根据“确保重点，兼顾一般，适度保护”的原则，合理使用信息安全建设资金，既要满足安全保障的需要，又要避免不必要的重复建设，努力提高资金的使用效益。

（五）加大宣传力度，提高安全意识

通过多种形式和手段，在全市范围内广泛开展信息安全知识的宣传教育。各级党政机关要成为维护信息安全的表率，把信息安全培训列为全市党政干部信息化培训的重要内容。充分发挥市网络与信息安全协调小组的作用，利用报纸杂志、广播电视、互联网等各种媒体，大力推广和普及信息安全知识和技术，进一步提高全社会对信息安全战略地位的认识，使广大群众增强法制观念，掌握必要的信息安全知识与技能。

广州市“十一五”信息安全总体规划

一、现状和问题

（一）引言

信息安全是信息化进程中不可或缺的重要内容。党中央、国务院高度重视信息化建设，把信息化作为推动我国经济社会发展的重大战略举措，信息化已成为推动经济社会发展和变革的重要力量。随着我国电子政务、电子商务和社会信息化的发展，网络与信息系统的基础性、全局性作用日益增强，信息安全已成为国家安全、社会安全、经济安全的重要组成部分。

信息化的不断深入，应用水平的不断提高，对信息安全的要求也越来越高，需要确保关键和重要信息系统长期稳定运行，防止信息系统泄密，避免信息安全事故对政治、经济和社会生活的严重影响。目前我国信息安全工作面临着严峻的威胁和挑战，如何进一步提高信息安全保障能力和水平，维护国家安全和公众利益，是摆在我们面前的迫切任务。

广州作为我国信息化程度最高的地区之一，信息安全直接关系到我市经济发展和社会稳定大局。建立全市信息安全保障体系对于我市整体建设和发展具有战略意义，是推进我市信息化的重要任务。

（二）广州市信息化现状

广州市是国家首批信息化综合试点城市。通过多年的建设，信息化水平位居全国前列，信息化不仅成为广州人工作和生活的主要手段之一，而且成为提高城市管理和服务水平、促进经济发展、建设和谐社会的重要途径和动力。在通信基础设施建设方面，广州市作为全国三大通信国际出口、互联网国际出口和互联网交换中心之一，互联网国际出口带宽达20Gb/s，宽带城域网带宽达60Gb/s，国际通信交换枢纽的地位毋庸置疑。到2004年底，广州市城市居民电脑拥有量达84台/百户，农村居民电脑拥有量达28台/百户，互联网用户总数达286万户，其中家庭宽带接入用户数量达到75万户。另外电话普及率达221台/百人（含移动电话），有线电视用户数量超过190万户，包括宽带、电话、有线电视网络等在内的现代信息基础设施已经覆盖全市各区，并延伸至1177个行政村。

信息化应用取得丰硕成果。在电子政务方面，广州市已形成市、区、街道三级政府信息网络系统，建成全国领先的政府信息网络交换平台和政府机关城域宽带网络，约80%的政府部门不同程度使用办公自动化系统，95%的政府部门通过互联网提供信息服务和公共服务。在电子商务方面，已初步具备了与电子商务发展相适应的配套环境，电子商务进入快速发展阶段，电子商务交易额居全国前列。在企业信息化方面，广州是全国推进企业信息化的示范城市和制造业信息化示范城市，在全面纵深推进企业信息化、加快运用高新技术和先进适用技术改造提升传统产业和增强企业竞争力方面成效突出。在社会信息化方面，数字电视、数字图书馆、网上教育、网上娱乐等信息化服务积极开展，互联网已成为市民获取信息、休闲娱乐以及工作的重要选择和平台。

（三）广州市信息安全现状

经过多年的发展和各职能部门的努力，广州市信息安全工作已经取得一定成效。

广州市公安局、广州市信息化办公室、广州市保密局、广州市新闻出版和广播电视局等政府部门已初步建立了信息安全相关组织机构并发挥了重要作用。

健全了电子政务外网平台的信息安全防范体系，部署了反垃圾邮件系统、网络防病毒软件、主页防篡改软件、漏洞扫描系统、入侵检测系统，升级配置了高性能防火墙，初步建立起信息安全的应急处理机制。

在电子政务内网平台上建立了全网安全防御体系，按照涉密网要求建立交换平台并实施了局域网接入，加强了平台的防病毒和入侵检测能力，在各接入单位使用了防火墙、入侵检测设备和认证交换机等安全措施，建立了局域网的安全处理联动机制。

广州市已与广东省数字证书认证中心和广东省电子商务认证中心合作成立了数字证书注册审核中心（RA），积极推进数字证书应用，发行数字证书超过5万张，在市国税局等系统中开展证书应用取得成效。

广播电视系统初步建立了卫星、无线、有线安全监控系统；建立了广播电视安全播出的人防技防相结合的防范体系。

对我市部分单位进行的调查显示，我市党政机关有75%的部门部署了防火墙设备，87%的部门采取了防病毒措施，67%的部门制定了安全管理相关制度，只有不到20%的部门部署了入侵检测设备；数字认证、主页防篡改等措施的采用率则更少，分别为5%和2%；在存储备份方面，46%的部门采用了存储备份措施，但建立了备份和容灾的管理和运行体制的部门则很少。在企业方面，防病毒软件和软件防火墙采用的较多，部分企业使用了硬件防火墙和存储备份设备，少数企业使用了邮件安全系统。

（四）存在的问题

与信息化水平和发展速度相比，目前我市在信息安全方面的建设工作还较为滞后，信息安全建设工作中主要存在以下问题：

第一，信息安全意识仍然不足。不少政府机关、事业单位、公司和企业对信息安全的重要性有所认识，但侥幸心理比较普遍，信息安全工作还处于被动的状态，没有普遍形成“主动采取措施、积极应对”的意识。

第二，安全防护能力不足。以国家计算机网络应急技术处理协调中心（CNCERT）的数据为例，2004年全国共处理各类信息安全事件1000余件，其中广东有122件，数量居全国第2位。CNCERT还对常见的20多个木马程序的活动状况进行了抽样监测，发现我国大陆地区6600多个IP地址的主机被植入木马，广东占5%，居第3位。前面提到的调查也显示出，我市一些企事业单位的信息安全设施部署不足，管理制度和运行体制不够完善，信息安全应急处置准备不足，缺乏相应的对策和体系，信息系统整体防护能力低。

第三，信息安全基础设施建设与应用不足，作用有限。我市正在开展数字证书的推广和应用，但形成大规模的应用还需要时间，此外覆盖全市的应急响应体系、安全测评体系、容灾备份体系等基础安全设施还没有建立；同时我市建成与待建的信息化项目越来越多，尤其是覆盖全市的大型信息化项目（如广州市社会保障信息系统等）建设的逐渐完成，信息系统在我市经济生活的地位越来越重要，一旦发生信息安全事件，都有可能成为全市事件。这种情况下，对公共信息安全基础设施的需求和依赖度越来越高，信息安全基础设施不足与需求之间的矛盾会越来越大，信息安全资源协调的需求也在逐渐增多，这使得各单位在开展信息安全建设时，在安全基础设施上无法得到有效的支持。

第四，信息安全相关标准、法规和规范不够完善。各单位的信息安全建设基本还处于“各自为政”的状态，缺乏统一的标准和规范指导，信息安全建设的质量无法得到有效保证，容易出现过度保护和保护不足的情况。标准的不一致还会导致局部的防护弱点，成为潜在安全事件的“隐患”，并影响到重大信息安全事件的及时协调处理。

第五，信息安全人才培养还远远不能满足需要。目前我市的信息安全人才相对信息安全需求而言，无论在数量上还是在质量上都显不足。

第六，信息安全产业发展不足。我市的信息安全产业相对弱小，产业链发展不均衡，产业化水平较低，无法为我市信息安全保障体系的建设提供足够的产业支持和保障。

（五）面临的挑战

1. 广州的信息化发展要求更高的信息安全保障能力

按照广州市“十一五”信息化建设规划，广州将成为在“大珠三角”和“泛珠三角”世界级经济圈和世界级都市圈中处于核心地位的国际化区域性信息中心，信息化综合指数位于全国大城市前列，2010年信息化总体水平达到发达国家中心城市的平均水平。

“十一五”期间信息化建设的主要任务是完善城市信息基础设施和推进五大信息系统建设（包括“数字城市”系统、智能电子政务、协同电子商务、企业信息化、电子社区与数字家庭）。

随着信息化的发展，国民经济和社会各领域对信息化的依赖程度不断加深，我市所面临的各种信息安全威胁也在不断增加。由于我市信息化基础网络覆盖范围大，网络上运行的各种信息化应用系统众多，因而面临着比国内其他一些省份更为严峻的信息安全威胁，一旦发生大规模、突发性的信息安全事件，其影响将是全局性和破坏性的。

在这种情况下，必须全面提高广州市在电子政务、电子商务、广播电视、公共服务等国民经济和社会各领域的信息安全保障能力，才能与全市信息化的总体目标相适应。满足全市对信息安全越来越高的要求已成为我市信息安全体系建设首先面临的挑战。

2．信息安全防御难度日益加大

广州作为国内信息化最发达地区，是新技术最先使用的地区。但新技术会带来新的安全问题，例如三网合一使得语音和广电网络也面临着目前数据网络中的病毒、拒绝服务攻击等安全威胁，例如无线接入使得窃听和非授权访问变得更为容易，这些新问题都需要我们使用新的安全手段来解决。

随着信息化应用日益广泛，信息系统中存储的大量有价值的信息和数据已经成为各种网络犯罪组织和恶意势力的攻击目标。网络攻击行为日趋复杂，更为频繁；各种攻击方法相互融合，攻击手段更为隐蔽，破坏性更强；黑客攻击行为组织性更强；攻击目标从单纯的追求“荣耀感”向获取多方面实际利益转变。NCERT的统计数据表明，国内各类信息安全事件呈快速上升趋势，仅2005年6月处理的信息安全事件就达931起，接近2004年的全年总量，其中网页篡改、网站仿冒等事件的数量大幅上升。

随着各种网络应用的普及和复杂化，网络和应用系统中存在的安全漏洞数量也大量增加，漏洞公布到利用相应漏洞的攻击工具出现的时间缩短，使得开发相关补丁、安装补丁以及采取防范措施的时间压力大大增加。

应对新技术条件下的信息安全问题，也是我市面临的信息安全挑战之一。

3．全局性和群体性信息安全事件发生的可能性在不断增加

信息和网络技术的进步使得所有的信息系统已经不再是孤立的系统，一个信息系统的安全事件完全可能影响其他系统，而以冲击波、红色代码等攻击方式为代表的攻击手段层出不穷，使得全局性和群体性信息安全事件发生的可能性越来越大，要完全防止这类事件的难度也越来越大。

全局性和群体性安全事件的后果是其影响范围会非常大，甚至会直接威胁一个区域、一个国家甚至全球信息系统的运行。因此，如何应对这些全局性和群体性信息安全事件将是我市信息安全面临的主要挑战之一。

综上所述，我市的信息化和信息安全现状对今后信息安全体系建设提出了更高要求，局部的安全防护已经很难解决我市的整体性信息安全问题，迫切需要从全市的角度，对我市信息安全保障体系进行总体规划，整合和协调各方资源，齐建共管，与我市信息化

建设同步，建成覆盖全市的信息安全保障体系。

二、发展思路

（一）指导思想

按照中央和省的总体要求和部署，紧紧围绕广州城市信息化发展的战略定位，牢固树立科学的发展观，实行管理与技术并重。按照“积极防御、综合防范”的思想，实施等级保护；正确处理信息安全与信息化发展、信息安全与信息公开的辩证关系，以安全保发展，从发展中求安全，既要坚持信息公开，又要保障信息安全；统筹规划，突出重点，加强信息安全基础性工作；进一步明确政府、企业和个人的责任和义务，逐步建立起技术、管理和运行等多层面的信息安全保障体系，完善政策、法规、标准等环境要素，积极发展信息安全产业。

（二）发展原则

1．统筹规划，联动协调。从广州市信息安全保障的总体高度出发，系统规划和建设广州市信息安全保障体系，同时明确广州市信息安全各相关单位和部门的安全责任，加强沟通和协调，建立联动协调的安全防范和响应机制，实现联防共治。

2．资源共享，注重实效。要从广州市信息安全的实际情况出发，综合平衡安全成本与风险，优化信息安全资源配置，适度安全，注重实效，合理进行信息安全体系建设。

3．分级保护，突出重点。落实信息安全等级保护国策，大力推进信息安全等级保护建设；根据信息系统应用业务重要程度及实际安全需求，实行分级、分类、分阶段保护；加强对重要信息系统的监管，保障信息安全和系统安全正常运行，维护国家利益、公共利益和社会稳定。

4．广泛参与，齐管共建。信息安全是一项社会工程，要通过各种手段宣传和普及信息安全意识和常识，广泛组织和动员群众，全社会共同参与信息安全保障体系建设工作。

三、发展目标

（一）总体目标

本规划的总体目标是：形成与广州“十一五”信息化发展规划相配套、与“国际信息港”发展目标相适应的信息安全保障体系，保障我市公共通信网络、广播电视、电子政务、企业信息化与电子商务、社区及社会信息化的信息安全，确保各类信息安全保障机制与措施健全和完善，全民的信息安全意识和基本防范能力进一步提高，信息安全产业取得长足进步，为广州市信息化发展提供有效信息安全保障。

（二）具体目标

1．建立和完善广州市信息安全基础防御体系，包括网络信任体系、网络监控和应急响应体系、信息安全测评体系、信息安全灾难恢复体系，建立或完善4个中心。

2．完善公共通信网络的安全保障，按照国家、省、市对信息基础设施的安全要求，加强包括广播电视网络在内的公共通信网络安全保障系统的建设。

3．完善国民经济和社会信息化各领域的信息安全保障，包括电子政务、企业信息化与电子商务、社区与社会信息化的信息安全保障体系的建设。“十一五”末，广州市所有政务信息系统应达到规定的安全要求。

4．实施信息安全等级保护，到“十一五”末，广州市所有政府部门实施信息安全保护体系建设并通过相关等级系统安全测评；重点信息化项目按照等级保护相关标准建立信息安全保护体系。

5．建立起信息安全产业支撑体系，“十一五”期间基本完成广州市信息安全产业规划布局工作，通过积极的招商引资和政策扶持，提高信息安全产业的规模，打造广州市信息安全产业链，做大做强信息安全产业。到“十一五”末，信息安全产业年产值力争翻两番。

6．做好2010年广州亚运会的信息安全保障工作，确保支撑亚运会的各种信息系统达到整体安全防护要求，保障广州“数字亚运”战略的顺利实施。

（三）阶段目标

2006—2008年为安全体系建设阶段，在这三年中，广州市基本完成各项信息安全公共基础设施的一期建设，同时广州市各重要单位和部门的信息安全保障体系建设也基本到位，初步形成具有积极防御能力的信息安全保障体系。

2009—2010年为安全体系完善阶段，在这两年中，广州市将完成信息公共基础设施的二期建设，同时进一步修改和完善各项运行机制和管理制度，提高信息安全的整体防御能力，全面建成较为完善的信息安全保障体系，为2010年广州市信息化总体目标的顺利实现和广州亚运会的成功举办提供坚实的信息安全保障。

四、广州市信息安全保障体系基本框架

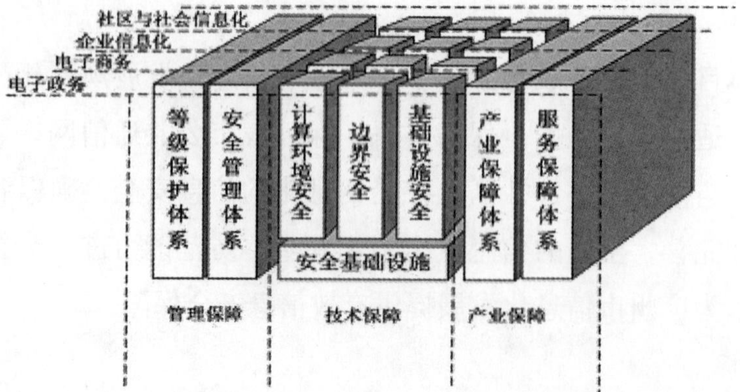

图1　信息安全保障体系基本框架

我市信息安全保障体系是一个立体的信息安全保障框架，横向由三部分构成，即管理保障措施、技术保障措施和产业保障措施；纵向则由电子政务、电子商务、企业信息化、社区与社会信息化相关信息安全体系构成。管理保障措施包括等级保护体系和安全管理体系，等级保护体系按照国家的统一部署开展工作，安全管理体系则是从制度及其执行的角度，为我市信息安全工作的开展提供保障。技术保障措施则是在全市建立统一的信息安全实施规范，各个信息化领域依据这些规范建立自己的信息安全保障技术体系。技术保障措施中还有一项非常重要的内容，就是建立全市统一的安全基础设施，支撑全市信息安全保障体系的运转。产业保障措施的主要内容是建立我市信息安全产业体系，包括在全市建立专业的信息安全服务网。

上述基本框架中，等级保护体系、产业保障体系以及安全基础设施将从整个广州市的角度出发，进行统一规划和建设，以确保广州市信息安全保障体系的整体协调性和完整性。我市信息化各领域中的企事业单位则根据广州市的统一要求和规划，在充分利用基础防御体系的基础上，在各自的计算环境、信息系统边界、网络基础设施三方面落实各自的信息安全技术保障体系建设；尤其要按照国家等级保护体系的要求建立相应的安全管理体系，做到管理先行。产业保障体系将依据我市信息产业的发展规划，以打造完整产业链为目标，在我市形成一批优秀的信息安全企业群，支撑我市以及全省、全国的信息安全体系建设。

五、主要任务

为实现广州市信息安全保障体系建设的总体目标，广州市在2006年～2010年期间信息安全建设的主要任务有：建立广州市信息安全基础防御体系；保障广州市公共通信网络的安全；保障国民经济和社会信息化各领域，包括电子政务、企业信息化与电子商务、社区与社会信息化的信息安全；实施信息安全等级保护；加快发展信息安全产业；保障广州亚运会的信息安全。

（一）建立广州市信息安全基础防御体系

信息安全基础设施投资规模大，技术要求高，为达到资源共享、有效投资、服务社会的目的，广州市规划建立和完善包括网络信任体系、网络监控和应急响应体系、信息安全测评体系、信息安全灾难恢复体系在内的广州市信息安全基础防御体系，并通过建设一批信息安全基础设施，为广州市政府部门、企业和社会提供各类信息安全基础服务。

1．完善网络信任体系

完善广州市信息网络的信任体系，充分发挥密码技术在信息安全建设中的重要作用，建设基于PKI技术的电子认证体系，完善数字证书注册审核中心与管理中心，鼓励和引导数字证书的应用，实现对网络上信息交互双方的身份真实性、信息机密性、数据完整性和行为不可抵赖性的认证。

为了贯彻落实《中华人民共和国电子签名法》，建立可信的信息化安全保障体系，成立广州市数字证书管理机构，负责协调数字证书认证机构在广州的业务发展。根据国家、省的有关标准规范，制定统一的数字证书格式与接口规范，实现各认证中心之间的交叉认证，确保用户今后使用任何一个CA中心颁发的数字证书，都可以在网上开展电子政务业务和电子商务应用。此外，对包括2010年亚运会信息系统在内的各种信息化应用项目，积极推广电子认证技术。

在市电子政务内网上，根据中办和国办的统一规划，按照统一的技术框架体系，建设可信的电子政务安全与应用支撑平台，建立起国家、省、市、区四级政务系统的统一授权机制和可信应用环境。

2. 构建网络监控和应急响应体系

构建网络监控和应急响应体系，通过规划建设广州市网络安全监控和应急响应协调中心（以下简称监控与应急协调中心），协调我市各职能部门、各信息系统用户单位、专业信息安全服务机构以及公共应急响应机构，建立起覆盖全市的信息安全监控和应急响应网络，并构建一个紧密联动的网络监控和应急响应体系，提高我市信息安全事件的整体应对能力。

监控与应急协调中心负责全市的应急响应协调工作，同时具体负责广州市电子政务网的应急响应工作。

重点保障网上舆论安全，提高舆情的监测分析和疏导处置能力，有效控制不良信息的扩散，尤其要加强意识形态方面的内容审查，确保对颠覆政府一类的非法内容进行实时监控和及时查处，保障信息内容的安全。

监控与应急协调中心在信息安全事件（尤其是一些重大、全局性信息安全事件）突发后，负责启动全市范围的信息安全事件应急协调处理程序，并协调广州市其他应急响应机构（如CNCERT华南中心等）的行动，确保信息安全事件在全市得到了适当和正确的处理，防止演变成重大社会事件和造成重大经济损失。

监控与应急协调中心要加强与公安部信息安全通报体系的合作，并联合广州市其他网络安全相关机构，通过紧密协作和及时的信息交换，全面掌握广州市各信息网络的运行情况。监控与应急协调中心通过对来自公共信息基础设施运营商、社会信息安全服务机构和重要信息系统的信息安全事件的分析，及时面向全市发布信息安全事件预警信息。

监控与应急协调中心负责制定广州市政务网的整体应急响应预案以及改进提高，负责广州市政务网整体的安全监控，负责全网应急响应演练计划的制定、实施，负责广州市政务网信息安全应急响应的整体协调。

监控与应急协调中心负责指导市级各部门建立信息系统应急体系。各单位采取预防措施和恢复控制措施相结合的方式，将信息安全事故造成的破坏减少至可接受的水平；同时针对安全事件建立应急预案，包括IT应急措施、非IT应急措施、相关部门的协调措施、应急资源的保证、应急预案启动条件等。此外，中心还负责各单位应急预案的批准、演练、评估和改进。

3．构建信息安全测评体系

以建立广州市信息安全测评中心（以下简称测评中心）为基础，构建广州市信息安全测评体系，开展信息安全测评工作。信息安全测评中心将依据国家和国际标准，对我市电子政务信息系统以及各重点单位实施系统级的安全测评，确保我市重要信息系统的安全。测评中心将作为国家统一的信息安全测评体系的一部分，独立开展各项信息安全测评业务，在广州市范围内提供对系统整体风险分析和安全评估的技术支持。测评中心将与信息安全服务中心、监控和应急响应协调中心等分工合作，为用户提供一整套信息安全服务。

测评中心还将与市保密局密切协作，开展涉及国家秘密的信息系统的评估工作。

鼓励广州市其他社会化组织和单位在国家认证机构的统一授权下，积极参加测评认证工作，借助社会力量，提高广州市信息安全测评认证的整体水平，建设广州市信息安全测评体系。

4．建设信息安全灾难恢复体系

“十一五”期间，将在广泛、详细的需求调查的基础上，按照相关标准统一规划和建设具有国际先进水平的广州市异地数据备份与灾难恢复中心，为全市党政机关、事业单位、大中型国有企业的电子政务与电子商务系统提供数据在线/离线备份和业务恢复服务，为2010年广州亚运会信息系统的安全可靠运行提供保障。同时，鼓励各商业机构建立面向专业（或通用）领域的数据备份中心，为我市信息化应用系统提供数据备份和业务恢复服务，实现数据备份与灾难恢复基础设施资源的整合与共享，最大限度地满足新时期我市信息化发展对数据安全与业务不间断服务的需要，形成新的信息安全服务模式。为配合此项工作，我市将规划制定商业数据备份中心的技术、管理、运营标准，为该项服务的业务开展建立规范的市场环境。

通过建设广州市异地数据备份与灾难恢复中心，联合各商业机构建设的数据备份中心，建立起广州市信息安全灾难恢复体系。

（二）保障公共通信网络的安全

电信基础网络、移动通信网络、广电网络、公共互联网等公共通信网络是我市信息化的基础，确保其安全对于全市信息系统的正常运行具有重要意义。

按照中办27号文“谁主管、谁负责”的原则，由相应的运营商负责公共通信网络的安全保障，公安、通信、广播电视管理等相关部门加以管理和提供指导，各方协调一致，共同保障公共通信网络的安全。

“十一五”期间，广州市将在加快发展宽带网络、无线互联网等公共通信网络的同时，加强对公共通信网络的信息安全建设。

各公共通信网络的运营商要在给用户提供更优质的网络和通信服务的同时，加强信息安全设施建设，通过基础网络的安全防范措施，保障终端用户和接入单位的信息安全。通信和安全主管部门要加强对各运营商运营基础网络安全状况的监督和检查，发现问题要及时整改，并对整改情况进行检查。

要重视新技术引入对原有公共通信网络的影响，特别是要加强无线网络的安全防护。在引入各类新技术或新产品之前，必须要对该种技术或产品对现有公共通信网络安全性造成的影响加以评估，采取相应措施保证公共通信网络的整体安全性。

要切实加强对互联网信息内容的监管，对垃圾邮件、欺诈、个人隐私、淫秽网站等有害信息和不良信息及时清理整治，尤其要加强意识形态方面的内容审查，保障互联网信息内容的安全。

要加大对网上违法犯罪行为的打击力度，在完善网络犯罪相关法规的同时，加强执法队伍建设，提高执法队伍的技术素质，对网络违法犯罪行为的审计、追踪和举证进行研究，依法对互联网上的各种违法犯罪信息的进行收集和分析，打击利用网络和信息技术的违法犯罪活动。

（三）保障国民经济和社会各领域的信息安全

采取各种措施，保障电子政务、企业信息化与电子商务、社区与社会信息化各领域的信息安全。

对各领域的信息系统，应当根据领域内对安全级别的不同要求，从管理和技术入手，通过基础设施、计算环境和边界三方面的安全技术措施以及相应的管理措施来确保信息系统的安全。

“十一五”期间，广州市将重点做好电子政务的信息安全保障体系建设工作，同时凝聚企业、社会各方力量，切实做好电子商务与企业信息化，以及社区与社会各领域信息化的信息安全保障工作。

1. 电子政务信息安全

按照中办〔2002〕17号文（《国家信息化领导小组关于我国电子政务建设指导意见》）精神，我市电子政务网络基础设施分内网和外网，内外网络平台之间为物理隔离。由市信息办总体负责电子政务内外网及其信息系统的网络安全建设，会同市公安局、市保密局、市机要局等相关职能部门，出台一系列指导意见和指南，并加强监督审查，共同保障电子政务网络的信息安全。

对电子政务信息系统，要按照国务院信息化工作办公室制定的《电子政务信息安全等级保护实施指南》的要求，从安全防范技术、安全运行和维护、安全管理等多个方面，积极防御，主动防范，建立广州市电子政务领域的信息安全保障体系。

加强各单位安全技术防范体系建设，提高广州市电子政务信息系统的信息安全技术防范能力。按照我市信息安全体系的规划，落实计算环境中主机的保护措施、网络设施安全保护措施、网络边界安全保护措施，通过部署反病毒软件、垃圾邮件过滤系统、防火墙、安全路由器和安全网关等安全设备，提高系统的信息安全防护能力。

在积极防御思想的指导下，加强对政务网络运行状况的监控，通过部署入侵检测系统、入侵诱捕和取证系统、安全审计系统、安全管理中心等，提高政务网络的主动防御能力。

在进一步完善电子政务安全设施的同时，重点加强各类应用系统在开发阶段的安全防范。在各类信息系统的设计阶段就应同步考虑安全体系设计（如利用数字证书认证体系等），对信息敏感的业务系统要在受控的开发环境中进行开发，隔离系统测试环境与真实运行环境，对新建的电子政务业务系统要进行安全测评，保证政府重要信息和系统的安全。

依托广州市信息安全基础设施，建立电子政务信息系统的安全运行维护机制。系统软件和应用软件要严格选择，并通过对软件的升级与安全加固、数据备份、漏洞扫描和安全评估等运行维护措施，保证电子政务信息系统的运行安全。

加强电子政务信息系统的安全管理，落实信息安全责任制，将信息安全职责分工落实到人。各信息安全重点部门应根据自身情况，制定包括安全责任制度、定期检查制度、评估改进制度、安全外包制度、事故报告制度等在内的信息安全规章制度。对政务网的重要管理和维护人员要建立资质审查制度，要求持证上岗。对涉密信息系统，要严格从物理安全、运行安全、信息安全保密、安全保密管理4个方面进行统筹规划，尤其要加强人员管理，相关维护人员要签署保密协议，明确保密责任。

2. 企业信息化与电子商务信息安全

在我市，相当多的企业已经使用CAD/CAM/ERP/SCM/CRM等技术建立信息系统，越来越多的企业利用电子商务开展经营活动，信息化成为企业改善管理、降低成本、提高效益和市场竞争力的重要手段，保障企业自身信息系统的安全，已成为提升企业核心竞争力的重要保证。

企业信息安全保障的目标在于确保企业整体业务的连续性和企业商业秘密的安全，

通过部署安全设备、建立信息安全管理和运行体系，保障企业信息系统的安全。在具体工作中，要建立信息安全领导机构，按照“适度安全”的原则，做好信息系统的风险评估和安全审计，明确安全保障的重点，加强对企业商业秘密的保护，切实提高企业的综合信息安全管理水平。

企业在建设信息安全体系时，要充分利用广州市的信息安全公共基础设施，避免保障不足和过度保护。

对电信、银行、证券、铁道、电力、民航、轨道交通和大型国有企业等涉及国计民生的重要信息系统要强制实行信息安全等级保护。

电子商务中的信息安全，将以建立和完善网络信任体系为中心，利用身份认证、数字签名等技术，结合社会信用联合征信系统的建设和社会诚信体系的建立，从法律法规、标准规范、支付认证、安全可靠性和信息基础设施等方面，提高电子商务中的安全保障水平。联合本市、本省乃至全国的信息安全研究机构，积极开展电子商务信息安全的研究，对有一定经济效益和市场前景的研究成果要加以市场化。

电子商务环境中，在充分利用网络信任体系提供的安全保障基础上，“十一五”期间还将在电子商务第三方责任险、电子商务交易备案和取证、电子商务诚信体系等领域开展政策、法规、支撑技术方面的研究，并适时开展相关的试点示范工作，以充分降低电子商务的风险，促进电子商务的发展。

3. 社区与社会信息化各领域信息安全

科技、教育、文化、广播电视、新闻出版、版权、卫生等社会领域的信息化与社会生活息息相关，因此保障这些领域的信息安全十分重要。

科技主管部门在开展科技信息服务、推进科技信息资源共享的同时，要加强对科技信息基础平台和资源的安全保护。

教育部门应当加强对内部敏感信息的安全防护，特别是对重要考试的试卷内容信息的保护，防止泄密事件的发生；在利用信息化改善教育质量、提高学生信息化水平的同时，要注意互联网上的各种不良信息对青少年的负面影响，在校园网络中采取技术措施对互联网的不良网站和不良信息进行屏蔽，保障未成年人的身心健康。

文化部门要联合公安、工商等相关职能部门，加强对网吧的信息安全管理，采用日常检查、技术监控等措施；同时要加强对电子出版物、网络游戏、网络互动平台等的安全检查，保障信息服务业的健康发展。

医疗卫生机构要注意对个人健康信息的保护，在利用各种医疗信息系统改善医疗质量的同时，要加强对医疗相关信息系统的安全防护，采取措施维护这些信息系统的稳定正常运行，保证医疗服务的连续性。

社区是社会信息化的基础和核心，是面向社区居民提供各类信息化服务的前沿，是信息安全工作的“落脚点”。一方面，在利用社区开展各项电子政务和电子商务活动时，要加强社区基础网络和应用系统的安全建设，重视对社区居民各类隐私信息的保护；另一方面，要利用社区信息化平台，对社区居民进行信息安全的相关宣传和培训，提高每位居民的信息安全意识，为广州市信息安全保障体系建设打下良好的群众基础。

（四）实施信息安全等级保护

1. 大力推进信息安全等级保护

信息安全等级保护制度是我国开展信息安全保障工作的一项基本制度，国家已把信息安全等级保护作为未来五年信息安全保障的工作重点，正在抓紧制定相关的标准、规范和指南，以进一步推进和落实信息安全保护制度。

根据国家颁布的《关于信息安全等级保护工作的实施意见》，规定了信息和信息系统的安全保护等级共分五级：即自主保护级、指导保护级、监督保护级、强制保护级、专控保护级。我市将按照国家和广东省在信息安全等级保护方面的相关要求，切实做好安全等级保护工作。按照“谁主管谁负责，谁运营谁负责，谁使用谁负责，谁提供安全服务谁负责”的原则，建立和完善信息安全保护体系。

要根据各类信息系统的不同安全需求，兼顾网络与信息系统的重要性以及涉密要求，严格按照国家、省、市有关的法律法规、技术标准及相关文件，合理确定其网络与信息系统的安全保护等级。

等级保护建设单位应从技术和管理上，分等级进行信息安全建设。在技术手段上，要从计算环境、边界保护、网络基础设施三个层面实施等级保护技术防御体系建设。

在计算环境层面上，要配置相应安全级别的操作系统和数据库管理系统，其中三级以上（包括三级）的局域计算环境应设立安全管理分中心，并采用指纹等生物认证或是数字证书作为系统的登录认证方式。

在边界保护层面上，要按信息系统安全级别，配置防火墙和防病毒网关等边界防护设备；其中三级以上（包括三级）的信息系统应部署入侵检测设备，采用强制的访问控制措施。

在网络基础设施层面上，应当选择具有相应安全保护功能的公用网络基础设施设备组建基础网络，其中三级以下（包括三级）可以使用互联网在内的公共服务网络作为信息系统的基础网络，四级和五级必须使用专用网络；三级以上（包括三级）的基础网络要设置集中的安全管理中心，安全管理中心应与各个安全管理分中心协同工作，完成计算机信息系统的安全管理。

在安全管理上，要按照计算机信息系统安全子系统的开发阶段和运行阶段的不同情况，从工程实施管理、系统运行管理、密码管理、应急处理管理、风险分析管理五个方面实施等级保护安全管理，保障对信息系统的管理可控性。

根据国家相关文件，由公安部门具体负责等级保护的实施工作。广州市各信息资源和信息系统的运营、使用单位及其主管部门要在相关主管部门的指导下，按照等级保护的管理规范和技术标准，定期对已经完成安全等级保护建设的信息系统进行检查评估，发现问题及时整改，同时要加强和完善自身信息安全等级保护制度的建设，加强自我保护。

信息安全评估机构将按照等级保护相关管理规范和技术标准的要求，对各类信息系统的安全等级保护状况进行监督检查。发现安全保护等级不符合等级保护要求的，通知信息和信息系统的主管部门及运营、使用单位进行整改；发现其存在安全隐患或未达到等级保护要求的，提供整改建议，并进行复查，确保各类信息系统达到等级保护要求的安全水平。

对第五级信息和信息系统的监督检查，由国家指定的专门部门、专门机构按照有关规定进行。

国家保密工作部门、密码管理部门以及其他职能部门按照职责分工进行审批、指导、监督、检查。

2．加强对重要信息系统的安全保障

等级保护的重点要优先考虑涉及国家安全、经济命脉、社会稳定的基础信息网络和重要信息系统的安全，按照等级保护的相关要求，对能源、交通运输、社会保障、教育、广播电视等关系到国计民生的信息系统以及其他领域的重要信息系统，进行重点监督和管理。

对广州市建设的信息化基础与环境、信息化应用与推广、信息化改造与信息产业发展等重点信息化项目，应同步规划和实施相应的信息安全防范体系，保证信息化重点项目建设中信息安全体系建设的资金投入。

（五）加快发展信息安全产业

我市信息安全产业保障体系的建设分为两个方面，一是产业群的培育和产业链的打造，二是信息安全产业发展配套环境的建立。“十一五”期间，我市通过规划建设“信息安全产业基地”，吸引和培育一批优秀的信息安全龙头和骨干企业，围绕这些企业形成一定规模、相互配套的信息安全产业群。

在产业政策指引上，根据我市以及国家建设信息安全保障体系的需求，优先发展市场需要的信息安全产品和信息安全服务，尤其要加大对信息安全关键技术研发和自主创新、集成创新的支持力度，重点扶持有自主知识产权的软件产业，同时进一步优化信息安全产业发展的配套环境。要利用科技三项经费扶持信息安全领域的技术研究，推动信息安全相关研究成果的市场转化，促进信息安全产业的发展。

1. 信息安全产品

信息安全产品可以分为：基础安全产品、整机类产品、安全增强 IT 产品和专用安全产品。基础信息安全产品发展的重点在提高性能，如发展高速加密芯片和模块、高速身份识别模块等产品；整机类安全产品的重点在提高产品的整体档次，在产品线上重点支持基于开放标准、具有良好兼容性和互操作性、成体系、成系统的安全产品系列。

重点支持的产品种类有：安全管理中心产品、整合性的主机安全产品、整合性的网关类安全产品、整合类的监控产品、高性能网关类安全产品、高性能监控类安全产品。服务工具装备产品也将作为重点予以支持。专用安全产品/系统的产品线布局应该根据国家信息安全政策以及各个职能部门的需求，重点扶持内容监控和管理、网上取证分析、攻防平台等。

2. 信息安全服务

信息安全是一个动态过程，需要通过对信息系统的持续运行维护维持其整体安全水平。信息安全服务是满足我市电子政务与信息化建设安全需求的重要环节，是信息安全产业链的重要组成部分。信息安全服务在信息安全技术和产品的基础上，从管理、运行的角度帮助用户解决信息安全问题，引导安全产品和安全技术的发展，在产业中具有"龙头"地位。

信息安全服务领域的重点在于扶持和指导信息安全服务企业进一步规范服务内容，通过组织广州地区各信息安全服务机构，建立科学的服务品质保证体系，完善服务内容构成，形成咨询、监理、认证、培训、测评、外包服务的一整套服务内容。通过制定全市统一的服务内容规范和服务品质保证规范，规范我市信息安全服务市场，为我市各企事业单位用户提供专业、可控的信息安全服务。

3. 产业发展配套环境

在产业发展配套环境建设方面，要在我市现有的信息产业发展政策的基础上，重点做好以下几项工作。

(1) 制定我市信息安全科技和产业发展规划，为我市信息安全产业的长期发展提供依据。

(2) 制定和落实我市信息安全产业发展的投融资、产品研发、产品测评、产品认证、销售管理等相关政策。根据《政府采购法》，研究制定信息安全产品政府采购政策和装备政策，在我市政府及金融、电信、电力等重要经济部门和基础设施领域推广使用国产信息安全产品，为信息安全产业发展提供市场支持。

(3) 确保对我市信息安全产业的投入，拓宽信息安全产业发展的投融资渠道，配合国家资金，运用市场机制带动并引导社会资金的投入，支持信息安全关键技术的研究和产品化。

(4) 充分发挥产业聚集效应，形成分工科学、产品结构完整的信息安全产业基地，促进信息安全企业之间的分工与协作，吸引各种产业资源，产生聚集效应，带动我市信息安全产业快速发展。

(5) 加强核心技术和重点产品的研发与产业化，提高国产信息安全产品的市场占有率。

(6) 建立健全信息安全标准体系，提高产品质量，规范安全服务。

(7) 建立我市统一的信息安全产业发展指标体系，为产业宏观调控和企业发展提供参考。

（六）保障2010年广州亚运会信息安全

按照国家有关部门和广东省政府的统一部署，广州市政府已明确提出要建立“亚运会信息系统”，包括“数字亚运”官方网站、亚奥理事会大家庭电子邮件等16个子系统，为广州亚运会提供人力、物力和后勤等全方位的信息化支持。

在进行广州亚运会信息系统各项子系统建设时，要同步规划和建设信息系统的安全保障措施，对其中较为重要的子系统，应当由第三方评估机构进行独立的风险评估，以便及时发现系统安全中存在的问题并进行修正和弥补。

亚运会信息系统的安全措施包括：建立亚运会信息安全工作的相关组织机构，完善信息安全各项规章制度；加强对亚运会基础网络接入端的访问控制，在网络边界和关键节点处部署防火墙、入侵检测等安全设备，并对亚运会基础网络进行严格的流量监控，以便及时对各类异常事件作出预警和响应；使用数字证书、主页防篡改系统等技术措施和软硬件安全设备，加强亚运会各子系统的安全性，防止对亚运会信息系统内数据的恶意篡改；通过部署包括网络防病毒软件在内的安全设备和软件，以及对系统的安全加固，防止大规模病毒爆发等重大安全事件的发生，避免因为蠕虫病毒耗尽主机和网络资源，对信息系统的可用性造成影响；针对亚运会信息系统中可能出现的各类安全事件，制定相应的应急响应预案并定期进行演练，和广州市应急响应相关机构建立良好的沟通和协调机制，做到及时发现，快速反应，将安全事件造成的不良影响减至最低。

六、保障措施

为保证“十一五”期间广州市信息安全保障体系的顺利实施，提出以下六个方面的保障措施。

（一）组织保障

加强信息安全方面的组织和管理，完善全市信息安全的组织机构，确保我市信息安全工作正常开展。广州市信息化工作领导小组是广州市信息安全工作的最高决策机构。以广州市信息化办公室作为我市信息安全工作的主要协调人，向上对广州市信息化工作领导小组负责，向下总管和协调广州市各职能部门和单位的信息安全工作，条块结合，以块为主，健全信息安全领导负责制和信息安全通报制度。

在市信息化工作领导小组的统一领导下，建立信息安全联席会议制度，成立信息安全联席会议办公室，为广州市信息安全各相关职能部门提供一个沟通、协调的平台，促进各个职能部门在信息安全工作上的协调一致。

（二）制度保障

完善信息安全管理责任制，按照“谁主管谁负责、谁运营谁负责”的原则落实具体责任，将信息安全职责分工落实到人。各信息安全重点单位要根据自身的信息安全等级保护要求，制定信息安全方面的各项规章制度。贯彻信息系统管理员持证上岗制度，保证信息安全队伍的技术专业化水平。完善信息安全事故报告制度，不得隐瞒，及时上报。形成信息安全的验收和考核机制，并与部门信息化工作业绩考核挂钩，对重大信息安全事件要内部通报处理结果，从制度上推动信息安全工作的落实。

（三）资金保障

拓宽投融资渠道，吸引社会资金参与信息安全建设，加大对广州市信息安全工作的资金投入力度，在财政预算中安排信息安全建设和安全运维资金，并确保资金到位及专款专用。针对具体项目，必须要按照信息安全等级保护的要求，对预算进行审核，保证一定比例的安全投资。

广州市信息安全保障体系建设资金的来源主要有三个方面，即政府投入、企业投入和商业投入。

在政府投入方面，优先保证公共信息安全基础设施建设和电子政务信息安全保障体系的建设。对重点信息化项目应安排信息安全建设配套资金，用于信息系统安全上的建设和维护。

在企业投入方面，充分发挥市信息安全联席会议办公室和各个执法部门的作用，引导各企业投入资金用于电子商务、企业信息化相关信息安全保障体系的建设。

在商业资金方面，通过政策上给以一定倾斜，鼓励和引导商业资金投入信息安全产业发展，特别是投入我市优先发展的信息安全产业领域，利用商业资金加快我市信息安全产业发展。

（四）人才培养

努力加强信息安全专业人才培养，积极进行信息安全人才储备。

联合我市和我省各专业院校和科研机构，加强信息安全专门人才的培养，鼓励我市信息安全学术机构与外省、国内乃至国际的其他信息安全学术机构进行学术交流和联合培养，制定信息安全人才吸引策略，建立信息安全专家信息库，提高我市信息安全专业人才培养的数量和质量。

推广信息安全专业人才认证培训工作，改变我市专业信息安全人才缺乏的现状，尤其是电子政务系统网络与信息安全专业人才缺乏的现状。要积极开展党政机关“注册信息安全专业人员”认证培训，在政府相关职能部门和国有企业中设立信息安全员岗位，进行专门的认证培训，对重要岗位要求持证上岗。

（五）宣传与培训

信息安全建设是一项社会工程，需要全社会的支持和参与。个人安全意识和基本知识的薄弱，不仅会使自身遭受损失，而且很有可能会被其他恶意人员所控制，沦为攻击无辜者的工具，给他人造成危害。因此，必须加强我市信息安全的宣传和培训，普及和加强基本信息安全知识和信息安全意识，为我市信息安全保障体系建设打下“群众基础”，提高全社会的信息安全水平。

针对公务员的信息安全培训，由市信息办牵头，市人事局协办，确保每年对市级机关全部公务员进行一次以上信息安全培训或讲座，规划建设“公务员信息安全网上培训平台”，通过远程教育培训的方式落实公务员信息安全意识的教育和培训。

规划在本市发行信息安全保障体系工作简报，提高各部门对信息安全工作的了解和重视。通过大众媒体、互联网和社区宣传栏等媒介，加强对公众的信息安全宣传、知识普及和安全培训工作，强化守法、诚信、自律观念的引导和教育，增强社会各界对信息安全重要性的认识，提高公众信息安全意识和道德水平。

（六）标准与法规保障

积极贯彻和遵守国家和广东省在信息安全方面的法规和政策，规范我市信息安全各项建设工作，切实落实各项管理措施，做到有法必依。

“十一五”期间，我市还将按照国家和省颁发的相关标准要求，制定一系列信息安全工作的实施指南，指导我市各信息安全相关单位的工作，主要是电子政务、电子商务、信息安全重点单位的信息安全建设工作。“十一五”规划考虑的实施指南主要包括：信息安全基础设施的使用指南、电子政务信息安全实施指南、电子商务信息安全实施指南、企业信息化信息安全实施指南、社区信息化信息安全实施指南、信息安全事件处置应急预案等。

另外，由广州市信息化办公室牵头，会同市保密局、市公安局及电信运营商等制定一系列管理办法和管理制度，明确责任认定。

为确保上述指南和制度的制定，我市将在市信息化工作领导小组的统一领导下，由市信息办会同市质监局，成立信息安全标准相关制定机构，对口国家信息安全标准化委员会。

在我市信息化工程的实施与推广过程中，各有关单位和人员都应加强信息安全标准的学习，充分认识信息安全标准化的重要性。在实际项目建设过程中，依据相应信息安全标准组织设计、施工、监督、验收以及运行和维护，以标准化带动我市信息安全保障体系建设的规范化。

第六章　年 度 公 告 篇

一、测评认证公告

（一）公安部

公安部计算机信息系统安全产品质量监督检验中心2007年检测合格产品公告

报告号	产品名称	产品型号	受检单位	类型
070002	ACgate神眼安全系统	V1.0	深圳市艾森耐特网络科技有限公司	网站恢复
070003	安胜高保障防火墙	V1.0	中科安胜信息技术有限公司	包过滤防火墙
070005	SymantecBrightmailAnti－Spam	6.0	赛门铁克软件（北京）有限公司	信息过滤
070007	鹰眼安全平台	HGSTM 1.0	上海三零卫士信息安全技术有限公司	包过滤防火墙
070008	F5－FIREPASS	V6	北京安泰网安网络科技有限公司	访问控制
070011	统一身份认证与访问控制安全平台	SRQ08 V4.1	北京格方网络技术有限公司	身份鉴别、密钥管理、访问控制
070012	海信知识产权及敏感信息保护系统	IPPS V1.0	北京海信数码科技有限公司	文件监测、产品说明书
070013	Sepia NIPS	V2	上海龙盟信息科技有限公司	IPS
070014	鹰眼卫士内网安全管理系统	V1.0	上海三零卫士信息安全技术有限公司	非授权外联
070015	花季护航上网管理软件	V1.0	北京大正语言知识处理科技有限公司	信息过滤
070016	UBF指纹认证系统	BlueC R2.10.01	上海巨通电子有限公司	身份鉴别
070018	上锋safeman安全管理系统	V1.0	青岛上锋科技有限公司	安全审计
070020	网络安全隔离与信息交换系统	安御3000	北京安信中兴软件技术有限公司	网闸
070021	Sidewinder G2 Firewall	6.1	信客网络咨询（上海）有限公司	应用级防火墙
070022	Goalsys防火墙	V2.1	高尔思特（北京）技术有限公司	包过滤防火墙
070026	鹰眼安全网关（百兆型）	SGATE100	成都三零盛安信息系统有限公司	VPN
070027	鹰眼安全网关（千兆型）	SGATE1000	成都三零盛安信息系统有限公司	VPN
070030	IP－guard	企业信息监管系统3.0	广州市溢信科技有限公司	远程监测
070032	安智安全策略管理系统	AngellPRO SPM V3.0	西安安智科技有限公司	非授权外联
070033	UMail系统	3.3.0版	北京汇众畅游科技有限公司	访问控制
070035	网络智能入侵检测系统	NIP100	华为技术有限公司	NIDS
070036	网络智能入侵检测系统	NIP200	华为技术有限公司	NIDS

（续表）

报告号	产品名称	产品型号	受检单位	类型
070037	网络智能入侵检测系统	NIP1000	华为技术有限公司	NIDS
070038	Coremail Antispam GT	V3.0	盈世信息科技（北京）有限公司	反垃圾邮件
070039	亿阳网警综合审计系统	BOCO.HNDAS v3.0	亿阳安全技术有限公司	日志分析
070040	eToken易码通	3.65版	上海臻乾信息科技发展有限公司	身份鉴别
070041	思为同飞防火墙网关	SW-IG-H1000	武汉思为同飞网络技术有限公司	包过滤防火墙
070042	锁域文档安全管理系统	V1.5	泰天金诺科技（北京）有限公司	访问控制
070043	方正网络安全评估系统	3.0	上海方正信息安全技术有限公司	Scanner
070044	同达防火墙	TDFW-500	江苏同达科技有限责任公司	包过滤防火墙
070046	守护者信息管理软件	3.0	深圳强者网络科技有限公司	远程监测
070047	Symantec Network Security	7120/7160	赛门铁克软件（北京）有限公司	IPS
070048	Symantec Network Security	7161	赛门铁克软件（北京）有限公司	IPS
070049	Juniper防火墙	SSG140	神州数码（中国）有限公司	包过滤防火墙
070051	Juniper防火墙	NS 5200/NS 5400	神州数码（中国）有限公司	包过滤防火墙
070052	UAP统一身份管理平台	V1.0	北京时代亿信科技有限公司	访问控制
070053	时代亿信移动办公安全接入系统	V1.0	北京时代亿信科技有限公司	访问控制
070054	飞想WinManager安全管理系统	2.4	上海飞想信息科技有限公司	远程监测
070055	钱塘权限管理服务软件	V2.0	恒生电子股份有限公司	访问控制
070056	安全网关	Ubigate iBG2016	北京三星通信技术研究有限公司	包过滤防火墙、IPS
070057	防火墙	Cisco ASA 5505	思科系统（中国）网络技术有限公司	包过滤防火墙
070059	万达信息安全集成管理平台	2.0	万达信息股份有限公司	安管平台
070061	WebGuard网页防篡改保护系统	WebGuard 3.0	北京智恒联盟科技有限公司	网站恢复
070062	Symantec Mail Security	8360/8380	赛门铁克软件（北京）有限公司	反垃圾邮件
070063	SECGATE 3600防火墙	百兆	网御神州科技（北京）有限公司	包过滤防火墙

（续表）

报告号	产品名称	产品型号	受检单位	类型
070064	SECGATE 3600 防火墙	千兆	网御神州科技（北京）有限公司	包过滤防火墙
070065	网剑内网安全综合管理系统	V1.0	福建伊时代信息科技有限公司	远程监测
070066	Safeid 动态口令身份认证系统	V1.0	广州市汇今信息技术有限公司	身份鉴别
070067	Norton Internet Security	2007	赛门铁克软件（北京）有限公司	个人防火墙
070068	多功能网关	Netoray – NSG – 1000	莱克斯信息技术（北京）有限公司	访问控制
070069	RFID 标识溯源访问权限管理系统	RFID – PMI V1.0	浙江中图射频科技有限公司	访问控制
070070	瑞星防毒墙	RSW – 2.0	北京瑞星科技股份有限公司	包过滤防火墙
070071	Symantec Security information manager	9630/9650	赛门铁克软件（北京）有限公司	日志分析
070072	SecIDS 3600 入侵检测系统	千兆	网御神州科技（北京）有限公司	NIDS
070073	Symantec Mail Security	8340	赛门铁克软件（北京）有限公司	反垃圾邮件
070074	EAD 访问控制产品	CAMSV2.10 – R0119	杭州华为三康技术有限公司	访问控制
070075	NetStor 瞬时数据备份与恢复系统	NRS900	北京同有飞骥科技有限公司	本地数据备份与恢复
070076	宽带用户认证及日志管理服务器	Amtium eFlow	北京安腾世纪通信技术有限责任公司	身份鉴别、安全审计
070077	宝信网络巡警 eCop 系统	eCop 3000	上海宝信软件股份有限公司	远程监测、非授权外联
070078	清网信息防泄漏系统	V6	北京清网数安科技有限公司	远程监测
070079	铁卷电子文档安全系统	V3.1	深圳市大成天下信息技术有限公司	访问控制
070080	ESS 电子签章系统	3.0	北京诚利通数码技术有限公司	完整性鉴别
070083	PowerShadow	2.8	北京坚果比特科技有限公司	本地数据备份与恢复
070084	数据备份与恢复软件	Histor DBR 1.0	华工科技产业股份有限公司	本地数据备份与恢复
070086	NTKO 安全签名印章系统	3.0 版	重庆软航科技有限公司	完整性鉴别
070087	宙斯盾网络文件保险柜	V2.0	福建伊时代信息科技有限公司	访问控制
070088	EasyNet 网易通	V3.0	北京京师堂科技有限公司	访问控制

（续表）

报告号	产品名称	产品型号	受检单位	类型
070090	伟思安全隔离卡	ViGap300	珠海经济特区伟思有限公司	网闸
070093	中怡数宽防火墙	SAFEcon 防火墙/PROcon 防火墙	中怡数宽科技（苏州）有限公司	小型防火墙
070094	中网隔离网闸 X - gap	V1.0	中网通讯网络有限公司	网闸
070095	海达安全隔离与信息交换系统	BCUGap 7710 V6.5	北京海达教育投资有限公司	网闸
070096	NTAR 互联网控制审计系统	V2.1	北京网际思安科技有限公司	安全审计
070097	安全路由器	ICEFLOW	上海冰峰计算机网络技术有限公司	安全路由器
070098	AT.pass 密令王一次性动态密码身份认证系统	ATP - 0601A	永泰开放应用系统（深圳）有限公司	身份鉴别
070099	双网隔离计算机	尊越 A360	上海北大方正科技电脑系统有限公司	物理隔离
070100	中科新业互联网安全审计系统	V3.0	深圳市中科新业信息科技发展有限公司	公共上网服务场所
070101	CredLink 网络信任服务器	3500	江苏国盾科技实业有限责任公司	不可否认性鉴别
070102	智胜安全文档防扩散系统	V1.0	合肥智胜计算机技术有限责任公司	文件加密
070104	SecSSL 3600 安全接入网关	V5	网御神州科技（北京）有限公司	访问控制
070105	防火墙	Cisco ASA 5510/ASA 5520/ASA 5540	思科系统（中国）网络技术有限公司	包过滤防火墙
070106	鼎安电子文档全程安全管理系统	V2.0	北京卓越晟隆科技发展有限公司	访问控制
070107	中科慧创 CCManager IT 系统管理软件	3.0	成都中科慧创科技有限公司	远程监测
070108	中华卫士安全接入网关	CG - SAG	成都卫士通信息产业股份有限公司	VPN
070109	“数据卫士”生命周期安全管理系统	V2.0	北京斯博锐通科技有限公司	访问控制
070110	网络信息安全审计系统	Egilance II	北京国都兴业科技发展有限公司	安全审计
070111	运维安全审计系统（HAC）	1000	广州江南科友科技股份有限公司	访问控制
070112	数盾内网安全保护系统	V3.0	北京数盾信息科技有限公司	远程监测
070113	中科软安全桌面信息管理系统	V2.0	中科软科技股份有限公司	远程监测
070115	Exands iSecure GW110 安全审计网关	GW110 1.1.3	上海明祺网络信息技术有限公司	安全审计

（续表）

报告号	产品名称	产品型号	受检单位	类型
070116	ArcSight EnterPrise Security Manager	V3.5	网御神州科技（北京）有限公司	日志分析
070117	科信安全隔离与信息交换系统	KS - V8	北京华科信和科技有限公司	逻辑隔离
070118	桑地绿网 - 互联网公共上网服务场所信息安全管理系统	6.1	沈阳绿地万乐软件有限公司	公共上网服务场所
070119	纵向加密认证网关	NetKeeper - 2000	南京南瑞集团公司	VPN
070120	公文交换平台	通用版	上海颐东网络信息有限公司	访问控制
070121	博华网龙防火墙系统	YG - FWS - S	长沙博华科技有限公司	包过滤防火墙
070122	防火墙	USG3030	华为技术有限公司	包过滤防火墙
070123	SJW08 VPN 系统	SJW08	无锡江南计算技术研究所	VPN
070124	NERCIS 安全网关	NERCIS - SG - AD - 100	中科正阳信息安全技术有限公司	网关
070125	NERCIS 安全网关	NERCIS - SG - AD - 1000	中科正阳信息安全技术有限公司	网关
070127	SafeBoot DECE	5.0	上海维柯信息科技有限公司 SafeBoot B.V.	访问控制
070128	Stonesoft StoneGate Firewall	SG - FW - CN	广州市加安信息技术有限公司	包过滤防火墙
070130	数盾安全网关	V1.0	北京数盾信息科技有限公司	访问控制
070133	任天行网络安全管理系统	V2.0	深圳市任子行网络技术有限公司	公共上网服务场所
070134	LOIS 安全网关	LOIS - GW - 100	北京神州龙安科技有限公司	网关
070135	LOIS 安全网关	LOIS - GW - 1000	北京神州龙安科技有限公司	网关
070136	Todos eCode	V3.8	拓讯信息技术（青岛）有限公司	身份鉴别
070138	华盾 VPN 一体化安全网关	5.2	北京东方华盾信息技术有限公司	VPN
070139	网络卫士安全管理系统	V2	北京天融信科技有限公司	日志分析
070140	瑞达可信计算机	CJTC845 for Windows V5.0	瑞达信息安全产业股份有限公司	身份鉴别
070141	数据库安全扫描系统	V1.0	北京安信通网络技术有限公司	数据库扫描
070142	网络集群入侵检测管理系统	V1.0	苏州国华科技有限公司	NIDS
070143	深网网络信息安全监控设备	DN - B1200	山东博弈科技有限公司	安全审计
070144	网络警犬	通用版	上海颐东网络信息有限公司	远程监测
070145	互联网公共上网服务场所信息安全管理系统	V1.0	成都大东网络安全技术有限责任公司	公共上网服务场所

（续表）

报告号	产品名称	产品型号	受检单位	类型
070146	HNC 信息智能过滤器	V1.0	北京大正语言知识处理科技有限公司	信息过滤
070147	Onesec 内网安全访问与控制系统	V1.0	北京中盈信安科技发展有限责任公司	远程监测
070148	NetEye 审计系统	V2.2	沈阳东软软件股份有限公司	安全审计
070150	BTA 运营保障系统	BTA Intrasec 3.2	北京桥盟创联科技有限公司	远程监测
070151	鹰眼主页防篡改系统	PPS V6.0	成都三零盛安信息系统有限公司	网站恢复
070153	世恒安全电脑	S	中国长城计算机深圳股份有限公司	单向隔离
070154	冰之眼网络入侵检测系统	ICEYE NIDS V5	中联绿盟信息技术（北京）有限公司	NIDS
070155	冰之眼网络入侵检测系统	ICEYE NIDS V5	北京神州绿盟科技有限公司	NIDS
070157	联想网御入侵防护系统	Power V	联想网御科技（北京）有限公司	IPS
070159	鹰眼百兆数据库审计系统	NDAS100 V1.21	成都三零盛安信息系统有限公司	数据库安全审计
070160	网络黑盒	通用版	上海颐东网络信息有限公司	远程监测
070161	锦衣卫士多功能网络安全防火墙	LG－9600	珠海市红盟信息技术有限公司	小型防火墙
070162	青鹏天目电子文档安全管理软件	GR－ENCV1.0	贵州青鹏天目科技有限公司	访问控制
070163	e 网安 SOA1000 防火墙	SOA1000	中国电信集团系统集成有限责任公司	包过滤防火墙
070165	汇源主机监控与审计系统	V2.9	四川汇源光通信股份有限公司	远程监测
070166	榕基风险管理系统	RJ－RMS3.0	福建榕基软件开发有限公司	远程监测
070167	SafeBoot DECE	V5.0	四川高安科技有限公司 SafeBoot B.V.	访问控制
070168	JUMP 入侵防御系统	V3.0	西安交大捷普网络科技有限公司	IPS
070169	防火墙	Quidway@ Eudemon 8040	华为技术有限公司	包过滤防火墙
070170	防火墙	Quidway@ Eudemon 8080	华为技术有限公司	包过滤防火墙
070171	雨过天晴电脑保护系统	V1.0	南京安悦科技有限公司	本地数据备份与恢复
070172	信易电子签章	V1.0	上海燕托计算机有限公司	完整性鉴别
070173	海信 FW3010 千兆防火墙	5000	北京海信数码科技有限公司	包过滤防火墙
070174	综合安全网关	Secoway@ USG50	华为技术有限公司	包过滤防火墙

（续表）

报告号	产品名称	产品型号	受检单位	类型
070175	SysMC 主机监控与审计系统	V4.2	中国电子科技集团公司第十五研究所	远程监测
070176	LaneCat 网猫软件	V1.6	厦门诚创科技有限公司	信息过滤
070177	内网信息安全监控管理系统	i - Safe	四川久信科诚信息技术有限公司	远程监测
070178	万华数据安全墙 secWall	V1.0	无锡万华数据科技有限公司	访问控制
070179	绿色长城（家庭版）	V2.0	武汉市聚网科技有限公司	信息过滤
070180	CA 安全管理套件	CA Access Control r8 /CA Siteminder r6.0	冠群电脑（中国）有限公司	访问控制
070181	CA 安全管理套件	CA HIPS r8	冠群电脑（中国）有限公司	个人防火墙
070182	安全隔离与信息交换系统	IB - NPS3000	江苏意源科技有限公司	网闸
070183	锐捷网络入侵检测系统	RG - IDS500	福建星网锐捷网络有限公司	NIDS
070184	防火墙	Quidway Eudemon 100	华为技术有限公司	包过滤防火墙
070185	CA 安全管理套件	CA NetworkForensics r8	冠群电脑（中国）有限公司	安全审计
070186	CA 安全管理套件	CA Audit r8	冠群电脑（中国）有限公司	日志分析
070187	北信源 VRV 内网安全管理及补丁分发系统	V6.6	北京北信源自动化技术有限公司	远程监测
070188	Digital Trust 资源访问控制应用安全平台	V2.0	天津市国瑞数码安全系统有限公司	访问控制
070189	实时隔离网关	DF - NS 310	北京东方京海电子科技有限公司	网闸
070190	数据库安全扫描系统	V1.0	北京安信通网络技术有限公司	数据库扫描
070191	安软知识产权安全保护系统	1.0版	杭州恒兴洛克科技有限公司	访问控制
070192	SINFOR VPN 网关	V2.1	深圳市深信服电子科技有限公司	VPN
070193	e 网安 SOA1000 网络入侵检测系统	SOA1000	中国电信集团系统集成有限责任公司	NIDS
070194	网路神警上网行为监管系统	3.0.0.1	北京盛世光明软件技术有限公司	安全审计
070195	东方防火墙	DF - FW	北京东方京海电子科技有限公司	包过滤防火墙
070196	Rier 终端安全登录与监控审计系统	V5.5	北京中讯锐尔科技有限公司	远程监测
070197	北京北信源移动存储管理系统安全 U 盘	2.0	北京北信源自动化技术有限公司	访问控制
070198	奇智 Unix 操作管理系统	ShtermII	杭州奇智信息科技有限公司	访问控制
070199	防火墙	USG3040	华为技术有限公司	包过滤防火墙

（续表）

报告号	产品名称	产品型号	受检单位	类型
070201	方德方舟安全操作系统	NFSARK V1.0	中科方德软件有限公司	安全操作系统
070202	网络数据安全存储服务器	JMCC - 1000	上海奕锐信息科技有限公司	访问控制
070203	网络督察	ProEIM 7.0	上海新网程信息技术有限公司	公共上网服务场所
070205	爱思网安绿色网景	V4.0	重庆爱思网安信息技术有限公司	公共上网服务场所
070206	爱思网安网络主动防御系统	NADV3.0	重庆爱思网安信息技术有限公司	自适应网络主动防御
070207	KILL 入侵检测系统	V4.0	北京冠群金辰软件有限公司	NIDS
070208	WebCM Internet 信息过滤管理系统	WebCM 3.0	北京同方信息安全技术股份有限公司	信息过滤
070209	中软防水墙系统	V7.2	中国软件与技术服务股份有限公司	远程监测
070211	隐身侠	V2.30	北京意畅艾特信息技术服务有限公司	访问控制
070212	防火墙服务模块	FWSM 版本 3.1	思科系统（中国）网络技术有限公司	包过滤防火墙
070213	分布式拒绝服务攻击防护系统	Cisco Guard XT5650 + Cisco Detector XT5600	思科系统（中国）网络技术有限公司	防 DOS 系统
070214	易网析网络行为分析系统	NA	莱克斯信息技术（北京）有限公司	安全审计
070215	北京锐安互联网信息安全审计系统	V2.9.1	北京锐安科技有限公司	公共上网服务场所
070216	科博应用数据二极管	CopAdd 400	中铁信安（北京）信息安全技术有限公司	网闸
070217	以太安全网关	V2.0	青岛以太科技有限公司	安全路由器
070218	Strength CBS 备份管理软件	V6.0	深圳思创科技发展有限公司	本地数据备份与恢复
070219	高信达网络安全审计系统	1.0 版	北京高信达网络科技有限公司	安全审计
070220	西软宽带安全审计管理系统	V4.00	杭州西软计算机工程有限公司	公共上网服务场所
070221	蓝盾内网安全保密及审计系统	BD - SECSYS5000	广东天海威数码技术有限公司	远程监测
070222	WINDOWS 小冰箱	V2.00	南京小哨兵信息设备有限公司	本地数据备份与恢复
070223	方正入侵检测系统	4.0	上海方正信息安全技术有限公司	NIDS
070224	神目内网安全监控系统	V2.0	北京鑫奥博科技发展有限公司	远程监测

（续表）

报告号	产品名称	产品型号	受检单位	类型
070225	企业资料防盗专家 TECDOC 隐身锁	V2.0	杭州尖锐软件有限公司	访问控制
070226	中华卫士千兆防火墙	WFW－FW－B	成都卫士通信息产业股份有限公司	包过滤防火墙
070227	中孚实时切换物理隔离卡	0HDP－IV	山东中孚信息技术有限公司	物理隔离
070228	抗 DDOS 网关	IG2000	北京北方霄云网络科技有限责任公司	防 DOS 系统
070229	UniERM 企业 IT 治理综合管理平台	UniERM V3.0	北京极限飞宇科技有限责任公司	安全审计
070230	网核防火墙	NetCheck V4.0	杭州荣腾软件技术有限公司	包过滤防火墙
070231	捷普主机监控与审计系统	V1.4	西安交大捷普网络科技有限公司	远程监测
070233	捷普入侵检测系统	V3.0	西安交大捷普网络科技有限公司	NIDS
070234	普天网安防火墙	PT－WA1000 /PT－WA3000	洛阳普天信息技术有限公司	包过滤防火墙
070235	动联身份认证软件	V2.0	上海动联信息技术有限公司	身份鉴别
070236	SINFOR AC 上网行为管理网关	V1.0	深圳市深信服电子科技有限公司	安全审计
070237	InterSafe	3.1	阿尔卑斯系统集成（大连）有限公司北京分公司	信息过滤
070239	傲科天蓝蓝网络内容安全管理软件	V3.0	杭州傲科软件有限公司	信息过滤
070240	华依千兆防火墙	HY－F2000K	上海华依科技发展有限公司	包过滤防火墙
070242	盈高网控大师	V2.1.6	杭州盈高科技有限公司	远程监测
070243	非经营安全审计系统	AR2000	北京电信通绿信科技有限公司	公共上网服务场所
070244	NB1000 网络信息安全管理系统	NB1000	珠海网博信息科技有限公司	公共上网服务场所
070245	天窥网络监测防护系统	V6.66	天津克利斯科技有限公司	抗 DOS
070246	剑鱼网络安全监控审计系统	V2.0	北京理工先河科技发展有限公司	远程监测
070247	互联网信息安全管理系统	V1.0	北京瑞达时代科技有限公司	公共上网服务场所
070249	中安源可信网络安全平台	V3.2.2 版本	中安网脉（北京）技术股份有限公司	远程监测
070250	智能密码钥匙 eWand 龙符	SZD20－C	武汉天喻信息产业股份有限公司	文件加密
070251	H3C SecCenter A1000 安全管理中心	V2.5	杭州华三通信技术有限公司	日志分析

（续表）

报告号	产品名称	产品型号	受检单位	类型
070253	入侵检测系统服务模块	IDSM－2 版本 6.0	思科系统（中国）网络技术有限公司	NIDS
070254	黑盾防火墙	V3.5	福建省海峡信息技术有限公司	包过滤防火墙
070255	天信安计算机信息安全系统	V4.0	北京新光高科科技有限公司	远程监测
070256	太极抗攻击网关	TJ－AntiDOS	太极计算机股份有限公司	抗 DOS
070257	太极统一威胁管理系统	TJ－UTM	太极计算机股份有限公司	包过滤防火墙
070258	网络警察安全审计管理系统	V6.0	深圳市广道高新技术有限公司	公共上网服务场所
070259	IPS	IPS 4240/IPS 4255/IPS 4260	思科系统（中国）网络技术有限公司	IPS
070260	TTDS 计算机数据安全保护系统	WS 2.0	北京唯美星计算机安全保护技术有限公司	访问控制
070261	江民黑客防火墙	11.0.7	北京江民新科技术有限公司	个人防火墙
070262	北信源网络接入管理系统接入网关	VRV－1000	北京北信源自动化技术有限公司	小型防火墙
070263	天是信一体化防御软件	V1.0	杭州天是信信息安全有限公司	主机文件监测
070264	安智重要文档防扩散系统	AngellPro SDM V2.0	西安安智科技有限公司	访问控制
070266	iTrusCA	2.0	北京天威诚信电子商务服务有限公司	密钥管理
070267	电力专用纵向加密认证装置	SJW07－A 增强型	兴唐通信科技有限公司	VPN
070269	KILL 防火墙	KFW V1.5	北京冠群金辰软件有限公司	包过滤防火墙
070270	Kota 电子数据防泄露系统	V4.0	上海智金软件技术有限公司	文件加密
070271	企智通互联网公共上网服务场所安全管理系统	SmartBox	北京宽广智通信息技术有限公司	公共上网服务场所
070272	网络安全隔离与信息交换系统	天御 6000	北京和信日晟科技有限公司	网闸
070273	IdentityGuard	8.1	上海普晓信息科技有限公司	身份鉴别
070275	明鉴应用弱点扫描器	1.0	杭州安恒信息技术有限公司	数据库扫描
070276	黄金甲网络应用安全管理软件	V3.0	上海黄金甲软件科技有限公司	远程监测
070277	DID 动态口令认证系统	NeoDID V1.0	北京新安利兴网络安全技术有限公司	身份鉴别
070278	防火墙	Hillstone SA－2000	山石网科通信技术（北京）有限公司	包过滤防火墙
	防火墙	Hillstone SA－5000	山石网科通信技术（北京）有限公司包	过滤防火墙

（续表）

报告号	产品名称	产品型号	受检单位	类型
070279	硕琦邮件安全服务器	BOX Solutions	硕琦（上海）信息科技有限公司	反垃圾邮件
070280	E - SECURER 身份认证系统	V3.2	南京联创网络科技有限公司	身份鉴别
070281	网镜业务认证审计系统	L	四川赛贝卡信息技术有限公司	数据库安全审计
070282	UUDynamics	istar	广优信息科技（上海）有限公司	访问控制
070283	光华 S-Audit 综合审计系统	V3.0	上海复旦光华信息科技股份有限公司	安全审计
070284	Webwasher	6.5	信客网络咨询（上海）有限公司	信息过滤
070287	神州泰岳安全运行管理中心 ultra - somc	V2.0	北京神州泰岳软件股份有限公司	安全管理平台
070288	博华网龙入侵检测系统	YG - IDS - S	长沙博华科技有限公司	NIDS
070291	冰之眼网络入侵保护系统	ICEYE NIPS V5	中联绿盟信息技术（北京）有限公司	IPS
070292	冰之眼网络入侵保护系统	ICEYE NIPS V5	北京神州绿盟科技有限公司	IPS
070293	蓝盾信息安全管理审计系统	S3000	广东天海威数码技术有限公司	公共上网服务场所
070296	桌面安全管理系统	V3.0	南京联创网络科技有限公司	远程监测
070299	Automated Scanning	V2.2	埃贝瑞特（北京）信息技术有限公司	Scanner
070300	瑞星个人防火墙 2008 版	04.20	北京瑞星科技股份有限公司	个人防火墙
070301	任子行互联网管理软件	V4.5	深圳市任子行网络技术有限公司	信息过滤
070302	Ultra - AMS 统一身份及访问安全管理系统	V1.0	北京神州泰岳软件股份有限公司	访问控制
070305	安智 AngellPRO WEB 门户网关	V2.0	西安安智科技有限公司	WEB 过滤防护
070306	金诺网安入侵检测系统 KIDS	V8.2（百兆网络）	上海金诺网络安全技术发展股份有限公司	NIDS
070307	金诺网安入侵检测系统 KIDS	V8.2（千兆网络）	上海金诺网络安全技术发展股份有限公司	NIDS
070308	网康互联网控制网关	NSICG	北京网康科技有限公司	信息过滤
070309	IronMail	6.5	信客网络咨询（上海）有限公司	反垃圾邮件
070310	高速分布式企业网协同安全监管系统	V2.0	上海华宇电子工程有限公司	安全审计
070311	锐捷网络入侵检测系统	RG - IDS2000	福建星网锐捷网络有限公司	NIDS07

（续表）

报告号	产品名称	产品型号	受检单位	类型
070312	ZyWALL 防火墙	ZyWALL USG 300	众勤通信设备贸易（上海）有限公司	包过滤防火墙
070313	瑞星网络安全预警	SDS－1000	北京瑞星科技股份有限公司	NIDS
070315	永达可管控防火墙	V3.0	深圳市永达电子有限公司	小型防火墙
070316	永达安全管理与控制平台软件	V3.0	深圳市永达电子有限公司	安全管理平台
070317	永达安全管控代理 WINDOWS 版软件	V3.0	深圳市永达电子有限公司	身份鉴别
070318	永达安全管控代理 UNIX 版软件	V3.0	深圳市永达电子有限公司	身份鉴别
070319	永达可管控安全通讯平台软件	V3.0	深圳市永达电子有限公司	完整性鉴别
070320	永达可管控证书管理分发平台软件	V3.0	深圳市永达电子有限公司	密钥管理
070321	永达安全管控器软件	V3.0	深圳市永达电子有限公司	数据库安全审计
070322	思智 ERM 系统	1.0	北京思智泰克技术有限公司	文件加密
070323	锐捷 RG－SMP 安全管理平台	V1.0	福建星网锐捷网络有限公司	安全管理平台
070325	和勤安全隔离与信息交换系统	HG－V8	北京和勤新泰技术有限公司	网闸
070326	泰合信息安全运营中心系统	V3.0	北京启明星辰信息安全技术有限公司	安全管理平台
070327	天珣内网安全风险管理与审计系统	V6.6	北京启明星辰信息安全技术有限公司	非授权外联
070328	以太网络信息安全管理系统	V3.0	青岛以太科技有限公司	公共上网服务场所
070329	e 盾安全网络管理系统	SnetMan Ver 2.1	上海信安信息技术发展股份有限公司	远程监测
070330	天清入侵防御系统	V6.0	北京启明星辰信息安全技术有限公司	IPS
070331	天玥网络安全审计系统	V6.0	北京启明星辰信息安全技术有限公司	安全审计
070332	应用安全网关	Version6	北京信安世纪科技有限公司	访问控制
070333	天镜脆弱性扫描与管理系统	V6.0	北京启明星辰信息安全技术有限公司	Scanner
070334	天阗入侵检测与管理系统	V6.0	北京启明星辰信息安全技术有限公司	NIDS
070335	天阗千兆入侵检测与管理系统	V6.0	北京启明星辰信息安全技术有限公司	NIDS

（续表）

报告号	产品名称	产品型号	受检单位	类型
070338	中华箭－综合网络安全检测评估增强系统	V2.0	北京水木同正网络技术有限公司	scanner
070339	安科雪狼审计分析系统	V5.65	浙江安科网络技术有限公司	安全审计
070340	挑战电子印章系统	2007	上海挑战软件技术有限公司	完整性鉴别
070341	联想网御内网安全管理系统	V3.0	联想网御科技（北京）有限公司	远程监测
070342	联想网御防火墙	V3.0（百兆）	联想网御科技（北京）有限公司	包过滤防火墙
070343	联想网御防火墙	V3.0（千兆）	联想网御科技（北京）有限公司	包过滤防火墙
070344	紫微星安全管理系统	ACAPlus－M	北京紫光顺风信息技术有限公司	安全审计
070346	RetiSensor/RetiVista安全审计系统	1100	上海戴德网络科技有限公司	安全审计
070347	F8内网安全平台系统	5.2	湖南福莱特信息技术有限公司	访问控制
070348	宙斯盾安全物理隔离系统	V7.0	福州宙斯盾信息技术有限公司	物理隔离
070349	鹰眼网络安全审计系统	NSAS100	成都三零盛安信息系统有限公司	安全审计
070350	KILL终端安全管理系统	V3.1	北京冠群金辰软件有限公司	远程监测
070351	大天图文档安全系统	GS－DES v3.5	杭州浙大大天信息有限公司	访问控制
070352	SecSeal安全电子印章系统	V1.00	福建凯特信息安全技术有限公司	完整性鉴别
070353	Kinsec桌面安全系统	V1.00	福建凯特信息安全技术有限公司	完整性鉴别
070354	SecAgent安全代理服务系统	V1.00	福建凯特信息安全技术有限公司	身份鉴别
070355	PKI应用服务器	PKI Server	福建凯特信息安全技术有限公司	完整性鉴别
070356	《展翅鸟》软件	V10.0.0.0	北京展翅鸟科技有限公司	信息过滤
070359	防火墙	NetST V3.0	北京同方信息安全技术股份有限公司	包过滤防火墙
070360	图文网络物理隔离卡与线路选择器	WLGLQ－Ⅱ型与WLGLJXQ－Ⅰ型	广州市图文科技有限公司	物理隔离
070361	Exands iSecure GW－PU安全场所审计平台	GW－PU 1.0	上海名祺网络信息技术有限公司	公共上网服务场所
070362	网络雷达	SYRADAREIM 8.0	上海望观信息科技有限公司	公共上网服务场所

（续表）

报告号	产品名称	产品型号	受检单位	类型
070363	梵天防水墙	V1.0	北京仁信科技有限公司	远程监测
070364	物理隔离卡	J－630	深圳市金利谱信息技术有限公司	物理隔离
070365	欣正网信电子文档安全管理系统（安全U盘）	V1.0	北京欣正网信电子政务研发中心	访问控制
070366	Symantec Database Security and Audit	3.0	赛门铁克软件（北京）有限公司	数据库安全审计
070367	SmartOn	版本 1.4	索利通网络系统（上海）有限公司	访问控制
070368	网站防护系统	HuaTech	北京中软华泰信息技术有限责任公司	抗 DOS
070370	网经企网融合系统	OfficeTen3800－M	网经科技（苏州）有限公司	安全审计
070372	Logbase 日志管理综合审计系统	SLAS V1.0	杭州思福迪信息技术有限公司	日志分析
070373	Secospace 日志审计	V100R001	华为技术有限公司	日志分析
070374	Secospace 日志审计	V100R001	华为技术有限公司	数据库安全审计
070375	指纹身份鉴别系统	JZT－998	浙江维尔科技有限公司	身份鉴别
070377	NIKSUN Network Tester	NikSun/NetDetector	北京康达联科信息技术有限公司	安全审计
070380	NetEye 防火墙	V3.2（千兆）	沈阳东软软件股份有限公司	包过滤防火墙
070381	防火墙	HuaTech－2000 百兆型	北京中软华泰信息技术有限责任公司	包过滤防火墙
070382	防火墙	HuaTech－2000 千兆型	北京中软华泰信息技术有限责任公司	包过滤防火墙
070383	Symantec Endpoint Protection	11.X	赛门铁克软件（北京）有限公司	个人防火墙
070384	ACK ID 网管平台	A1000	北京艾科网信科技有限公司	访问控制
070385	瑞讯安全锁	Cre－MVPV2.0	北京市科瑞讯科技发展有限公司	访问控制
070386	UTM 多功能网关	PT－LT1000	深圳市普天宜通科技有限公司	包过滤防火墙
070387	RSA SecurID 身份认证系统	6.1	上海动联信息技术有限公司	身份鉴别
070388	前沿文档安全管理系统	V1.0	上海前沿计算机科技有限公司	访问控制
070390	NetEye IDSV	2.2	沈阳东软软件股份有限公司	NIDS
070391	O2Micro 防火墙系统	SifoWorks	北京凹凸微系电子开发有限公司	包过滤防火墙
070392	O2Micro SSL 访问控制系统	Succendo	北京凹凸微系电子开发有限公司	访问控制

（续表）

报告号	产品名称	产品型号	受检单位	类型
070393	联想网御安全网关	V3.0	联想网御科技（北京）有限公司	包过滤防火墙
070395	联想网御安全网关	V3.0	联想网御科技（北京）有限公司	VPN
070398	安全隔离与信息交换系统	Run－Net Gap 1.0	北京锐安科技有限公司	网闸
070399	联想网御异常流量管理与防拒绝服务攻击系统	V3.0	联想网御科技（北京）有限公司	抗 DOS
070400	方正防火墙	V3.0	上海方正信息安全技术有限公司	包过滤防火墙
070402	优逸密宝	1.0	广州优逸网络科技有限公司	身份鉴别
070403	统一认证管理系统	2.0	北京数字证书认证中心有限公司	访问控制
070404	安浪 TOS	V2.0	北京安浪信息科技有限公司	访问控制
070405	龙信可控网络安全接入系统	LSGW2000	四川龙信信息安全科技有限公司	访问控制
070406	LGET 林果动态口令双因素身份认证系统	LGET－1	上海林果实业有限公司	身份鉴别
070408	PowerReg 安全认证系统	PG－V1.0	云南电信网信实业集团有限公司	身份鉴别
070409	吉大正元电子签章系统	JIT ESS V2.0	长春吉大正元信息技术股份有限公司	完整性鉴别
070410	H3C SecPath T200 入侵抵御系统	IMW110	杭州华三通信技术有限公司	IPS
070412	明御应用及数据库深度防御审计系统	Version 1.0	杭州安恒信息技术有限公司	数据库安全审计
070413	网神入侵防御系统	SecIPS 3600	网御神州科技（北京）有限公司	IPS
070414	SecFox 安全管理系统	1.0	网御神州科技（北京）有限公司	安全管理平台
070415	网络卫士 VPN 系统	V6	北京天融信科技有限公司	VPN
070416	Symantec Network Access Control	11.x	赛门铁克软件（北京）有限公司	访问控制
070418	华堂网络安全防御系统－防火墙	V4.0	上海华堂网络有限公司	应用级防火墙
070419	凡舟素网软件	V1.1	东莞市凡舟软件科技有限公司	信息过滤
070420	SnapGear	3.1	信客网络咨询（上海）有限公司	小型防火墙
070421	SmartFilter	4.2	信客网络咨询（上海）有限公司	信息过滤

（续表）

报告号	产品名称	产品型号	受检单位	类型
070422	诺客网络安全管理系统	V5.0	北京诺亚时代科技有限公司	远程监测
070423	非经营性互联网信息监察系统	V1.1	吉林伍陆柒捌股份有限公司	公共上网服务场所
070424	鼎易（TCO）计算机终端管理及内网安全系统	鼎易（TCO！NAC）1000	北京数码美迪信息技术有限公司	访问控制
070427	APN GW	OLYM2008	深圳市奥联科技有限公司	VPN
070428	苏富特网络入侵检测系统	SoftNIDS V2.0	江苏南大苏富特软件股份有限公司	NIDS
070429	智能网全 TM 系统	5.0 企业版	沈阳通用软件有限公司	远程监测
070430	金山网镖	2008	北京金山软件有限公司	个人防火墙
070431	能士网阀	NESEC600	四川川大能士信息安全有限公司	计算机其他（企业标准）
070434	能士防火墙	NESEC 110	四川川大能士信息安全有限公司	包过滤防火墙
070438	锐捷网络防火墙系统	RG－WALL2000	福建星网锐捷网络有限公司	包过滤防火墙
070440	网络神探	4.0	上海雨人软件技术开发有限公司	公共上网服务场所
070443	指纹识别信息系统安全认证	1.0	杭州中正生物认证技术有限公司	身份鉴别
070444	南大通用电子签章系统	V2.0	天津南大通用数据技术有限公司	完整性鉴别
070445	安全网关	Ubigate iBG2006	北京三星通信技术研究有限公司	包过滤防火墙
070447	VeriSign VIP/UA OTP 统一认证系统	Version4	上海林果科技有限公司	身份鉴别
070448	Norton Internet Security	2008	赛门铁克软件（北京）有限公司	个人防火墙
070450	苏富特防火墙 SoftWall	WPHv2.0	江苏南大苏富特软件股份有限公司	包过滤防火墙
070452	联想网御安全网关	V3.0	联想网御科技（北京）有限公司	IPS
070457	APN	GW	深圳市奥联科技有限公司	包过滤防火墙
070459	神码安全 IDM 身份管理平台	DC. IDM. 2.0	北京神州数码有限公司	身份鉴别
070461	反垃圾邮件系统	MailCM V3.0	北京同方信息安全技术股份有限公司	反垃圾邮件
070463	TIPTOP 物理隔离系统	TP－90X	深圳市利谱信息技术有限公司	物理隔离
070465	IPS	IPS 4270	思科系统（中国）网络技术有限公司	IPS

（续表）

报告号	产品名称	产品型号	受检单位	类型
070466	吉大正元数字签名服务器	V2.0	长春吉大正元信息技术股份有限公司	不可否认性鉴别
070468	LinkTrust Unified Threat Management	V8	北京安氏领信科技发展有限公司	包过滤防火墙
070469	领信安全管理中心	V2	北京安氏领信科技发展有限公司	安全管理平台
070470	得安 SRQ24 证书认证系统	V2.0	济南得安计算机技术有限公司	密钥管理
070472	励方统一数据库安全增强系统 Lucfron UDS	V1.0	北京励方华业软件有限公司	身份鉴别
070476	天门 FlowGate 安全网关	FlowGate V5.0	四川金中讯科技有限责任公司	包过滤防火墙
070478	JM－1 信息安全系统	V3.0	中保信安（北京）科技有限公司	身份鉴别
070482	安盟双因素身份认证系统	V5.0	四川安盟电子信息安全有限责任公司	身份鉴别
070484	华依防火墙	HY－F2000	上海华依科技发展有限公司	包过滤防火墙
070493	宝界防火墙	xBorder V4	无锡宝界科技有限公司	包过滤防火墙
070497	Nokia Integrated Firewall with IPSO－VN	4.1	诺基亚（中国）投资有限公司	包过滤防火墙
070498	国保金泰安全隔离与信息交换系统	iGap－500	北京国保金泰信息安全技术有限公司	网闸
070499	联想指纹闪存盘	B920	联想（北京）有限公司	身份鉴别
070500	联想移动硬盘	指纹安全型	联想（北京）有限公司	身份鉴别
070502	安全电子签章系统	V4.0	北京京本源高新技术有限公司	完整性鉴别
070503	联想网御入侵检测系统	V3.2（千兆）	联想网御科技（北京）有限公司	NIDS
070504	联想网御入侵检测系统	V3.2（百兆）	联想网御科技（北京）有限公司	NIDS
070505	博华网龙 ASIC 芯片高端防火墙系统	YG－FWS－S4000	长沙博华科技有限公司	包过滤防火墙
070508	伟思信安网络安全隔离卡	（双硬盘）V1.00	珠海经济特区伟思有限公司	物理隔离
070509	Alcatel－Lucent 防火墙	Brick	上海贝尔阿尔卡特业务通信系统有限公司	包过滤防火墙
070510	ZXSEC	US	中兴通讯股份有限公司	应用级防火墙
070511	信达环宇防火墙	XDHY－FW V3.1	北京信达环宇安全网络技术有限公司	包过滤防火墙
070512	信达环宇内网安全管理系统	XDHY－TS V8.0	北京信达环宇安全网络技术有限公司	远程监测

（续表）

报告号	产品名称	产品型号	受检单位	类型
070513	入侵抵御系统	SecPath T1000	杭州华三通信技术有限公司	IPS
070514	信达环宇漏洞扫描系统	XDHY－NSS V8.0	北京信达环宇安全网络技术有限公司	Scanner
070515	励方统一授权与访问控制系统（Lucfron UAC）	V3.0	北京励方华业软件有限公司	访问控制
070516	励方统一安全审计与审计与监控系统（Lucfron UAM）	V3.0	北京励方华业软件有限公司	数据库安全审计
070517	励方统一用户管理与身份鉴别系统（Lucfron UIA）	V3.0	北京励方华业软件有限公司	身份鉴别
070518	飞天智能密码钥匙（USB Key）	V2.0	北京飞天诚信科技有限公司	身份鉴别
070519	中软可信移动存储介质管理	7.2	中国软件与技术服务股份有限公司	主机文件监测
070521	Symantec Enterprise Security Manager	6.5	赛门铁克软件（北京）有限公司	主机安全漏洞扫描
070522	神探Ⅰ号——终端全方位安全检查系统	V1.0	苏州中科林华科技有限公司	计算机其他（企业标准）

（二）国家保密局

国家保密局电磁泄漏发射防护产品检测中心2007年检测产品公告

证书编号	产品类别	产品名称	通过时间	厂家名称	状态
TTCSSA2007YT0301	电磁屏蔽机柜	电磁屏蔽机柜VN－JG－EMC/S－A型	2007－12－18	成都威诺科技有限责任公司	有效
TTCSSA2007YT0293	传导干扰器	“HAB－XL1”型线路传导干扰系统	2007－12－11	北京华安保信息技术有限公司	有效
TTCSSA2007YT0292	电磁干扰器	VIP－3微机视频信息保护系统	2007－12－11	国家保密技术研究所	有效
TTCSSA2007YT0291	低泄射计算机	防电磁泄漏便携计算机华密FDXN－I型	2007－12－03	北京华人合智科技有限公司	有效
TTCSSA2007YT0284	其他电磁泄漏发射产品	“清源”红黑电源隔离插座QY－GLⅡ型	2007－11－07	北京天大清源通信技术有限公司	有效
TTCSSA2007YT0269	低泄射计算机	16IPC PC 0040型低辐射初级加固计算机	2007－10－10	江苏自动化研究所	有效
TTCSSA2007YT0268	电磁屏蔽机柜	PJS－G型电磁屏蔽柜	2007－10－10	常州市屏聚电磁屏蔽设备厂	有效

（续表）

证书编号	产品类别	产品名称	通过时间	厂家名称	状态
TTCSSA2007YT0265	电磁屏蔽机柜	ZYTH－G型屏蔽机柜	2007－09－14	正有泰和科技（北京）有限公司	有效
TTCSSA2007YT0264	电磁屏蔽机柜	HLS－G型屏蔽机柜	2007－09－13	常州市恒力电磁屏蔽设备厂	有效
TTCSSA2007YT0263	电磁屏蔽机柜	LYS－I型屏蔽机柜	2007－09－13	山东鲁亚信息技术有限公司	有效
TTCSSA2007YT0262	电磁屏蔽机柜	CXA－JG－42C型屏蔽机柜	2007－09－13	北京诚信安科贸有限公司	有效
TTCSSA2007YT0249	低泄射计算机	华密DFS－AF型防电磁泄漏计算机	2007－07－20	北京华人合智科技有限公司	有效
TTCSSA2007YT0246	电磁干扰器	天网－I型信息保护机	2007－06－26	天津光电聚能专用通信设备有限公司	有效
TTCSSA2007YT0245	电磁屏蔽机柜	PZ－V型电磁屏蔽柜	2007－06－21	安方高科信息安全技术（北京）有限公司	有效
TTCSSA2007YT0244	电磁干扰器	电磁干扰器GR2000	2007－06－21	北京智通信安科技发展中心	有效
TTCSSA2007YT0242	电磁屏蔽机柜	“TDS－G型”电磁屏蔽柜	2007－06－04	北京天大清源通信技术有限公司	有效
TTCSSA2007YT0241	低泄射计算机	TPC－2000防信息（电磁）泄漏计算机	2007－05－16	中国航天科工集团第二研究院七〇六所	有效
TTCSSA2007YT0240	低泄射计算机	TZX－2D型携行指挥工作台	2007－05－16	山东超越数控电子有限公司	有效
TTCSSA2007YT0239	低泄射计算机	TZX－2S－1型携行指挥工作台	2007－05－16	山东超越数控电子有限公司	有效
TTCSSA2007YT0237	其他电磁泄漏发射产品	红黑电源隔离插座TDY－3型	2007－04－16	中国航天科工集团第二研究院七〇六所	有效
TTCSSA2007YT0234	其他电磁泄漏发射产品	金盾一号光显屏蔽机	2007－03－21	安方高科信息安全技术（北京）有限公司	有效
TTCSSA2007YT0233	其他电磁泄漏发射产品	华安保手机屏蔽袋HAB－PSI型	2007－03－19	北京华安保信息技术有限公司	有效
TTCSSA2007YT0232	电磁屏蔽机柜	华安保手机屏蔽柜HAB－SJI型	2007－03－13	北京华安保信息技术有限公司	有效
TTCSSA2007YT0230	传导干扰器	“LX－100T型”以太网传导干扰器	2007－03－05	成都立鑫新技术科技有限公司	有效
TTCSSA2007YT0229	电磁屏蔽机柜	电磁屏蔽柜GWS－G型	2007－02－28	常州市长城屏蔽机房设备有限公司	有效
TTCSSA2007YT0227	其他电磁泄漏发射产品	红黑电源隔离插座RBI－1型	2007－02－05	天津光电聚能专用通信设备有限公司	有效

国家保密局涉密信息系统安全保密测评中心2007年检验产品公告

证书编号	产品类别	产品名称	通过时间	厂家名称	状态
TTCSSA2007YT0226	其他电磁泄漏发射产品	"清源"红黑电源隔离滤波器 QY－GLI型	2007－02－05	北京天大清源通信技术有限公司	有效
TTCSSA2007YT0225	传导干扰器	网络线路传导干扰器 CY－N－06	2007－01－19	北京创远汇智科技有限公司	有效
ISSTEC2007YT0585	电子文档安全保密产品	TJ ActiveSec 电子文档安全管理系统 V2.0	2007－12－28	北京太极英泰信息科技有限公司 中国电子科技集团公司第十五研究所	有效
ISSTEC2007YT0584	载体销毁与信息消除	SPF－02型消磁器	2007－12－28	济南鲁安达科技发展有限公司	有效
ISSTEC2007YT0583	安全保密检查工具	BM－JLB 金路标计算机终端保密检查工具 V1.0	2007－12－27	北京金路标科技有限公司	有效
ISSTEC2007YT0582	电子文档安全保密产品	山丽电子文档安全管理系统 V3.0	2007－12－27	上海山丽信息安全有限公司	有效
ISSTEC2007YT0581	防火墙	太极防火墙 TJ－FW V2.0	2007－12－20	太极计算机股份有限公司	有效
ISSTEC2007YT0580	漏洞扫描系统	榕基网络隐患扫描系统 RJ－iTopⅣ（软件版）V3.0	2007－12－20	福建榕基软件股份有限公司	有效
ISSTEC2007YT0579	漏洞扫描系统	榕基网络隐患扫描系统 RJ－iTopIII（机架式）V3.0	2007－12－20	福建榕基软件股份有限公司	有效
ISSTEC2007YT0578	入侵检测系统	网威网络入侵检测系统 PIDS－100 V2.3.5	2007－12－20	北京中科网威信息技术有限公司	有效
ISSTEC2007YT0577	安全保密检查工具	"天宇山水"CSC计算机安全检查系统 CSC－5000 V1.0	2007－12－19	北京天宇山水科技发展有限公司	有效
ISSTEC2007YT0576	安全隔离与信息交换	联想网御 SIS－3000安全隔离与文件交换系统 V1.0	2007－12－18	联想网御科技（北京）有限公司	有效
ISSTEC2007YT0575	监控与审计	诺客主机监控与审计系统 NTT－8 V5.0	2007－12－14	北京诺亚时代科技有限公司	有效
ISSTEC2007YT0574	电子文档安全保密产品	英赛虎电子文档安全管理系统 V2.0	2007－12－10	上海颐东网络信息有限公司	有效
ISSTEC2007YT0573	电子文档安全保密产品	SecureOne 电子文档安全管理系统 V1.0	2007－12－06	北京华宇天一科技有限公司	有效

（续表）

证书编号	产品类别	产品名称	通过时间	厂家名称	状态
ISSTEC2007YT0572	入侵检测系统	天清入侵防御系统（千兆）V6.0	2007-12-03	北京启明星辰信息安全技术有限公司	有效
ISSTEC2008YT0571	监控与审计	智能网全TM（SmartConfig@）主机监控与审计系统V5.1	2007-12-03	沈阳通用软件有限公司	有效
ISSTEC2008YT0570	监控与审计	天信安主机监控与审计系统V4.1	2007-12-03	北京中天航信科技有限公司	有效
ISSTEC2007YT0569	隔离卡	中孚物理隔离卡HDP-IV K6XX	2007-11-28	山东省保密局山东中孚信息产业股份有限公司	有效
ISSTEC2007YT0568	终端安全与文件保护	时代亿信安全登录系统ETAS-SEC-ST V1.0	2007-11-26	北京时代亿信科技有限公司	有效
ISSTEC2007YT0567	入侵检测系统	网威千兆网络入侵检测系统NPIDS-1000 V2.3.5	2007-11-26	北京中科网威信息技术有限公司	有效
ISSTEC2007YT0566	网络安全管理	金海豚网络安全综合监控平台系统V2.0	2007-11-26	北京理工先河科技发展有限公司	有效
ISSTEC2007YT0565	监控与审计	LanSecS主机监控与审计系统V6.03	2007-11-26	北京圣博润高新技术有限公司	有效
ISSTEC2007YT0564	安全隔离与信息交换	和勤安全隔离与信息交换系统（HG-BNSS）HG-V8	2007-11-15	北京和勤新泰技术有限公司	有效
ISSTEC2007YT0563	终端安全与文件保护	JM-1终端安全登录与文件保护系统V3.0	2007-11-15	中保信安（北京）科技有限公司	有效
ISSTEC2007YT0562	监控与审计	SCMCA-HT主机监控与审计系统V1.0	2007-11-15	北京计算机技术及应用研究所	有效
ISSTEC2007YT0561	电脑密码柜（锁）	CFB001型电脑密码锁	2007-11-14	广州长风电子信息科技有限公司 广州市番禺文辉钢具厂	有效
ISSTEC2007YT0560	电脑密码柜（锁）	MB-1800型电子密码保密柜	2007-11-14	南京保安器材有限公司	有效
ISSTEC2007YT0559	入侵检测系统	金城PowerIDS网络入侵检测系统V1.0	2007-11-14	深圳市金城保密技术有限公司	有效
ISSTEC2007YT0558	防火墙	和勤防火墙Hinge-Firewall V3.1	2007-11-14	北京和勤新泰技术有限公司	有效

（续表）

证书编号	产品类别	产品名称	通过时间	厂家名称	状态
ISSTEC2007YT0557	电子文档安全保密产品	新模式安全卫士电子文件安全管理系统 DG V5	2007－11－08	新模式软件集成有限公司	有效
ISSTEC2007YT0556	隔离卡	网络卫士物理隔离卡 HK 型	2007－11－08	石家庄开发区冀科双实科技有限公司	有效
ISSTEC2007YT0555	中间件	金信安应用服务器访问控制中间件 V3.2	2007－11－06	成都金信安安全保密技术有限公司	有效
ISSTEC2007YT0554	终端安全与文件保护	FD－GG 门神终端安全登录与文件保护系统 V5.0	2007－11－06	北京东方釜鼎科技有限公司	有效
ISSTEC2007YT0553	防火墙	安氏领信防火墙 U8.0	2007－11－05	北京安氏领信科技发展有限公司	有效
ISSTEC2007YT0552	防火墙	Secoway USG3040 防火墙 VRP3.30	2007－11－05	华为技术有限公司	有效
ISSTEC2007YT0551	防火墙	Secoway USG3030 防火墙 VRP3.30	2007－11－05	华为技术有限公司	有效
ISSTEC2007YT0550	漏洞扫描系统	DD4200 网络安全扫描工具 V3.0	2007－11－05	成都大东网络安全技术有限责任公司	有效
ISSTEC2007YT0549	安全隔离与信息交换	天行安全隔离与文件交换系统 Topwalk－GAP S V3.0	2007－10－26	北京天行网安信息技术有限责任公司	有效
ISSTEC2007YT0548	防火墙	AngellPRO WEB GATE 防火墙 V2.0	2007－10－26	西安安智科技有限公司	有效
ISSTEC2007YT0547	监控与审计	联想网御主机监控审计与补丁分发系统 V3.0	2007－10－26	联想网御科技（北京）有限公司	有效
ISSTEC2007YT0546	电子文档安全保密产品	欣正网信电子文档安全管理系统 V1.0	2007－10－24	北京欣正网信电子政务研发中心	有效
ISSTEC2007YT0545	防火墙	思为同飞防火墙 SW－IG－H1000/V2.42.021	2007－10－23	武汉思为同飞网络技术有限公司	有效
ISSTEC2007YT0544	终端安全与文件保护	金天城终端安全登录与文件保护系统 V2.0	2007－10－22	北京金天城保密技术有限公司	有效
ISSTEC2007YT0543	终端安全与文件保护	基于指纹识别的长江终端安全登录与文件保护系统 CJ－FKEY V2.0	2007－10－22	长江计算机（集团）公司 上海长江数码科技有限公司	有效

（续表）

证书编号	产品类别	产品名称	通过时间	厂家名称	状态
ISSTEC2007YT0542	监控与审计	久信主机监控与审计系统 i－Safe V6.5	2007－10－22	四川久信科诚信息技术有限公司	有效
ISSTEC2007YT0541	漏洞扫描系统	NetSS 网络漏洞扫描系统 V1.0	2007－10－22	北京同方信息安全技术股份有限公司	有效
ISSTEC2007YT0540	隔离卡	唯美星 TTDS® 计算机数据文件保护系统 V1.0	2007－10－17	北京唯美星计算机安全保护技术有限公司	有效
ISSTEC2007YT0539	入侵检测系统	天清入侵防御系统（百兆）V6.0	2007－10－10	北京启明星辰信息安全技术有限公司	有效
ISSTEC2007YT0538	中间件	吉大正元安全中间件（软件版）V2.0	2007－09－24	长春吉大正元信息技术股份有限公司	有效
ISSTEC2007YT0537	中间件	吉大正元安全中间件（硬件版）V2.0	2007－09－24	长春吉大正元信息技术股份有限公司	有效
ISSTEC2007YT0536	防火墙	天清汉马 USG 防火墙 V2.6（百兆）	2007－09－17	北京启明星辰信息安全技术有限公司	有效
ISSTEC2007YT0535	电子文档安全保密产品	AngellPro SDM 电子文档安全管理系统 V2.0	2007－09－17	西安安智科技有限公司	有效
ISSTEC2007YT0534	电子文档安全保密产品	思智电子文档安全管理系统 V1.0	2007－09－17	北京思智泰克技术有限公司	有效
ISSTEC2007YT0533	防火墙	天清汉马 USG 防火墙 V2.6（千兆）	2007－09－17	北京启明星辰信息安全技术有限公司	有效
ISSTEC2007YT0532	载体销毁与信息消除	磁性存储介质信息消除机 HAB－XC01	2007－09－17	北京华安保信息技术有限公司	有效
ISSTEC2007YT0531	电子文档安全保密产品	信易电子签章 V5.0	2007－09－12	上海燕托计算机有限公司	有效
ISSTEC2007YT0530	安全隔离与信息交换	联想网御 SIS－3000 安全隔离与信息交换系统 V1.0	2007－09－07	联想网御科技（北京）有限公司	有效
ISSTEC2007YT0529	监控与审计	冰之眼网络安全审计系统 ICEYE SAS V5	2007－09－07	北京神州绿盟科技有限公司	有效
ISSTEC2007YT0527	防火墙	Secoway USG50 防火墙 VRP3.30	2007－09－05	华为技术有限公司	有效

（续表）

证书编号	产品类别	产品名称	通过时间	厂家名称	状态
ISSTEC2007YT0526	安全隔离与信息交换	宇宙盾安全隔离与信息交换系统V1.0	2007－09－05	北京数码星辰科技有限公司	有效
ISSTEC2007YT0525	监控与审计	内网110－主机监控审计与USB移动存储介质使用管理系统V2.0	2007－09－05	电信科学技术第十研究所	有效
ISSTEC2007YT0524	防火墙	TopGate防火墙V2.0	2007－09－05	北京天融信科技有限公司	有效
ISSTEC2007YT0522	电子文档安全保密产品	“天机”电子文档安全管理系统V2.1	2007－09－03	西安腾惟科技有限公司	有效
ISSTEC2007YT0519	移动存储介质管理	北信源USB移动存储介质使用管理系统V2.0	2007－08－23	北京北信源自动化技术有限公司	有效
ISSTEC2007YT0518	电子文档安全保密产品	数据卫士电子文档安全管理系统V2.0	2007－08－17	北京斯博锐通科技有限公司	有效
ISSTEC2007YT0517	安全隔离与信息交换	天御6000网络安全隔离与文件交换系统V1.2	2007－08－16	北京和信日晟科技有限公司	有效
ISSTEC2007YT0516	入侵检测系统	天阗千兆入侵检测与管理系统（网络型）V6.0	2007－08－16	北京启明星辰信息安全技术有限公司	有效
ISSTEC2007YT0515	入侵检测系统	天阗入侵检测与管理系统（网络型）V6.0	2007－08－16	北京启明星辰信息安全技术有限公司	有效
ISSTEC2007YT0514	防火墙	天清汉马AIO－Hammer千兆防火墙V2.6	2007－08－16	北京启明星辰信息安全技术有限公司	有效
ISSTEC2007YT0513	防火墙	天清汉马AIO－Hammer百兆防火墙V2.6	2007－08－16	北京启明星辰信息安全技术有限公司	有效
ISSTEC2007YT0512	网络安全管理	泰合网络安全管理平台V3.0	2007－08－16	北京启明星辰信息安全技术有限公司	有效
ISSTEC2007YT0511	监控与审计	天珣主机监控与审计系统V6.6	2007－08－16	北京启明星辰信息安全技术有限公司	有效
ISSTEC2007YT0510	监控与审计	天玥网络安全审计系统V6.0	2007－08－16	北京启明星辰信息安全技术有限公司	有效
ISSTEC2007YT0509	漏洞扫描系统	天镜脆弱性扫描与管理系统V6.0	2007－08－16	北京启明星辰信息安全技术有限公司	有效

（续表）

证书编号	产品类别	产品名称	通过时间	厂家名称	状态
ISSTEC2007YT0508	防火墙	联想网御防火墙V3.0（千兆）	2007－08－13	联想网御科技（北京）有限公司	有效
ISSTEC2007YT0507	防火墙	联想网御防火墙V3.0（百兆）	2007－08－13	联想网御科技（北京）有限公司	有效
ISSTEC2007YT0506	监控与审计	APA eos Eye 易视主机监控与审计系统软件 V2000	2007－08－01	南京道及天软件系统有限公司	有效
ISSTEC2007YT0505	监控与审计	天玥网络安全审计系统 V6.0	2007－08－01	北京启明星辰信息技术有限公司	有效
ISSTEC2007YT0504	电子文档安全保密产品	锁域电子文档安全管理系统 V1.5	2007－08－01	泰天金诺科技（北京）有限公司	有效
ISSTEC2007YT0503	监控与审计	cofferdisk主机监控审计与文件保护系统 V1.0	2007－07－24	清大安科（北京）科技有限公司	有效
ISSTEC2007YT0502	防火墙	Quidway® Eudemon 300防火墙 VRP3.3	2007－07－24	华为技术有限公司	有效
ISSTEC2007YT0501	监控与审计	汇源主机监控与审计系统 LPS V2.10	2007－07－24	四川汇源光通信股份有限公司	有效
ISSTEC2007YT0500	数据备份	浪擎·终端数据备份系统 V1.30	2007－07－24	上海浪擎信息科技有限公司	有效
ISSTEC2007YT0499	移动存储介质管理	博睿勤 USB 移动存储介质使用管理系统 V2.0	2007－07－23	北京博睿勤技术发展有限公司	有效
ISSTEC2007YT0498	防火墙	Quidway® Eudemon 200S防火墙 VRP3.3	2007－07－20	华为技术有限公司	有效
ISSTEC2007YT0497	防火墙	Quidway® Eudemon 200防火墙 VRP3.3	2007－07－20	华为技术有限公司	有效
ISSTEC2007YT0496	防火墙	Quidway ®Eudemon 100E防火墙 VRP3.3	2007－07－20	华为技术有限公司	有效
ISSTEC2007YT0495	移动存储介质管理	格尔 USB 移动存储介质使用管理系统 V2.0	2007－07－20	上海格尔软件股份有限公司	有效
ISSTEC2007YT0494	移动存储介质管理	WLH－USB移动存储介质使用管理系统 V1.0	2007－07－20	北京万里红科技有限公司	有效
ISSTEC2007YT0493	入侵检测系统	天阗千兆入侵检测与管理系统	2007－07－20	北京启明星辰信息技术有限公司	有效
ISSTEC2007YT0492	入侵检测系统	天阗入侵检测与管理系统（网络型）V6.0	2007－07－20	北京启明星辰信息技术有限公司	有效
ISSTEC2007YT0491	移动存储介质管理	朗威 USB 移动存储介质使用管理系统 V2.0	2007－07－20	哈尔滨朗威电子技术开发有限公司	有效

（续表）

证书编号	产品类别	产品名称	通过时间	厂家名称	状态
ISSTEC2007YT0490	网络安全管理	联想网御网络安全管理系统 V3.0	2007－07－12	联想网御科技（北京）有限公司	有效
ISSTEC2007YT0489	安全隔离与信息交换	天御 6000 网络安全隔离与文件交换系统 V1.2	2007－07－12	北京和信网安科技有限公司	有效
ISSTEC2007YT0488	网络安全管理	网威网络安全管理平台 NPSMP V2.0	2007－07－09	北京中科网威信息技术有限公司	有效
ISSTEC2007YT0487	漏洞扫描系统	JA 数据库漏洞扫描与检查系统 V2.0	2007－07－04	JA 数据库漏洞扫描与检查系统 V2.0 北京金天城保密技术有限公司 北京安信通网络技术有限公司	有效
ISSTEC2007YT0486	安全隔离与信息交换	科信安全隔离与信息交换系统（KS－BNSS）KS－V8	2007－07－02	北京华科信和科技有限公司	有效
ISSTEC2007YT0485	漏洞扫描系统	天镜脆弱性扫描与管理系统 V6.0	2007－06－25	北京启明星辰信息技术有限公司	有效
ISSTEC2007YT0484	监控与审计	任天行网络安全审计系统 SurfmonV2.8	2007－06－25	深圳市任子行网络技术有限公司	有效
ISSTEC2007YT0483	监控与审计	神盾主机监控与审计系统 V1.0	2007－06－25	西安市信息技术应用研究所	有效
ISSTEC2007YT0482	防火墙	NetEye 防火墙 V3.2	2007－06－19	沈阳东软软件股份有限公司	有效
ISSTEC2007YT0481	终端安全与文件保护	吉大正元安全登录与文件保护系统 V2.3	2007－06－07	长春吉大正元信息技术股份有限公司	有效
ISSTEC2007YT0480	监控与审计	Rier 终端安全登录与监控审计系统 Rier KeySafety V5.5	2007－06－07	北京中讯锐尔科技有限公司	有效
ISSTEC2007YT0479	监控与审计	汇源终端安全登录与监控审计系统 V2.0（单机版）	2007－06－07	四川汇源光通信股份有限公司	有效
ISSTEC2007YT0478	防火墙	华依防火墙 HY－F2000 V7.10.0	2007－06－07	上海华依科技发展有限公司	有效
ISSTEC2007YT0477	入侵检测系统	“金海豚”入侵检测系统 V2.0	2007－06－06	北京理工先河科技发展有限公司	有效
ISSTEC2007YT0476	拨号监管	朗威非授权外联监管系统 V2.0	2007－06－05	哈尔滨朗威电子技术开发有限公司	有效

（续表）

证书编号	产品类别	产品名称	通过时间	厂家名称	状态
ISSTEC2007YT0475	网络安全管理	SecFox网络安全管理系统V1.0	2007-06-04	网御神州科技（北京）有限公司	有效
ISSTEC2007YT0474	入侵检测系统	JUMP入侵防御系统JIPS V3.0	2007-05-31	西安交大捷普网络科技有限公司	有效
ISSTEC2007YT0473	隔离卡	物理隔离卡TP-901 V3.0	2007-05-30	深圳市利谱信息技术有限公司	有效
ISSTEC2007YT0472	隔离卡	浩邦物理隔离卡V2.0	2007-05-30	深圳市浩邦信息技术有限公司	有效
ISSTEC2007YT0471	隔离卡	双网隔离计算机尊越A360	2007-05-28	上海北大方正科技电脑系统有限公司	有效
ISSTEC2007YT0470	防火墙	速通防火墙V1.4	2007-05-28	北京国恒联合科技有限公司	有效
ISSTEC2007YT0469	防火墙	中华卫士千兆防火墙WFW-FW-B V2.1	2007-05-22	成都卫士通信息产业股份有限公司	有效
ISSTEC2007YT0468	监控与审计	金鹰APA eosEye易视主机监控与审计系统软件V2000	2007-05-22	南京金鹰软件系统有限公司	有效
ISSTEC2007YT0467	电脑密码柜（锁）	“JXLTXF兰台·先锋”指纹密码保密锁I型	2007-05-14	江西兰台档案保密装备有限公司	有效
ISSTEC2007YT0466	隔离卡	HA201A物理隔离卡V6.0	2007-05-14	北京金天城保密技术有限公司 北京安信通网络技术有限公司	有效
ISSTEC2007YT0465	防火墙	中网“黑客愁”千兆防火墙EX-500	2007-05-14	中网通讯网络有限公司	有效
ISSTEC2007YT0464	隔离卡	图文网络物理隔离卡WLGLQ-II型与线路选择器WL-GLJXQ-I型	2007-05-14	广州市图文科技有限公司	有效
ISSTEC2007YT0463	监控与审计	网盾IPtrust主机监控与审计系统V3.0	2007-05-14	上海网程通信科技发展有限公司	有效
ISSTEC2007YT0462	电脑密码柜（锁）	“华安保”电脑密码锁保密柜	2007-05-14	北京华安保信息技术有限公司	有效
ISSTEC2007YT0461	监控与审计	中华箭5号主机监控与审计系统V3.0	2007-05-14	北京水木同正网络技术有限公司	有效
ISSTEC2007YT0460	电子文档安全保密产品	青鹏天目电子文档安全管理软件GR-ENC V1.0	2007-04-26	贵州青鹏天目科技有限公司	有效
ISSTEC2007YT0459	电脑密码柜（锁）	“华安保”指纹保密锁HAB型	2007-04-24	北京华安保信息技术有限公司	有效

（续表）

证书编号	产品类别	产品名称	通过时间	厂家名称	状态
ISSTEC2007YT0458	中间件	TrustMore 安全中间件 V6.0	2007－04－24	北京中宇万通科技有限公司	有效
ISSTEC2007YT0457	安全隔离与信息交换	合众安全隔离与信息交换系统 V1.0	2007－04－11	杭州合众信息工程有限公司	有效
ISSTEC2007YT0456	漏洞扫描系统	绿盟极光网络安全漏洞扫描系统 V4	2007－04－10	北京神州绿盟科技有限公司	有效
ISSTEC2007YT0455	漏洞扫描系统	亿阳网警网络漏洞扫描系统 BO-CO.SCANNER V2.0	2007－04－10	亿阳安全技术有限公司	有效
ISSTEC2007YT0454	入侵检测系统	亿阳网警网络入侵检测系统 BO-CO.NIDS V2.0	2007－04－10	亿阳安全技术有限公司	有效
ISSTEC2007YT0453	监控与审计	光华 DB－Audit 数据库安全审计系统 V1.0	2007－04－10	上海复旦光华信息科技股份有限公司	有效
ISSTEC2007YT0452	电子文档安全保密产品	中航嘉信电子文档安全管理系统（ILS for windows）V2.0	2007－04－10	北京中航嘉信计算机信息技术有限公司	有效
ISSTEC2007YT0451	监控与审计	新网程 ProEIM 网络安全审计系统 V6.0	2007－04－03	上海新网程信息技术有限公司	有效
ISSTEC2007YT0447	入侵检测系统	绿盟冰之眼网络入侵检测系统 ICEYE NIDS V5.5	2007－03－13	北京神州绿盟科技有限公司	有效
ISSTEC2007YT0446	防火墙	统御防火墙 V7	2007－03－13	网泰金安信息技术有限公司	有效
ISSTEC2007YT0445	监控与审计	中软主机监控与审计系统 V7.2	2007－03－13	中国软件与技术服务股份有限公司	有效
ISSTEC2007YT0444	安全隔离与信息交换	IB－NPS3000 安全隔离与信息交换系统	2007－02－25	江苏意源科技有限公司	有效
ISSTEC2007YT0443	防火墙	华安 SecChannel 1000 防火墙	2007－02－25	北京信通华安技术有限公司	有效
ISSTEC2007YT0442	监控与审计	TopSEC 安全审计综合分析系统	2007－02－25	北京天融信科技有限公司	有效
ISSTEC2007YT0441	入侵检测系统	网络入侵检测系统 NetDT V2.0	2007－02－13	北京同方信息安全技术股份有限公司	有效

（续表）

证书编号	产品类别	产品名称	通过时间	厂家名	称状态
ISSTEC2007YT0440	安全隔离与信息交换	TIPTOP 安全隔离与文件交换系统 V3.0	2007-02-13	深圳市利谱信息技术有限公司	有效
ISSTEC2007YT0439	电脑密码柜（锁）	保密柜电脑密码锁 GB2801	2007-02-13	广州国保科技有限公司	有效
ISSTEC2007YT0438	入侵检测系统	网络入侵检测系统 NIP200 V1.0	2007-02-07	华为技术有限公司	有效
ISSTEC2007YT0437	入侵检测系统	网络入侵检测系统 NIP100 V1.0	2007-02-07	华为技术有限公司	有效
ISSTEC2007YT0436	入侵检测系统	网络入侵检测系统 NIP1000 V1.0	2007-02-07	华为技术有限公司	有效
ISSTEC2007YT0435	终端安全与文件保护	基于指纹识别的上软时代终端安全登录与文件保护系统 V6.0	2007-02-07	北京上软时代科技有限公司	有效
ISSTEC2007YT0434	漏洞扫描系统	榕基网络隐患扫描系统 RJ-iTop Ⅳ（软件版）V3.0	2007-02-07	福建榕基软件开发有限公司	有效
ISSTEC2007YT0433	监控与审计	SysMC 主机监控与审计系统 V4.2	2007-01-19	中国电子科技集团公司第十五研究所	有效
ISSTEC2007YT0432	安全隔离与信息交换	国保金泰安全隔离与信息交换系统 V1.0	2007-01-19	国家保密技术研究所 北京国保金泰信息安全技术有限公司	有效
ISSTEC2007YT0431	漏洞扫描系统	榕基网络隐患扫描系统 RJ-iTopⅢ	2007-01-15	福建榕基软件开发有限公司	有效
ISSTEC2007YT0430	防火墙	曙光天罗防火墙 TLFW/V3.0	2007-01-15	曙光信息产业（北京）有限公司	有效
ISSTEC2007YT0429	监控与审计	鹰眼数据库审计系统千兆型 NDAS1000 V1.21	2007-01-11	成都三零盛安信息系统有限公司	有效
ISSTEC2007YT0428	监控与审计	鹰眼数据库审计系统百兆型 NDAS100 V1.21	2007-01-11	成都三零盛安信息系统有限公司	有效
ISSTEC2007YT0427	监控与审计	鹰眼网络安全审计系统千兆型 NSAS1000 V2.2	2007-01-11	成都三零盛安信息系统有限公司	有效
ISSTEC2007YT0426	中间件	海盾 WEB 服务器访问控制中间件 YW02-01/KOAL-TBSG V5.0	2007-01-11	公安部第三研究所 上海格尔软件股份有限公司	有效
ISSTEC2007YT0425	终端安全与文件保护	智华计算机终端安全登录与文件保护系统 V3.0	2007-01-05	北京智华天成科技有限公司	有效

国家保密局2007年获得涉密信息系统集成甲级资质单位公告

单位名称	证书编号	审批时间	证书有效期	适用范围
广州杰赛科技股份有限公司	BM104407040825	2007年4月30日	3年	全国
山东中创软件商用中间件有限公司	BM103707040838	2007年4月30日	3年	全国
北京东华合创科技有限公司	BM101107040842	2007年4月30日	3年	全国
瑞达信息安全产业股份有限公司	BM104207040855	2007年4月30日	3年	全国
南京莱斯大型电子系统工程有限公司	BM103207040866	2007年4月30日	3年	全国
中网通讯网络有限公司	BM101107040876	2007年4月30日	3年	全国
北京大恒创新技术有限公司	BM101107040880	2007年4月30日	3年	全国
北京电子科技学院	BM101107040896	2007年4月30日	3年	全国
泛太领时科技（北京）有限公司	BM101107040907	2007年4月30日	3年	全国
北京易初电子技术有限公司	BM101107040913	2007年4月30日	3年	全国
中国网络通信集团公司	BM101107090928	2007年9月10日	3年	全国
浙江浙大中控信息技术有限公司	BM103307090931	2007年9月10日	3年	全国
北京中软信息系统工程有限公司	BM101107090949	2007年9月10日	3年	全国
北京大唐高鸿数据网络技术有限公司	BM101107090954	2007年9月10日	3年	全国

国家保密局2007年获得涉密信息系统集成乙级资质单位公告

北京

单位名称	证书编号	审批时间	证书有效期	适用范围
北京东方正通科技有限公司	BM201107010364	2007年1月16日	3年	北京市
北京威视数据系统有限公司	BM201107010371	2007年1月16日	3年	北京市
北京佰能电气技术有限公司	BM201107010381	2007年1月16日	3年	北京市
北京中建京海计算机工程公司	BM201107070399	2007年7月13日	3年	北京市
北京能通万维网络科技有限公司	BM201107070409	2007年7月13日	3年	北京市
北京超图地理信息技术有限公司	BM201107070416	2007年7月13日	3年	北京市

（续表）

单位名称	证书编号	审批时间	证书有效期	适用范围
中航网信（北京）科技有限公司	BM201107100426	2007年10月25日	3年	北京市
北京中科软件有限公司	BM201107100431	2007年10月25日	3年	北京市
北京海泰方圆科技有限公司	BM201107100447	2007年10月25日	3年	北京市

天津

单位名称	证书编号	审批时间	证书有效期	适用范围
天津电信建设工程有限公司	BM201207100068	2007年10月30日	3年	天津市
天津开发区中环系统电子工程有限公司	BM201207100073	2007年10月30日	3年	天津市
天津安华易科技发展有限公司	BM201207120084	2007年12月24日	3年	天津市
天津市电子计算机研究所	BM201207120099	2007年12月24日	3年	天津市

河北（无）

山西

单位名称	证书编号	审批时间	证书有效期	适用范围
太原新汇科计算机有限公司	BM201407010080	2007年1月12日	3年	山西省
山西万朝实业有限公司	BM201407010098	2007年1月12日	3年	山西省
山西泰森科技股份有限公司	BM201407040104	2007年4月6日	3年	山西省
太原奥凯科技发展有限公司	BM201407080119	2007年8月28日	3年	山西省

内蒙古（无）

辽宁（无）

吉林

单位名称	证书编号	审批时间	证书有效期	适用范围
吉林中通电子科技发展有限公司	BM202207090094	2007年9月25日	3年	吉林省
吉林省万维通信科技有限公司	BM202207090103	2007年9月25日	3年	吉林省
吉林省东科信息工程有限公司	BM202208040117	2008年4月2日	3年	吉林省

黑龙江（无）

上海

单位名称	证书编号	审批时间	证书有效期	适用范围
上海盛源众望信息科技有限公司	BM203107050217	2007年5月18日	3年	上海市
上海华宇电子工程有限公司	BM203107110224	2007年11月7日	3年	上海市
上海农业信息有限公司	BM203107110232	2007年11月7日	3年	上海市
上海熙菱信息技术有限公司	BM203107110249	2007年11月23日	3年	上海市

江苏

单位名称	证书编号	审批时间	证书有效期	适用范围
镇江江大科茂信息系统有限责任公司	BM203207090063	2007年9月28日	3年	江苏省
江苏蓝深远望系统集成有限公司	BM203207100075	2007年10月19日	3年	江苏省

浙江

单位名称	证书编号	审批时间	证书有效期	适用范围
浙江天正信息科技有限公司	BM203307090082	2007年9月21日	3年	浙江省
浙江安科网络技术有限公司	BM203307090099	2007年9月21日	3年	浙江省
浙江嘉科电子有限公司	BM203307120105	2007年12月14日	3年	浙江省
浙江浙大图灵软件技术有限公司	BM203307120113	2007年12月14日	3年	浙江省

安徽

单位名称	证书编号	审批时间	证书有效期	适用范围
安徽中科大国祯信息科技有限责任公司	BM203407020050	2007年2月2日	3年	安徽省
安徽电力继远软件有限责任公司	BM203407100060	2007年10月31日	3年	安徽省

福建（无）

江西

单位名称	证书编号	审批时间	证书有效期	适用范围
江西通力科技有限公司	BM203607010048	2007年1月29日	3年	江西省
江西贝尔科技产业有限公司	BM203607110052	2007年11月21日	3年	江西省

（续表）

单位名称	证书编号	审批时间	证书有效期	适用范围
江西信息技术发展工程公司	BM203607110066	2007年11月21日	3年	江西省
江西时励数码科技有限公司	BM203607120076	2007年12月26日	3年	江西省

山东

单位名称	证书编号	审批时间	证书有效期	适用范围
山东地纬计算机软件有限公司	BM203707020057	2007年2月8日	3年	山东省
山东山亿信息技术有限公司	BM203707100068	2007年10月24日	3年	山东省

河南

单位名称	证书编号	审批时间	证书有效期	适用范围
河南省天润信息产业有限公司	BM204107010078	2007年1月4日	3年	河南省
河南雪城软件有限公司	BM204107100081	2007年10月9日	3年	河南省
河南省高校新技术有限公司	BM204107110096	2007年11月20日	3年	河南省
河南众联嘉德实业有限公司	BM204107120108	2007年12月24日	3年	河南省
郑州信源信息技术有限公司	BM204107120117	2007年12月24日	3年	河南省

湖北

单位名称	证书编号	审批时间	证书有效期	适用范围
中国船舶重工集团公司第七一〇研究所	BM204207010045	2007年1月10日	3年	湖北省
湖北信安通科技有限责任公司	BM204207010053	2007年1月10日	3年	湖北省
武汉长软华成系统有限公司	BM204207010060	2007年1月10日	3年	湖北省
武汉菲旺软件技术有限责任公司	BM204207010075	2007年1月10日	3年	湖北省
武汉兴得科技有限公司	BM204207010088	2007年1月10日	3年	湖北省
武汉三江航天网络通信有限公司	BM204207020096	2007年2月27日	3年	湖北省
湖北中科网络工程有限公司	BM204207060106	2007年6月22日	3年	湖北省

（续表）

单位名称	证书编号	审批时间	证书有效期	适用范围
湖北公众信息产业有限责任公司	BM204207110119	2007年11月23日	3年	湖北省

湖南

单位名称	证书编号	审批时间	证书有效期	适用范围
湖南省万象科技有限公司	BM204307090103	2007年9月5日	3年	湖南省
中国航空工业第三设计研究院	BM204307090118	2007年9月5日	3年	湖南省
长沙雨人网络安全技术有限公司	BM204307090127	2007年9月30日	3年	湖南省
长沙惠友计算机系统集成有限公司	BM204307120138	2007年12月19日	3年	湖南省

广东

单位名称	证书编号	审批时间	证书有效期	适用范围
广东天讯电信科技有限公司	BM204407020178	2007年2月5日	3年	广东省
广东亿迅科技有限公司	BM204407020189	2007年2月5日	3年	广东省
深圳市能士信息安全有限公司	BM204407090195	2007年9月30日	3年	广东省
广东蓝凌科技有限公司	BM204407090200	2007年9月30日	3年	广东省
广东宏景科技有限公司	BM204407090212	2007年9月30日	3年	广东省
广州科韵数码科技有限公司	BM204407090223	2007年9月30日	3年	广东省
广东省电子商务认证有限公司	BM204407090232	2007年9月30日	3年	广东省
广州市京华网络有限公司	BM204407090243	2007年9月30日	3年	广东省

广西（无）

海南

单位名称	证书编号	审批时间	证书有效期	适用范围
海南恒信电讯工程有限公司	BM204607020045	2007年2月13日	3年	海南省
海南好思达网络科技有限公司	BM2046070090051	2007年9月3日	3年	海南省

四川

单位名称	证书编号	审批时间	证书有效期	适用范围
四川蜀安计通贸易工程有限公司	BM205107020144	2007年2月12日	3年	四川省
四川中跃科技有限责任公司	BM205107020158	2007年2月12日	3年	四川省
成都泰谷信息技术有限公司	BM205107070163	2007年7月3日	3年	四川省
成都西物信安智能系统有限公司	BM205107120171	2007年12月26日	3年	四川省
四川华南信息产业有限公司	BM205107120183	2007年12月26日	3年	四川省
四川新迎顺信息技术有限公司	BM205107120196	2007年12月26日	3年	四川省

贵州

单位名称	证书编号	审批时间	证书有效期	适用范围
贵州宏志数码科技工程有限公司	BM205207100068	2007年10月11日	3年	贵州省

云南

单位名称	证书编号	审批时间	证书有效期	适用范围
昆明优力威尔信息系统有限公司	BM205307100087	2007年10月31日	3年	云南省
云南电信公众信息产业有限公司	BM205307110096	2007年11月15日	3年	云南省

西藏（无）

重庆

单位名称	证书编号	审批时间	证书有效期	适用范围
重庆蓝盾电子技术服务公司	BM205507010050	2007年1月26日	3年	重庆市
重庆天网高新技术有限公司	BM205507010063	2007年1月26日	3年	重庆市
重庆富伦麦柯信息技术有限公司	BM205507010077	2007年1月26日	3年	重庆市
重庆市海普软件产业有限公司	BM205507030088	2007年3月23日	3年	重庆市
重庆怡讯网络技术有限公司	BM205507070094	2007年7月31日	3年	重庆市
重庆四通都成科技发展有限公司	BM205507100108	2007年10月29日	3年	重庆市

陕西

单位名称	证书编号	审批时间	证书有效期	适用范围
西安协同数码股份有限公司	BM206107100089	2007年10月8日	3年	陕西省

甘肃

单位名称	证书编号	审批时间	证书有效期	适用范围
兰州金科天润计算机信息技术有限公司	BM206207100109	2007年10月9日	3年	甘肃省

宁夏

单位名称	证书编号	审批时间	证书有效期	适用范围
宁夏西部人科贸有限公司	BM206407070033	2007年7月9日	3年	宁夏回族自治区
宁夏计算机软件与技术服务有限公司	BM206407070041	2007年7月9日	3年	宁夏回族自治区
宁夏嘉宁科技实业有限公司	BM206407100058	2007年10月18日	3年	宁夏回族自治区

新疆

单位名称	证书编号	审批时间	证书有效期	适用范围
新疆云天科技工程技术有限公司	BM206507020057	2007年2月7日	3年	新疆维吾尔自治区
新疆西北星信息技术有限责任公司	BM206507020060	2007年2月7日	3年	新疆维吾尔自治区
新疆亿网科技有限责任公司	BM206507020075	2007年2月7日	3年	新疆维吾尔自治区
新疆泰克软件开发有限公司	BM206507020083	2007年2月7日	3年	新疆维吾尔自治区
新疆欧亚科技发展有限责任公司	BM206507080096	2007年8月1日	3年	新疆维吾尔自治区

新疆生产建设兵团

单位名称	证书编号	审批时间	证书有效期	适用范围
新疆八达科技发展有限公司	BM206607110017	2007年11月14日	3年	新疆生产建设兵团

（三）国家密码管理局

国家密码管理局公告
（第10号）

根据《商用密码管理条例》及《商用密码产品销售管理规定》，我国对商用密码产品销售实行许可制度，国家密码管理局对审查合格的单位发给《商用密码产品销售许可证》，定期在国家商用密码管理办公室网站（www.oscca.gov.cn）公布商用密码产品销售许可单位名单。

未经许可，任何单位和个人不得销售商用密码产品。

特此公告。

国家密码管理局

2007年5月31日

商用密码产品销售许可单位名单（2007）

单位名称	审批时间	到期时间	销售许可证号
华翔腾数码科技有限公司	2007-01-15	2010-01-15	国密局销字SXS691号
四川中跃科技有限责公司	2007-01-16	2010-01-16	国密局销字SXS692号
济南确信信息技术有限公司	2007-01-24	2010-01-24	国密局销字SXS694号
山东广域龙安信息科技有限公司	2007-01-24	2010-01-24	国密局销字SXS695号
大唐微电子技术有限公司	2007-01-24	2010-01-24	国密局销字SXS698号
山东瑞晋一卡通科技有限公司	2007-01-25	2010-01-25	国密局销字SXS693号
北京中宇万通科技有限公司	2007-02-01	2009-02-01	国密局销字SXS696号
杭州浙大大天信息有限公司	2007-02-01	2009-02-01	国密局销字SXS697号
北京中天一维科技有限公司	2007-02-26	2010-02-26	国密局销字SXS700号
哈尔滨金逢隆科技开发有限责任公司	2007-02-26	2010-02-26	国密局销字SXS701号
上海安创信息科技有限公司	2007-03-07	2010-03-07	国密局销字SXS702号
广东毅科数码科技有限公司	2007-03-07	2010-03-07	国密局销字SXS703号
宁夏航天信息有限公司	2007-03-13	2010-03-13	国密局销字SXS704号
珠海市金邦达金卡片设备有限公司	2007-03-18	2010-03-18	国密局销字SXS707号
东莞市开普互联信息有限公司	2007-03-21	2010-03-21	国密局销字SXS708号
武汉精伦电子股份有限公司	2007-03-21	2010-03-21	国密局销字SXS709号
上海华申智能卡应用系统有限公司	2007-03-25	2010-03-25	国密局销字SXS706号
河北中信联信息技术有限公司	2007-03-26	2010-03-26	国密局销字SXS710号
北京启明星辰信息技术有限公司	2007-03-28	2010-03-28	国密局销字SXS705号
郑州信大捷安信息技术有限公司	2007-03-29	2010-03-29	国密局销字SXS711号

（续表）

单位名称	审批时间	到期时间	销售许可证号
郑州英创电子技术有限公司	2007-03-29	2010-03-29	国密局销字 SXS712 号
广州御银科技股份有限公司	2007-04-02	2010-04-02	国密局销字 SXS713 号
苏州安融电子科技有限公司	2007-04-09	2010-04-09	国密局销字 SXS718 号
上海燕托计算机有限公司	2007-04-11	2010-04-11	国密局销字 SXS717 号
北京东方华盾信息技术有限公司	2007-04-13	2010-04-13	国密局销字 SXS715 号
北京华科广通信息技术有限公司	2007-04-16	2010-04-16	国密局销字 SXS714 号
深圳市奥联科技有限公司	2007-04-24	2010-04-24	国密局销字 SXS719 号
上海华堂网络有限公司	2007-04-24	2010-04-24	国密局销字 SXS720 号
上海安达通信息安全技术股份有限公司	2007-04-24	2010-04-24	国密局销字 SXS721 号
上海复旦光华信息科技股份有限公司	2007-04-24	2010-04-24	国密局销字 SXS722 号
上海先驱电脑系统有限公司	2007-04-24	2010-04-24	国密局销字 SXS723 号
上海鹏越惊虹信息技术发展有限公司	2007-04-24	2010-04-24	国密局销字 SXS724 号
上海华虹计通智能卡系统有限公司	2007-04-24	2010-04-24	国密局销字 SXS725 号
江苏航天信息有限公司	2007-04-30	2010-04-30	国密局销字 SXS726 号
无锡江南信息安全工程技术中心	2007-05-05	2010-05-05	国密局销字 SXS727 号
信雅达系统工程股份有限公司	2007-05-08	2010-05-08	国密局销字 SXS728 号
武汉硕方科技有限公司	2007-05-08	2010-05-08	国密局销字 SXS729 号
吉林省金丰防伪税控设备销售服务有限公司	2007-05-08	2010-05-08	国密局销字 SXS730 号
湖北航天信息技术有限公司	2007-05-13	2010-05-13	国密局销字 SXS716 号
同方股份有限公司	2007-05-14	2010-05-14	国密局销字 SXS731 号
上海复旦微电子股份有限公司	2007-05-14	2010-05-14	国密局销字 SXS732 号
上海三零卫士信息安全有限公司	2007-05-14	2010-05-14	国密局销字 SXS733 号
上海麦柯信息技术有限公司	2007-05-14	2010-05-14	国密局销字 SXS734 号
云南爱迪科技有限公司	2007-05-19	2010-05-19	国密局销字 SXS737 号
上海智金软件技术有限公司	2007-05-21	2010-05-21	国密局销字 SXS735 号
深圳华视电子读写设备有限公司	2007-05-21	2010-05-21	国密局销字 SXS736 号
南宁桂新技术有限责任公司	2007-05-23	2010-05-23	国密局销字 SXS744 号
北京航天金税技术有限公司	2007-05-242	010-05-24	国密局销字 SXS738 号
山东航天信息有限公司	2007-05-24	2010-05-24	国密局销字 SXS742 号
广西航天金穗信息技术有限公司	2007-05-24	2010-05-24	国密局销字 SXS743 号
河南航天金穗电子有限公司	2007-05-26	2010-05-26	国密局销字 SXS745 号
中国网通集团系统集成有限公司	2007-05-26	2010-05-26	国密局销字 SXS746 号
北京欣正网信科技有限责任公司	2007-06-01	2010-06-01	国密局销字 SXS747 号
河北蓝博信息传媒科技有限公司	2007-06-01	2010-06-01	国密局销字 SXS748 号

（续表）

单位名称	审批时间	到期时间	销售许可证号
山东渔翁信息技术有限公司	2007-06-01	2010-06-01	国密局销字 SXS749 号
北京时代亿信科技有限公司	2007-06-06	2010-06-06	国密局销字 SXS740 号
武汉格尔贝安科技有限公司	2007-06-06	2010-06-06	国密局销字 SXS741 号
北京华大信安科技有限公司	2007-06-08	2010-06-08	国密局销字 SXS739 号
河北航天信息有限公司	2007-06-12	2010-06-12	国密局销字 SXS750 号
大连航天金穗科技有限公司	2007-06-12	2010-06-12	国密局销字 SXS751 号
天津航天金穗科技开发有限公司	2007-06-20	2010-06-20	国密局销字 SXS752 号
北京江南博仁科技有限公司	2007-06-14	2010-06-14	国密局销字 SXS753 号
北京思智泰克技术有限公司	2007-06-14	2010-06-14	国密局销字 SXS754 号
北京成众莱恩兴业科技有限公司	2007-06-14	2010-06-14	国密局销字 SXS755 号
内蒙古航天信息有限公司	2007-06-14	2010-06-14	国密局销字 SXS756 号
无锡华正天网信息安全系统有限公司	2007-06-14	2010-06-14	国密局销字 SXS757 号
深圳市嘉捷信息安全技术有限公司	2007-06-14	2010-06-14	国密局销字 SXS758 号
甘肃兴瑞科技有限责任公司	2007-06-14	2010-06-14	国密局销字 SXS759 号
华迪计算机集团有限公司	2007-06-14	2010-06-14	国密局销字 SXS760 号
重庆航税科技有限公司	2007-06-19	2010-06-19	国密局销字 SXS761 号
海南金税高新科技有限公司	2007-06-19	2010-06-19	国密局销字 SXS762 号
广州江南科友科技股份有限公司	2007-06-22	2010-06-22	国密局销字 SXS763 号
广州联奕信息科技有限公司	2007-06-22	2010-06-22	国密局销字 SXS764 号
广东科达信息技术有限公司	2007-06-22	2010-06-22	国密局销字 SXS765 号
武汉圆周率软件科技有限公司	2007-06-27	2010-06-27	国密局销字 SXS766 号
江西航天信息有限公司	2007-06-27	2010-06-27	国密局销字 SXS767 号
陕西航天蓝西科技开发有限公司	2007-07-04	2010-07-04	国密局销字 SXS768 号
北京同方微电子有限公司	2007-07-12	2010-07-12	国密局销字 SXS769 号
宁波爱信诺航天信息有限公司	2007-07-13	2010-07-13	国密局销字 SXS770 号
安徽航天信息科技有限公司	2007-07-18	2010-07-18	国密局销字 SXS771 号
东信和平智能卡股份有限公司	2007-07-18	2010-07-18	国密局销字 SXS772 号
西宁欣鹏电子科技有限责任公司	2007-07-20	2010-07-20	国密局销字 SXS773 号
长春卓尔信息安全产业股份有限公司	2007-07-25	2010-07-25	国密局销字 SXS774 号
航天信息股份有限公司深圳分公司	2007-07-25	2010-07-25	国密局销字 SXS775 号
合肥智圣计算机技术有限责任公司	2007-08-02	2010-08-02	国密局销字 SXS776 号
广州市百成科技有限公司	2007-08-02	2010-08-02	国密局销字 SXS777 号
北京兆日科技有限责任公司	2007-08-08	2010-08-08	国密局销字 SXS778 号
北京集联网络技术有限公司	2007-08-08	2010-08-08	国密局销字 SXS779 号
北京数安科技有限公司	2007-08-08	2010-08-08	国密局销字 SXS780 号

（续表）

单位名称	审批时间	到期时间	销售许可证号
北京创原天地科技有限公司	2007－08－08	2010－08－08	国密局销字 SXS781 号
北京中青联迪科技发展有限公司	2007－08－08	2010－08－08	国密局销字 SXS782 号
航天信息股份有限公司	2007－08－08	2010－08－08	国密局销字 SXS783 号
北京国信博飞科技发展有限公司	2007－08－08	2010－08－08	国密局销字 SXS784 号
山西省商用密码中心	2007－08－08	2010－08－08	国密局销字 SXS785 号
山西友信科技发展有限公司	2007－08－08	2010－08－08	国密局销字 SXS786 号
辽宁省电子信息技术研究所	2007－08－08	2010－08－08	国密局销字 SXS787 号
吉林省信息安全技术服务中心	2007－08－08	2010－08－08	国密局销字 SXS788 号
长春吉大正元信息技术股份有限公司	2007－08－08	2010－08－08	国密局销字 SXS789 号
上海格尔软件股份有限公司	2007－08－08	2010－08－08	国密局销字 SXS790 号
上海海基业高科技有限公司	2007－08－08	2010－08－08	国密局销字 SXS791 号
上海京速达计算机技术咨询有限公司	2007－08－08	2010－08－08	国密局销字 SXS792 号
上海航天金穗高技术有限公司	2007－08－08	2010－08－08	国密局销字 SXS793 号
江苏国光信息产业股份有限公司	2007－08－08	2010－08－08	国密局销字 SXS794 号
杭州信雅达科技有限公司	02007－08－08	2010－08－08	国密局销字 SXS795 号
杭州图讯计算机系统有限公司	2007－08－08	2010－08－08	国密局销字 SXS796 号
浙江航天金穗科技有限公司	2007－08－08	2010－08－08	国密局销字 SXS797 号
福州开发区瑞迪信息安全技术有限公司	2007－08－08	2010－08－08	国密局销字 SXS798 号
福建凯特信息安全技术有限公司	2007－08－08	2010－08－08	国密局销字 SXS799 号
济南得安计算机技术有限公司	2007－08－08	2010－08－08	国密局销字 SXS800 号
湖北信安通科技有限责任公司	2007－08－08	2010－08－08	国密局销字 SXS801 号
广东弘天信息安全系统工程有限公司	2007－08－08	2010－08－08	国密局销字 SXS802 号
四川信都电脑有限责任公司	2007－08－08	2010－08－08	国密局销字 SXS803 号
四川川大能士信息安全有限公司	2007－08－08	2010－08－08	国密局销字 SXS804 号
成都卫士通信息产业股份有限公司	2007－08－08	2010－08－08	国密局销字 SXS805 号
成都迈普产业集团有限公司	2007－08－08	2010－08－08	国密局销字 SXS806 号
西安银博科技发展公司	2007－08－08	2010－08－08	国密局销字 SXS807 号
深圳市明华澳汉科技股份有限公司	2007－08－08	2010－08－08	国密局销字 SXS808 号
深圳市中数信技术开发有限公司	2007－08－08	2010－08－08	国密局销字 SXS809 号
深圳宝嘉电子设备有限公司	2007－08－08	2010－08－08	国密局销字 SXS810 号
深圳南方信息企业有限公司	2007－08－08	2010－08－08	国密局销字 SXS811 号
河北华烨冀科信息技术有限责任公司	2007－08－16	2010－08－16	国密局销字 SXS812 号
北京大恒软件技术有限公司	2007－08－27	2010－08－27	国密局销字 SXS813 号

（续表）

单位名称	审批时间	到期时间	销售许可证号
北京华大恒泰科技有限责任公司	2007－08－27	2010－08－27	国密局销字 SXS814 号
河南省办公设备技术服务站	2007－08－28	2010－08－28	国密局销字 SXS815 号
北京紫光顺风信息技术有限公司	2007－09－05	2010－09－05	国密局销字 SXS816 号
福建科新科技有限公司	2007－09－05	2010－09－05	国密局销字 SXS817 号
北京江南天安科技有限公司	2007－09－13	2010－09－13	国密局销字 SXS818 号
上海爱信诺航天信息有限公司	2007－09－14	2010－09－14	国密局销字 SXS819 号
福建亿慧信息技术有限公司	2007－09－14	2010－09－14	国密局销字 SXS820 号
重庆中讯亚太信息技术有限公司	2007－09－14	2010－09－14	国密局销字 SXS821 号
新疆熙菱信息技术有限公司	2007－09－14	2010－09－14	国密局销字 SXS822 号
北京歌盟科技有限公司	2007－09－22	2010－09－22	国密局销字 SXS823 号
北京旋极信息技术有限公司	2007－09－23	2010－09－23	国密局销字 SXS824 号
上海冰峰计算机网络技术有限公司	2007－09－23	2010－09－23	国密局销字 SXS825 号
上海慧康信息技术有限公司	2007－09－23	2010－09－23	国密局销字 SXS826 号
上海海加网络科技有限公司	2007－10－11	2010－10－11	国密局销字 SXS827 号
合肥网天数码技术发展有限公司	2007－10－11	2010－10－11	国密局销字 SXS828 号
成都国腾实业集团有限公司	2007－10－11	2010－10－11	国密局销字 SXS829 号
成都三零嘉微电子有限公司	2007－10－11	2010－10－11	国密局销字 SXS830 号
清大安科（北京）科技有限公司	2007－10－25	2010－10－25	国密局销字 SXS831 号
天津市东润系统工程有限公司	2007－10－25	2010－10－25	国密局销字 SXS832 号
中山市柏鹰电子有限公司	2007－10－25	2010－10－25	国密局销字 SXS833 号
联想控股有限公司	2007－10－31	2010－10－31	国密局销字 SXS834 号
沈阳东软软件股份有限公司	2007－10－31	2010－10－31	国密局销字 SXS835 号
武汉天喻信息产业股份有限公司	2007－10－31	2010－10－31	国密局销字 SXS836 号
包头市特润实业有限公司	2007－11－03	2010－11－03	国密局销字 SXS837 号
黑龙江金穗科技有限公司	2007－11－09	2010－11－09	国密局销字 SXS838 号
维豪信息技术有限公司	2007－11－09	2010－11－09	国密局销字 SXS839 号
湖北中网科技有限公司	2007－11－09	2010－11－09	国密局销字 SXS840 号
天津市国瑞数码安全系统有限公司	2007－11－19	2010－11－19	国密局销字 SXS841 号
上海天域时捷信息系统有限公司	2007－11－19	2010－11－19	国密局销字 SXS842 号
成都泰谷信息技术有限公司	2007－11－19	2010－11－19	国密局销字 SXS843 号四
川航天金穗高技术有限公司	2007－11－19	2010－11－19	国密局销字 SXS844 号
成都三零普瑞科技有限公司	2007－11－19	2010－11－19	国密局销字 SXS845 号
湖北全达信息科技有限公司	2007－11－21	2010－11－21	国密局销字 SXS846 号
兰州瑞诚天祥应用科技有限公司	2007－11－21	2010－11－21	国密局销字 SXS847 号
深圳市证通电子股份有限公司	2007－11－26	2010－11－26	国密局销字 SXS848 号
济南盈佳科技有限责任公司	2007－11－27	2010－11－27	国密局销字 SXS849 号

（续表）

单位名称	审批时间	到期时间	销售许可证号
合肥智盈科技有限公司	2007－12－24	2010－12－24	国密局销字 SXS850 号
北京兆维电子（集团）有限责任公司	2007－12－24	2010－12－24	国密局销字 SXS851 号
杭州华途软件有限公司	2007－12－24	2010－12－24	国密局销字 SXS852 号
江西海星计算机系统集成有限公司	2007－12－24	2010－12－24	国密局销字 SXS853 号
郑州信源信息技术股份有限公司	2007－12－24	2010－12－24	国密局销字 SXS854 号
湖北楚天龙实业有限公司	2007－12－24	2010－12－24	国密局销字 SXS855 号
西安西电捷通无线网络通信有限公司	2007－12－24	2010－12－24	国密局销字 SXS856 号
深圳市中兴集成电路设计有限责任公司	2007－12－24	2010－12－24	国密局销字 SXS857 号

国家密码管理局公告

（第12号）

根据《商用密码管理条例》及《商用密码产品生产管理规定》，商用密码产品的品种和型号必须经国家密码管理局批准。国家密码管理局对批准生产的产品发给品种和型号证书，适时在国家商用密码管理办公室网站（www.oscca.gov.cn）公布通用产品名单。

商用密码产品生产定点单位应当按照批准的品种和型号生产产品，并在产品上标明产品型号。

特此公告。

国家密码管理局

2007年9月30日

商用密码通用产品名单

产品型号	产品名称	研制单位	审批时间	证书号
SJY71	支付密码理财系统	上海海基业高科技有限公司	2007－01－08	国密局鉴字2007002
SJY128－B	加密认证系统	上海格尔软件股份有限公司	2007－01－09	SXH2007002
SZD41	智能密码钥匙	东方口岸科技有限公司	2007－01－25	SXH2007004
SJY13－A	PCMCIA密码卡	无锡江南信息安全工程技术中心	2007－02－05	SXH2007005
SJY16－D	PCI密码卡	无锡江南信息安全工程技术中心	2007－02－05	SXH2007007
SJY129－B	电子签章系统	江苏意源科技有限公司	2007－02－16	SXH2007009
SZD36－B	智能密码钥匙	江苏恒宝股份有限公司	2007－03－07	SXH2007011
SIC14	智能IC卡	华翔腾数码科技有限公司	2007－03－07	国密局鉴字2007001
SRQ18	数字证书认证系统	维豪信息技术有限公司	2007－03－22	国密局鉴字2007004
SCL10	传真密码机	中安网脉（北京）技术股份有限公司	2007－04－09	SXH2007012
SRQ29－B	身份认证系统	天津市国瑞数码安全系统有限公司	2007－04－16	SXH2007013
SZD42－A	税控盘	江苏恒宝股份有限公司	2007－04－16	SXH2007014
SZD42－B	传输盘	江苏恒宝股份有限公司	2007－04－16	SXH2007015
SJY05－D	主机加密服务器	济南得安计算机技术有限公司	2007－05－10	SXH2007017
SZD43－B	智能密码钥匙	中国国际电子商务有限公司	2007－05－10	SXH2007019
SJY130－B	PCI密码卡	无锡华正天网信息安全系统有限公司	2007－05－10	SXH2007021

（续表）

产品型号	产品名称	研制单位	审批时间	证书号
SJW71 – A	应用层 VPN 网关	长沙博华科技有限公司	2007 – 07 – 04	SXH2007031
SZD40 – B	智能密码钥匙	北京华大智宝电子系统有限公司	2007 – 07 – 09	SXH2007033
SJY131	电子签章系统	天津南开创元信息技术有限公司	2007 – 07 – 18	SXH2007036
SQY29	安全电子邮件系统	华翔腾数码科技有限公司	2007 – 07 – 30	SXH2007037
SJY132 – B	安全电子文档系统	河北华烨冀科信息技术有限责任公司	2007 – 08 – 13	SXH2007039
SZD45 – B	智能密码钥匙	重庆瀚中科技有限责任公司	2007 – 08 – 23	SXH2007041
SJY133	应用安全网关	北京信安世纪科技有限公司	2007 – 08 – 23	SXH2007042
SSX44	可信计算密码模块安全芯片	深圳市中兴集成电路设计有限责任公司	2007 – 09 – 04	SXH2007045
SQY44	可信计算密码支撑平台	联想控股有限公司	2007 – 09 – 04	SXH2007046
SZD44 – A	税控盘	北京握奇智能科技有限公司	2007 – 09 – 12	SXH2007034
SZD44 – B	传输盘	北京握奇智能科技有限公司	2007 – 09 – 12	SXH2007035
SZD46 – A	税控盘	武汉天喻信息产业股份有限公司	2007 – 09 – 12	SXH2007043
SZD46 – B	传输盘	武汉天喻信息产业股份有限公司	2007 – 09 – 12	SXH2007044
SIC28 – A	税控卡	东信和平智能卡股份有限公司	2007 – 09 – 12	SXH2007047
SIC28 – B	用户卡	东信和平智能卡股份有限公司	2007 – 09 – 12	SXH2007048
SJW08 – B	IPSec VPN 密码机	无锡江南信息安全工程技术中心	2007 – 09 – 12	SXH2007050
SJW84	IPSec VPN 安全网关	成都卫士通信息产业股份有限公司	2007 – 09 – 18	SXH2007051
SJY80 – A	电子印章系统	中安网脉（北京）技术股份有限公司	2007 – 09 – 18	国密局鉴字 2007007
SJY134 – B	身份认证网关	长春吉大正元信息技术股份有限公司	2007 – 09 – 20	SXH2007053
SQY45 – A	短消息安全接入系统	上海辰锐信息技术有限公司	2007 – 10 – 08	SXH2007054
SQY45 – B	IP 安全接入系统	上海辰锐信息技术有限公司	2007 – 10 – 08	SXH2007055
SZD47 – A	税控盘	北京旋极信息技术有限公司	2007 – 10 – 10	SXH2007060
SZD47 – B	传输盘	北京旋极信息技术有限公司	2007 – 10 – 10	SXH2007061
SJY135 – B	IP 自适应移动安全接入系统	西安西电捷通无线网络通信有限公司	2007 – 10 – 16	SXH2007057
SZD31 – A	智能密码钥匙	山东广域龙安信息科技有限公司	2007 – 10 – 31	SXH2007064

（续表）

产品型号	产品名称	研制单位	审批时间	证书号
SZD30－G	智能密码钥匙	北京大明五洲科技有限公司	2007－10－31	SXH2007066
SZD49－B	智能密码钥匙	北京华大信安科技有限公司	2007－11－01	SXH2007063
SJW85VPN	安全网关	北京数盾信息科技有限公司	2007－11－06	SXH2007067
SWN02	加密无线网卡	郑州信源信息技术有限公司	2007－11－06	SXH2007068
SZD50	智能密码钥匙	北京旋极信息技术有限公司	2007－11－20	SXH2007071
SZD48－B	智能密码钥匙	深圳市奥联科技有限公司	2007－11－21	SXH2007059
SJW86－B	PCI 密码卡	湖北信安通科技有限责任公司	2007－11－26	SXH2007070
SZD51－A	税控盘	河南许继信息有限公司	2007－11－26	SXH2007072
SZD51－B	传输盘	河南许继信息有限公司	2007－11－26	SXH2007073
SJW67－A	PCI 密码卡	北京太极英泰信息科技有限公司	2007－11－26	国密局鉴字 2007010
SDK04	认证系统	上海陆达信息发展有限公司	2007－11－27	国密局鉴字 2007008
SHS08	PSTN 数字加密电话机	上海信息安全工程技术研究中心	2007－12－04	SXH2007074
SJW08－D	IPSec VPN 密码机	无锡江南信息安全工程技术中心	2007－12－11	SXH2007076
SZD20－E	智能密码钥匙	武汉天喻信息产业股份有限公司	2007－12－21	SXH2007079

获得《电子认证服务使用密码许可证》的单位

机构名称	获证日期
天津远博网络有限公司	2007 年 1 月 9 日
现名：中金金融认证中心有限公司（已换证） 原名：银联金融认证中心有限公司	2007 年 3 月 23 日 2005 年 5 月 20 日
现名：东方中讯数字证书认证有限公司（换证） 原名：重庆市数字证书认证中心有限公司	2007 年 4 月 9 日 2005 年 7 月 8 日
中网威信电子安全服务有限公司	2007 年 7 月 2 日
北京中认环宇技术开发有限公司	2007 年 11 月 23 日

（四）信息产业部

信息产业部 CA 管理中心 2007 年批准设立的电子认证服务机构

序号	单位名称
1	西部安全认证中心有限责任公司
2	天津远博网络有限公司
3	山西省数字证书认证中心
4	深圳市电子商务安全证书管理有限公司
5	天津信息港电子商务有限公司

（五）国家计算机病毒防治产品检测中心

单机防病毒产品检测公告

产品名称	通过日期	送检单位
能邦安全盔甲（防病毒硬件）	2007年04月11日	南京环网数据安全有限公司
Norton 360	2007年04月26日	赛门铁克软件（北京）有限公司
AhnLab V3 Internet Security 2008 Platinum	2007年05月29日	北京安博士信息安全技术有限公司
江民KV2008杀毒软件	2007年08月10日	北京江民高科技术有限公司
瑞星杀毒软件2008版	2007年08月21日	北京瑞星科技股份有限公司
NOD32 anti virus system	2007年10月17日	二版科技（深圳）有限公司
金山毒霸	20082007年11月20日	北京金山软件有限公司

NT防病毒产品检测公告

产品名称	通过日期	送检单位
Microsoft Forefront Server for Exchange Server	2007年02月12日	微软（中国）有限公司
Microsoft Forefront Server for SharePoint Server	2007年02月14日	微软（中国）有限公司
江民杀毒软件KV网络版 KVforNet	2007年03月15日	北京江民高科技术有限公司
金山毒霸网络版5.0	2007年05月25日	北京金山软件有限公司
金山毒霸网络版5.0中小企业版	2007年05月25日	北京金山软件有限公司
北信源VRV网络杀毒	2007年04月12日	北京北信源自动化技术有限公司
金山毒霸网络版5.0高级企业版	2007年05月25日	北京金山软件有限公司
Virus驱逐舰网络版	2007年06月1日	广州市驱逐软件有限公司
V3 VirusBlock for Windows Server 6.0	2007年07月5日	北京安博士信息安全技术有限公司
趋势科技防毒墙网络版（OfficeScan日文版）	2007年08月28日	趋势科技（中国）有限公司
方正熊猫企业级防病毒安全套装	2007年09月8日	上海方正信息安全技术有限公司
Symantec Anti－virus Corporate Edition 10.x	2007年09月12日	赛门铁克软件（北京）有限公司
InterScan WebProtect for Microsoft ISA Server	2007年09月27日	趋势科技（中国）有限公司
ServerProtect	2007年09月27日	趋势科技（中国）有限公司
NOD32 anti virus system Enterprise Edition	2007年10月17日	二版科技（深圳）有限公司

邮件防病毒产品检测公告

产品名称	通过日期	送检单位
Symantec Mail Security 7.5 for Domino	2007年09月12日	赛门铁克软件（北京）有限公司

网关防病毒产品检测公告

产品名称	通过日期	送检单位
Power V系列安全网关	2007年02月5日	联想网御科技（北京）有限公司
方正综合安全网关	2007年06月11日	上海方正信息安全技术有限公司
方正熊猫安全网关V2.0	2007年08月17日	上海方正信息安全技术有限公司
Besecure	2007年08月17日	北京联信永益信息技术有限公司

反间谍木马类产品检测公告

产品名称	通过日期	送检单位
木马克星	2007年03月9日	北京里仁开源软件科技有限公司
安全专家防治恶意代码系统（反木马功能）	2007年07月4日	深圳市安络科技有限公司
Windows木马清道夫	2007年07月13日	保定市风云谷科技有限责任公司
金山清理专家2.1（反间谍）	2007年11月19日	北京金山软件有限公司

手机防病毒产品检测公告

产品名称	通过日期	送检单位
金山毒霸手机版 for pocket pc（for Windows Mobile 5.0）	2007年01月24日	北京金山软件有限公司
江民手机版杀毒软件（S60）	2007年09月6日	北京江民高科技术有限公司
卡巴斯基手机版（Symbian S60）	2007年09月12日	卡巴斯基（天津）科技有限公司

（六）中国信息安全产品测评认证中心

1. 产品认证公告

信息安全产品认证公告（2007 年第 2 号）

中国信息安全产品测评认证中心依据国家信息安全测评认证管理委员会确认的有关产品质量认证和信息安全管理的国际标准、国家标准、行业标准和其他补充技术要求与技术规范，对外开展四类认证业务：信息安全产品认证、信息系统安全认证、信息安全服务资质认证和信息安全人员资质认证。中国信息安全产品测评认证中心向通过认证的信息安全产品、信息系统、信息安全服务提供商和信息安全人员颁发相应证书，获得认证的产品、系统、单位和个人准予使用认证标志。

2007 年 1 月至 2 月，有 10 个产品通过了国家信息安全产品型号认证，中国信息安全产品测评认证中心已按国家有关规定予以注册，并向慧峰信源科技（北京）有限公司等单位申请的 10 个产品颁发了国家信息安全认证证书。

特此公告。

中国信息安全产品测评认证中心

二〇〇七年三月七日

附表：通过国家信息安全产品型号认证的产品

序号	获证单位	获证产品名称	证书号	发证日期
1.	慧峰信源科技（北京）有限公司	网刃数字产品版权保护及认证平台 V3.0	CNITSEC2007TYP520	2007－2－1
2.	北京金山软件有限公司	金山防火墙 V4.0	CNITSEC2007TYP521	2007－2－1
3.	北京天融信科技有限公司	网络卫士安全管理系统（TSM－TopAnalzer）v2.0	CNITSEC2007TYP522	2007－2－1
4.	北京安维华科技有限公司	安维华内容安全网关 Anchiva2000X	CNITSEC2007TYP523	2007－2－1
5.	北京和源沐泽科技发展有限公司	Uguard 内网安全管理系统（V1.0）	CNITSEC2007TYP524	2007－2－1
6.	湖南天银信息产业有限公司	天一银河 HM－FW 千兆防火墙（V3.0）	CNITSEC2007TYP525	2007－2－1
7.	曙光信息产业（北京）有限公司	曙光天罗防火墙（千兆 V3.0/TLFW）	CNITSEC2007TYP526	2007－2－1

（续表）

序号	获证单位	获证产品名称	证书号	发证日期
8.	杭州恒生信息技术有限公司	HZHSGS SSL安全通信代理系统（V1.0）	CNITSEC2007TYP527	2007－2－1
9.	杭州恒生信息技术有限公司	HZHSGS“证券新干线”网上交易系统（V3.0）	CNITSEC2007TYP528	2007－2－1
10.	上海金诺网络安全技术发展股份有限公司	金诺网安入侵检测系统（V8.2）	CNITSEC2007TYP529	2007－2－1

信息安全产品认证公告（2007年第3号）

中国信息安全产品测评认证中心依据国家信息安全测评认证管理委员会确认的有关产品质量认证和信息安全管理的国际标准、国家标准、行业标准和其他补充技术要求与技术规范，对外开展四类认证业务：雅息安全产品认证、信息系统安全认证、信息安全服务资质认证和信息安全人员资质认证。中国信息安全产品测评认证中心向通过认证的信息安全产品、信息系统、信息安全服务提供商和信息安全人员颁发相应证书，获得认证的产品、系统、单位和个人准予使用认证标志。

2007年3月至4月，有13个产品通过了国家信息安全产品型号认证，有1个产品通过了国家信息安全产品分级认证，中国信息安全产品测评认证中心已按国家有关规定予以注册，并杭州合众信息工程有限公司等单位申请的14个产品颁发了国家信息安全认证证书。

特此公告。

中国信息安全产品测评认证中心

二〇〇七年五月十日

附表：通过国家信息安全产品型号认证的产品

序号	获证单位	获证产品名称	证书号	发证日期
1.	杭州合众信息工程有限公司	合众内外网安全数据交换系统（V1.0）	CNITSEC2007TYP530	2007－3－14
2.	杭州思迪福信息技术有限公司	Logbase日志管理综合审计系统（SLAS）V1.0	CNITSEC2007TYP531	2007－3－14

（续表）

序号	获证单位	获证产品名称	证书号	发证日期
3.	华为技术有限公司	网络智能入侵检测系统 NIP 1000（V1.0.0.2）	CNITSEC2007TYP532	2007－3－22
4.	华为技术有限公司	网络智能入侵检测系统 NIP 100（V1.0.0.2）	CNITSEC2007TYP533	2007－3－22
5.	华为技术有限公司	网络智能入侵检测系统 NIP 200（V1.0.0.2）	CNITSEC2007TYP534	2007－3－22
6.	电信科学技术第十研究所	内网110－一体化安全防护系统 V2.0	CNITSEC2007TYP535	2007－3－22
7.	上海金电网安科技有限公司	安全隔离与信息交换系统（Ferry Way）V2.0	CNITSEC2007TYP536	2007－3－22
8.	北京信通华安技术有限公司	HUAAN 安全网关（Sec-Channel 1000/V1）	CNITSEC2007TYP537	2007－3－22
9.	沈阳东软软件股份有限公司	NetEye 防火墙 V3.2（千兆）	CNITSEC2007TYP538	2007－3－22
10.	网泰金安信息技术有限公司	统御安全网关（百兆）（V7）	CNITSEC20017TYP539	2007－3－22
11.	网泰金安信息技术有限公司	统御安全网关（千兆）（V7）	CNITSEC2007TYP540	2007－3－22
12.	北京启明星辰信息技术有限公司	天清入侵防御系统 V6.0（百兆）	CNITSEC2007TYP541	2007－3－22
13.	北京启明星辰信息技术有限公司	天清入侵防御系统 V6.0（千兆）	CNITSEC2007TYP542	2007－3－22
14.	北京清华同方微电子有限公司	接触卡芯片 THC20F06D	CNITSEC2007PRD019－EAL4＋	2007－3－22

信息安全产品认证公告（2007年第4号）

中国信息安全产品测评认证中心依据国家信息安全测评认证管理委员会确认的有关产品质量认证和信息安全管理的国际标准、国家标准、行业标准和其他补充技术要求与技术规范，对外开展四类认证业务：信息安全产品认证、信息系统安全认证、信息安全服务资质认证和信息安全人员资质认证。中国信息安全产品测评认证中心向通过认证的信息安全产品、信息系统、信息安全服务提供商和信息安全人员颁发相应证书，获得认证的产品、系统、单位和个人准予使用认证标志。

2007年5月至6月，有16个产品通过国家信息安全产品型号认证；有2个产品通过国家信息安全产品分级认证。中国信息安全产品测评认证中心已按国家有关规定予以注册，并向“武汉市凡高软件有限责任公司”等单位申请的18个产品颁发了国家信息安全认证证书。

特此公告。

中国信息安全产品测评认证中心

二〇〇七年七月四日

附表：通过国家信息安全产品型号认证的产品

序号	获证单位	获证产品名称	证书号	发证日期
1.	武汉市凡高软件有限责任公司	密无忧 V7.0－密码保护自动登录软件	CNITSEC2007TYP543	2007－5－10
2.	深圳市敏利电子科技有限公司	“SafeDisk 文堡 V1.0”安全U盘	CNITSEC2007TYP544	2007－5－10
3.	成都三零盛安信息系统有限公司	鹰眼网络安全审计系统（NSAS100/V2.2）	CNITSEC2007TYP545	2007－5－10
4.	成都卫士通信息产业股份有限公司	金融税控收款机（E1430/1.0.0）	CNITSEC2007TYP546	2007－5－17
5.	中国人民解放军61428部队	DIE－200硬磁盘信息消除器	CNITSEC2007TYP547	2007－5－18
6.	上海宝信软件股份有限公司	宝信网络巡警（eCop3000）V3.0	CNITSEC2007TYP548	2007－5－18
7.	杭州华三通信技术有限公司	EDA访问控制产品（V2.10－R0119）	CNITSEC2007TYP549	2007－5－18
8.	北京国保金泰信息安全技术有限公司	国保金泰安全隔离与信息交换器（V1.0）	CNITSEC2007TYP550	2007－5－21
9.	西安市信息技术应用研究所	神盾主机监控与审计系统 SD－1 V1.0	CNITSEC2007TYP551	2007－5－25
10.	上海金骏科技发展有限公司	JetCAS 4.0	CNITSEC2007TYP552	2007－6－11
11.	华为技术有限公司	SIMS日志审计系统 V200R001	CNITSEC2007TYP553	2007－6－11
12.	杭州华三通信技术有限公司	H3C SecCenter A1000（V2.5）安全管理中心	CNITSEC2007TYP554	2007－6－11

（续表）

序号	获证单位	获证产品名称	证书号	发证日期
13.	上海方正信息安全技术有限公司	方正入侵检测系统 V4.0	CNITSEC2007TYP555	2007－6－11
14.	西安安智科技有限公司	AngellPRO 防火墙（V2.0）	CNITSEC2007TYP556	2007－6－15
15.	北京启明星辰信息技术有限公司	天玥网络安全审计系统（V6.0）	CNITSEC2007TYP557	2007－6－15
16.	北京启明星辰信息技术有限公司	天镜脆弱性扫描与管理系统（V6.0）	CNITSEC2007TYP558	2007－6－15
17.	北京中电华大电子设计有限责任公司	CIU5164 智能卡芯片	CNITSEC2007PRD020－EAL4＋	2007－5－18
18.	港芯科技有限公司	非接触式智能卡芯片 uT82RF1604	CNITSEC2007PRD021－EAL4＋	2007－6－11

信息安全产品认证公告（2007 年第 5 号）

中国信息安全产品测评认证中心依据国家信息安全测评认证管理委员会确认的有关产品质量认证和信息安全管理的国际标准、国家标准、行业标准和其他补充技术要求与技术规范，对外开展四类认证业务：信息安全产品认证、信息系统安全认证、信息安全服务资质认证和信息安全人员资质认证。中国信息安全产品测评认证中心向通过认证的信息安全产品、信息系统、信息安全服务提供商和信息安全人员颁发相应证书，获得认证的产品、系统、单位和个人准予使用认证标志。

2007 年 7 月至 8 月，有 15 个产品通过国家信息安全产品型号认证；有 7 个产品通过国家信息安全产品分级认证。中国信息安全产品测评认证中心已按国家有关规定予以注册，并向“联想网御科技（北京）有限公司”等单位申请的 22 个产品颁发了国家信息安全认证证书。

特此公告。

中国信息安全产品测评认证中心

二〇〇七年九月四日

附表：通过国家信息安全产品型号认证的产品

序号	获证单位	获证产品名称	证书号	发证日期
1.	联想网御科技（北京）有限公司	联想网御防火墙 V3.0（千兆）	CNITSEC2007TYP559	2007－7－9
2.	联想网御科技（北京）有限公司	联想网御安全网关（V3.0）	CNITSEC2007TYP560	2007－7－9
3.	北京天融信科技有限公司	网络卫士安全审计系统（V2.0）	CNITSEC2007TYP561	2007－7－9
4.	北京天融信科技有限公司	网络卫士入侵检测系统 TopSentry2000（V1.0）	CNITSEC2007TYP562	2007－7－9
5.	北京天融信科技有限公司	网络卫士入侵检测系统 TopSentry3000（V1.0）	CNITSEC2007TYP563	2007－7－9
6.	联想网御科技（北京）有限公司	联想网御防火墙 V3.0（百兆）	CNITSEC2007TYP564	2007－7－13
7.	北京同方信息安全技术股份有限公司	NetDT 网络入侵检测系统（V2.0）	CNITSEC2007TYP566	2007－8－29
8.	北京同方信息安全技术股份有限公司	紫荆盾 NetST 防火墙（V3.0）	CNITSEC2007TYP567	2007－8－29
9.	北京天融信科技有限公司	网络卫士入侵防御系统 TopIDP2000（V3.0）	CNITSEC2007TYP568	2007－8－1
10.	北京天融信科技有限公司	网络卫士入侵防御系统 TopIDP3000（V3.0）	CNITSEC2007TYP569	2007－8－1
11.	上海方正信息安全技术有限公司	方正综合安全网关（V2.0）	CNITSEC2007TYP570	2007－8－1
12.	上海华宇电子工程有限公司	华宇分布式企业网协同安全监管系统（V2.0）	CNITSEC2007TYP571	2007－8－1
13.	上海华依科技发展有限公司	华依防火墙（V7.10.0/HY－F2000＋）	CNITSEC2007TYP572	2007－8－1
14.	沈阳东软软件股份有限公司	NetEye IDS 百兆入侵检测系统（V2.2）	CNITSEC2007TYP573	2007－8－20
15.	沈阳东软软件股份有限公司	NetEye IDS 千兆入侵检测系统（V2.2）	CNITSEC2007TYP574	2007－8－20
16.	中国移动通信有限公司研究院	中国移动移动代理服务器（MAS06V100）	CNITSEC2007PRD001－EAL1	2007－8－1
17.	中国移动通信有限公司研究院	中国移动移动代理服务器（MAS01V100）	CNITSEC2007PRD001－EAL2	2007－8－1
18.	中国移动通信有限公司研究院	中国移动移动代理服务器（MAS02V100）	CNITSEC2007PRD002－EAL2	2007－8－1

（续表）

序号	获证单位	获证产品名称	证书号	发证日期
19.	中国移动通信有限公司研究院	中国移动移动代理服务器（MAS05V100）	CNITSEC2007PRD003－EAL2	2007－8－1
20.	中国移动通信有限公司研究院	中国移动移动代理服务器（MAS07V100）	CNITSEC2007PRD004－EAL2	2007－8－1
21.	北京天融信科技有限公司	网络卫士防火墙 NG-FW4000（V2.0）	CNITSEC2007PRD015－EAL3	2007－7－17
22.	北京启明星辰信息安全技术有限公司	天阗入侵检测与管理系统（V6.0）	CNITSEC2006PRD016－EAL3	2007－8－29

信息安全产品认证公告（2007 年第 6 号）

中国信息安全产品测评认证中心依据国家信息安全测评认证管理委员会确认的有关产品质量认证和信息安全管理的国际标准、国家标准、行业标准和其他补充技术要求与技术规范，对外开展四类认证业务：信息安全产品认证、信息系统安全认证、信息安全服务资质认证和信息安全人员资质认证。中国信息安全产品测评认证中心向通过认证的信息安全产品、信息系统、信息安全服务提供商和信息安全人员颁发相应证书，获得认证的产品、系统、单位和个人准予使用认证标志。

2007 年 9 月至 10 月，有 14 个产品通过国家信息安全产品型号认证；有 3 个产品通过国家信息安全产品分级认证。中国信息安全产品测评认证中心已按国家有关规定予以注册，并向“成都三零盛安信息系统有限公司”等单位申请的 17 个产品颁发了国家信息安全认证证书。

特此公告。

中国信息安全产品测评认证中心

二〇〇七年十一月七日

附表：通过国家信息安全产品认证的产品

序号	获证单位	获证产品名称	证书号	发证日期
1.	成都三零盛安信息系统有限公司	鹰眼网络入侵检测系统（NIDS100/V3.2）	CNITSEC2007TYP565	2007-9-12
2.	联想网御科技（北京）有限公司	联想网御安全管理系统（V3.0）	CNITSEC2007TYP575	2007-9-7
3.	联想网御科技（北京）有限公司	联想网御内网安全管理系统（V3.0）	CNITSEC2007TYP576	2007-9-7
4.	北京水木同正网络技术有限公司	中华箭—综合网络安全检测评估增强系统（V2.0）	CNITSEC2007TYP577	2007-9-7
5.	杭州华三通信技术有限公司	H3C SecPath T200（IMW110）入侵抵御系统（百兆）	CNITSEC2007TYP578	2007-9-7
6.	北京和勤新泰技术有限公司	和勤安全隔离与信息交换系统（HG-V8）	CNITSEC2007TYP579	2007-9-7
7.	成都卫士通信息产业股份有限公司	中华卫士百兆防火墙（V2.1/WFW-FW-B）	CNITSEC2007TYP580	2007-9-12
8.	成都卫士通信息产业股份有限公司	中华卫士千兆防火墙（V2.1/WFW-FW-B）	CNITSEC2007TYP581	2007-9-12
9.	北京国信博飞科技发展有限公司	PMS统一权限管理服务平台V3.0（PMS-3000）	CNITSEC2007TYP582	2007-9-25
10.	北京和勤新泰技术有限公司	和勤防火墙（Hinge-Firewall/V3.1/百兆）	CNITSEC2007TYP583	2007-10-18
11.	中网通讯网络有限公司	中网IP防火墙（V1.0/千兆）	CNITSEC2007TYP584	2007-10-18
12.	江苏南大苏富特软件股份有限公司	苏富特百兆防火墙 Soft-Wall4000（wph2.0）	CNITSEC2007TYP585	2007-10-18
13.	江苏南大苏富特软件股份有限公司	苏富特千兆防火墙 Soft-Wall8000（wph2.0）	CNITSEC2007TYP586	2007-10-18
14.	泰天金诺科技（北京）有限公司	锁域文档安全管理系统（V1.5）	CNITSEC2007TYP587	2007-10-29
15.	中国移动通信有限公司研究院	中国移动移动代理服务器（MAS08V100）	CNITSEC2007PRD005-EAL2	2007-9-7
16.	中国移动通信有限公司研究院	中国移动移动代理服务器（MAS09V100）	CNITSEC2007PRD006-EAL2	2007-9-7
17.	深圳市中兴集成电路设计有限责任公司	接触式智能卡芯片Z8H64D40CP	CNITSEC2007PRD022-EAL4	2007-10-18

信息安全产品认证公告（2008年第1号）

中国信息安全产品测评认证中心依据国家信息安全测评认证管理委员会确认的有关产品质量认证和信息安全管理的国际标准、国家标准、行业标准和其他补充技术要求与技术规范，对外开展四类认证业务：信息安全产品认证、信息系统安全认证、信息安全服务资质认证和信息安全人员资质认证。中国信息安全产品测评认证中心向通过认证的信息安全产品、信息系统、信息安全服务提供商和信息安全人员颁发相应证书，获得认证的产品、系统、单位和个人准予使用认证标志。

2007年11月至12月，有22个产品通过国家信息安全产品型号认证。中国信息安全产品测评认证中心已按国家有关规定予以注册，并向“四川川大能士信息安全有限公司”等单位申请的22个产品颁发了国家信息安全认证证书。

特此公告。

中国信息安全产品测评认证中心

二〇〇八年一月十日

附表：通过国家信息安全产品认证的产品

序号	获证单位	获证产品名称	证书号	发证日期
1.	四川川大能士信息安全有限公司	能士防火墙（V4.02/NESEC110/百兆）	CNITSEC2007TYP588	2007-11-2
2.	四川川大能士信息安全有限公司	能士安全VPN系统（V2.00/NESEC300）	CNITSEC2007TYP589	2007-11-2
3.	北京神州绿盟科技有限公司	绿盟冰之眼网络入侵检测系统（V3.0/千兆）	CNITSEC2007TYP590	2007-11-2
4.	北京神州绿盟科技有限公司	绿盟极光远程安全评估系统（V3.0）	CNITSEC2007TYP591	2007-11-2
5.	北京中天航信科技有限公司	天信安内网终端安全管理系统（V4.1）	CNITSEC2007TYP592	2007-11-2
6.	中国互联网络信息中心	中文上网官方版软件2.6.0.0	CNITSEC2007TYP593	2007-12-5
7.	四川汇源网络安全技术有限公司	汇源主机监控与审计系统LPS（V2.9）	CNITSEC2007TYP594	2007-12-5
8.	中国长城计算机深圳股份有限公司	世恒S安全电脑（V2.0）	CNITSEC2007TYP595	2007-12-5

序号	获证单位	获证产品名称	证书号	发证日期
9.	上海天存信息技术有限公司	iGuard安泰网页防篡改系统（V2.0）	CNITSEC2007TYP596	2007-12-5
10.	华为技术有限公司	Eudemon 百兆防火墙（V3.3）	CNITSEC2007TYP597	2007-12-7
11.	华为技术有限公司	Eudemon 千兆防火墙（V3.3）	CNITSEC2007TYP598	2007-12-7
12.	联想网御科技（北京）有限公司	联想网御入侵检测系统（V3.2/百兆）	CNITSEC2007TYP599	2007-12-10
13.	北京天融信科技有限公司	网络卫士防火墙 NG-FW4000（百兆）	CNITSEC2007TYP600	2007-12-10
14.	北京天元龙马科技有限公司	终结者网络安全系统（V2.0）	CNITSEC2007TYP601	2007-12-10
15.	华为技术有限公司	USG百兆防火墙（V3.3）	CNITSEC2007TYP602	2007-12-19
16.	华为技术有限公司	USG千兆防火墙（V3.3）	CNITSEC2007TYP603	2007-12-19
17.	北京启明星辰信息安全技术有限公司	天清汉马USG一体化安全网关（V2.6/百兆）	CNITSEC2007TYP604	2007-12-19
18.	北京启明星辰信息安全技术有限公司	天清汉马USG一体化安全网关（V2.6/千兆）	CNITSEC2007TYP605	2007-12-19
19.	福建省海峡信息技术有限公司	黑盾防火墙（V3.5/HD-FW/百兆）	CNITSEC2007TYP606	2007-12-19
20.	北京瑞星信息技术有限公司	瑞星防毒墙（RSW-2.0/千兆）	CNITSEC2007TYP607	2007-12-19
21.	北京握奇智能科技有限公司	金融票据数字鉴别设备（FNAD V1.0）	CNITSEC2007TYP608	2007-12-19
22.	太极计算机股份有限公司	太极防火墙（V2.0/千兆）	CNITSEC2007TYP609	2007-12-19

2. 系统认证公告

信息系统安全认证公告（2007年第2号）

中国信息安全产品测评认证中心是经中央批准成立，代表国家开展信息安全测评认证的职能机构，依据国家有关认证的法律、法规和有关信息安全的政策、法律、法规开展工作。

中国信息安全产品测评认证中心依据国家信息安全测评认证管理委员会确认的有关产品质量认证和信息安全管理的国际标准、国家标准、行业标准和其他补充技术要求与技术规范，对外开展四类认证业务：信息安全产品认证、信息系统安全认证、信息安全服务资质认证和信息安全人员资质认证。认证中心向通过认证的信息安全产品、信息系统、信息安全服务提供商和信息安全人员颁发相应证书，获得认证的产品、系统、单位和个人准予使用认证标志。

2007年2月至4月，有4家单位通过了国家信息系统安全认证（详见附表），中心已按国家有关规定予以注册，并向“北京通融通信息技术有限公司、上海市电信有限公司、四川移动通信有限责任公司和中国平安保险（集团）股份有限公司”颁发了国家信息安全认证证书。

特此公告。

中国信息安全产品测评认证中心

二〇〇七年五月十日

附表：通过国家信息系统安全认证的单位

序号	获证单位名称	获证系统名称	获证级别	发证日期
1	北京通融通信息技术有限公司	YeePay易宝电子支付平台系统	CNITSEC2007SYS012 安全综合保障一级	2007－3－7
2	上海市电信有限公司	上海市电信有限公司VPN系统	CNITSEC2007SYS013 信息系统安全综合保障级二级	2007－3－7
3	四川移动通信有限责任公司	四川移动计费业务中心BOSS系统	CNITSEC2007SYS014 安全综合保障一级	2007－3－7
4	中国平安保险（集团）股份有限公司	中国平安数字证书认证系统	CNITSEC2007SYS015 信息系统安全综合保障级二级	2007－3－22

信息系统安全认证公告（2007年第3号）

中国信息安全产品测评认证中心依据国家信息安全测评认证管理委员会确认的有关产品质量认证和信息安全管理的国际标准、国家标准、行业标准和其他补充技术要求与技术规范，对外开展四类认证业务：信息安全产品认证、信息系统安全认证、信息安全服务资质认证和信息安全人员资质认证。中国信息安全产品测评认证中心向通过认证的信息安全产品、信息系统、信息安全服务提供商和信息安全人员颁发相应证书，获得认证的产品、系统、单位和个人准予使用认证标志。

2007年5月至6月，有3家单位通过了国家信息系统安全认证（详见附表）。中国信息安全产品测评认证中心已按国家有关规定予以注册，并向“中国电力财务有限公司”

等三家单位颁发了国家信息安全认证证书。

特此公告。

中国信息安全产品测评认证中心

二〇〇七年七月四日

附表：通过国家信息系统安全认证的单位

序号	获证单位名称	获证系统名称	证书编号及获证级别	发证日期
1	中国电力财务有限公司	"电财通" - 企业网上资金服务系统	CNITSEC2007SYS016 信息系统安全保障级一级	2007-6-11
2	浙江支付宝网络科技有限公司	支付宝电子支付平台系统	CNITSEC2007SYS017 信息系统安全保障级一级	2007-6-28
3	上海捷银信息技术有限公司	捷银电子支付系统	CNITSEC2007SYS018 信息系统安全保障级一级	2007-6-28

信息系统安全认证公告（2007年第4号）

中国信息安全产品测评认证中心依据国家信息安全测评认证管理委员会确认的有关产品质量认证和信息安全管理的国际标准、国家标准、行业标准和其他补充技术要求与技术规范，对外开展四类认证业务：信息安全产品认证、信息系统安全认证、信息安全服务资质认证和信息安全人员资质认证。中国信息安全产品测评认证中心向通过认证的信息安全产品、信息系统、信息安全服务提供商和信息安全人员颁发相应证书，获得认证的产品、系统、单位和个人准予使用认证标志。

2007年7月至8月，有2家单位通过了国家信息系统安全认证（详见附表）。中国信息安全产品测评认证中心已按国家有关规定予以注册，并向"国家广播电影电视总局监测数据处理中心"等单位颁发了国家信息安全认证证书。

特此公告。

中国信息安全产品测评认证中心

二〇〇七年九月四日

附表：通过国家信息系统安全认证的单位

序号	获证单位名称	获证系统名称	证书编号及获证级别	发证日期
1	国家广播电影电视总局监测数据处理中心	广播电视监测网安全管理平台	CNITSEC2007SYS019 信息系统安全技术保障级二级	2007－7－23
2	开联信息技术有限公司	开联电子支付与网上银行应用托管服务平台	CNITSEC2007SYS020 信息系统安全保障级一级	2007－8－20

信息系统安全认证公告（2007 年第 5 号）

中国信息安全产品测评认证中心依据国家信息安全测评认证管理委员会确认的有关产品质量认证和信息安全管理的国际标准、国家标准、行业标准和其他补充技术要求与技术规范，对外开展四类认证业务：信息安全产品认证、信息系统安全认证、信息安全服务资质认证和信息安全人员资质认证。中国信息安全产品测评认证中心向通过认证的信息安全产品、信息系统、信息安全服务提供商和信息安全人员颁发相应证书，获得认证的产品、系统、单位和个人准予使用认证标志。

2007 年 9 月至 10 月，有 1 家单位通过了国家信息系统安全认证（详见附表）。中国信息安全产品测评认证中心已按国家有关规定予以注册，并向“广东天讯电信科技有限公司”颁发了国家信息安全认证证书。

特此公告。

中国信息安全产品测评认证中心
二〇〇七年十一月七日

附表：通过国家信息系统安全认证的单位

序号	获证单位名称	获证系统名称	证书编号及获证级别	发证日期
1	广东天讯电信科技有限公司	交费易电子支付系统	CNITSEC2007SYS021 信息系统安全保障级一级	2007－10－18

信息系统安全认证公告（2008 年第 1 号）

中国信息安全产品测评认证中心依据国家信息安全测评认证管理委员会确认的有关产品质量认证和信息安全管理的国际标准、国家标准、行业标准和其他补充技术要求与技术规范，对外开展四类认证业务：信息安全产品认证、信息系统安全认证、信息安全服务资质认证和信息安全人员资质认证。中国信息安全产品测评认证中心向通过认证的信息安全产品、信息系统、信息安全服务提供商和信息安全人员颁发相应证书，获得认证的产品、系统、单位和个人准予使用认证标志。

2007年11月至12月，有3家单位通过了国家信息系统安全认证（详见附表）。中国信息安全产品测评认证中心已按国家有关规定予以注册，并向“上海快钱信息服务有限公司”等单位颁发了国家信息安全认证证书。

特此公告。

中国信息安全产品测评认证中心

二〇〇八年一月十日

附表：通过国家信息系统安全认证的单位

序号	获证系统名称	获证单位名称	证书编号及获证级别	发证日期
1	快钱支付清算系统	上海快钱信息服务有限公司	CNITSEC2007SYS022 安全技术保障级一级	2007－11－2
2	盛大支付系统	上海盛大网络发展有限公司	CNITSEC2007SYS023 安全保障级二级	2007－12－5
3	chinapay®电子支付系统	上海银联电子支付服务有限公司	CNITSEC2007SYS024 安全技术保障级一级	2007－12－5

3. 服务资格认证公告

信息安全服务资质认证公告（2007年第2号）

由中国信息安全产品测评认证中心实施的“信息安全服务资质认证”是依据国家相关标准和程序，对信息安全服务提供者在技术、资源、管理等方面的资质、能力、稳定性和可靠性进行评估，并对其安全服务保障能力进行认证。

2007年2月至4月，共有16家单位通过信息安全服务资质认证，其中12家通过了信息安全服务资质（安全工程类一级）认证，3家通过了信息安全服务资质（安全工程类二级）认证，1家单位通过认证维持（详见附表）。中国信息安全产品测评认证中心已按国家有关规定予以注册，并向“北京信安世纪科技有限公司”等16家单位颁发了国家信息安全认证证书。

特此公告。

中国信息安全产品测评认证中心

二〇〇七年五月八日

附表：通过国家信息安全服务资质（安全工程类一级）认证的单位

序号	获证单位名称	证书编号	发证日期
1.	北京信安世纪科技有限公司	CNITSEC2006SRV－Ⅰ－102	2006－11－30
2.	苏州市天创科技有限公司	CNITSEC2006SRV－Ⅰ－103	2006－11－30
3.	广东威尔医学科技股份有限公司	CNITSEC2007SRV－Ⅰ－104	2007－3－14
4.	北京宝利信通科技有限公司	CNITSEC2007SRV－Ⅰ－105	2007－3－14
5.	北京江南博仁科技有限公司	CNITSEC2007SRV－Ⅰ－107	2007－3－14
6.	四川奥诚科技有限公司	CNITSEC2007SRV－Ⅰ－108	2007－3－14
7.	北京意畅艾特信息技术服务有限公司	CNITSEC2007SRV－Ⅰ－110	2007－3－14
8.	信息产业部电信传输研究院	CNITSEC2007SRV－Ⅰ－106	2007－3－22
9.	广东卓维网络有限公司	CNITSEC2007SRV－Ⅰ－109	2007－3－22
10.	北京神州数码有限公司	CNITSEC2007SRV－Ⅰ－111	2007－4－16
11.	中兴通讯股份有限公司	CNITSEC2007SRV－Ⅰ－112	2007－4－16
12.	深圳市易聆科信息技术有限公司	CNITSEC2007SRV－Ⅰ－113	2007－4－16

附表：通过国家信息安全服务资质（安全工程类二级）认证的单位：

序号	获证单位名称	证书编号	发证日期
1.	北京市太极华青信息系统有限公司	CNITSEC2007SRV－Ⅱ－008	2007－3－14
2.	北京同方信息安全技术股份有限公司	CNITSEC2007SRV－Ⅱ－009	2007－3－22
3.	北京神州泰岳软件股份有限公司	CNITSEC2007SRV－Ⅱ－010	2007－3－22

附表：通过国家信息安全服务资质认证维持的单位：

序号	获证单位名称	证书编号	发证日期
1.	成都卫士通信息产业股份有限公司	CNITSEC2003SRV－Ⅰ－020	2007－4－16

关于“亿阳信通股份有限公司”信息安全服务资质二级认证证书更名的公告（2007年第3号）

原“亿阳信通股份有限公司”于2006年3月8日通过中国信息安全产品测评认证中心实施的信息安全服务资质（安全工程类二级）认证，注册号为“CNITSEC2006SRV－Ⅱ－007”。现公司更名为“亿阳安全技术有限公司”。该公司向中国信息安全产品测评认证中心提交了证书更名申请。经本中心审核予以批准并重新发证。原公司名“亿阳信通股份有限公司”的证书同时宣布失效。

特此公告。

中国信息安全产品测评认证中心

二〇〇七年五月八日

附表："亿阳安全技术有限公司"证书信息

序号	获证单位名称	证书编号	发证日期	有效期
1.	亿阳安全技术有限公司	CNITSEC2006SRV－Ⅱ－007	2007－4－16	2009－3－7

信息安全服务资质认证公告（2007 年第 4 号）

由中国信息安全产品测评认证中心实施的"信息安全服务资质认证"是依据国家相关标准和程序，对信息安全服务提供者在技术、资源、管理等方面的资质、能力、稳定性和可靠性进行评估，并对其安全服务保障能力进行认证。

2007 年 5 月至 6 月，共有 7 家单位通过信息安全服务资质认证，其中 5 家通过了信息安全服务资质（安全工程类一级）认证；1 家通过了信息安全服务资质（安全工程类二级）认证；1 家单位通过认证维持（详见附表）。中国信息安全产品测评认证中心已按国家有关规定予以注册，并向"江苏国瑞信安科技有限公司"等 7 家单位颁发了国家信息安全认证证书。

特此公告。

中国信息安全产品测评认证中心

二〇〇七年六月二十七日

附表：通过国家信息安全服务资质（安全工程类一级）认证的单位

序号	获证单位名称	证书编号	发证日期
1.	江苏国瑞信安科技有限公司	CNITSEC2007SRV－Ⅰ－114	2007－5－16
2.	浙江弘申信息技术有限公司	CNITSEC2007SRV－Ⅰ－115	2007－5－16
3.	苏州亿阳值通科技发展有限公司	CNITSEC2007SRV－Ⅰ－116	2007－5－16
4.	北京江南天安科技有限公司	CNITSEC2007SRV－Ⅰ－117	2007－6－16
5.	北京国信天辰信息安全科技有限公司	CNITSEC2007SRV－Ⅰ－118	2007－6－16

附表：通过国家信息安全服务资质（安全工程类二级）认证的单位

序号	获证单位名称	证书编号	发证日期
1.	联想网御科技（北京）有限公司	CNITSEC2007SRV－Ⅱ－011	2007－6－16

附表：国家信息安全服务资质（安全工程类一级）认证维持单位

序号	获证单位名称	证书编号	发证日期
1.	广州金华诚科技有限公司	CNITSEC2003SRV－Ⅰ－024	2007－6－16

信息安全服务资质认证公告（2007 年第 5 号）

由中国信息安全产品测评认证中心实施的“信息安全服务资质认证”是依据国家相关标准和程序，对信息安全服务提供者在技术、资源、管理等方面的资质、能力、稳定性和可靠性进行评估，并对其安全服务保障能力进行认证。

2007 年 7 月，共有 8 家单位通过信息安全服务资质认证，其中 5 家通过了信息安全服务资质（安全工程类一级）认证，3 家通过认证维持（详见附表）。中国信息安全产品测评认证中心已按国家有关规定予以注册，并向“广东超讯通信技术有限公司”等 8 家单位颁发了国家信息安全认证证书。

特此公告。

中国信息安全产品测评认证中心

二〇〇七年七月十七日

附表：通过国家信息安全服务资质（安全工程类一级）认证的单位

序号	获证单位名称	证书号	发证日期
1.	广东超讯通信技术有限公司	CNITSEC2007SRV－Ⅰ－119	2007－7－16
2.	杭州华三通信技术有限公司	CNITSEC2007SRV－Ⅰ－120	2007－7－16
3.	四川公用信息产业有限责任公司	CNITSEC2007SRV－Ⅰ－121	2007－7－16
4.	成都金本华科技有限公司	CNITSEC2007SRV－Ⅰ－122	2007－7－16
5.	天津市方卫信息系统工程技术有限公司	CNITSEC2007SRV－Ⅰ－123	2007－7－16

附表：通过国家信息安全服务资质认证维持的单位

序号	获证单位名称	证书号	发证日期
1.	北京宝亮网智电子信息技术有限公司	CNITSEC2004SRV－Ⅰ－040	2007－7－16
2.	太极计算机股份有限公司	CNITSEC2004SRV－Ⅰ－043	2007－7－16
3.	长沙博华科技有限公司	CNITSEC2004SRV－Ⅰ－046	2007－7－16

信息安全服务资质认证公告（2007 年第 6 号）

由中国信息安全产品测评认证中心实施的“信息安全服务资质认证”是依据国家相关标准和程序，在技术、资源、管理等方面对信息安全服务提供者的资质、能力、稳定性和可靠性进行评估，并对其安全服务保障能力进行认证。

2007 年 8 月到 10 月，共有 8 家单位通过信息安全服务资质认证，其中 7 家通过信息安全服务资质（安全工程类一级）认证，1 家通过认证维持（详见附表）。中国信息安全产品测评认证中心已按国家有关规定予以注册，并向“南京保旺达科技有限公司”等 8

家单位颁发了国家信息安全认证证书。

特此公告。

中国信息安全产品测评认证中心

二〇〇七年十一月一日

附表：通过国家信息安全服务资质（安全工程类一级）认证的单位

序号	获证单位名称	证书编号	发证日期
1.	南京保旺达科技有限公司	CNITSEC2007SRV－Ⅰ－124	2007－8－30
2.	上海柏安信息技术有限公司	CNITSEC2007SRV－Ⅰ－125	2007－8－30
3.	北京安氏领信科技发展有限公司	CNITSEC2007SRV－Ⅰ－126	2007－9－11
4.	湖北中网科技有限公司	CNITSEC2007SRV－Ⅰ－127	2007－10－8
5.	广东天海威数码技术有限公司	CNITSEC2007SRV－Ⅰ－128	2007－10－8
6.	北京华胜天成科技股份有限公司	CNITSEC2007SRV－Ⅰ－129	2007－10－8
7.	长春嘉诚网络工程有限公司	CNITSEC2007SRV－Ⅰ－130	2007－10－22

附表：通过国家信息安全服务资质（安全工程类一级）认证维持的单位

序号	获证单位名称	证书编号	发证日期
1.	上海复旦光华信息科技股份有限公司	CNITSEC2004SRV－Ⅰ－050	2007－9－18

信息安全服务资质认证公告（2008年第1号）

由中国信息安全产品测评认证中心实施的“信息安全服务资质认证”是依据国家相关标准和程序，在技术、资源、管理等方面对信息安全服务提供者的资质、能力、稳定性和可靠性进行评估，并对其安全服务保障能力进行认证。

2007年11月到12月，共有10家单位通过信息安全服务资质认证，其中7家通过信息安全服务资质（安全工程类一级）认证，3家通过认证维持（详见附表）。中国信息安全产品测评认证中心已按国家有关规定予以注册，并向“北京国信博飞科技发展有限公司”等10家单位颁发了国家信息安全认证证书。

特此公告。

中国信息安全产品测评认证中心

二〇〇八年一月十四日

附表：通过国家信息安全服务资质（安全工程类一级）认证的单位

序号	获证单位名称	证书编号	发证日期
1.	北京国信博飞科技发展有限公司	CNITSEC2007SRV－Ⅰ－131	2007－11－20
2.	浙江安科网络技术有限公司	CNITSEC2007SRV－Ⅰ－132	2007－11－20
3.	联盟优势（北京）软件有限公司	CNITSEC2007SRV－Ⅰ－133	2007－11－20
4.	南京莱斯大型电子系统工程有限公司	CNITSEC2007SRV－Ⅰ－134	2007－12－3
5.	赞华（北京）电子系统有限公司	CNITSEC2007SRV－Ⅰ－135	2007－12－28
6.	长春金阳高科技有限责任公司	CNITSEC2007SRV－Ⅰ－136	2007－12－28
7.	东软诺基亚通信技术有限公司	CNITSEC2007SRV－Ⅰ－137	2007－12－29

附表：通过国家信息安全服务资质（安全工程类一级）认证维持的单位

序号	获证单位名称	证书编号	发证日期
1.	深圳市永达电子有限公司	CNITSEC2003SRV－Ⅰ－033	2007－11－8
2.	北京合力金桥系统集成技术有限公司	CNITSEC2004SRV－Ⅰ－037	2007－11－8
3.	北京盖特佳信息安全技术股份有限公司	CNITSEC2004SRV－Ⅰ－052	2007－11－8

（七）上海市信息安全测评认证中心

获得“系统集成资质认证”的企业公告

证书编号	单位名称	资质等级	批准（备案）日期	首次获证日期
Z2310020070295	上海交技发展股份有限公司	二级	2007－6－11	2007－6－11
Z2310020070296	维豪信息技术有限公司	二级	2007－6－11	2007－6－11
Z2310020030288	上海广电通讯网络有限公司	二级	2007－9－8	2003－9－8
Z2310020030287	上海中交海德交通科技股份有限公司	二级	2007－9－8	2003－9－8
Z2310020070573	上海熙菱信息技术有限公司	二级	2007－11－11	2007－11－11
Z2310020070574	上海 JVC 系统开发工程有限公司	二级	2007－11－11	2007－11－11
Z3310020020503	上海亚太蓝星计算机信息技术有限公司	三级	2007－3－12	2002－12－30
Z4310020030107	上海经意实业有限公司	四级	2007－3－12	2003－3－12
Z4310020030104	上海海港通信技术有限公司	四级	2007－3－12	2003－3－12
Z4310020070199	上海建瓴建设科技发展有限公司	四级	2007－4－18	2007－4－18
Z4310020070200	上海秀康电子工程有限公司	四级	2007－4－18	2007－4－18
Z4310020070201	上海翰明计算机科技有限公司	四级	2007－4－18	2007－4－18
Z4310020070202	上海阿尔卡特网络支援系统有限公司	四级	2007－4－18	2007－4－18
Z4310020070203	上海巨一科技发展有限公司	四级	2007－4－18	2007－4－18
Z4310020070312	上海杰盛无线通讯设备有限公司	四级	2007－6－5	2007－6－5
Z4310020070313	上海平方科贸有限公司	四级	2007－6－5	2007－6－5
Z4310020030105	上海石化众达信息产业发展有限公司	四级	2007－6－5	2003－3－12
Z4310020070371	上海新域信息系统有限公司	四级	2007－7－13	2007－7－13

（续表）

证书编号	单位名称	资质等级	批准（备案）日期	首次获证日期
Z4310020070372	上海博科资讯股份有限公司	四级	2007-7-13	2007-7-13
Z4310020070373	上海海高通信发展有限公司	四级	2007-7-13	2007-7-13
Z4310020070374	长江计算机集团上海唯诚网络科技有限公司	四级	2007-7-13	2007-7-13
Z4310020030399	上海软中信息技术有限公司	四级	2007-9-8	2003-9-29
Z4310020070464	上海用易信息技术有限公司	四级	2007-10-22	2007-10-22

第七章　数据篇

一、国内网络安全事件监测数据

2007年网络安全事件类型分布

安全事件类型	网络仿冒	网页恶意代码	病毒，蠕虫，木马	漏洞	垃圾邮件报告	拒绝服务攻击
数量（件）	1326	1151	345	348	1197	23
百分比	30%	26%	8%	8%	27%	1%

2007年CNCERT/CC处理事件类型数量

事件类型	网络仿冒	拒绝服务攻击	病毒，蠕虫，木马	网页恶意代码	网页篡改	恶意探测或扫描	其他
数量	394	12	5	146	485	1	12

2007年中国大陆被木马控制的计算机IP分布情况

地区	北京	江苏	广东	山东	辽宁	河北	浙江	河南	福建	湖北	其他
比例	6%	8%	10%	7%	5%	6%	7%	4%	5%	4%	38%

2007年通过木马控制我国计算机的境外IP分布情况

国家或地区	台湾	美国	韩国	香港	日本	德国	印度	英国	马来西亚	其他
比例	56%	20%	5%	4%	2%	2%	1%	1%	1%	8%

2007年中国大陆地区外僵尸网络控制服务器分布情况

国家或地区	美国	台湾	韩国	加拿大	日本	巴西	香港	意大利	法国	德国	其他
比例	32%	13%	7%	5%	3%	3%	3%	3%	2%	3%	26%

2007年中国大陆总体和政府部门被篡改网页数量

月份	1月	2月	3月	4月	5月	6月	7月	8月	9月	10月	11月	12月
国内网页被篡改的总数	4606	3205	4680	6205	5602	4069	5618	7171	5037	4962	5499	4574
政府部门网页被篡改数量	312	239	325	258	242	209	272	507	315	590	540	425

2007年非扫描类事件月度统计

月份	1月	2月	3月	4月	5月	6月	7月	8月	9月	10月	11月	12月
数量	169	303	259	434	278	370	331	489	429	418	443	467

注　数据来源：《CNCERT/CC2007年网络安全工作报告》，编者进行归纳整理

二、国内互联网用户的安全状况调查数据

网民中网络安全问题发生的比率（%）

网络安全问题的类型	比例
电脑感染病毒	90.8%
账号/个人信息被盗、被改	44.8%
网上遭到黑客攻击	26.7%
被仿冒网站欺骗	23.9%
都没有碰到过	2.5%
其他	1.2%

网民发生账号或密码被盗的场所

网民发生账号和密码被盗的场所	比例
网吧	56.5%
家里（包括亲戚朋友家）	37.1%
工作场所	24.7%
学校	17.5%
公共场所（图书馆/机场/咖啡厅等）	15.5%
其他	2.5%

发生网民账号或个人信息被盗改的诱因

账号或信息被盗改的诱因	比例
MSN/QQ/E－mail/网游等账号被破解	75.9%
回复含虚假和诱惑信息的欺诈电子邮件，账户/密码等个人信息被骗	23.7%
访问假冒网上银行、网上证券、电子商务等网站，用户账号密码被骗填入	16.8%
其他	9.4%
不知道	5.1%

发生网民进入到仿冒网站（著名网站的模仿欺骗网站）的诱因

进入到仿冒网站的诱因	比例
其他网站链接	59.8%
MSN/QQ 等聊天工具中好友发来的链接	49.6%
搜索引擎链接	45.1%
电子邮箱链接	32.8%
手机短信	9.1%
其他	1.9%

网民发现电脑出现网络安全问题的方式

发现网络安全问题的方式	比例
机器运行出现异常，分析后发现	77.9%
通过安全防护产品	60.0%
同事、朋友、同学等告知或提醒	13.1%
网络管理员告知或提醒	9.7%
其他	1.1%

网民电脑感染病毒后采取的首要措施

感染病毒后的首要措施	比例
杀毒	74.0%
重装系统	19.2%
寻找他人帮助	3.6%
拔网线、关机	1.5%
不理不睬	0.5%
其他	0.4%
不知道如何处理	0.4%

网民的网络安全行为习惯

网络安全行为习惯	比例
定期查毒/杀毒	81.3%
定期更新病毒库	77.0%
收到陌生的QQ、MSN等即时通信消息，不理睬	58.0%
收到陌生人的邮件不轻易打开	56.9%
对非本机文件先查毒再使用	44.8%
定期修改账户密码	23.3%
以上都没有	2.5%

网民通常网络帐户和密码设计方式

账户密码设计方式	比例
数字、字母和符号任意两者结合	55.3%
数字+字母+符号	27.7%
仅数字	12.1%
仅字母	2.7%
不知道	1.3%
仅符号	0.8%

网民网上账户通常的口令/密码的位数

网上账户通常的口令/密码的位数	比例
8位以上	49.8%
7~8位	30.3%
4~6位	19.3%
1~3位	0.6%

注　数据来源：《中国互联网络发展状况统计报告》(2008年1月公布)，编者进行归纳整理。

三、美国信息安全现状调查数据

2007年组织内网漏洞造成损失所占比例

损失所占比例	无	20%以下	20%~40%	40%~60%	60%~80%	80%~100%
比例	36%	27%	11%	11%	10%	5%

2007年遭受各种攻击、误操作等安全事件调查

事件种类	内网授权滥用	病毒	设备盗窃	网络钓鱼	紧急通知滥用	拒绝服务	未受权通道发信	Bots within The Organization	客户员工信息盗窃	无线设备滥用
比例	59%	52%	50%	26%	25%	25%	25%	21%	17%	17%
事件种类	系统渗透	财务欺诈	非法侵入	网站涂改	公网非正确操作	信息资源盗窃	DNS盗用	电话欺诈	破坏	
比例	13%	12%	10%	10%	9%	8%	6%	5%	4%	

2007年网络信息安全技术使用情况

采用技术	防病毒软件	防火墙	VPN	防间谍软件	入侵检测	加密传输	弱点补强	服务器授权管理清单	账户密码回收管理	加密存储
比例	98%	97%	84%	80%	69%	66%	63%	56%	51%	17%
采用技术	入侵防御	应用层防火墙	登录管理软件	辩证工具	智能密码令牌	公钥信任体系	无线安全设备	客户端安全软件	Biomatrics	其他
比例	47%	45%	44%	40%	35%	32%	28%	27%	18%	4%

2007年事件发生后采取措施情况调查

措施	尝试追查犯人	修补漏洞	安装补丁	安装新防护软件	安装新防护硬件	上报法院	上报主管部门	其他
比例	61%	54%	48%	36%	28%	29%	24%	10%

注　数据来源：美国《2007CSI/FBI计算机犯罪与安全调查》，编者进行归纳整理。

第八章　会议及学术活动篇

1．2007中国计算机网络安全应急年会

2007年4月5日，由国家计算机网络应急技术处理协调中心（CNCERT/CC）举办的“2007中国计算机网络安全应急年会”在江苏无锡召开，本次大会的主题是：服务信息社会，共建和谐网络。与会者围绕着这一主题，从奥运安全保障、电子政务、网上金融和公共互联网安全等方面展开了广泛的交流与讨论，会议希望通过分享国内外网络安全信息与实战经验，使得所有参会的组织和业内人士都能够从中获益，进而推动中国互联网的健康发展。

本次会议得到了国务院信息化工作办公室、信息产业部、公安部、北京奥组委等有关机构的大力支持。信息产业部副部长蒋耀平、国务院信息化工作办公室网络与信息安全负责人，以及来自政府部门、电信、金融、教育、科研领域和专业安全厂商、国际计算机应急响应组织的专家学者等240多人出席了大会。

2．2007山东信息安全大会暨高层论坛

2007年4月23日，由《计算机世界》山东刊承办的“2007山东信息安全大会暨高层论坛”召开。来自政府主管部门、山东各界企业的CIO、相关领域的专家学者以及国内外的信息安全产品提供商参加了本次论坛。论坛的主题为：风险评估&存储安全&创新服务。论坛议题包括安全政策、安全服务、安全应用、安全整体方案、防病毒技术、防火墙技术、IDS技术、VPN技术、反垃圾邮件技术、漏洞扫描等信息安全热点问题。

3．中日韩网络与信息安全工作组会议

2007年5月22日，第三届中日韩网络与信息安全工作组会议在北京召开。来自中国信息产业部、日本总务省、韩国信息通信部相关部门的官员及行业组织、科研机构、相关厂商专家代表参加了本次会议，就共同关心的问题展开了深入交流和研讨。

网络与信息安全工作组是在中日韩信息通信主管部门部长级会议机制下设立的八个工作组之一，会议由中日韩三方轮流举办，第三届工作组会议由中方负责承办。会上，中日韩三方代表团就各国网络安全法律政策、网络安全管理措施、网络安全信息共享与合作、互联网及手机垃圾信息治理、互联网个人信息保护等问题进行了重点研讨和交流。中日韩三方均对已成功举办三届的工作组合作机制给予了高度评价，希望今后能继续加强政府部门、网络安全应急组织、科研机构、商业机构以及其他相关组织之间的多层次合作。

4．“中国CSO俱乐部”大会暨2007年中国信息安全年会

2007年5月31日，由计算机世界传媒集团主办、《CSO&信息安全》杂志承办的第五届“中国CSO俱乐部”大会暨2007年中国信息安全年会在北京召开。本次大会的主题为：关注用户需求 构建应用安全，分为四个分论坛，围绕着用户需求与应用安全两大话题进行交流与探讨。

5．公安部全国公安公共信息网络安全监察工作会议

2007年7月9日，公安部在杭州市召开全国公安公共信息网络安全监察工作会议，学习贯彻全国网络文化建设和管理工作会议精神，研究部署加强公安机关互联网管理，打击网络淫秽色情等网络违法犯罪，营造健康文明的网络文化环境等工作。公安部党委委员、副部长张新枫出席会议并讲话。各省、自治区、直辖市以及重点城市公安厅、局长和网监部门负责人参加了会议。

张新枫指出，当前网上各种违法信息屡禁不绝，网上淫秽色情、赌博、诈骗等违法犯罪活动十分突出，国家基础信息网络和重要信息系统存在不少安全隐患，网络形势十分严峻。

6．第三届中国灾难恢复行业高层论坛

2007年7月10日，由国务院信息化工作办公室指导，中国信息产业商会信息安全产业分会主办，北京金网格咨询机构协办的“第三届中国灾难恢复行业高层论坛”在北京举行。本次论坛主要从灾难恢复的技术、实施以及相关政策等方

面进行了深入探讨，国家发改委、国信办、保监会和银行、保险、税务、证券、电力、铁路、民航、海关、石化等单位的领导、专家参加了此届论坛。

7. 2007年金融行业网络信息安全管理高层论坛

2007年8月10日，“2007年金融行业网络信息安全管理高层论坛”在北京举行。本次论坛由金融时报社主办，埃普威公司承办，并得到国务院信息化工作办公室网络与信息安全组、中国人民银行科技司和中国银行业监督管理委员会信息中心等相关单位的指导。来自银行、保险、证券等金融机构的信息科技部门高层主管及业界网络信息安全专家等百余代表参加了本次论坛。论坛主题为：构建安全金融网络，服务和谐社会。本次论坛就金融业网络信息安全政策、标准、管理、发展思路与最新解决之道等议题进行了探讨。

8. 2007中国石油和化工行业信息化发展大会和信息安全论坛

2007年8月16日，由中国石油和化学工业协会主办的“2007中国石油和化工行业信息化发展大会”在北京召开。国务院信息化工作办公室、国家信息化专家委员会、中国石油天然气集团公司、中国石油化工集团公司、北京石油化工设计院，以及IBM Maximo软件公司、微软（中国）有限公司和联想网御科技有限公司等均派代表参加。会议以深化应用为主题，深入讨论推广信息技术在高能耗、高物耗、高污染行业节能、节水、减排等方面的应用。

会议期间还举办了系统应用论坛和信息安全论坛。中国工程院沈昌祥院士、国家计算机网络应急技术处理协调中心杜跃进副总工程师分别就信息安全保障建设中的焦点问题及中小企业网络安全面临的问题作了精彩发言。沈昌祥院士就企业信息安全保障建设的焦点问题作了报告，介绍了国家信息安全等级保护的相关内容和实现目标。

9. 2007安全中国——计算机恶意程序治理法律环境高层研讨会

2007年8月28日，“2007安全中国——计算机恶意程序治理法律环境高层研讨会”在北京召开。本次研讨会由国家计算机网络应急技术处理协调中心（CNCERT/CC）和《检察日报》联合主办，中国互联网协会网络与信息安全工作委员会协办。信息产业部、公安部、国务院法制办、国务院信息化办公室等多个政府部门的代表和来自20多家专业机构和互联网企业代表出席了此次研讨会。与会人员就中国目前的网络安全形势以及对网络木马等恶意程序的法律治理环境问题进行了深入的探讨和剖析，网络安全立法得到进一步推动。

会上，来自政府部门的代表和来自互联网企业的代表分别从立法执法和技术分析角度围绕网络恶意行为定义、网络犯罪的判定、调查取证和处罚等相关问题开展了热烈讨论。与会代表一致认为：一、应进一步加强治理恶意软件的普及宣传工作、共同提高互联网用户的信息安全意识和防范手段。二、应进一步加强政府主管部门与互联网企业、用户之间在网络安全立法执法工作上的联系和交流，共同推动国家在有关治理恶意软件的立法、执法等方面的工作。三、网络安全专业机构和各互联网企业应加强研究与合作，积极为国家立法机关提供技术和信息上的支持，并配合执法机关加大对恶意互联网程序的打击。

10. 2007中国容灾高峰论坛

2007年9月12日，由中国计算机报社主办的“2007中国容灾高峰论坛”在北京举行。大会以“抵御风险，保持业务连续性”为主题展开深入研讨，为企业实现业务连续提供好的思路。来自政府部门和银行、电力、民航、铁路、证券、税务、保险等行业的信息化主管和技术人员近300人参加了会议。

11. 2007年内网安全暨信息防护技术应用研讨会

2007年9月14日，由中国计算机用户协会信息防护分会主办的“2007年内网安全暨信息防护技术应用研讨会”在北京举行。会议主题是：建立有效的信息防护体系，构建完善的内网安全环境。中国计算机用户协会、国家相关安全主管单位领导、业内专家学者出席了会议。会议就内网安全面临的主要威胁和防范措施、信息防护技术的应用与发展趋势、服务器安全加固等问题进行了深入的探讨。

12. 2007中国信息化推进大会

2007年9月19日，由国务院信息化工作办公室、国家发展和改革委员会、信息产业部、商务部和国家信息化专家咨询委员会主办的“中国信息化推进大会”在北京举行。国务院有关部委和省市代表、专家学者、企业家以及社会各界人士共800多人参加了大会。中共中央政治局委员、国务院副总理、国家信息化领导小组副组长曾培炎给大会发了贺信。

大会以“信息化促进经济结构调整和增长方式转变”为主题，从工作实践角度出发，对信息化如何促进节能减排以及如何加快现代服务业等问题进行深入交流和探讨，围绕经济结构调整和增长方式转变，务实地推进信息化。

13. 首届制造业信息管理与安全年会

2007年9月21日，主题为“内外兼修，防患未然”的e-works首届制造业信息管理与安全年会在北京召开。来自北京、河北、天津、上海、辽宁、山东等10多个省市300余名制造企业信息化代表参加了本次会议，会议交流了关于信息管理与安全的认识和整体规划以及电子、机械、汽车、装备、国防、军工等相关行业信息管理与安全的成功经验；深入探讨了企业在信息管理与安全实践过程中的具体问题及解决方案；与会者进一步了解了信息管理与安全的最新国内前沿动态和发展趋势。

14. 国际服务外包产业知识产权保护与信息安全研讨会

2007年9月23日，“国际服务外包产业知识产权保护与信息安全研讨会”在南京召开。该研讨会由江苏省知识产权局主办，江苏省外经贸厅、江苏省信息产业厅、南京市人民政府以及全国商会协办。江苏省级机关部分厅局代表，市、县及服务外包示范区代表，江苏省内企业代表约二百多人参会。

本次研讨会，使江苏省服务外包企业进一步了解国内外服务外包业务中知识产权保护和信息安全所采取的基本措施及态势，对提升知识产权保护意识、能力和水平，运用知识产权规避和减少知识产权纠纷和服务外包产业的顺利发展具有积极推动作用。

15. 首届互联网网络技术服务展览会

2007年9月24日，由中国互联网协会主办，新浪网络系统部、CNNIC、中国移动通信集团公司网络部、中国电子商务协会政策法律委员会等协办的“首届互联网网络技术服务展览会”在北京举行。展览会旨在引导和号召互联网服务企业、政府信息化技术部门，利用互联网高端技术的手段，构建和谐、健康、安全、稳定的网络环境，为上下游厂商提供一个技术、服务、产品、交易为一体的商业交流平台。参与展览会的产品涉及：基础IDC服务产品、网络服务器、网络存储类产品、宽带加速产品、路由器、处理器、防火墙、入侵检测、漏洞扫描、安全审计、防病毒、流量监控、中小企业管理软件、视频压缩类、P2P技术提供等。

16.2007年中国互联网大会之绿色网络文化建设论坛

2007年9月25日，中国互联网协会在昆山举办以“绿色、安全、诚信”为主题的“2007年中国互联网大会之绿色网络文化建设论坛”。会议由信息产业部、国家工商行政管理总局、中国互联网协会共同主办；中国互联网协会反垃圾邮件工作委员会、反垃圾邮件中心、江苏省昆山市人民政府共同承办；江苏省工商管理局、江苏省通信管理局、江苏省昆山市软件科技园等协办。

来自政府主管部门的领导、业界知名的专家学者、著名国际组织的代表以及互联网协会会员单位等200余名的代表参加。会议展示了中国在互联网治理方面所取得的成就以及在治理垃圾信息、网络欺诈、恶意软件，维护消费者合法权益等方面所取得的一系列成功经验。

17．中国信息安全服务论坛——等级保护大会

2007年9月28日，由中国信息协会信息安全专业委员会主办的“中国信息安全服务论坛”在北京召开，该论坛的主题是“落实和推进国家信息安全等级保护制度”。本次论坛邀请政府主管部门官员和信息安全专家介绍管理办法要点和相关标准，同时邀请了参与国家等级保护试点工作的部分企业宣讲有关行业案例，帮助与会者进一步了解等级保护的全程工作，落实国家主管部门提出的“准确定级、严格审批、及时备案、认真整改、科学测评”的工作原则。

18．2007亚洲电子金融及信息安全高峰论坛

2007年10月10日，“2007亚洲电子金融及信息安全高峰论坛”在上海召开。该论坛由上海八六三信息安全产业基地有限公司、上海市信息安全行业协会、汉诺威展览（上海）有限公司、上海市银行卡产业园主办，上海琮谷科技有限公司承办，信息产业部、科学技术部、上海市人民政府、中国国际贸易促进委员会协办。国内外金融机构、证券商、保险商和信息安全公司参加了论坛，并共同探讨了电子金融发展趋势、信息安全与电子金融关系等热点问题，发布了调查报告。此次论坛是国内首次将电子金融与信息安全两大主题结合起来的专业展会，引起金融、证券、保险、信息安全厂商及广大用户的高度关注。

19．中国密码学会在成都举办2007学术年会

2007年10月20日～21日，中国密码学会2007学术年会在成都召开。会议由中国密码学会主办，会期两天。来自大专院校、科研院所的近300名密码领域学者参加了本次年会。年会就序列密码、分组密码、公钥密码、Hash函数与数字签名、密码协议、量子密码、密码实现与应用等相关理论进行了学术性、前瞻性的交流研讨。大会还特别邀请中国科技大学郭光灿院士、“国际密码研究会”副主席Bart Preneel教授分别作了《量子密码——一种新的密码技术》和《密码学中的研究与挑战》的学术报告。

20．广东省互联网协会举办信息安全论坛

2007年11月8日，广东省互联网协会网络与信息安全工作委员会在广州市举办“中国信息安全产业可信网络世界体系结构标准（TCAF）”主题论坛。广东省互联网协会以及广东省通信管理局、公安厅、安全厅等政府管理部门的相关领导等50余人出席了此次论坛。

21．中国IT治理与安全大会2007

2007年11月20日，由美国信息系统审计与控制协会（ISACA）、信息系统安全协会（ISSA）、Windows ITPro和《IT经理世界》主办的“中国IT治理与安全大会2007”在北京召开。会上分别就国际IT治理与安全的发展方向、信息安全在中国的发展与趋势、及如何在开放的世界中保护业务与价值等主题发表演讲，与会者分享业界最新标准和最佳实践，共同推进企业的IT治理与安全水准。同时，还就微软基础架构优化、恶意软件深度防御技术、Cob IT核心架构和CISA/CISM认证等热门主题进行深入研讨和交流

22．政务网站群建设和信息安全研讨会

2007年11月21日，由中国信息协会信息主管（CIO）分会和山西省信息协会主办的“政务网站群建设和信息安全研讨会”在山西省太原召开，会议以“政务网站群建设与信息安全”为主题。来自山西省政府各委办局及市县信息中心和信息办的信息化负责人共120余人参加了此次会议。

23．2007通信行业网络信息安全高峰论坛

2007年11月22日，“2007通信行业网络信息安全高峰论坛”在北京召开。由人民邮电报社主办，中国电信、中国网通、中国联通、中国移动、中国卫通、中国铁通协办，埃普威服务机构承办。本次论坛的两个讨论重点为：国家大力关

注并支持通信行业网络信息安全建设；网络的IP化成为未来电信网络安全的最大挑战。

24. 2007广州国际信息安全高峰论坛暨展览会

2007年11月27日，“2007年广州国际信息安全高峰论坛”在广州召开。本届高峰论坛由广州市公安局和广州市信息化办公室联合主办，为期三天。论坛邀请了美国、新加坡、加拿大、英国等国的信息网络安全专家就“深入黑客思维之旅”等主题作了演讲，并介绍了英国、新加坡、加拿大等国家的互联网治理经验和政策法规等。

这次论坛以规范网络电子信息的发展，构建健康诚信网络环境为主线，深入探讨了全球目前在加强网络安全治理，以及打击网络欺诈、恶意软件、移动不良信息等方面取得的成果和存在的问题。如何治理垃圾信息，加强绿色网络文化建设，促进互联网产业健康发展是本次论坛研讨的重点。中国互联网协会反垃圾邮件工作委员会主任委员王秀军为大会作了《2007年度反垃圾邮件工作报告及相关信息发布》的报告。

25. 第一届湖北省网络与信息安全论坛

2007年12月13日，由湖北省政府信息化工作办公室、省信息产业厅等联合主办的“第一届湖北省网络与信息安全论坛”在武汉举行。论坛旨在建立相关部门互动机制，资源共享，加强湖北省网络与信息安全建设工作，有效推动信息化建设。国家信息化专家咨询委员会专家，多家信息安全企业的代表以及本省的网络安全专家等100余人参加了本次会议。

26. 互联网信息安全保障试点工作会议

2007年12月19日，由国务院信息化工作办公室举办的互联网信息安全保障试点工作会议在广西南宁举行。来自国务院信息化工作办公室、国家发展改革委、公安部、国家保密局、全国信息安全标准化委员会、解放军信息工程大学以及江苏、河南、新疆的有关信息化专家参加了会议。与会专家一致认为：河南省济源市作为电子政务信息安全的试点，深入调研，高度认识在互联网上开展电子政务的重大意义，充分利用互联网接入方便、覆盖面广等特点，认真分析存在的风险，紧紧围绕公众的需求，开发实际实用的系统，扩大了为公众服务的深度和广度。尤其是将安全和应用有效结合，开辟了在互联网上开展电子政务的新模式。此次会议将河南省财政厅、江苏省无线电管理局、新疆生产建设兵团八师、广西玉林等4家单位作为互联网信息安全保障工作试点。

27. 2007年中国计算机信息防护年会暨优秀计算机信息防护解决方案颁奖大会

2007年12月22日，中国计算机用户协会信息防护分会在北京召开了“2007年中国计算机信息防护年会暨优秀计算机信息防护解决方案颁奖大会”。本次会议以“抓防护、保应用、促共享、增效益”为主题，来自二炮、总参、总装备部等部队单位，政府部门，金融、税务、教育、医疗等行业应用单位和IT企业、信息安全企业的代表以及信息化专家近200人出席了此次会议。

28. 移动应用与安全服务研讨会

2007年12月26日，中国通信企业协会增值服务专业委员会与中国绿色手机文化建设联盟在北京联合主办了“移动应用与安全服务研讨会”。来自国务院信息化办公室、信息产业部、中国消费者协会等相关政府部门，以及中国移动、中国联通的代表出席会议并发言。

第九章　法案纵览篇

一、国内案例

1．深圳警方查处利用网络传播淫秽色情信息，组织介绍妇女卖淫的犯罪团伙

2007年3月12日，深圳市公安局网监分局的网上接报警岗亭接到群众举报，深圳网民“YULE168”使用“黑玫瑰服务中心”的名称在互联网上大肆张贴深圳本地的招嫖信息。4月4日，深圳网监分局对该网站进行了远程取证，从该网站提供的链接中下载了103张图片，25篇文章，96部视频等淫秽色情信息。4月7日，深圳市公安局网监分局与南山分局协同对“黑玫瑰服务中心”展开行动，警方捣毁了黑玫瑰服务中心，抓获5名犯罪嫌疑人，缴获一批电脑、手机等涉案物品。被抓获归案的犯罪嫌疑人对犯罪事实供认不讳。

2．黑客破解证券账户弱密码，利用他人账号操作股票交易从中获利

2007年7月，浙江温州市某证券公司收到多位股民举报，称其证券账户出现多桩莫名的异常交易。证券公司经调查，发现这些异常股票交易都是在同一个IP地址上完成的，遂向警方报案。7月17日，温州警方在温州一家民营企业的办公室里将犯罪嫌疑人廖某抓获。经核实，廖某电脑的IP地址与发生神秘交易的IP地址符合。犯罪嫌疑人廖某交代了作案的经过，其利用证券公司的安全漏洞，非法操纵200多个证券账户，对特定股票使用他人账户高买低卖，自己则低买高卖而从中非法获利。8月21日，温州市鹿城区检察院以涉嫌盗窃罪批捕犯罪嫌疑人廖某。

3．绵阳警方逮捕涉嫌入侵四川多所高校计算机系统并制贩假文凭的黑客

2007年5月15日，四川省内某师范学院保卫处向四川省绵阳市公安局网监支队报案，从2006年8月至2007年4月，该学院教务管理网络系统被黑客侵入，130余名学生302科学习成绩被改动。6月12日，警方将犯罪嫌疑人吕某和李某抓获。据调查，吕某伙同他人入侵省内多所高校的计算机学生管理系统，篡改在校生学分档案，并帮助其制售假文凭牟利。涉案人李某、吕某、潘某已被绵阳警方逮捕。

4．某软件工程师盗窃电信部门资费，被判刑13年

安徽省合肥市一家高科技公司软件工程师陈某利用计算机网络系统，盗窃电信部门资费26万余元，2007年10月被合肥市中级人民法院以盗窃罪一审判处有期徒刑13年，并处罚金8万元。其同事陈某也因从中获益，被法院以收购赃物罪判处有期徒刑2年、缓刑2年，并处罚金3万元，同时追缴其犯罪所得和犯罪工具等。

5．浙江警方抓获一利用“黑客”手段帮人消除违章非法获利者

2007年1月到7月，犯罪嫌疑人倪某先后盗用浙江省永嘉县、乐清市及温州市交警大队的6位交管部门负责人的账号和密码，在公安网道路交通违章处理系统上对多人的车辆违章数据进行非法处理、删除、修改等操作，非法处理车辆违章记录达224起，并从中谋利3万多元。

7月3日，永嘉县公安局交管部门有关负责人在日常工作检查中发现系统异常，公安机关在同日立案开展侦查。侦查人员通过调查，锁定了犯罪嫌疑人倪某，当日即将其抓获归案。8月6日，犯罪嫌疑人倪某因涉嫌破坏计算机信息系统罪，被浙江省永嘉县检察院依法批准逮捕。

6．北京警方侦破首例DDOS攻击案

2007年5月，北京市公安局网监处接到了国内某著名网络游戏运营商的报案称，该公司托管在北京、上海、石家庄的多台服务器遭到不同程度的大流量DDOS拒绝服务攻击，攻击长达近一个月，造成服务器瘫痪。6月16日，警方将涉案嫌疑人员抓捕。经审讯，负责主要策划和发起攻击的公司销售人员李某供认，从3月份开始，为了增加产品的销量和市场占有量，取得经理罗某的技术及设备支持，李某带领公司员工黄某和边某利用黑客手段对涉及北京、杭州的多家网络游戏运营公司的电脑服务器发动网络攻击，并在攻击取得成功后，向被攻击公司销售自己的设备。罗某、李某等4人因涉嫌破坏计算机信息系统已被北京市海淀区检察院批准逮捕。

7．北京警方首次刑拘博客传黄者

2006年7月至4月，犯罪嫌疑人李某为增加自己博客点击率，从而挣取某网站博客广告费提成，在网上搜索了百余篇色情小说上传，其博客点击率飞快增长。李某被抓获前，这些小说的总点击率至少达到10万次。2007年4月底，李某的博客被举报到市公安局网监处。5月17日，海淀警方将李某刑事拘留，这是北京警方首次刑拘利用博客传播淫秽物品者。

8．北京网监破获全国第一例假冒2008奥运官方网站诈骗案

2007年8月13日，海南省公安厅网监处接到北京来电称，海南有人涉嫌假冒北京奥运官方网站，以举办抽奖活动为名进行诈骗。8月26日，海南警方将犯罪嫌疑人廖某抓获，并搜出作案的银行卡、开户资料底单、假身份证和用来诈骗的电脑等作案工具。廖某对冒充奥运官方网站进行诈骗的事实供认不讳。经查，犯罪嫌疑人廖某采用虚假省外身份证在儋州、海口、琼海、屯昌等地银行开户进行诈骗，并4次假冒2008奥运官方网站在网上发布虚假中奖信息，涉案金额达40万元。审讯后，廖某已被北京警方刑事拘留。

9．湖北荆州警方破获全国特大网上贩卖儿童色情光碟案

2007年2月，湖北省松滋市公安局网监大队民警在网络上进行"巡查"时发现，某聊天室的一网名为"寻找有缘人"的人在向别人炫耀自己购买的儿童色情光碟。经松滋网警调查，该嫌疑人为蒋某，他交代了从网名为"劳资小鑫"处购买儿童色情光碟的经过。4月5日，荆州市公安局网监支队以涉嫌传播淫秽物品牟利罪对该网名"劳资小鑫"为犯罪嫌疑人立案侦查。4月7日，犯罪嫌疑人郭某在广东被警方抓获。

经查验，一年时间内，郭某通过网上兜售儿童色情光碟获赃款达10万余元。警方在郭某的计算机上，发现了66.6G的儿童色情视频资料，其中视频录像片1469个，色情图片23492张。郭某已被依法逮捕。

10．北京警方侦破手机传播淫秽案

2007年5月份，北京警方发现，北京某电信技术有限公司涉嫌利用手机WAP网页传播淫秽信息。在该公司的收费网络浏览栏目上，含有大量淫秽色情小说和图片。5月9日，警方突击检查了该公司的总部，现场对公司所属的六台用于发布WAP业务的服务器进行了检查，在其中一台用于图片发布的服务器中，发现淫秽图片28张。经市局治安总队鉴定，确定为淫秽信息，实际点击数不低于6万次。

二、国外案例

1．菲律宾警方逮捕7名电脑黑客

菲律宾警方在3月上旬的一次执法行动中逮捕了7名电脑网络黑客，此团伙在菲律宾首都地区频繁侵入国际电信网站，从事网络盗窃活动且涉案金额巨大。菲律宾警方调查人员在当天的新闻发布会上说，这个"黑客"团伙曾通过因特网非法入侵世界上的2500多个电信网络，并盗取了价值数千万美元的账号信息。受害严重的电信运营商包括菲律宾长途电话公司和美国电话电报公司。后者称，过去两年内该团伙窃取了其价值3800万美元的秘密信息。调查人员称，这些"黑客"的主要作案手段是，通过语音信箱侵入电信运营系统，盗取账号密码后以每条100美元到11000美元不等的价格出售。

2．"美国垃圾邮件大王"面临65年刑期

据法新社2007年5月报道，美国华盛顿西雅图一男子，在2003年到2007年之间，发送垃圾邮件多达千万份以上，目的为推广自己公司的网站，从而销售产品和服务。据起诉机构透露，所罗门的垃圾邮件中含有明确的期盼因素，引诱用户打开其公司网站。在犯罪过程中，这名男子使用僵尸网络来隐藏电子邮件的真正发送地址，并且想方设法获得邮件接受者的真实地址和商务信息。法庭陪审团判定其有罪，罪名十分复杂，其中包括：ID盗窃、洗钱、电子邮件诈骗等。如果此次起诉成立，他将面临最高65年的刑期，罚金将达到25万美元。另一方面，据受害者透露，这名男子的所作所为，最起码给他们带来了

77.3万美元的经济损失。

3．西班牙警方逮捕手机病毒黑客

6月下旬，西班牙警方表示，已经逮捕了一名手机黑客，原因是他曾经向数十万的手机用户传播病毒，并且导致大量手机用户感染。据悉该男子现年28岁，涉嫌向11.5万部手机传播病毒程序并且成功感染，目前该男子已经被西班牙巴塞罗那南部海岸城市警方逮捕，据悉，在此之前警方已经追踪了他七个月之久。

据警方的一份正式声明，这也是有史以来警方第一次逮捕手机平台的病毒软件传播者。据统计目前该男子的犯罪行为已经造成了多达数百万美元的经济损失，其中包括具体手机个人用户甚至手机运营商。这也是引起警方注意的主要原因。

4．美国纽约地方检察机关起诉俄罗斯黑客团伙

一个俄罗斯黑客团伙成功盗窃美国几名富豪银行账户资料，获得赃款共计150万美元。2007年8月17日，美国纽约地方检察机关宣布对这一黑客团队进行起诉。

据检察机关透露，这一俄罗斯黑客团伙头目按照福布斯400名最富有商人名单寻找盗取的对象，然后雇佣4名黑客高手与其同谋伪造虚假文件，闯入银行系统获得富豪们的银行账户资料。检察机关对该团伙指控的罪名有：盗取他人150万美元，企图盗取1007万美元，洗钱等。如果法院判定这五人有罪的话，他们将面临25年监禁。

5．巴西警方破获重大网络犯罪团伙

2007年8月21日巴西联邦警察局在纳塔尔、圣保罗和里约热内卢等地共抓获了23名犯罪嫌疑人，成功破获一个重大网络犯罪团伙。巴西联邦警察局当天发表公报称，警方经过半年多的调查，在掌握了犯罪团伙的基本情况后，发布了29份逮捕令，于8月21日组织200名警察，在巴西5个州同时展开行动，逮捕了其中的23人。这个团伙主要利用网络黑客技术窃取网民的个人银行信息，伪造信用卡行骗。

巴西的网络犯罪活动比较严重，2006年巴西网民因网络诈骗损失近3亿雷亚尔（约合1.5亿美元），有记录的网络犯罪案达19.7万起，是2005年的3倍。

第十章　国际资料篇

确保国土安全长期成功

编译者说明:2007年美国最新版《国土安全战略》的第八章“确保长期成功”论述了影响到国土安全事业和支持保护国土活动的原则、系统、结构和制度。在我国面临将可能发生的恐怖主义攻击和自然灾害威胁时,这些原则、系统、结构和制度对我们继续加强和完善我国的安全(包括信息安全)管理将有积极的参考价值。由于篇幅限制,本文对该章进行了编译和整理。

预防和瓦解恐怖分子袭击;保护美国人民、关键基础设施和重要资源;以及对已发生事件响应和恢复是持久的国土安全责任。为了能够帮助长期履行这些责任,我们将继续加强影响到国土安全事业并支持我们保护国土活动的原则、系统、结构和制度:风险管理、有准备的文化、国土安全管理系统、事件管理、科学技术、加强国家能力和势力手段和立法。

一、风险管理

风险评估和管理成为我们全部国土安全活动的基础,其中包括决定何时、何地以及如何向为消除、控制或减少风险的资源进行投资。风险是威胁、脆弱性及其后果的一个函数。面对多种多样灾难发生的可能性风险是永久存在的。要针对所有形式的事件进行预防、保护以及响应和恢复,就必须识别和评估潜在的危险(包括其下游的影响),确定什么级别的相对风险是可以接受的,以及划分优先级并在所有国土安全公共和私营部门合作伙伴中分配资源。因此,在所有国土安全工作中我们必须采用一种基于风险的框架。一种规范的风险管理方法有助于在确保国土安全工作中实现整体效力和效能。

二、有准备的文化

国土安全工作是我们整个国家的共同责任。为了帮助国家履行该责任,我们将继续养育一种有准备的文化。这种有准备文化依靠下列四项原则。

第一个原则是一个共同认可,即建立一个准备好的国家将是一项持久的挑战。未来灾难发生的确定性告知和激发我们做好准备,我们将继续强调整个国家的责任,灵活地并随时准备应付各种各样的挑战。

第二个原则是,针对被动反应的响应和方法的基本倾向,与其相反的个人和集体行动的重要性。因此我们的文化必须鼓励和奖励创新和新的思维方式,同时更好地调整授权和责任,以使那些负责一项使命或任务的人员具有采取行动的授权。

第三个原则是在国土安全中个体公民、社区、私营部门和非赢利组织都扮演着重要角色。公民和社区的有准备是保护国土安全最有效的方法之一。所有的美国人必须参与到全面的国土安全活动中,包括预防和保护。随着越来越多的美国人依靠自身力量或通过互助方式为国土安全工作做出贡献,我们的应急响应者肩上的重担得以减轻,因此他们就可以集中精力去做那些最需要的工作。

第四个原则是在培养一个准备好的国家过程中各级政府的责任。虽然联邦、州、地方和部落政府有各自特定的角色和责任,我们的文化必须继续包含各级政府之间合作关系的理念。

三、国土安全管理系统

在我们预防和瓦解恐怖主义,保护美国人民、关键基础设施和重要资源,事件发生时响应和恢复的工作中,我们必须以目前的过程(《国家有准备指导方针》National Preparedness Guidelines,NPG)为基础,建立一个更加周密的和全面的系统。新的国土安全管理系统将包含一个连续的,相辅相成的四阶段活动周期。

第一阶段:指导方针。我们的国土安全管理系统的第一阶段包含了国土安全的总体指导方针。指导方针是我们系统的基础,该方针必须植根于阐述明确、最新的国土安全政策和其它相关的国家安全政策,以及由这些政策产生并与之密切配合的辅助战略、学说和计划编制指导。因此,必要时我们会对美国国土和国家安全总统令以及其它重要政策予以更新、阐明和巩固,所有这些指令及政策都为我们必须要实现的广泛国土安全目标给出高层次的执行表述。

第二阶段:计划编制。第二阶段是一个经过深思熟虑并动态的系统,将我们的政策、战略、学说和计划编制指导转化为一套战略的、操作(作战)的和战术的计划。

战略计划培养并推进资源的需求和能力,从而为制定更详细的操作和战术计划奠定基础。基于战略计划中确定的资源和能力要求,为实现特殊的目标,操作和战术计划按时间和空间安排规定所有参与者的行动。计划编制阶段的需求和能力还必须特别注重培训和教育。

第二阶段最终结果是国土安全合作伙伴编制的战术计划。为履行在操作计划中分配给他们的责任,战术计划描述特定的现场层面他们将采取的活动。

第三阶段:执行。国土安全管理系统的第三个阶段包含对操作层面和战术层面计划的执行。这可能是对现实世界事件响应过程中所发生的实际操作。或者可能是演习的一部分,包括通过实施《国家演习计划》,使我们能够实践操作层面和战术层面计划并确保所有参与者都能充分认识到自己的角色和职责。

第四阶段:评估和评价。第四个阶段是对操作与演习的连续评估和评价。系统的这一阶段将总结出经验教训和最佳实践方法,这些收获必须再次纳入到国土安全管理系统的各个阶段中。这一系列的活动确保我们的系统具有高度适应性,反映当前的现实并持续保持对动态的、不断变化的国土安全环境的响应。

为使国土安全管理系统能够取得成功,联邦资金的分配必须建立在风险评估的不断改善和对结果实行问责制的基础之上;分配的资金必须用于支持或制定操作计划及由其派生而来的需求和能力上。我们必须开发评估工具,它不仅可以估量州、地方和部落的响应能力,还可以估量我们对实现预防和保护目标的支持能力。

四、事件管理

现有国家事件管理系统(National Incident Management System,NIMS)在很大程度上关注事件响应领域的相关方。我们新的事件管理方法将建立在NIMS的基础之上,必须不仅适用于事件的响应与恢复阶段,而且同时更要适用于事件的预防与保护阶段。事件管理工作取决于一套核心的共同原则与需求:

首先是事件指挥系统(Incident Command System),为事件管理提供整体架构。

我们现有的事件指挥有五大功能区域:指挥、行动、计划编制、后勤以及财政和管理。情报是第六大功能区域。虽然情报当前应用在专门基础上,但是为了支持预防和保护行动,我们必须通过新的方法制度化这个区域。

第二个核心原则是统一指挥

此原则现一般习惯于在州政府和地方政府层面上,联邦政府必须全面采纳和贯彻这一原则。并且不管涉及到多少实体或者管辖区域,通过确保所有的决策将基于相互同意的目标和计划,联邦政府为管理事件提供一个基础,在此基础上多个机构可以有效地协同工作。

第三个重要原则是危机行动计划编制

这一计划编制过程采用现有的紧急应变计划和程序,并且在紧迫的期限内迅速地调整以适应当前危机或所关注事件的需求。我们必须确保跨国土安全领域所有的利益相关方有能力迅速地实现从应急计划编制到危机行动计划编制的转变。

第四个需求是,为支持他们的计划和行动,相关方也必须能够提供资源。所有的利益相关方必须具有在短的部署时间内能启用的预定能力。

第五个核心原则是通过及时并准确的信息保持态势感知。

如何最好地管理威胁、潜在的威胁、灾难或者所关注事件,需要基于可靠信息做出决定。该原则要求对信息进行持续的共享、跟踪、查证和合成。

第六个需求是,为了推动态势感知和决策,必须优先分级事件信息。

尽管及时的信息很宝贵,但也可能会导致信息泛滥。我们必须能够识别那些信息是决策者所需要的,并对从各种渠道所获取的信息进行迅速的总结和优先分级。为了成功实现事件管理,我们的新方法还必须包含一个能够整合重要信息并定义国家信息需求的信息管理系统。

第七个需求是在各级政府成立各种多机构协调中心

这些协调中心对于保持态势感知和整体事件管理是必不可少的。他们帮助信息的交流、行动和活动的报告以及通用操作框架的最终形成。此外,在事件发生时他们是操作行动的协调中枢。

这类协调中心包括:州、地方和部落的应急操作中心;州、地方和部落的融合中心;隶属于国土安全部的国家操作中心、国家基础设施协调中心和联邦应急管理局的国家响应协调中心;隶属于司法部的联邦调查局的战略信息和操作中心和国家联合反恐联队;还有隶属于国家情报局局长办公室的国家反恐中心。

第八个重要原则是配置人员,他们具有管理一个紧急事件所需要的技能。

专业人员发展计划是我们国土安全管理系统的一部分。依赖于专业人员发展计划我们将确保预先识别最有资格的专业人员,因此在事件中他们能够被迅速并有效地调动和配置。我们还要按照《国家演习计划》指挥演习,因此所有相关方可以确保他们完全能够履行其事件管理责任。

五、科学与技术

美国的强大主要源自它在科学和技术领域的优势,所以我们必须继续利用这一优势。并且鼓励创新的研究和开发,以协助保护和捍卫国土安全,使其免受各种自然的和人为的威胁。

我们在科技方面要进行的协作努力是继续积极探索现有的或新兴的、用于多目的或不以安全为目的的技术,并研发快速的原型设计方法,使其适用于国土安全的关键需要。对系统和运筹科学的研究也具有同等重要性,这将允许使技术整合到功能能力中。通过促进当前技术的演变和装备新的变革性的能力,科技将继续并长期作为我们《战略》发展的基本而持久的推动力。

六、加强国家权力和影响力手段

紧随9.11恐怖分子袭击和从响应卡特里娜飓风吸取教训,美国就利用其国家权力和影响力的外交、信息、军事、经济、金融、情报和执法等各种手段来预防恐怖主义、保护美国人民的生命和生计,以及应对事件响应和恢复。

为了成功地保护国土安全,要求我们把对国家权力的执法和军事手段的持续转型放在优先的位置。我们国家的执法部门,联邦、州、地方和部落当局,共同侦察、预防并瓦解包括恐怖主义在内的对公共安全的威胁。鉴于国土安全重大的总体要求,以及同时恐怖分子和犯罪分子在技术上和组织上日趋复杂,我们更加需要更好地管理并更有效地加强我们所有的执法资源。

我们国家的武装力量是国土安全至关重要的伙伴。把国土防御作为国防部的最高优先级任务之一是适当的,我们的现役部队、预备役部队以及国民警卫队也必须要继续提高自己为文职机构提供帮助的能力,不仅要帮助预防恐怖主义,也要在发生人为或自然灾害时帮助响应和恢复。

七、立法部门

国会也必须采取大胆措施,以履行国会在确保国土安全和保护美国人民的国家努力中的责任。对于审批与国土安全相关的资金以及其他监视国土安全使命的那些委员会国会,两院都应当采取行动进一步理顺其组织和结构。与基于政治考虑的分配资金和决策相反,国会还应当完全采纳一种基于风险的投资方法,这样我们才能最大程度地优先利用我们有限的资源来首先实现我们最关键的国土安全的目标和目的。此外,在确保我们保护隐私权和公民自由的同时,国会还应该帮助能够拥有必要的工具来应应付变化的技术与国土安全威胁。

(吕诚昭编译)

维护互联网法律秩序，增强网民自律意识

因特网的普及和应用，不仅给人们的生活提供了便利，而且成为许多人生活中不可缺少的部分。不过，在计算机网络快速发展的同时也带来诸多问题，这促使人们在网络安全方面采取了诸多措施。如一些国家培养实名制自律意识；不放任匿名的自流；对未成年人重点保护；思考博客自由背后的责任……

韩国：实名制培养自律意识

韩国在因特网的普及和应用上走在世界前列，但网络在给韩国人生活提供便利的同时也带来诸多问题，这促使韩国成为最早推行网络实名制的国家之一。

韩国政府2002年开始提出网络实名制问题。到了2005年，韩国接连发生一系列“网络暴力”事件，促使韩国政府下决心将网络实名制付诸实施。

例如：

2005年1月，一份网罗99名韩国一线演艺明星隐私的“X档案”在网上迅速传播，在韩国引发了一场前所未有的关于网络公开性与个人隐私权的社会大讨论；

2005年6月，一条宠物犬在首尔的地铁车厢内排泄，打扮时髦的狗主人掏出一条精美的手帕为爱犬仔细擦拭后，留下一地的狗屎扬长而去。这一场面被网民用手机拍下后上传到网上论坛。愤怒的网民发起了一场声势浩大的追查“狗屎女”运动。在巨大的压力面前，“狗屎女”不得不露面公开道歉，但也因此患上了严重的精神病，从此闭门不出，害怕见人。“狗屎女”事件的结果，使很多韩国人开始反思，意识到“网络暴力”可能产生事与愿违的严重后果；

2005年7月，韩国知名人士林秀卿的儿子在菲律宾参加夏令营时不幸溺死。一些对林秀卿怀有敌意的人借机在论坛上散布恶毒的人身攻击和诽谤。林秀卿愤然起诉。最后有10多人被追查出来，每人被判处相当于1000美元至2000美元不等的罚款。这一事件让韩国网民意识到法律在网络世界存在的必要性，也最终促成韩国官方和民间共同关注网络实名制问题。

鉴于发生诸如此类事件，韩国政府在召集专家学者和市民代表等各界人士进行充分讨论后，于2005年10月决定逐步推行网络实名制，并发布和修改《促进信息化基本法》、《信息通信基本保护法》等法规，为网络实名制提供法律依据。

韩国信息通讯部在推行实名制后的调查中发现，一些主要网站论坛上谩骂和人身攻击等不文明的内容减少了一半以上。实名制收效显著。

日本:匿名不等于放任自流

不管是因为东方文化的含蓄,还是出于自我保护的目的,日本网民多数习惯以虚拟身份穿梭于博客、留言板等网络空间。日本政府目前虽然没有实行网络实名制,但对于网上各种有害信息并没有放任不管。

据日本有关机构统计,截至2006年2月,日本网民人数已超过7361万。飞速发展的网络在给工作和生活带来便利的同时,也带来了一些有害信息。近年来,以网络为传播工具,贩毒、自杀、爆炸物的制造方法等信息肆无忌惮地扩散开来。于是,日本国内围绕网络“实名”还是“匿名”这一问题展开了讨论。

2005年6月,日本最大的通讯社——共同社曾报道说,日本总务省决定采取措施推行网络实名制,这一消息在日本网民中一度引起反响。不过日本总务省信息通信政策局总务科有关人士近日在接受新华社记者电话采访时说,日本政府目前还没有做出依靠行政力量推行网络实名制的决定。

日本两家网络公司2006年5月底公布的调查结果显示,日本有过开设博客经历的人公开真实姓名的比例只有6.62%。但匿名并不意味着日本网民就可以不受约束地任意发布信息而不用对此负责任。

日本2002年就开始实施《提供商责任限制法》。根据这部法律,若网页或BBS上传播的信息对他人名誉等造成了侵害,受害者有权要求网络服务提供商公开信息发布者的名称、住址、电子邮件地址及相关IP地址。根据日本2004年10月修订的一部法律,如果因特网上传播的信息造成重大人权侵害,法务省相关机构有权要求网络服务提供商删除这些信息。

针对如何处理BBS等刊登的集体自杀信息,日本4个电气通信业团体2005年10月也通过了一项行动指南,规定了网络服务提供商在警方要求公开自杀预告信息发布者的姓名、住址等资料时应遵循的原则和应履行的手续。

正是因为有法可依、有章可循,日本网络上虽然匿名用户占主流,但网络空间仍然比较有序。

法国:对未成年人重点保护

在信息时代出生和成长的未成年人是网络技术的最积极使用者,也是最容易被不良网站毒害的群体。正因为如此,法国将加强对未成年人的“防毒”保护作为网络管理的重点。

根据法国议会2001年6月通过的有关信息社会安全的法律条款,司法部门可以对网上的侵权、诈骗、黑客和制造网络病毒等行为予以刑事追究,除没收作案工具、经济制裁外,还将根据犯罪情节予以不同期限的刑事监禁。

法国专家指出,未成年人特别是儿童缺乏自我保护意识,一些不良网站对孩子的毒害绝不能低估。因此，必须采取有效措施保护未成年人的身心健康，特别是应当依靠社会、学校和家庭的合作来遏制不良网站的影响。

法国主要有两个保护儿童免于不良网站毒害的组织，一个是"电子—儿童"协会，一个是"无辜行动"协会。它们的主要任务都是向学校和家长免费提供家用网络管理软件，指导学校和家长对儿童进行"防毒"保护。

据"电子—儿童"协会提供的统计数字，法国12岁至17岁青少年中目前有95%是网民，其中60%的人利用网络传递即时信息和交友。由于网站繁杂，三分之一的未成年人自愿或非自愿地在网上看过不良图片，相当一部分人受过不明身份者的骚扰和引诱，还有一些青少年对网络游戏上瘾。这些都给青少年的身心造成极大伤害，有些人因此自杀或走上犯罪道路。

"电子—儿童"协会目前已与其他合作伙伴开发出一系列保护软件，这些软件分别针对不同年龄层的未成年人，可屏蔽掉90%以上的包含色情、暴力、毒品和种族歧视等不良信息的网站及一些游戏网站，并可控制孩子的上网时间。

该协会强调说，开发软件只是一种辅助的技术手段，任何软件都无法百分之百消除有害信息。因此，保护孩子的最好办法是加强与孩子的交流和沟通，让他们主动远离危险，这需要全社会特别是学校和家长齐心协力。

美国:博客不是枕下日记本

在美国，博客一直人气高涨，已成为美国社会不可小视的言论空间。但是，某些博客"放纵不羁"的内容频频引发纠纷，也让美国人开始思考博客自由背后的责任。

在首都华盛顿，轰动一时的"华盛顿宝贝"博客性丑闻事件即将开庭审理。这一事件给美国博客作者提供了警示，让他们看到了有意或无意地侵犯他人隐私可能产生的严重后果。

据美联社报道，美国国会山女职员杰西卡·卡特勒于2004年开设匿名博客"华盛顿宝贝"，先后描述了自己与国会6名男子之间错综复杂的交往关系。不料这些"猛料"被某网站编辑发掘，博客因此吸引了众多点击者。结果，丑闻困扰国会山，好几名议员陷入尴尬。在丑闻中蒙羞的国会男职员罗伯特·施泰因布赫将卡特勒告上法庭，索赔超过2000万美元的名誉损失费。

美国电子隐私信息中心主任马克·罗滕伯格说，等庭审结果出来后，他要以此为经典案例，在大学法学院的课堂上向学生们讲授有关网络隐私保护的问题。

罗滕伯格说，在法律允许的范围内，"任何人都可以通过博客发布自己的私生活细节。但如果触碰了别人的私生活，问题性质可就不同了"。这位隐私保护倡议团体的负责人强调说，博客虽然被称为网络个人日志，但与传统意义上的日记截然不同，"这不是你枕头下压着的那个日记本,在网络世界里,只要你不设置阅读权限,可能有数百万人浏览你的大作,所以必须有一个底线”。

美国电子前沿基金会的高级律师李天说,博客在美国虽然是新兴的信息发布形式,但从法律上来讲它与报纸、广播和电视等传统媒体性质类似,许多法律条文对于博客同样有效。

据李天介绍,美国各州对于侵犯隐私、侵犯版权、诽谤等都有相关法律规定。他说,即便人们大多在网上匿名发表言论,一旦遭到起诉,调查人员通过查找IP地址等技术手段查明匿名者的真实身份并非难事。

(资料来源——新华社,文章原名《看一些国家如何保证网络安全》,编者整理加工)

美国从六大关键领域管理互联网

美国互联网主管部门联邦通讯委员会主张对互联网进行合乎情理、有利于发展的管理和约束，从法律上加强对互联网传播的规范和引导。联邦最高法院则通过一系列判决，不断调整涉及互联网案件的执法方向。总的来说，美国关于互联网的规章制度基本健全，法律环境较为宽松，网上信息传播者享有较充分的自由。

据上海文广传媒集团战略研究部主任介绍，美国对互联网的管理主要通过执行有关互联网管理的各种法律来实现，互联网立法包括联邦立法和各州立法，重点是解决六大问题：

一、版权问题。主要法律依据为《1998 年数字千年版权法》，涉及网上作品的临时复制、网络上文件的传输、数字出版发行、作品合理使用范围的重新定义、数据库的保护等，规定未经允许在网上下载音乐、电影、游戏、软件等为非法，网络著作权保护期为 70 年。这一法律对版权的拥有者和网络服务商给予保护，包括图书馆员、教育机构、网站拥有者、网络用户、网上广播者等在内，如粘贴或下载受保护的资料，都要付费。法律颁布后，立刻受到软件产业和娱乐业的欢迎，但遭到科技人员、图书馆员和研究机构的反对。

新的版权保护法对网上音乐产品使用影响最大。美国最大的网上音乐供应商 Napster 遭到唱片业的围攻，很快破产。美国最大的 MP3 音乐网站 MP3.com 也被判以 2.5 亿美元的天价侵权赔偿。此后，电影娱乐业、印刷媒体也频频发起诉讼，盗版者都付出惨重代价。但经历这场洗礼之后，美国成为全球网络版权管理最规范的国家。

二、商务管理问题。互联网带来的最大影响还是在商业方面，电子商务模式已被各国采用。但这也带来一系列问题，如网上财务支付、签名是否有效，域名与商标保护，怎样与国际接轨等。美国政府为此陆续制定了一套在全球具有领先和示范作用的法律法规。

1999 年，针对愈演愈烈的网上域名抢注，美国国会通过《反域名抢注消费者保护法》，规定任何企业、个人或组织，以从他人商标蕴含的商誉中牟利为目的，注册、交易或使用与他人商标相同、相似的域名，属于违法，相关商标持有人可对其起诉，恶意抢注行为一旦确认属实，法院可通过发放禁止令或没收、撤销等手段终止其侵权行为，并酌情处以 1000 美元至 1 万美元的罚款。此外，美国政府 1997 年公布了《全球电子商务政策框架》，确定了电子商务发展的几项原则，即私营企业应起主导作用，政府应避免对电子商务作不当的限制，政府应当在国际范围内促进网上电子商务等。1999 年，美国还颁布了《统一电子交易法》，允许在网上实现各种商业交易，包括使用电子签名和电子公证。

三、成人网站管理和儿童互联网权利保护问题。这是美国最重视的互联网问题之一，

《未成年人互联网保护法》规定,中小学、公共图书馆等必须在其网络服务程序上提供过滤器,确保未达17周岁的未成年人不接触到含有色情内容的成人网站。政府对建立网络过滤技术系统提供资金支持。法案规定,任何因商业目的在互联网交流中导致未成年人接触有害信息的,可受到不高于5万美元的罚款或被判不长于6个月的刑期。此外,美国还有一部《1998年儿童在线隐私保护法》,规定任何提供网络服务和产品的组织和个人不得通过互联网搜集13岁以下儿童的姓名、住址、电话或儿童父母的个人信息。

四、垃圾邮件问题。主要法律依据是《反垃圾邮件法》,其规定是,任何人未经授权向多人(达到24小时发100条、30天发1000条或1年发1万条)发送含虚假商业信息的电子邮件均为违法,可受到罚款或关押最高不超过5年的处罚,或两罚并用。但法案2004年生效后效果不佳,网上传播垃圾邮件的数量不降反升。鲍晓群分析,主要原因是法案规定"给接受者提供退出选择的邮件列表不是垃圾邮件",也就是说,只要邮件中有可退出声明,就不算垃圾邮件。许多违法者钻了空子,所以目前垃圾邮件仍是美国互联网最亟待解决的问题。

五、隐私权保护与反诽谤问题。网络传播引起的最大争议就是如何保护个人隐私及防止伤害他人问题。这方面美国在联邦和州两个层面都有相应法律。联邦最高法院也积累了较多涉及网络侵权的判例,政府的管理较为成熟。此外,有关电子邮件骚扰问题也是美国目前很关注的,目前没有统一的联邦立法,但纽约、马里兰等45个州都已经有立法。如马萨诸塞州规定,任何人使用互联网和电子邮件等蓄意恶意接触,导致他人情感严重紧张,应定为刑事骚扰犯罪,可判处最高两年半刑期或不超过1000美元罚款。佛罗里达州规定,使用电子邮件和互联网对他人骚扰构成一级轻罪,如运用网络对16周岁以下青少年进行骚扰,构成三级重罪。

六、对公民互联网通信监控问题。主要法律依据为《爱国者法》。它通过对美国《联邦刑法》、《刑事诉讼法》、《1978年外国情报法》、《1934年通信法》等进行修订,授权国家安全和司法部门对涉及专门化学武器或恐怖行为、计算机欺诈及滥用等行为进行电话、谈话和电子通信监听,并允许电子通信和远程计算机服务商在某些紧急情况下向政府部门提供用户的电子通信,以便政府掌控涉及国家安全的第一手互联网信息。

(资料来源:《网络传播》2007年第4期,编者整理加工)

欧盟网络和信息安全法律规制及其实施方案

网络与信息安全是关系国家安全、国民经济发展、人民利益和社会稳定的重大问题，如何通过法治及其实施方案来维护网络与信息安全，是当前必须面对的关系国计民生的亟待解决的重要课题。从上世纪 90 年代至今，欧盟发布了 4 个关于网络和信息安全的法律规制的立法文件，即《关于信息安全决议》、《关于计算机犯罪的协定》、《关于打击信息系统犯罪的框架决议》和《关于建立欧洲网络和信息安全机构的规则》，对欧盟的网络建设与信息安全发挥了重要作用。

1.《信息安全框架决议》

欧盟高度重视利用计算机技术给信息安全带来的危害，为了加强欧盟各国打击此类犯罪的司法合作，欧洲理事会于 1992 年 3 月 31 日作出了有关信息安全的决议。该决议的目标是为了给一般用户、行政管理部门和工商业界存储电子信息提供有效的切实的安全保护，使之不危及公众的利益。为了实现上述目标和保障决议的执行，该决议还同时决定建立一个由高级官员组成的信息安全委员会。该委员会主要职责是为欧洲理事会在信息安全方面采取的行动和已经采用的一个两年期行动计划提供咨询。欧盟为这个两年期的行动计划拨付了大约 1200 万欧元的预算。该行动计划的内容包括：发展信息安全战略框架；分析信息安全需求；确定某些优先需求的解决方案；确认信息安全的规范和标准化；在总的战略之下信息安全的科技和操作的综合化发展；综合信息系统的一些安全功能。这个行动计划的细节列在该决议的附件之中。欧洲理事会定期就信息安全事宜，特别在制定信息安全战略和工作程序方面，向信息安全委员会寻求咨询。

2.《关于计算机犯罪的协定》

1999 年 5 月 27 日，欧盟委员会在欧盟条约第 34 款的基础上，起草了关于打击计算机犯罪协议的共同宣言（1999/364/JHA），规定各成员国必须承担的义务包括：在协议所定义的犯罪范围内建立适当的权限；支持建立预防犯罪的合作，包括相互援助；支持采纳关于高科技犯罪数据存储的规定；为了调查严重的刑事犯罪，支持跨国界的计算机搜索，并遵从欧盟关于接触和使用业务资料的有关规。此协议已于 2001 年 11 月在各成员国征集签署。

3.《打击信息系统犯罪的框架决议》

2002 年 4 月，《打击信息系统犯罪的框架决议》的建议送往欧洲议会征求意见，同年 8 月欧盟正式公布《关于打击信息系统犯罪的欧盟委员会框架决议》的提议，要求至 2004 年 12 月 31 日向欧洲议会和委员会呈交一个关于申请应用这个法律框架决议的报告。经过两年半的讨论,于2005年2月24日,欧洲理事会通过了该框架决议,并于2005年3月16日开始实施。

框架决议规定的应受到惩罚的犯罪包括3类:非法接触信息系统;非法进行系统干扰(即通过输入、传输、损害、删除、恶化、改变、抑制或者翻译描写不可接触的计算机数据等手段,故意严重阻挠或打断一个信息系统的功能);非法进行数据干扰。所有的这些犯罪行为都必须是蓄意图谋的,此外,从事鼓动、帮助、教唆和试图实施上述任何犯罪行为的,也要负法律责任。成员国必须通过有效的、成比例的、劝诫的犯罪处罚来对上述犯罪行为的惩罚作出规定。如果这种犯罪是在欧盟定义的犯罪组织背景下实施的,并导致了实质性的损害或影响了受害者基本的利益,这将被认为是恶性案件。如果这个犯罪所造成的损害较小,司法机关可以做出减轻处罚的决定。

4.《建立欧洲网络和信息安全机构的规则》

2004年3月10日,欧洲议会和欧盟委员会颁布了《建立欧洲网络和信息安全机构的规则》。建立这个机构的首要目标就是加强欧共体各成员国和工商企业应对网络和信息安全问题的能力;在有关网络和信息安全方面向理事会和各成员国提供帮助和建议;为公共部门和私人操作者之间的联系提供便利条件,并加强他们之间的合作,努力使各成员国的安全提高到一个新的水平。该机构也要为欧洲理事会在网络和信息安全领域更新和发展欧共体法律提供技术准备方面的帮助。

4.1 欧洲网络和信息安全机构的任务

(1)收集适当的信息,分析当前和正在显现的互联网和信息安全危机方面存在的问题,并把分析结果提供给各成员国和欧洲理事会。

(2)为欧洲议会、欧洲理事会和其他相关的团体提供目标范围内的建议和帮助。

(3)加强不同部门之间的合作(比如在企业和高校之间牵线搭桥,组织咨询),推动欧洲理事会和各成员国之间在预防安全问题、共同发展方面的合作。

(4)通过促进交换实践经验,包括向用户发出警告信号的方法提高所有用户的安全意识,提高网络信息的可靠性和可利用性。

(5)协助欧盟理事会和各成员国与从事研究和生产信息安全硬件和软件产品的产业展开对话。

(6)跟踪安全产品和服务标准的发展,并推动危机评估活动。

(7)为欧共体努力加强与第三世界国家和国际机构合作,寻求网络和信息安全问题的全球共同的解决途径。

4.2 欧洲网络和信息安全机构的组织结构

该机构的组织结构是:由各成员国和欧盟理事会的代表组成的管理委员会;由管理委

员会在欧洲理事会建议的候选人名单中批准任命执行主任：由执行主任建立一个长期的专家组，该专家组由各行业专家、消费者、学术专家所组成，这个专家组将为该机构提供最新的可用于对付挑战网络安全的信息。

4.3 有关规定

(1)关于提出请求的规定

向该机构的执行主任递交需获得建议和帮助的请求，同时要附上该请求所需解决问题的背景信息。请求可以由欧洲议会、欧洲理事会或任何被成员国任命的相关团体来提出。

(2)有关独立性的规定

个人、公共管理机构和工商企业是否接受该机构的建议和意见取决于一种独立性模式的建立。管理委员会的各成员以及执行主任和参加特别工作组的来自外部的专家，被责成声明正处理中的问题与其没有任何利害关系，以保持处理网络和信息安全问题的独立性，且不受任何利益的干扰。

(3)有关透明度的规定

该机构必须确保给予公众和任何一个利益相关当事人客观的、可信赖的和容易理解的信息，尤其是关于工作结果的信息。

(4)有关对该机构评估的规定

该规则规定在该机构建立的3年之内，欧洲理事会将对该机构进行评估。评估的内容包括：决定该机构的执行期限是否应该延长(最初规定运行4年)；评估该机构的实际工作和影响；评估目标的实现和已建立的机制；如果必要，欧盟则根据制度和法律的发展，在更广泛的特殊安全问题上，考虑政策、规定的适当修改问题。

当前，我国在网络和信息安全立法、执法等方面都存在许多亟待解决的问题。欧盟有关网络和信息安全法律的制定和实施，在法律规制的实施、目标的制定、相关组织的构建等方面积累了经验，对我国网络与信息安全法律规制的建立和完善必将有着重要的借鉴作用。

(资料来源：《中国信息导报》2007年第3期，编者整理加工)

第十一章　机构企业篇

一、机构介绍（续编）

中国密码学会

宗旨：团结全国密码学术研究工作者，促进密码学术研究以及密码学术人才成长；组织社会力量，大力推动开展学术性密码基础理论、应用理论研究，开展多种形式的国内外密码学术交流活动，出版、发行密码学术刊物，举办相关培训班，促进密码技术的应用和发展。

亚洲PKI联盟

宗旨：促进亚洲地区电子商务发展、保障网上交易安全，促进亚洲各个国家和地区间PKI基础设施的互联互通和技术应用，促进电子商务的发展。

中国计算机用户协会信息防护分会

宗旨：以大力推进国民经济和社会信息化为根本目标，为会员、政府、企业及社会各界提供信息防护服务。充分发挥连接政府部门与企业单位的普及和推广，信息防护技术人才的培养和提高，促进信息产业的繁荣和发展，推动我国信息化的进程。

中国互联网协会反恶意软件认定委员会

主要工作范围：对社会公众举报的疑似恶意软件进行分析，依据《恶意软件定义》从技术方面给予判别，以确定是否符合恶意软件的定义及特征，为反恶意软件协调工作组提供决策性意见。

广东省互联网协会网络与信息安全工作委员会

宗旨：推进广东省网络与信息安全保障体系的建设，组织会员单位进行关于维护网络与信息安全的互查、交流及调研，为广东省网络与信息安全建设的发展奠定组织基础和技术与人力资源基础。

长春市计算机网络安全协会

宗旨：着力抓好信息网络安全资源开发、信息网络安全基础设施建设、信息网络安全应用、信息网络安全产品开发和管理等四个方面工作。

宁波市计算机信息网络安全协会

宗旨：协助业务主管部门加强计算机信息网络的安全管理、检测信息网络安全漏洞、评估网络安全等级、培训计算机信息网络安全管理人员、提供安全技术服务，积极开展计算机信息网络的安全论证评审咨询，安全产品推介，安全工程监理等业务活动。逐步建立和完善计算机信息网络安全重大突发事件应急处置的社会联动机制，努力创建计算机信息网络安全的学术和技术交流平台。

岳阳市计算机公共信息网络安全协会

宗旨：开展计算机安全保护、计算机学术交流活动；推广和研究计算机信息系统公共安全新技术以及管理上的保护措施；保护计算机硬件、软件不受破坏和数据恢复；促进计算机病毒防治及预警；促进计算机安全与计算机应用的健康发展。完善网络安全管理协作机制，在规范IT行业，稳定市场，促进行业自律，联系和沟通企、事业单位及个人的工作中起到重要的桥梁作用。

黄石市信息安全保密协会

宗旨：以社会团体形式为纽带，加强各单位保密组织和保密工作人员联系，多渠道、多途径、多层次地贯彻落实党和国家的保密工作方针、政策和法规。在维护涉密信息安全、信息化建设，特别是电子政务、电子商务的健康发展方面发挥重要作用。

上海市计算机病毒防范服务中心

主要工作范围：提供信息安全监察和计算机病毒防范服务工作；协同有关部门建立全市计算机安全防范体系工作；组织开展计算机安全知识的宣传、培训工作；协调管理 9682000 市民信息化服务热线的运作；开展信息安全和计算机病毒防范技术的研发工作。

上海市信息安全测评认证中心

主要工作范围：信息安全产品测评认证、信息技术产品功能/性能/选型比对测试、商用密码产品质量检测、网络综合布线测试、电磁泄漏发射测试、信息系统安全建设方案评审、信息系统安全测评/风险评估、信息系统综合性能测试、涉密信息系统安全保密测评、信息化工程项目验收测试、信息安全管理体系（BS7799）认证咨询服务、计算机信息系统集成资质（三、四级）认证、开放实验室综合测试服务平台等。

北京信息安全测评（服务）中心

主要工作范围：对信息安全产品进行检测和质量体系与安全保障能力进行审核；对信息系统进行安全性评估；负责信息系统安全管理人员的培训；为信息系统安全管理和信息系统安全方案设计提供咨询服务；为全市有关信息系统提供安全监管、技术服务；承担全市信息安全应急响应和容灾备份体系建设、运行等事务性、技术性工作。

深圳市计算机安全应急服务中心

主要工作范围：构筑深圳市计算机网络安全应急保障体系，协调各行业的计算机网络安全应急处置工作，提供计算机网络安全应急处理技术支持；为深圳市提供 7×24 小时不间断的安全应急服务；对已造成的计算机安全事故进行灾难恢复和善后处理工作；组织和协调计算机网络安全技术标准的制定工作；建立深圳市的计算机网络安全应急处理服务队伍，建立计算机网络安全技术专家库、企业库、工具库和知识库；建立深圳市计算机网络安全应急处理的信息发布与技术支持平台，提供各种计算机病毒和黑客入侵的预警信息和技术防范措施；为深圳市计算机网络工程提供安全咨询及顾问服务；促进深圳市与国内、国际计算机网络安全应急处理机构间的交流与合作。

二、企业介绍

北京数字证书认证中心有限公司

北京数字证书认证中心（简称 BJCA）成立于 2001 年 2 月，是首批获得国家信息产业部电子认证服务许可资质的电子认证服务商，是具有国家涉密集成资质和北京市信息安全服务能力一级资质的信息安全服务商。

作为权威的电子认证服务商，BJCA 遵照《中华人民共和国电子签名法》的要求和相关管理规定，为用户提供全面的数字证书申请、审核、制作、颁发、存档、查询、废止等服务，并通过一系列以数字证书、电子签名为核心技术的应用安全产品和信息安全解决方案，为电子政务、电子商务、企业信息化的发展构建安全、可靠的信任环境。

作为专业的安全服务商，BJCA拥有国内一流的信息安全专家和专业的安全服务队伍，紧跟信息安全领域发展动态，熟悉各种信息安全政策、标准、指南和要求，遵循“分域防护、深层防御；分级保护、动态防范”的原则，为客户提供全方位、专业性、持续性和个性化的安全技术支持与服务。

坚持创新，建设新型电子认证服务体系

BJCA自成立以来，遵循现代服务业的要求和电子认证服务的行业特点，坚持“以服务求生存，用创新谋发展”的企业发展理念，针对行业普遍以“数字证书为中心的服务体系”重技术轻客户的弊端，摒弃了以证书为中心的服务模式，开创性地提出了以用户价值为核心的电子认证服务理念，在全国率先开展了以客户为中心的电子认证服务体系建设探索。BJCA按照“可信规范运营，随需应变服务”的服务宗旨，通过加强自主知识产权技术的研发，加强运行规范和服务体系建设，将服务理念的执行贯穿于电子认证服务的服务组织、服务交付、服务支持、产品研发、客户管理、企业管理等各个环节，全面提升了企业的核心竞争力，从整体上实现了公司经营思路的转变和经营能力的提升。

* 从满足客户需求出发，丰富电子认证服务内容

* 从提升客户感受出发，创新服务模式、完善服务流程

* 从增强用户忠诚度出发，树立服务品牌

* 从提升服务能力出发，强化核心竞争力

结合应用，业务全面开花结果

BJCA服务范围已从全面覆盖北京扩大到国家部委和其他地区，服务领域从电子政务拓展到网上银行、网上证券、网上保险、网上票务、网上担保及企业信息化等领域，成为全国电子认证两大黄金领域——网上税务和网上政府采购的最大电子认证服务提供商。

因为高度的社会责任感和对机遇的敏锐捕捉能力，BJCA积极参与北京市奥运信息安全保障工作。在奥运筹办和召开期间，BJCA为涉及国家安全、经济建设、社会保障和城市管理的重要信息系统提供了政务数字证书服务，建立网络信任机制；为北京市重要信息系统提供了风险评估、安全运维等服务。BJCA在奥运安全保障工作中所做的突出贡献获得了北京市奥运会残奥会运行指挥部、北京市奥组委、北京市国资委、北京市信息办高度肯定和表彰。

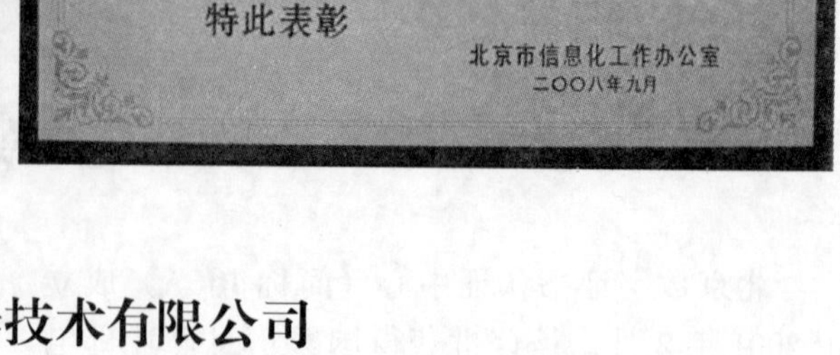

北京和勤新泰技术有限公司

北京和勤新泰技术有限公司成立于2003年8月，注册资金5000万，位于中关村科技园区，

是北京市科委认定的高新技术企业。

北京和勤新泰技术有限公司专注于商业智能、人力资源管理及信息安全三个领域，并已形成三位一体的业务运作模式。长期以来北京和勤新泰技术有限公司一直坚持自主创新的技术路线，以强大的研发及管理团队为依托，力争成为行业内最优秀的软件服务提供商！

经过五年多的努力，北京和勤新泰技术有限公司已经成为一个业界知名的、拥有大量企业级客户的专业的软件和服务提供商。员工从最初的几十个人增长到现在的200人，为政府、金融、电信、能源、交通、航空、军队、公安、港口等行业，国内外客户达800多家。

北京和勤新泰技术有限公司为您提供完善的安全网络解决方案，结合和勤系列产品和服务，可为客户提供一个多层次的安全防护体系。和勤安全防护体系将涉及操作系统、网络数据通信、应用安全和终端安全等多个层次，以整套的安全解决方案保障客户的数据传输、数据使用和数据交换过程中的安全。

目前北京和勤新泰技术有限公司安全网络解决方案中包含防火墙系列产品、网络审计产品、网闸系列产品和终端与内网安全管理软件，结合和勤软件的自主操作系统，共同构建一个安全的网络防护体系。

已做过的项目：

全国公安网监手段建设项目

总参通讯部专网战区安全防护中心项目

总参通讯部网络信息内容审计系统

上海市公安局公共信息网络安全监察信息报警处置系统

桂林科技大学信息安全管理系统

南通市政府信息网络管理中心市民论坛信息安全管理系统

陕西省公安厅网络安全报警处置系统

广州市公安局公共信息网络安全报警处置系统

北京市局局长信箱、内保、文保、出入境项目

……

北京豪联星际网络安全技术有限公司

北京豪联星际网络安全技术有限公司是一家专业从事网络安全技术研发、安全风险评估、网络安全整体解决方案设计、实施和安全技术服务的高新技术企业，成立于2003年2月。公司拥有雄厚的技术力量和专业背景，有着一支技术过硬、品质过硬的技术队伍，其中有多名国内安全领域的知名技术专家、教授、硕士研究人员及各类安全专业人才。公司与多家信息安全研究领域的权威机构建立了长期的战略合作关系，并密切跟踪国内外网络安全方面的最新技术，掌握着国际、国内信息安全技术的最新发展趋势。

本公司入驻清华大学科技园，与清华大学网络安全实验室一直保持密切合作，研发了具有自主知识产权的网络安全产品。这些产品技术先进，功能完善，符合国内市场需求。公司聚集了一批专业从事网络安全研究并拥有丰富软件开发经验的年轻科技人员，他们大都承担过国家863或973项目，一直活跃在网络安全领域的前沿，致力于使公司成为中国最优秀的专业信息安全服务商。公司能够从客户的角度出发，为客户提供从安全检测、风险评估，安全方案设计与系统集成，安全应急响应，以及相关的安全技术咨询与培训等服务。

北京豪联星际网络安全技术有限公司的主导方针是坚持技术第一、服务第一、质量第一、用户至上的原则，凭借自身的技术优势、服务品质以及长期积累的网络安全、网络建设经验，为社会各界用户构建高质量、高效益和可管理的安全信息网络，并提供各种周到、快捷和高品质的网络安全服务。公司的整体安全服务体系，先进的设计、精心的施工、优质的服务赢得了多数客户的信赖。

公司主要业务

个性化的多层次、全方位的安全防护体系

整体的网络安全解决方案及实施指导

网络安全等方面的技术培训、技术咨询

网络安全管理的外包服务

全面的IT外包服务

公司特点

以用户需求为核心的技术支持、开发和服务的商业模式

雄厚的技术力量和对网络安全市场深刻的理解

网络安全的整体解决方案

公司使命

提高中国网络用户的安全防范意识和技术水平，促进中国网络安全建设的进步

公司目标

成为客户在网络安全服务方面的首选

公司成功案例

某国有大型能源企业信息中心安全评估、网络安全硬件设施部署、管理软件部署、备份系统软件部署多家电子政务、商务网站安全服务项目

中联绿盟信息技术（北京）有限公司

中联绿盟信息技术（北京）有限公司是国内最早从事网络安全业务的企业之一，成立于2000年4月，现有员工550余人，总部位于北京，在全国设有30多个分支机构，为客户提供及时、有效的本地化服务。

基于多年的持续研究，中联绿盟信息技术（北京）有限公司协助Microsoft、Sun、Cisco等公司解决了30个以上的系统安全漏洞问题，共同保护用户的利益不被安全隐患所侵害。中联绿盟信息技术（北京）有限公司建立并维护的全球最大的中文漏洞库已经成为业界广泛参考的标准。同时，在入侵防范技术、异常流量分析、检测与清洗、操作系统与应用安全、安全漏洞发掘技术、安全产品缺陷与检测、蠕虫及病毒原理与防范等领域，进行了深入的基础性研究。

中联绿盟信息技术（北京）有限公司的安全产品包括：冰之眼网络入侵检测/保护系统、极光远程安全评估系统、黑洞抗拒绝服务攻击系统及异常流量监测系统、矩阵内网安全管理系统，安全审计系统和内容安全网关，并逐步形成了电信运营商、金融、政府、能源和互联网等行业安全解决方案。

中联绿盟信息技术（北京）有限公司在国内率先开展专业安全服务业务，建立了完善的专业安全服务体系（NSPS），具备国内最高级安全服务资质，连续多年被评为“值得信赖的安全服务品牌”。

“专攻术业，成就所托”。中联绿盟信息技术（北京）有限公司一直以“巨人背后的专家”为己任，致力于网络安全事业，经过几年的快速发展，已成长为面向国际市场的企业级网络安全解决方案供应商。

作为国内领先的企业级网络安全解决方案提供商，中联绿盟信息技术（北京）有限公司拥有众多在业界值得骄傲的荣誉：

第一批经国家认可的安全服务试点企业

第一批通过国家正式认证的国内安全服务最高资质

第一批公共互联网应急处理国家级服务试点单位

第一家通过国内和国际ISO9001双认证的网络安全企业

国内第一家提出完整专业安全服务体系的网络安全企业

第一批获国家一级应急处理服务资质

国内发布自主研究安全漏洞最多的安全公司

国内第一家对国外安全产品厂商提供入侵检测技术出口的安全公司

“冰之眼”网络入侵检测/防护系统，囊括2005年度国内主要IT媒体与专业期刊产品评选的各类奖项

入选“中国电子政务IT百强”和“中国电信供应商100佳”

连续多年获得“值得信赖安全服务品牌”证书

北京启明星辰信息技术有限公司

启明星辰公司成立于1996年，是由留美博士严望佳女士创建的拥有完全自主知识产权的网络安全高科技企业，是国内最具实力的网络安全产品、可信安全管理平台、专业安全服务与解决方案的综合提供商。公司总部位于北京市中关村软件园启明星辰大厦，在全国各省、市、自治区设立分、子公司及办事处三十多个，拥有覆盖全国的渠道体系和技术支持中心。

作为国内信息安全市场的领航者与先行者，启明星辰始终坚持“诚信为本、技术领先、服务本地化、用户第一”的宗旨，经过多年耕耘，为政府、军队、金融、电信、能源、医疗、教育、企业等行业提供了完善的网络安全解决方案，帮助客户建立完善的安全保障体系。到目前为止，公司用户遍及全国32个省、市、自治区，已经成为国内入侵检测与防御、漏洞扫描、统一威胁管理（UTM）、安全合规性审计、安全专业服务和安全管理平台（SOC）的市场领导者。

启明星辰是国内安全领域最具技术创新和产品研发实力的企业之一，是承担国家级重点项目最多的信息安全企业，拥有国家级网络安全技术研发基地和国内首家企业网络安全博士后工作站，拥有国际一流的黑客攻防技术研究团队－－积极防御实验室（ADLABTM），获得近百项自主知识产权，在业界处于领先地位。

长期以来，启明星辰公司得到了党和国家领导人的关怀与鼓励。2000年1月，江泽民、李岚清、曾庆红等党和国家领导人亲切视察启明星辰公司；2003年1月，胡锦涛总书记亲切接见了启明星辰公司CEO严望佳博士。

2008年北京奥运会、残奥会期间，启明星辰在多家一流安全企业参与的激烈竞争中一举夺魁，成为北京奥组委最大信息安全产品、服务及解决方案提供商、奥帆委唯一信息安全供应商，全面负责奥运会主体网络系统（奥组委办公网、奥运会官网、奥帆委官网、央视国际等）的信息网络安全保障工作，赢得了奥组委、公安部的高度评价和表彰，再次证明了启明星辰的行业龙头地位。而这场由国内企业承担核心责任的奥运安全保卫战的圆满完成，也必将成为民族信息安全产业发展的一座里程碑。

凭借在信息安全领域孜孜不倦的探索和追求，启明星辰连续5年被国家四部委认定为“国家规划布局内重点软件企业”，被国家科技部评为“国家火炬计划软件产业基地优秀软件企业”，当选《福布斯》“2006中国潜力企业100强”、“中国自主创新十大品牌”，连续两年被评选为“中国信息安全产业界最受尊重企业”，成为中国仅有的两家可授权查看微软源代码的网络防黑客厂商之一，最早获得国际CVE组织国内标识号……

启明星辰公司将秉承诚信和创新精神，继续致力于提供具有国际竞争力的自主创新的安全产品和最佳实践服务，帮助客户全面提升其IT基础设施的安全性和生产效能，为打造和提升国际化的民族信息安全产业第一品牌而不懈努力。

上海格尔软件股份有限公司

上海格尔软件股份有限公司（以下简称格尔软件）成立于1998年3月，注册资本3500万，北京设营销和技术支持中心。公司下设北京格尔国信、上海格尔信息、上海格尔卫信及宁波格尔天屹等子公司，在全国主要中心城市设有分支机构。公司现有员工310人，其中本科以上学历占93%，技术开发人员210余人，约占65%。

格尔软件是专业从事信息安全核心技术和产品研发，为客户提供信息安全整体解决方案与配套服务的国内身份管理领域的领先企业。公司是国内最早研制PKI平台的厂商，国内首批商用密码产品定点生产与销售单位，国家保密局批准认定的“涉及国家秘密的计算机信息系统集成甲级资质单位”，国家信息化工作领导小组计算机网络与信息安全管理工作办公室（国信安办）认定的14家计算机网络安全服务试点单位之一，国家“863”计划信息安全示范工程金融子项目的总服务商及“863”课题承担单位。公司曾获国家进步二等奖和上海市科技进步一等奖。

目前，公司已形成PKI基础平台产品、安全网关产品、内网安全应用产品（超级蓝盾系列）三大产品线。核心产品包括PKI/CA身份认证产品、网盾桌面安全软件、安全认证网关、SSO单点登录系统、网络保险箱系统、金融IC卡密钥管理系统、信息安全综合监控与管理平台产品等。

客户至上是格尔软件的服务宗旨，对客户的全面支持服务与客户共同进步是格尔软件的追求。现在公司已为全国29个省市的众多客户提供了产品或服务，协助用户进行系统维护及基于数字证书的应用推广。公司在上海、北京、西安、湖南、湖北、安徽、江苏、浙江、贵州、福建等地设有技术支持服务机构或人员，为重点客户提供长期、稳定、高效的技术支持与服务。我们还同由其它公司承建的上海CA、西部CA、陕西CA、山东CA、广东CA、CTCA、公安部等众多运营机构建立了战略合作关系，提供证书应用推广所需的产品及技术支持服务。

公司利用自己深厚的技术积累，可以为客户提供信息安全咨询培训、安全解决方案设计、产品开发、信息安全系统建设及系统运行维护等一整套信息安全技术支持与委托服务。

Websense 公司

Websense是全球领先的整合Web、信息和数据安全防护解决方案提供商，为世界范围内5万多个企业的4200万名员工提供关键性信息安全防护。利用全球分销网络，Websense的软件和主机安全解决方案帮助企业有效拦截恶意代码、预防机密信息丢失、提升网络使用效率并促进安全政策的推动。

具备划时代意义的Websense® Web Security Gateway有效解决了当前由于Web 2．0技术和应用激增所带来的巨大挑战。利用功能强大的ThreatSeeker™ Network技术，Websense Web Security Gateway可对Web威胁进行实时监控和分析，能够迅速对新出现的网站和动态内容进行分类，此外还能够预见性的发现安全隐患并将流氓软件等威胁拦截。

Websense Web安全网关帮助企业有效地保护Web流量的安全性，同时可以充分利用现代化的Web2．0技术和应用。通过多矢量流量监测引擎，Websense Web安全网关 可实时分析Web通信，迅速对新的网站和动态内容进行分类，主动发现安全风险，并拦截恶意软件的攻击。

在强大的Websense ThreatSeeker Network的技术支持下，Websense Web安全网关 可提供先进的对于包括各种规则、签名、启发式算法以及应用程序行为在内的分析功能，从而检测并阻止代理规避、黑客站点、色情内容、僵尸网络、键盘记录程序、钓鱼攻击、间谍软件和很多其他类型的不安全内容。同时，Websense Web安全网关还填补了一个常见的安全隐患空白：实现了在SSL通信进入网络前对其进行解密和扫描。

Websense将这些实时功能与其行业领先的Web安全平台集成在一起，该平台的功能包括：对90多种URL类别进行Web过滤、对Web信誉进行评等、对120种网络协议和应用程序协议以及即时消息（IM）附件进行管理等。

Websense Web安全网关中的管理面板易于使用，可在同一界面中为管理员提供系统详细信息、统计信息、策略管理、活动日志记录以及报告，从而节省了时间，并减少了可能出现安全缺口的错误。

地址：北京市海淀区知春路甲48号盈都大厦B座20层

邮政编码：100098

北京电话：010－58844000

上海电话：021－63609086

三、中国可信联盟成员介绍

中国可信计算联盟简介

中国可信计算联盟（Chinese Trusted Computing Union，简称 CTCU Union），是由从事可信计算技术研究与产品开发的企事业、科研单位，及相关用户和个人自愿组成的非盈利组织，挂靠在国家信息中心信息安全研究与服务中心。联盟发起者包括 20 家单位（北京多思科技工业园股份有限公司、北京工业大学、北京华旗资讯科技发展有限公司、北京中科院软件中心有限公司、北京中软华泰信息技术有限责任公司、成都华为技术有限公司、国家信息中心信息安全研究与服务中心、浪潮集团有限公司、上海中标软件有限公司、武汉大学、瑞达信息安全产业股份有限公司、西安电子科技大学、西安西电捷通无线网络通信有限公司、郑州信大捷安信息技术有限公司、中国长城计算机深圳股份有限公司、中安科技集团有限公司、北京天融信科技有限公司、中船重工集团 707 研究所、北京航天联志科技有限公司、长春吉大正元信息技术股份有限公司）。

中国可信计算联盟的宗旨是：“以企业为主体，产学研用联合，促进我国可信计算产业链的形成和发展，增强企业竞争力”。联盟的成立将为该领域产学研用各方搭建起沟通、交流、共进和发展的桥梁，为推进我国可信计算产业、科研和应用做出积极的贡献。

在联盟成立大会上，沈昌祥院士指出：“可信计算技术在中国的发展势在必行。自主创新的可信计算平台和相关产品作为国家信息安全基础建设的重要组成部分，实质上也是国家主权的一部分，只有掌握关键技术才能提升我国整体信息安全的核心竞争力，才可以谈得上安全。我们要把握正确的研究方向，制定相应的发展战略，采用国际先进技术，开发具有我国自主知识产权的可信计算产品，走符合我国国情的发展道路，从而满足我国各行各业的迫切需要。打造可信计算平台产业链需要走一条联合发展的道路，只有这样，才能促成中国的可信计算标准的形成和完善，并在国际标准中占一席之地。”

经过若干年的发展，我国在可信计算领域已积累了宝贵的经验，在某些方面已达到国际先进水平，当前可信计算技术已成为国家信息安全领域的发展要务。中国可信计算联盟的成立不仅对保护我国信息安全产业的自主发展，保护我国的自主知识产权，构建拥有我国自主产权的可信计算平台起到巨大的推动作用，同时也是中国 IT 企业走向核心技术领域的重大发展机遇。对于金融、政府、军队等机要行业和广大用户来说，可信计算产品的应用将从硬件结构计算平台的安全起到基础的保障作用，为解决目前的安全难题打下坚实基础。

联盟近期将在产学研方面为会员做的工作包括：一、行业调查研究，调研和分析我国可信计算产业、科研 和推广应用存在的问题及需求；二、提出国家进一步发展可信计算方面的政策建议；三、研究制定具有自主知识产权、适应广大国内用户需求的可信计算标准；四、推广可信计算应用，通过中国可信计算联盟网站等方式对外进行宣传。

北京多思科技工业园股份有限公司

北京多思科技工业园股份有限公司是一个设计、研制、开发 CPU 芯片及其相关终端产品的高科技公司，始创于 1983 年，在 1993 年组建成立股份有限公司，注册资金 7016 万元人民币，拥有一批经验丰富的技术人员，平均设计资历15年。

北京多思科技工业园股份有限公司在CPU的体系结构上创建了独具一格的达到世界前沿水平的MISC宏指令体系、REC可重组逻辑技术、AoC应用在片设计方法，具有原创自主知识产权的CPU设计技术20项专利、82项专有技术、100多种IP，研制出我国高性能通用64位CPU芯片、16块多领域的专用芯片和一系列重要的信息安全产品，形成了自己的器件库、宏模块库、电路库及IP库，积累了从设计思想、方案确定、逻辑设计到微电子实现整个流程的CPU开发经验，多项成果通过国家的测试、验收、评定，具有国家颁发的设计、生产、销售的资质。

主要信息安全产品/服务：

安全芯片产品：64位通用CPU 9800芯片、网络计算机NC2000芯片、TR600语音编解码器、超高速网络安全处理器、安全CPU卡、SSX11可重组密码逻辑芯片。

安全板卡产品：安全超高速可信计算及网络处理部件、HDM可信固件。

卡证类产品：安全金融卡、身份证卡、金融卡。

高端金融安全系统：电话银行系统、网络银行系统、手机银行。

安全终端：保密电话机、安全支付终端、安全电话通讯系统、安全呼叫中心系统、安全管理服务中心（SMSC）、安全手机。

信息系统等级保护产品：高性能IPsec VPN网关、高性能SSL/DSL网关、高性能安全网闸、签名加密服务器、可信计算系统、密钥管理中心、安全管理中心、安全审计中心、三级信息保护系统。

地址：北京市海淀区红山口甲3号189号楼
邮 编：100091
电 话：010—51297308
传 真：010—62870433
网 址：http：//www．t－macro．com
电 邮：wisdom@public．bta．net．cn

北京工业大学

北京工业大学（英文：Beijing University of Technology；英文缩写：BJUT）创立于1960年，是一所以工为主，理工、经管、文法相结合的多科性北京市市属重点大学，国家“211工程”建设的百所重点大学之一。

北京工业大学计算机学院是全国最大的计算机教学科研基地之一。2005年，北京工业大学聘请著名信息安全专家沈昌祥院士为计算机学院院长。计算机学院承担了“十一五”211工程重点建设项目“可信计算技术与应用支撑平台”，确定了三个建设方向，包括可信计算基础理论与关键技术、可信软件与应用研究、可信网络体系结构研究，从而构成了以可信计算为基础支撑计算机学院各个学科的教学科研框架，建设计算机体系结构、计算机软件与理论、计算机应用技术和信息安全多学科交叉发展的高水平研究平台。

2005年，北京工业大学计算机学院成立可信计算实验室，由沈昌祥院士亲自带领，张兴担任实验室主任，技术骨干主要由计算机学院的中青年教师组成，其中，参加可信计算基础理论与关键技术研究的有教授5人，副教授5人，可信软件与应用教授11人，副教授25人，可信网络（网格）体系结构方向教授6人，副教授13人。此外，还有来自信息工程大学、武汉大学、浙江大学等重点院校的博士研究生。该团队被评为北京市高等院校“学术创新团队”。

可信计算实验室成立以来，围绕可信计算基础理论和关键技术展开研究，特别是在可信计算平台密码规范、可信计算平台标准体系和可信操作系统研究方面取得成果，在可信计算研究领域处于国内领先地位。

近年来，可信计算实验室先后承担了多项国家级可信计算科研攻关项目，包括973计划“可信计算理论与关键技术研究”（2007CB311106），863计划“基于自主密码的可信计算平台的兼容性研究”（2006AA01Z440），信息产业部电子基金

"可信计算机系统研发与标准制定"、国家密码管理局"可信计算平台密码方案"，安标委"可信计算关键技术标准"，北京市科学技术委员会"北京发展可信计算技术的需求分析与技术选择""终端安全体系结构关键技术与研发"等。

2006年承担的"可信计算平台密码方案"课题，得到了国家密码管理局验收专家组的高度评价，"在算法使用、密钥管理、授权协议、证书管理等方面有创新，体现了以我为主、自主创新的研究目的，为形成我国可信计算平台密码相关标准和专利奠定了良好基础，为推动我国可信计算产业发展提供了有力的密码技术支撑"。

2007年承担全国信息安全标准委员会的"可信计算关键标准研究"课题，完成了《可信平台控制模块》、《可信平台基础软件接口》、《可信平台主板》和《可信网络连接》四个可信计算主体标准，构建了以密码为基础，芯片为根基、主板为平台、软件为核心、网络为纽带的可信计算标准主体框架。

2008年，北京工业大学与国家信息中心，联合国内二十多家企业、院所，筹组了"中国可信计算联盟"，致力于国内可信计算的技术研究、产品研发。并将可信计算联盟的标准工作组和工程验证组设立在北京工业大学可信计算实验室，为国内可信计算技术研究和应用研究提供理论验证和系统检测环境。可信计算实验室具有芯片设计、代码测试、协议验证、网络设备性能测试和应用层数据测试的工具，包括 Smartbits、Avalanche \ Reflector、Clearsight、ThreatEx 等大型测试设备，以及 Synopsys 和 Cadence 的设计工具。

主要信息安全产品/服务：

国家重点基础研究发展计划"973"项目：可信计算理论与关键技术研究，课题编号 2007CB311100。

国家863计划：基于自主密码的可信计算平台的兼容性研究，课题编号：2006AA01Z440。

北京市科技计划：终端安全体系结构研究及关键技术研发，课题编号：Z07000100720706。

地址：北京市朝阳区平乐园100号
邮　编：100022
电　话：010—67396818
传　真：010—67396818
网　址：http：//www．bjut．edu．cn
电　邮：zhuangjunxi@bjut．edu．cn

北京天融信科技有限公司

作为中国信息安全行业领导企业，北京天融信公司1995年成立，总部设在北京。从1996年推出填补国内空白的第一套自主知识产权防火墙产品，到自主研发的可编程 ASIC 安全芯片，再到世界首款新一代并行计算安全平台；北京天融信公司坚持自主创新路线的同时完成了国内安全产品跟随、跟近甚至超越国际知名产品的过渡。在满足信息安全机制的整合、提供体系化的安全解决方案方面，北京天融信公司也进行了积极的研究与探索：2001年，率先推出"TOPSEC"联动协议标准，2004年，又在业内率先提出了"可信网络架构（TNA）"，2008年则 TNA 的发展的基础上，进一步构建"可信网络世界（TNW）"。北京天融信公司始终引领和见证着中国信息安全产业发展的每一个里程碑。

据权威机构统计，天融信品牌连续多年位居中国信息安全产品市场占有率第一。时至今日，公司已经发展成为中国知名的信息安全技术研究、产品开发和安全服务的高科技企业，正在努力向世界级信息安全企业的目标迈进。

主要信息安全产品/服务：

1、主要安全产品

天融信公司目前可为广大客户提供防火墙系统、VPN 系统、综合安全网关系统、网络密码机系统、入侵检测与防护系统、过滤网关系统、安全审计系统、安全管理系统以及安全隔离与信息交换系统等九大类百余小类高品质的安全产品及相关服务；其中，防火墙、VPN 系列产品是国内最具竞争力的产品。

2、专业服务、最佳实践

天融信公司具有国内最全面的安全服务资质、优秀的安全服务团队以及大量的安全服务成功案例和实践经验，能够为客户提供最为专业的安全服务：安全风险评估服务、安全体系建设咨询服务、合规性安全服务、安全监控、加固以及应急响应服务、安全增值合作计划、安全及城与安全软件定制以及安全培训服务等。

地 址：北京市海淀区上地东路1号华控大厦4层
邮 编：100085
电 话：010－82776666
传 真：010－82776677
网 址：http：//www．topsec．com．cn

北京中软华泰信息技术有限责任公司

北京中软华泰信息技术有限责任公司成立于2000年，是专业从事信息安全体系研究，信息安全产品研制、生产、销售的企业。公司一直把操作系统安全和信息应用系统安全作为产业方向。

近年来，先后参与国家发改委、科技部、北京市科委等重大产业发展研究项目，并成为国家与微软原代码级合作的技术承担单位。

公司坚持产、学、研相结合的发展方向，与北京交通大学、北京工业大学共同成立研究生培养基地，在为国家输送大批信息安全专业人才的同时也使公司具备了坚实的技术储备。

2008年初，公安部为制订《等级保护方案设计规范要求》的国家标准，进行等级安全应用技术平台模拟系统搭建工作，公司在众多竞争者中脱颖而出，承接了目前最高等级四级系统的建设任务，并将于2008年7月底完成项目验收，从而成为等级保护国家标准863课题研究参与单位，目前正在配合国家主管单位参与国家重大支持项目的申请工作。

公司产品在包括国家发改委、中国人民银行等重要部门进行推广使用，并因此获得“北京市政务信息安全2008年度应急处置协作单位”的资格，重点参与奥运保障尤其是网站安全保障工作。

公司今后将致力于等级保护的方案和产品提供。不断推出符合等级保护标准的安全产品，竭尽全力为国家的信息安全事业做出贡献。

中软华泰的解决方案

＊ 高等级安全操作系统（For Windows /For Linux）

＊ 安全管理平台

＊ 可信计算机平台

＊ 安全审计平台

＊ 网站防护

＊ 终端保护系统

＊ 咨询服务

地址：北京市海淀区北三环西路32号恒润中心1811室
邮 编：100086
电 话：010－62191614、62198781、62144177
传 真：010－62191614/8781、62144177－616
网 址：http：//www．huatechsec．com．cn
电 邮：support@ huatechsec．com．cn

中国长城计算机深圳股份有限公司

始创于1987年的中国长城计算机深圳股份有限公司（股票简称长城电脑；股票代码000066），是中国最早生产微型计算机的企业，是我国第一台高级中文电脑“长城0520CH”的制造者。

公司业务涵盖计算机整机制造及周边产品、计算机核心零部件、网络及数码产品领域。计算机整机产品位居国产品牌前列，电源产品在国内DIY市场占有率位居第一，成为国产显示器第一品牌，更是国内电脑显示器最大的OEM生产厂商。

制造长城——长城电脑先后与 IBM、微软、日立等国际 IT 巨头建立战略合作关系，具有“制造为王”的业内美誉。是国内唯一一家除 CPU 外所有部件都可生产的厂商，世界每五台电脑就有一台采用长城生产的部件。07 年 5 月，长城电脑成功收购冠捷科技部分股份，使得长城显示器市场份额进入国内前三，加速了长城电脑国际化进程。

技术长城——长城电脑从用户需求出发，自主创新，努力将企业打造成“核心技术先导型”的骨干企业。目前在全球已经拥有 200 余项专利，自主研发生产了国内首款具有完整知识产权的专业化信息安全产品安全电脑二代，填补了国家信息安全领域的空白。

品牌长城——长城电脑先后通过了 ISO9000 及 ISO14000 认证，“长城”商标被国家工商行政管理局认定为“中国驰名商标”；长城台式电脑、笔记本及服务器均被认定为“中国名牌产品”，并多次作为“国礼”跟随国家领导人出访。长城电脑已连续两年入选中国消费电子产业领先品牌 TOP 10。

长城电脑将坚定不移地加强自主研发，坚持技术创新，做大做强民族产业，加快国际化进程，努力打造“制造、技术、品牌”三位一体的实力长城。

主要信息安全产品/服务：世恒 S 安全电脑、世恒 S 双网隔离/三网隔离安全电脑、世恒 SⅡ安全电脑、世恒 SⅡ三网隔离安全电脑、安全笔记本、安全 U 盘/安全移动硬盘。

地址：广东省深圳市南山区科技园科发路 3 号

邮编：518000

电话：0755－26639997

传真：0755－26553437

网址：www. greatwall. cn

电邮：chenxiaoyu@greatwall. com. cn

国家信息中心信息安全研究与服务中心

国家信息中心信息安全研究与服务中心于 1987 年开始信息安全工作，是国内最早从事网络与信息安全研究和技术服务的单位之一。经过近二十年的发展，在信息安全战略与政策研究、决策支持、网络安全工程建设与管理、安全服务、标准化工作、沟通交流服务等领域取得诸多成果，积累了丰富的实践经验，具有较强的综合实力。目前拥有国家信息化专家咨询委员 1 人，博士后 2 人，博士 3 人。

信息安全战略与政策研究、决策支持：是国务院信息化工作办公室网络与信息安全组的支撑单位之一，在国家信息安全主管部门的支持和指导下，先后承担过多项国家信息安全战略、规划和相关政策的调研和专题研究等重点课题研究和咨询工作，包括一批国家重点项目《国家公钥基础设施（PKI）体系框架研究》、《信息安全风险评估研究》、《信息安全治理》、《国家网络信任体系授权管理研究》、《国家信息安全保障体系框架》等重要课题的研究任务；参与起草了多项国家信息安全相关政策文件。

网络安全工程建设与管理：承担国家电子政务外网、国家宏观经济管理信息系统和国家发展改革委网络系统的安全保障体系的规划、设计、建设组织、运行维护和管理等工作，为相关政府部门提供网络与信息安全技术支撑服务；承建和完成了国家重要信息安全基础设施工程——“CA 互联互通示范工程”的建设任务。

电子司法数据鉴定服务：经北京市司法局审核获得国家电子司法数据鉴定资质，可以出具法庭认可的电子数据司法鉴定报告，为公安机关、法院、检察院、司法部门及律师事务所提供司法鉴定服务；为政府部门、个人与公司提供电子数据鉴定服务。

数据修复服务：国内首家提供数据恢复的单位，自 1999 年开展业务以来，积累了大量的成功案例，得到了广大用户和主管单位的好评，主要服务规范已成为业内事实标准。2001 年被原国家信息化领导小组计算机网络与信息安全管理办公室定为计算机安全应急服务单位；2003年被国家保密局定为国家涉密数据恢复定点单位，2006年5月获数据恢复单项资质。

咨询评估服务：专业从事信息安全风险评估、信息安全管理体系建立规划、安全建设监理、安全培训等信息安全服务工作。目前已经与国际和国内多家安全机构合作，研究并已掌握国内先进的安全咨询评估方法和工具，并完成编写国内第一套《信息安全风险管理与评估》系列认证培训教材。主要服务对象包括：政府、电信、金融、电力、民航等国家支柱行业，并同时开展信息安全等级保护在国家电子政务外网平台的应用示范与政策管理试点工作。

电子认证服务：运行和管理国家电子政务外网网络信任体系电子证书中心，为国家电子政务外网上的国家机关、事业单位和外网用户在网上进行行政审批、公文传递、网上采购、招标与投标等业务提供认证服务。

沟通交流服务：作为中国信息协会信息安全专业委员会的秘书处，每年组织十多次各种形式的交流和展会活动；建设和维护“中国计算机安全”网站、“中国信息安全管理与服务”网站；编纂发行《中国信息安全年鉴》；与韩国、香港、台湾等国家和地区的信息安全协会建立了合作交流关系。在科研单位和企业之间、技术和应用部门之间、产业和政府之间、中国和国际之间，较好地发挥了桥梁沟通作用。

信息安全标准化：是国家电子政务标准化总体组和全国信息安全标准化技术委员会的成员单位。完成国家标准《应用级防火墙安全技术要求》、《信息技术 安全技术 信息安全风险评估规范》和《信息技术 安全技术 证书策略与认证业务声明框架》的编制任务，参与国家标准《信息安全技术评估准则》、《国家电子政务指南－－信息安全》的编写。

地址：北京市三里河路58号
邮编：100045
电话：010－68557338
传真：010－68557158
网址：http：//www．infosec．org．cn

北京航天联志科技有限公司

北京航天联志科技有限公司隶属于航天信息股份有限公司，是国内最早专业从事服务器生产和行业应用方案供应的高新技术企业之一。公司专业生产定制和推广销售“联志（r）”系列IA架构服务器、存储产品和提供信息安全服务。为政府、电信、教育、金融、ISP/ICP、企业、个人提供基于Intel全线技术的塔式、机架式和刀片式计算机网络基础产品和方案服务。

航天联志建立有完备的生产线、测试中心、方案中心和培训中心，年产服务器可达到100，000台，可针对OEM、BTO定单合理、高效地安排生产，满足各种需求。通过专业的检测设备和严格的质量控制，航天联志所生产的每一台服务器和存储产品都能够经得起实用的考验，在国家对计算机类产品进行审查时，“联志（r）系列服务器率先通过了国家电子计算机质量监督检验中心和全国工业产品许可证办公室微机系统产品审查部的联合审查，成为中国入世后首批通过国家标准的服务器产品。

依托母公司航天信息的资源优势，经过几年的发展，航天联志目前已经成为中国国产品牌服务器中的一名生力军。同时我们也正在向着成为“中国一流的服务器＊存储解决方案提供商”的目标而努力。

作为一个具备深厚技术实力和多年技术积累的高新技术企业。航天联志公司从2003年起，为进一步扩大行业影响力、发挥公司优势资源和技术特长，为用户提供更全面和更完善的产品、方案以及服务。开始致力于数据中心和数据安全的集成业务应用与推广，并以性能卓越的产品方案、优质高效的服务、广泛的销售和服务网络赢得了众多行业用户的信赖和赞誉。

几年来的成功经验使航天联志人始终相信：更出色，来自更专业！航天联志将秉承集团“以人为本，系统创新”的企业文化，坚持“学习、交流、创新”的发展理念，为用户和合作伙伴提供全方位的专业产品与超值服务，与用户在更多的领域实现共赢的目标。

主要信息安全产品/服务：

A 产品：联志（r）（Aisino）系列安全服务器

B 产品：联志（r）（Aisino）系列安全存储

C 服务：数据中心信息安全集成服务

地 址：北京市海淀区杏石口路甲 18 号航天信息园 2067 #

邮 编：100195

电 话：010－88448300

传 真：010－62128808

网 址：http：//www．realserver．com．cn

电 邮：xusheng．liu@realserver．com．cn

北京爱国者信息技术有限公司

北京爱国者信息技术有限公司（简称爱国者信息技术）位于北京中关村高科技园区，公司前身系北京华旗资讯数码科技有限公司（简称华旗资讯）信息安全事业部，成立于 2008 年 5 月，注册资本 500 万元人民币。

作为国内 IT 领域知名企华旗资讯（“爱国者”商标的拥有者）进军国内信息安全领域的代言人，爱国者信息技术以华旗资讯子公司的身份，不但继承了华旗资讯在过去近 6 年中有关信息安全领域的所有科研成果，同时保留并加强了原信息安全事业部下完整的技术研发团队。

爱国者信息技术主要从事信息安全领域存储类软、硬件产品的开发与生产。公司产品主要包括：移动存储介质使用管理类软件，安全移动存储设备（商用密码系列、防木马系列、安全自毁系列等），数据恢复与数据销毁服务。

在加密移动存储设备方面，华旗资讯率先研制成功了使用商用密码的“商密王 SK8668”移动硬盘，通过了国家密码管理局的技术鉴定（商密产品型号 SJJ0802）。

针对现在互联网上病毒、木马泛滥，移动存储设备在使用过程中，往往成为病毒与木马的受害者和传播者，造成众多信息泄露事件的发生。爱国者信息技术开发了防木马系列 U 盘、移动硬盘，通过独特的软硬件架构设计，为用户提供安全存储”容器”，彻底杜绝”轮渡”木马窃密和病毒的传播（WINDOWS 无法直接对 U 盘存储区读写）。

安全自毁系列产品可以由用户自己根据需求设定使用时段与使用次数，在不被允许的使用条件下强行使用，设备自动销毁其中所存数据，极大程度地降低了用户因移动存储设备丢失或被盗而导致信息泄露的风险。

爱国者信息技术秉承了华旗资讯关注于移动存储设备数据“安全”的理念，采用身份认证、数据加密、特殊文件读写通道等技术手段，保证数据信息的安全、保密。同时，在信息安全技术不断发展的大潮中，爱国者信息技术参加了中国可信计算联盟，凭借公司在移动存储领域的多年积累，积极参与中国可信计算标准中有关“可信存储模块标准”的制定，为中国信息安全事业的蓬勃发展贡献自己的一份力量。

“以专家的眼，执著的心，推广专业信息安全产品！”——爱国者信息技术

主要信息安全产品/服务：移动存储介质使用管理系统软件（军 C 级，国家保密局涉密信息系统认证），商用密码移动存储产品，防木马系列产品（军 C 级），安全自毁系列产品，数据恢复服务。

地址：北京市北四环西路 58 号理想国际大厦 10 层

邮 编：100080

电 话：010—62606053

传 真：010—62606381

网 址：http：//www．aigosec．com

电 邮：aigosec@aigo．com

华为存储网络安全有限公司

华为存储网络安全有限公司成立于2007年6月，目前累计投资11亿，已经拥有2600多名专职专业的安全、存储人员，在中国的深圳、北京、成都、杭州设立了多个存储及网络安全研发中心，建立了中国首个存储兼容性实验室“网络及应用攻防实验室”，提供全系列的安全、存储产品及解决方案，并在国内外市场得到了大量的应用。

华为存储网络安全有限公司将继承和发扬华为在ALL IP网络的产品与解决方案能力和技术积累，在拥有深厚的基础网络底蕴的基础上，开创IT和CT融合、安全和存储融合、技术和管理融合新领域，为全球电信运营商和企业开发、生产世界领先的安全和存储产品，并提供全套端到端解决方案和服务。致力成为业界领航者，致力于网络安全与存储产品的研发、销售和服务，旨在为全球客户提供最优的网络安全与存储产品和解决方案，使客户对信息系统的可用性和安全更有信心。

自2000年和2002年，华为就分别开始了安全和存储产品的预研，作为华为的子公司，华为存储网络安全有限公司继承了华为的安全和存储的“衣钵”，存储和安全产品在技术上不断深化并自成体系，有着自己特有的亮点。

全方位的安全保护：

■Secoway安全－系列：在安全产品类型上，有软件和硬件，包括防火墙/VPN、入侵检测网关、业务监控网关、终端安全管理等等，全方位保障用户的信息安全；在单一产品上，各个产品细分，如防火墙从低端到高端有十多款。

■Secoway安全－高效：防火墙/VPN等产品结合华为公司专用的NP网络处理芯片以及分布式硬件平台，打造出的“NP＋多核＋分布式”第五代高端专业安全网关设备，性能强劲，其中万兆安全网关产品吞吐量达80G，每秒新建连接数达200万，可以承受大流量的DDoS攻击，提高用户的抗DDoS攻击能力；支持多种DDoS攻击类型，可以对关键业务提供最小带宽保护。

■Secoway安全－高速：基于华为的硬件加密芯片，华为赛门铁克的VPN为用户提供了可达到32G的VPN传输性能，最大支持32万并发隧道；VPN支持多种加密算法，包括DES，3DES，AES，SBC2国密算法，支持IKE V2协议提高用户的数据安全性；能够满足大容量用户数情况下的用户需求。

■ Secoway安全－高可靠：SIG、防火墙、VPN等硬件产品采用电信级硬件架构设计，为用户提供了高可靠的硬件平台，设备综合可靠性高；考虑用户业务不间断性，高端产品的电源、风扇支持热插拔，接口卡支持热插拔，在物理层面上为用户提供高可靠性保障；提供BYPASS卡，保证在断电，主机down，升级等异常情况下，报文正常通过，不影响业务。

主要信息安全产品/服务：A防火墙/VPN、B入侵检测网关、C业务监控网关、D终端安全管理

华为客户服务中心

电话：0755－28560000 、400－830－2118

传真：0755－28560111

E－mail：support@huawei. com

地址：深圳市龙岗区坂田华为基地

邮编：518129

电话：0755－28780808

网址：http：//www. huawei. com/cn/solutions/security. do

长春吉大正元信息技术股份有限公司

长春吉大正元信息技术股份有限公司（以下简称公司”）成立于1999年，注册资本7500万人

民币。公司主要从事信息安全产品的研发、生产、销售，并提供安全咨询、安全评估和安全集成等信息安全服务。下设北京分公司、东北分公司、深圳办事处、西南办事处、西北办事处、华中办事处、华南办事处、华东办事处、云南办事处，控股上海吉大正元信息技术有限公司、山西省数字证书认证中心，参股国投安信数字证书认证有限公司。公司设有信息安全共性技术国家工程研究中心和博士后科研工作基地。公司拥有39项计算机软件著作权、32项软件产品登记证书，24个产品技术鉴定证书。

公司是国家商用密码产品生产定点单位、商用密码产品销售许可单位，是涉及国家秘密的计算机系统集成甲级单位，国家计算机信息系统集成一级资质单位，国家火炬计划软件产业基地骨干企业，国家863计划成果产业化基地，2003－2007年度国家规划布局内重点软件企业。公司是国家信息安全标准技术委员会WG3、WG4、WG5工作组成员和子项目召集单位，参与了多项国家和行业标准的制定工作。

公司是2005年首届“中国信息安全产业界十大创新企业”之一，入选《财富》杂志“二十一世纪最具潜力的高科技企业”。2006年被评为全国信息产业科技创新先进集体，2007年吉林省信息产业科技创新先进企业。“吉大正元SRQ05数字证书认证系统”为2007年吉林省名牌产品。“吉大正元”现为吉林省著名商标。2008年“吉大正元SRQ05数字证书认证系统”获得“中国软件行业十大创新产品”。

公司产品以PKI技术为核心，目前已经打造出安全基础类系列产品、安全支撑类系列产品、安全应用类系列产品、安全电子政务类系列产品，以及密码设备等硬件产品，能够为用户提供信息安全整体解决方案。

公司始终坚持技术创新，不断开拓新兴信息安全市场和应用，特别是将近几年快速发展的可信计算技术与公司数字证书应用产品相结合，研发了支持可信计算体系的电子证书认证系统、可信安全接入网关、“大狼狗”加密专家、可信终端安全类等产品，变传统被动防堵为主动防御，可为电子交易、电子政务和个人信息安全等应用提供更加安全、可信的应用环境。

公司先后承建了多个国家重大项目，主要有国家发改委、公安部、总参、质检总局、工业和信息化部、监察部、水利部、国家计算机网络与信息安全管理中心、中国金融认证中心、深圳证券交易所、上海证券交易所等，以及十六个省级数字证书认证中心。根据中国电子商务协会的统计，在PKI电子证书认证系统领域，公司市场占有率在70%以上。

主要信息安全产品/服务：

安全基础类产品线：JIT SRQ05数字证书认证系统、JIT PMI属性证书签发系统；

4A产品线：JIT身份认证网关、JIT PMS授权管理系统、JIT AQS统一审计监控系统、JIT UMS统一用户管理系统；

IPC信息资产保护与控制类产品：JIT ESS电子印章系统、JIT数字签名服务器、JIT EFS文档安全系统、JIT安全邮件专家、JIT磐石安全终端系统；

安全电子政务类产品：通用办公资源与业务管理系统、通用安全公文处理系统、互联网信息发布与内容管理系统、工作流引擎、安全数据交换系统、安全网上行政审批系统；以及银河目录服务系统、SJY76证书服务器密码机、SZD34智能密码钥匙等产品。

地 址：吉林省长春市前进大街2266号
邮 编：130012
电 话：0431－85173333
传 真：0431－85172696
网 址：http：//www. jit. com. cn
电 邮：market@jit. com. cn

浪潮集团有限公司

浪潮集团是中国领先的计算平台与IT应用解决方案供应商，同时，也是中国最大的服务器制造商和服务器解决方案提供商。浪潮集团拥有”浪潮信息”和”浪潮软件”两家国内A股上市公司和在香港联交所上市的浪潮国际有限公司。用户遍及中国金融、通信、政府、教育、制造业、烟草等行业和政府部门，全方位满足政府与企业信息化需求。2007年，浪潮集团的销售收入突破193亿元人民币。

浪潮信息安全自1996年开展安全技术研究以来，经过坚持不懈的努力，在网络信息安全、数据保护、商用密码及嵌入式软硬一体化信息安全产品的技术研发等方面取得了丰富的经验，现已经成长为国内领先的信息安全解决方案与服务供应商，并培养了一支以中青年科技人才为骨干的安全研发队伍。其自主研发出浪潮服务器安全加固系统（SSR）、WEB卫士、防火墙、VPN系统、入侵检测系统、安全隔离网闸、安全网络监控管理平台等领先的产品，提供先进全面的信息安全解决方案以及信息安全咨询服务，目前在国内市场上均处于领先者的地位。2007年，原信息产业部在北京召开了浪潮服务器操作系统安全加固系统（简称SSR）科技成果鉴定会。我国国内知名信息安全专家沈昌祥院士亲自担任鉴定委员会主任，鉴定结果认为，该项目产品技术和性能指标先进，整体技术达到国内领先水平，填补了我国在多种主流服务器商用操作系统同时安全加固的空白。在业界和社会上都产生了巨大的反响，中央电视台《新闻联播》等多家国家级媒体纷纷报道了这一信息安全领域的重大突破。

浪潮信息安全作为国家级应急服务支撑单位，参与协调我国计算机网络安全事件处理，为国家重要网络系统以及关键部门提供计算机网络技术支持。多次承担国家相关部委、国家863计划等多个国家级信息安全研发课题，协助国家信息安全主管部门起草了《信息系统安全保护等级定级指南》、《信息系统安全等级保护基本要求》等多项信息等级保护标准和政策，并结合浪潮集团在服务器方面的领先优势，牵头起草制定出了符合我国国情的服务器安全技术国家标准《信息安全技术－服务器安全技术要求－GB/T21028－2007》（2007年12月颁布），填补了国内外在服务器安全技术领域标准的空白。浪潮集团以制定国家标准为契机，依托在服务器安全领域的深厚底蕴，积极探索和研究等级保护中"计算环境安全设计要求"的相关技术，成功研发出满足"等级保护三级计算环境安全设计要求"的产品－浪潮SSR服务器安全加固系统。该系统的推出，不仅填补了我国子操作系统安全领域的一项长期空白，对于在实行推广的《信息系统安全等级保护》以及《涉密信息系统分级保护》等标准的技术实现具有重大意义，在业界树立"浪潮信息安全专家"形象。

主要信息安全产品

浪潮服务器安全加固系统（SSR）是基于先进的ROST技术理论从系统层对操作系统进行加固的系统安全解决方案。其主要原理是通过对文件、目录、进程、注册表和服务的强制访问控制，有效的制约和分散了原有系统管理员的权限，综合了对文件和服务的完整性检测、Web过滤防护和防缓冲区溢出等功能，能够把普通的操作系统从体系上升级，使其符合国家信息安全等级保护服务器操作系统安全的三级标准。此产品是完全独立自主开发，具有自主知识产权的专门针对系统层安全防护的安全产品，此产品完全不同于防火墙、IDS等作用在网络层的安全产品，是作用在系统层对网络核心的服务器操作系统进行安全加固，保护了系统中重要数据和应用的安全，从根本上免疫了目前各种针对操作系统的攻击行为，彻底防止了病毒、蠕虫、黑客攻击等对操作系统和数据库的破坏，浪潮信息安全也因为这一独到的服务器操作系统安全解决方案填补了国内此类产品的空白，被誉为"服务器安全专家"。

地址：北京市海淀区阜成路73号
邮 编：1000142
电 话：(010) －68451517
传 真：010) －68451517－6688
网 址：www. inspur. com
电 邮：zhangguoli@inspur. com

南京百敖软件有限公司

2006年初，北京中科院软件中心有限公司和由海外归国人员组成的创业团队共同在南京市高新技术产业开发区投资成立了南京百敖软件有限公司（简称”百敖软件”）。成为英特尔（r）公司授权全球四家之一、国内唯一一家的专业BIOS产品及服务供应商。

百敖软件专注于计算机、嵌入式系统领域的BIOS技术的融合与发展，面向计算机、嵌入式设备的OEM和ODM厂商提供新一代EFI BIOS产品与服务，产品应用覆盖计算机和工业控制、消费类电子等领域。百敖软件通过自主创新，完全掌握了BIOS的核心技术，获得了8项具有自主知识产权的软件产品。产品包括：计算机通用BIOS、嵌入式系统的专用BIOS、满足我国可信计算体系的安全BIOS以及基于BIOS的各种应用和工具。

经过多年的创新实践，百敖软件在技术研发、创新团队建设、产业化应用、营造产业发展创新环境及国际合作等各个方面获得了实质性的突破。2007年1月，百敖软件成功地推出了具有自主知识产权的第一款国产BIOS产品—cnBIOS，之后又相继推出了cnBIOS系列产品。并结合我国国情，定制开发了安全BIOS产品，以满足我国政府、公安、金融等特殊行业的需要。cnBIOS产品具有新一代UEFI BIOS的所有的功能，并且通过了国内外权威机构针对BIOS产品的综合测试认证 。

未来，百敖软件将立足自主创新，坚持广泛合作。以BIOS核心技术及其安全应用、增值应用为突破口，与计算机整机、CPU、板卡制造的硬件厂商，操作系统和应用软件的软件厂商开展了不同形式的合作。力争形成优势互补、合作共赢、密切协同、务实高效的创新利益共同体。

产品介绍

【国产安全BIOS】

BIOS技术是计算机核心技术之一，BIOS处在计算机系统底层，连接了硬件和操作系统。由于开机最先被执行，其安全性直接影响到整个计算机的安全。百敖安全BIOS为满足OEM/ODM以及最终客户提高整机安全性的迫切需求，在百敖BIOS的基础上通过模块化的集成而来，支持在系统固件（UEFI/BIOS）层进行安全增值服务与应用的固件产品。功能包括：身份识别、资源控制、系统恢复、硬盘保护、可信计算支持等。

【基于固件层（BIOS）反病毒解决方案】

BPAT（Byosoft Pre – boot Antivirus Technology）是百敖软件研发的可以集成在BIOS中的反病毒软件解决方案。BPAT完全脱离了对任何操作系统的依赖，并且可以先于任何病毒代码被可能执行之前执行监测和杀毒命令。从根本上保证了对系统进行扫描或者病毒清除时没有任何恶意代码的干扰或者破坏。

【基于固件层（BIOS）的系统恢复】

快捷的系统恢复可以避免以下令人堪忧的隐患：电脑被病毒感染，无法正常使用；软硬件损坏等临时故障，造成数据丢失；数据库服务器出错，或系统文件丢失造成管理系统崩溃等。通过简捷的系统备份与恢复，可以第一时间使电脑恢复至正常状态，保证了计算机系统的正常运作。

【基于固件层（BIOS）的硬盘数据安全保护方案】

为了保护用户数据的安全性，特定硬盘和带安全BIOS固件的安全主板是绑定使用的。所谓的绑定是特定硬盘必须在安全BIOS的主板上使用，在普通主板上不能读取特定硬盘数据，即便是在其它安全主板上，也要通过密码才能读取数据，这样充分保证了用户数据的安全性，即便硬盘被非法窃取也不会造成泄密等灾难性损失。

【基于固件层（BIOS）的指纹识别技术】

传统的指纹识别技术都是在操作系统下实现，用户在操作系统的登录界面中输入指纹信息。由于用户的指纹数据存储于硬盘中，恶意入侵者会通过软件使指纹信息暴露，从而有机可乘。百敖软件所提供的基于EFI – BIOS的指纹解决方案，将指纹采集、录入、匹配均在固件层实现，用户的指纹数据存储于固件之中。这样的存储方式更加安全。

联系方式

地址：南京市高新区星火路9号软件大厦B座9、10楼

邮编：210061

电话：025-58694357

传真：58649728-8001

网址：www. byosoft. com. cn

武汉大学

信息安全是武汉大学的特色优势学科。武汉大学于2001年创建了全国第一个信息安全本科专业，2003年又建立了信息安全硕士点、博士点和博士后流动站，形成了信息安全人才培养的完整体系。武汉大学的信息安全专业，于2006年获得“湖北省品牌专业”，于2007年获“国家特色专业建设点”。2008年又获批建立了“空天信息安全与可信计算”教育部国防科技重点实验室。通过几年的学科建设和科研实践，武汉大学已经成为我国信息安全科学研究和人才培养的重要基地。

在可信计算方面，武汉大学与武汉瑞达公司合作研制出我国第一款可信平台模块芯片和我国第一款可信计算机。2004年该产品被国家科技部等四部委授予“国家级重点新产品”。2006年获国家密码科技进步二等奖。已在各级下政府、军队和事企业单位得到实际应用。

在国家863计划的支持下，武汉大学研制出我国第一款可信PDA和可信计算平台测评软件系统。

在国际合作方面，武汉大学与美国HP公司合作开展了以可信计算技术增强网格安全的研究，与美国EMC公司合作开展了以可信计算技术增强云计算安全的研究，取得了令国际学术界和产业界认可的成果。

除了可信计算外，武汉大学在还密码学、网络安全、信息系统安全、信息隐藏和信息安全应用等方面开展了科学研究和开发，并取得了丰硕成果。

主要信息安全产品/服务：信息安全人才培养，信息安全科学研究与技术开发

地址：湖北省省武汉市武昌珞珈山

邮 编：430079

电 话：027—68778494

传 真：027-68778582

网 址：http: //cs. whu. edu. cn

联系人：赵波（13317182550）

电 邮：zhaobo@whu. edu. cn

瑞达信息安全产业股份有限公司

瑞达信息安全产业股份有限公司（以下简称：瑞达公司）是国内大规模专业从事研发、生产信息安全产品的供应商及信息安全解决方案提供商。

2004年，瑞达公司推出了国内首台可信计算机，它的诞生对可信计算平台技术的应用及行业发展产生了极其深远的影响。瑞达公司长期致力于可信计算工业产品研制开发，其产品拥有多项自主知识产权及国际、国内发明专利。瑞达公司产品涵盖安全计算机、安全服务器、安全域访问控制系统、安全控制芯片、智能电子钥匙和安全多功能智能IC卡芯片、信息交互平台等，还有Portal、SSO、Txp系统，以及面向电子政务电子商务的整体安全解决方案。

瑞达公司是中国信息产业商会信息安全产业分会、湖北省软件行业协会理事单位。通过ISO9001国际质量体系认证，拥有国家保密局认定颁发的《涉及国家秘密的计算机信息系统集成甲级资质》和信息产业部颁发的《计算机信息系统集成贰级资质》，经国家密码管理委员会办公

室批准成为”国家商用密码产品定点生产单位”还授予了”商用密码产品销售许可证”等资质，先后荣获了”十佳软件企业”、”十佳软件产品”等称号。

瑞达公司信息安全产品和技术不仅受到了国家政府及相关部门领导的大力支持，在各项基金项目上，先后获得信息产业部、国家发改委、国家863计划项目等共计十七项国家级、省部级的重大基金项目。由瑞达公司承担的国家密码管理局的《SQY14嵌入密码型计算机》项目，2006年被授予国家密码科学技术进步二等奖，并被国家密码管理局推荐申报国家科学技术进步二等奖。

如今，瑞达公司可信安全系列产品广泛应用在当今中国电子政务系统建设、电子商务系统建设和涉及国家安全与社会、经济安全的重点行业、部门的信息化建设中，为我国可信计算平台产业的发展发挥了极其重要的作用。

主要信息安全产品/服务：可信安全计算机、可信安全接入网关、可性安全服务器、安全域访问控制系统等

公司地址：武汉市武珞路628号亚贸广场A座28层

邮编：430070

电话：86-27-87740697 86-27-87740698

传真：86-27-87854251

网址：http：//www. jetsec. com. cn

西安电子科技大学

西安电子科技大学在网络及信息安全、密码学和可信计算领域的发展具有悠久的历史，1960年在全国率先成立了信息论专业，前期主要致力于信息论、纠错码、伪码、调制/解调、检测与估值、通信系统等方面的教学和研究，以后逐渐成为我国培养信息论人才和开展信息论、特别是编码理论的研究基地之一。到了七十年代中期开始向密码方面扩展，成为国内军政界以外的培养密码和信息安全人才及从事密码与信息安全研究的基地之一，是最早取得军队指挥学中密码学硕士点（1990年）和博士点（1993年）的单位。

西安电子科技大学”计算机网络与信息安全”教育部重点实验室2002年正式被批准建立。实验室依托学校通信与信息系统、密码学、计算机科学与技术等优势学科，积极开拓发展空间，在人才培养、科学研究、技术服务等方面呈现良好的发展势头，已经成为我国计算机网络与信息安全领域人才培养与科学研究的重要基地。

与国内外相同领域的实验室相比，实验室致力于建设成设施先进、共享共用的国家级研究基地、创新性人才的培养基地、服务于创新性国家建设的成果孵化基地、高水平专家和创新团队的汇集基地；加大实验室开放力度，搭建具有国内国际影响力的学术交流与科研合作的平台。

实验室在计算机网络与信息安全领域进行了大量的基础性研究，分别在流密码及分组密码体制的设计与分析、可信计算、无线网络安全技术、网络测量与网络管理、信息对抗技术等方面承担了大量的国家“973”计划、“863”计划、国家自然科学基金等项目，取得了显著的成果。目前在研的和可信计算相关的课题有国家自然科学基金重点项目“可信移动互联网”和863项目“无线局域网的可信接入安全技术”。

“十五”、“211”工程投入经费1000万元，购买了Smartbit6000c网络协议分析仪、高性能计算机群（IBMLs20）等大型设备，建设了一个开放、共享的科研平台。

主要信息安全产品/服务：A无线接入点AP

地址：陕西省西安市太白南路2号

邮 编：710071

电 话：（029）—（88204749）

传 真：（029）—（88204749）

网 址：http：//www. xidian. edu. cn

电 邮：lixingh@gmail. com

西安西电捷通无线网络通信有限公司

西电捷通IWNCOMM长期致力于开发、提供拥有自主知识产权和全球领先的网络安全接入(TePA/WAPI)、IP自适应移动安全接入网络技术及其解决方案（AIPN)，以及专业可定制的宽带无线网络、AIPN系统和网络性能测评工具(NPQES）产品。公司2000年9月成立于中国西安，最早由西安电子科技大学（综合业务网理论及关键技术国家重点实验室）等投资者发起。

西电捷通现已拥有一百余项国内外发明专利授权及专利申请，以其中数十项TePA/WAPI发明专利所构造的安全接入协议已获无线局域网国家标准采用。相关成果先后获得2005年国家技术发明奖（二等奖）、联合国世界知识产权组织(WIPO）和国家知识产权局联合授予的2005年第九届中国专利发明金奖、信息产业2003年重大技术发明奖和2005年度国家密码管理局密码科技进步二等奖，且得到了国家高技术产业化示范工程、863计划等多项国家重点项目的有力支持。

在此基础上形成的WAPI无线局域网、AIPN、NPQES三个产品系列，已在国家金审工程、中国飞行试验研究院、中国人民解放军信息安全测评认证中心、中国科学院等分布于北京、广东、甘肃、四川、西藏等省市的数十个标志性工程项目中得到成功应用。

TePA/WAPI这项网络通信基础技术源自用户利益、公共安全和产业发展的客观需求，而持续的同业合作和协力创新是其发展的基础。WAPI被六项中国无线局域网国家标准率先采纳，形成了我国第一个自主无线网络安全接入技术标准，由此推动了产业链的形成。TePA/WAPI保障了”合法终端接入合法网络”的安全需求，是国内外首次提出的三元T-A-S鉴别与加密安全接入架构，在此基础上可衍生出多种安全接入协议，普遍适用于无线、有线网络。

西电捷通已在可信计算领域展开多年研究，并提出了基于TePA/WAPI的可信网络安全方案。目前正在同相关公司合作开发可信计算网络产品。

作为WAPI主要技术提供商和积极的合作伙伴，西电捷通致力于与无线局域网产业链各方的精诚合作，遵循国际惯例和RAND原则发放数十项WAPI专利许可；另一方面，也以完全开放的模式，提供WAPI技术许可服务，涵盖WAPI技术软件模块、IP Core、产品解决方案、测试工具等。所有这些，都将在促进技术创新和市场健康发展，保护个人、企业、科研和政府机构的信息安全等方面发挥重要作用，国际国内产业也将为之受益。

我们坚持持续的研发投入、合作和积极的市场推广，以确保TePA/WAPI在更广泛的通信技术领域应用、发展；同时，TePA/WAPI作为一个业内领先、能保障接入安全的，真正意义上实现了可支撑商用的“安全的可管理、可运营宽带无线网络”的核心技术，我们相信，符合运营商、公众利益的TePA/WAPI，不仅会在全球范围内，在更多的通信技术标准领域得到采用，也会伴随着30余家业内厂商积极投入打造WAPI产业厚度，在全球范围内倍增的“无线城市”等公共型无线运营网络建设，以及广大的企业、家用和消费品市场得到推广和应用。

作为中国宽带无线IP标准工作组（ChinaB-WIPS）和WAPI产业联盟（WAPIA）的发起成员，以及ISO/IEC JTC1/SC6国内技术归口单位，西电捷通立足于技术研发经营和服务，并透过与业内各方积极深入合作，以实现TePA/WAPI产业、市场的共同发展。

地 址：陕西省西安市高新区科技二路68号西安软件园秦风阁A201

邮 编：710075

电 话：029-87607836

传 真：029-87607829)

网 址：http：//www. iwncomm. com

电 邮：std@iwncomm. com

郑州信大捷安信息技术有限公司

郑州信大捷安信息技术有限公司（以下简称“信大捷安”）成立于2004年5月，位于郑州国家高新技术开发区，是一家专业从事信息安全、移动可信计算、移动电子政务、电子商务、系统集成的高新技术企业，注册资本金1000万元。

信大捷安是郑州国家信息安全产品研发生产基地骨干企业，承担了多项国家高科技产业化信息安全示范项目；是国家密码管理局批准的商用密码产品生产定点单位，具有商用密码产品销售资质；是河南省科学技术厅认定的高新技术企业、河南省信息产业厅认定的软件企业、也是河南省重点支持的50户高成长型高新技术企业，经科学技术厅批准组建”河南省移动信息安全工程技术研究中心”；同时，还是中国移动战略合作伙伴，是中国移动的业务集成商（SI）和MAS供应商。2008年，公司作为首批核心成员单位参与发起了中国可信联盟。

信大捷安秉承“移动引领、安全筑基”的发展理念，致力于移动信息传输安全、移动可信计算方面的研究。由信大捷安开发并经国家密码管理局批准生产的“SQY42公网移动安全接入系统”解决了困扰移动电子政务的关键性难题，被列入06年国家高新技术产业化专项；公司得到公安部授权，为全国公安移动警务提供安全保障。信大捷安推出的“移动警务通”产品已在全国得到了广泛使用。目前公司还承担着国家863课题1项，国家科技支撑计划项目1项。

信大捷安拥有一大批具有丰富实战经验的专业技术人才，其中博士6人，硕士38人；技术团队中具有五年以上软件开发经验的50余人，具有五年以上专业硬件开发经验的近10人。为把握发展的战略方向和实现科技开发的高起点，公司还聘请了解放军信息工程大学、北京工业大学、郑州大学、河南工业大学等多名国内知名院校的信息安全专家、学者为技术顾问。信大捷安聚集了一批信息安全产品研究的高级技术人才，沉淀了丰厚的信息安全产品的开发技术，积累了丰富的信息安全产品的开发经验。

随着各项业务的发展，2006年信大捷安在上海浦东建立了新的研发中心，并以重点城市为核心形成了覆盖全国的服务网络。信大捷安将以雄厚的技术力量和认真负责的态度，为社会各界提供信息安全服务。

主要信息安全产品/服务：

SQY42公网移动安全接入系统、安全MAS（移动安全代理服务器）、SD/TF/SIM密码卡、可信移动终端（包括手机、PDA和笔记本）、移动警务通等

地址：河南省郑州市高新区莲花街11号
邮编：450001
电话：0371－60621129
传真：0371－60621117
网址：http：//www．xdja．com
电邮：ssy@xdja．com

中安科技集团有限公司

中安科技集团有限公司是经国家工商总局批准登记注册的企业集团。公司是研究、开发、生产信息安全保密产品，拥有200多项自主知识产权的高新技术企业和软件企业。

集团公司承担了工业和信息化部认定的“国家级信息安全产品研发生产基地”和“国家软件与集成电路公共服务平台河南分中心”，国家保密局认定的“国家保密技术产品科研生产基地”，经河南省发改委批准组建了”河南省安全操作系统工程研究中心”，经郑州市科技局批准组建了”郑州市信息安全工程技术研究中心”，经人事部批准组建了”中安科技集团博士后科研工作站”。

集团公司主持了国务院信息化工作办公室、国家标准化管理委员会下达的”国家信息安全战

略研究和标准制定”，承担了国信办下达的”移动存储设备安全保护政策研究和技术研究”和”便携式计算机安全保护技术研究”，工业和信息化部下达的”可信计算机系统研发与标准制定”，国家保密局下达的”高安全等级操作系统”研发任务。集团公司还承担了国家发改委的国家高技术产业化信息安全专项：“安全防护涉密计算机”和“密级标识与定密管理系统”。

集团公司是多家单位联合认定的“中国最具生命力百强企业”，国家保密局核准的“涉及国家秘密的计算机系统集成甲级（绝密级）资质单位”，全国诚信建设组委会评定的“全国质量、服务诚信示范单位”，河南省科技厅、发改委、国资委、知识产权局等九家单位联合认定的“河南省创新型试点企业”，集团公司还被评为“河南省科技创新十佳单位”。

主要信息安全产品/服务：

A、安全防护涉密计算机：是国家保密局下达的科研生产任务，登记注册发明专利三项，实用新型专利三项；获得国家专利技术发明奖一等奖，是目前唯一通过国家保密局和解放军信息安全测评认证中心测评认证的安全专用产品（国家保密局一级、军 B+级）。先后列入科技部火炬计划、信息产业部电子发展基金项目、国家发改委国家高技术产业化信息安全专项示范工程。

B、安全防护涉密服务器：是国家保密局下达的科研生产任务，已通过国家保密局和解放军信息安全测评认证中心的测评认证。

C、便携式涉密计算机：是国务院信息化工作办公室下达的科研任务，登记注册国家发明专利一项，实用新型专利四项，获得了国家科技发明奖金奖，并通过了科技成果鉴定，鉴定委员会认为：“填补了我国便携式涉密计算机的空白，具有自主知识产权，达到国际领先水平”。

D、多功能会议保密机：是国家保密局下达的科研生产任务，通过了国家保密局检测、鉴定。

E、中安 OFFICE：是国家保密局下达的科研生产任务，已登记注册软件著作权，并通过了国家保密局和解放军信息安全测评认证中心的测评认证，获得河南省科技进步二等奖，被中国软件行业协会评为年度优秀软件产品，获得第九届中国国际软件博览会金奖，被国家发改委列为国家高技术产业化信息安全专项。

地 址：河南省郑州市经六路 26 号
邮 编：450003
电 话：0371-65905098
传 真：0371-65905611
网 址：http：//www. zajt. com
电 邮：office@zajt. com

上海中标软件有限公司

上海中标软件有限公司（以下简称中标软件）由中国软件与技术服务股份有限公司（”中国软件”）、中国电子科技集团（”中电科技”）、华东计算技术研究所三方共同投资组建，注册资金 5000 万元。

中标软件的成立是国内软件企业强强联合的重大举措，得到了国家科技部、信息产业部与上海市政府的大力支持与关注。总部设在上海，另在北京、广州分别建立办事处。公司先后获得”2005 中国信息产业企业创新奖”、”软件自主创新 100 强”、”2006 年信息产业部信息产业科技创新集体”等荣誉。2006 年被国家四部委授予 2006 年”国家规划布局内重点企业”。中标软件已取得国家软件企业认证资格和高新技术企业认证，是国内唯一一家通过 ISO9001 及 CMM3 级认证的同类系统软件企业。

中标软件从事包括 Linux 操作系统、Office 办公套件在内的系统软件产品以及解决方案的研发、推广与服务工作，为用户提供桌面软件系统、服务器软件系统、安全增强软件等在内的系统软件产品及解决方案，为我国政府、企业、教育及其它信息化建设提供坚实安全的平台软件基础及应用解决方案。

主要信息安全产品/服务：

A：产品：中标普华可信 Office

中标普华可信 Office 产品是一款安全、稳定、高效的 Office 办公软件产品。它涵盖文字处理、电子表格和演示文稿等三大常用模块。在具备跨平台、性能稳定、支持 UOF 格式、兼容性突出、支持多浏览器和二次开发接口等成熟特点外，提供了多种安全保护功能：除内置多种常用标准算法，口令加密等安全功能外，还提供基于证书的签名加密、硬件加密（usbkey、指纹）、文档安全审计、权限控制、临时文件保护、多级别文档内容安全保护等一系列完整的数据安全保护措施。丰富的模板与人性化的设计使原本繁琐的办公过程变得简单、安全。

B 产品：中标普华可信终端操作系统

中标普华可信终端操作系统将可信计算技术加入到终端操作系统中，支持 TPM/TCM 芯片，构建可信任链传递体系，提供”密码 + 生物指纹”双因子系统认证方式，提供全盘加密功能，从多方面提高终端系统数据的机密性和完整性。

C 产品：中标普华可信服务器操作系统

中标普华可信服务器操作系统实现 GB/T20272 - 2006 第三级安全级别标准，支持强制访问控制机制和最小特权管理功能，增强安全审计功能；将用户身份与 TPM/TCM 绑定到一起，构建可信任链传递体系；提供入侵检测工具、网络访问控制等网络安全工具；通过虚拟化技术和高可用技术进一步提高整个可信系统的可用性。

地址：上海市徐汇区番禺路 1028 号数娱大厦 10 层

邮编：200030

电话：021 - 51098866

传真：021 - 51062866

网址：http：//www. cs2c. com. cn

电邮：neoshine@cs2c. com. cn

中国船舶重工集团公司第七 0 七研究所加固机事业部

中船重工集团第七 0 七研究所是专门从事舰船惯性技术，操纵控制技术、抗恶劣环境计算机技术和机电一体化技术研究的研究所，1961 年组建于天津。现有职工 1200 余人，各类专业人才 800 余人，包括中国工程院院士、国家级和省部级专家、研究员级高工等高级人才 100 余人。

加固机事业部是七 0 七所专门从事抗恶劣环境计算机技术研究的部门，集研制、开发、生产、服务于一体，分为研发设计中心和产品制造中心。部机关和研发中心位于所研发中心的八、九层，办公面积 1500 余平米，职工 150 余人。

加固机事业部研制和生产的 7J 系列抗恶劣环境计算机是七 0 七所的重要支柱产品，全部产品面向国防装备，连年产值过亿元。

主要信息安全产品：

A、高性能 CPCI 总线计算机；

B、可信主机模块；

C、加固可信计算机；

D、安全防护模块等；

E、低辐射加固笔记本。

地址：天津市红桥区丁字沽一号路 268 号

邮编：300131

电话：022 - 26030152（0153）

传真：022 - 26520300

网址：http：//www. 7jg. com

电邮：7jg@vip. sina. com

国家信息中心
电子数据司法鉴定中心

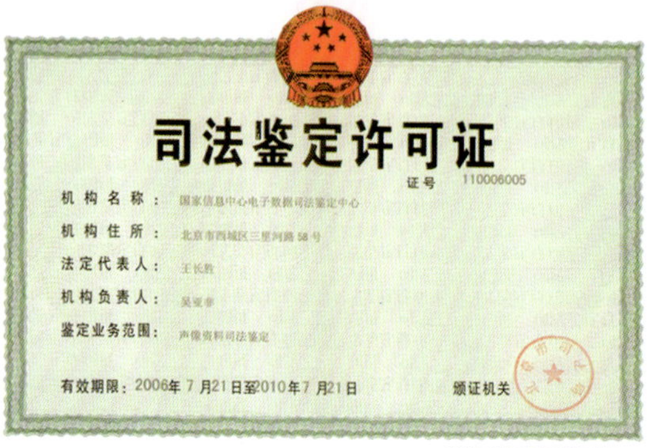

司法鉴定许可证

证号 110006005

机构名称：国家信息中心电子数据司法鉴定中心

机构住所：北京市西城区三里河路58号

法定代表人：王长胜

机构负责人：吴亚非

鉴定业务范围：声像资料司法鉴定

有效期限：2006年7月21日至2010年7月21日　　颁证机关

中华人民共和国司法部监制

涉及国家秘密的计算机信息系统集成

资质证书

编号：BM381106030029

持证单位：国家信息中心

资质种类：单项（数据恢复）

适用地域：全国

有效期限：叁年

国家保密局

2006年3月29日

国家信息中心电子数据司法鉴定中心

地址：北京市西城区三里河路58号B座五层

邮编：100045

电话：010-68557319　13911628656

网址：www.sicjd.cn　www.chinadrs.cn

国家信息中心
电子数据司法鉴定中心

背景介绍

国家信息中心电子数据司法鉴定中心是根据《全国人大常委会关于司法鉴定管理问题的决定》，经国家司法机关批准，依法取得“声像资料司法鉴定”资格的鉴定机构。鉴定中心拥有千级洁净间、百级洁净环境、数据鉴定实验室和包括博士、硕士等高学历人员组成的电子数据司法鉴定队伍。

随着计算机的普及，计算机犯罪案件层出不穷，存在于计算机和其他存储设备中的电子数据证据逐步成为司法案件中重要的诉讼依据。国家信息中心自1999年对社会开展数据恢复业务以来，曾多次协助公检法机关提取电子数据证据来侦破案件，在硬件及磁盘阵列服务器的数据恢复及鉴定技术领域处于国内领先水平。

- 2001年被原国家信息化领导小组计算机网络与信息安全管理办公室定为计算机安全应急服务单位。
- 2003年和2006年两次被国家保密局定为国家涉密数据恢复定点单位。
- 党的十六大会议期间被公安部确定为“十六大”应急保障单位之一。
- 2006年获得国家电子数据司法鉴定资质。

服务项目

- 电子数据司法鉴定
- 电子数据司法取证
- 电子数据技术鉴定
- 电子数据恢复
- 电子数据销毁

什么是电子数据司法鉴定

司法鉴定是指在诉讼活动中鉴定人运用科学技术或者专门知识对诉讼涉及的专门性问题进行鉴别和判断并提供鉴定意见的活动。

电子数据司法鉴定是指鉴定人运用计算机学和物理学的原理和技术手段，对诉讼涉及的计算机电子数据进行恢复、鉴别和判断并提供鉴定意见，以取得最具证明力的电子数据证据作为认定事实依据的活动。

服务不限存储介质

- 计算机硬盘、软盘；
- 磁盘阵列RAID0、RAID1、RAID5等；
- 移动存储设备MO、移动硬盘、U盘、Zip盘等；
- 计算机用磁带；
- 各种CD-R、CD-RW刻录光盘；
- 各种数码相机用的Flashcard、Memory Stick、Microdrive等存储卡。

服务不限故障类型

- 病毒、系统故障、误操作、升级或安装软件错误等；
- 意外事故、电击、水淹、火烧、震荡、撞击、机械故障等；
- 其他原因。

电子数据鉴定应用在哪些方面

- 刑事、民事诉讼活动中的电子数据司法鉴定、取证；
- 审计、调查中的电子数据技术鉴定、取证(如：财务审计、公司调查等)；
- 保险、商务、知识产权保护等领域的纠纷仲裁活动中的电子数据司法鉴定、取证；
- 执法机关侦破案件过程中的电子数据司法鉴定、取证。

State Information Center
Information Security Consultation & Service

INFORMATION SECURITY RESEARCH & SERVICE INSTITUTION OF STATE INFORMATION CENTER
国家信息中心 信息安全研究与服务中心

国家信息中心
信息安全咨询与评估服务

机构资质

国家级信息安全保障单位
国家信息化领导小组专家咨询委员会认证单位
国家计算机应急恢复服务定点单位
国家涉密数据修复定点单位
国家电子数据司法鉴定资质
国家涉密信息系统信息安全评估资质（已评审）

服务依据

中办发[2003]27号文件《国家信息化领导小组关于加强信息安全保障工作的意见》
国信办[2006]5号文件《关于开展信息安全风险评估工作意见》
GB/T 20984《信息安全风险评估规范》
国标报批稿《信息安全风险管理规范》
国标草案《信息安全风险评估实施指南》
国家关于信息系统等级保护相关标准要求
ISO/IEC 27001/17799/13335

ISAS 2.0
信息安全风险评估系统

国家信息中心
信息安全研究与服务中心
地址：北京市西城区三里河路58号
电话：010 68557159
010 68557049
传真：010 68557158

信息安全咨询与评估服务就是以风险评估为基础，从风险管理角度出发，评估安全事件一旦发生可能对组织造成的危害程度，通过信息安全风险评估、信息系统等级保护、信息安全管理体系、SOX法案、IT内控、ISO27001体系认证等工作，全面提高组织的信息安全建设和管理能力，提升组织的信息安全保障水平。

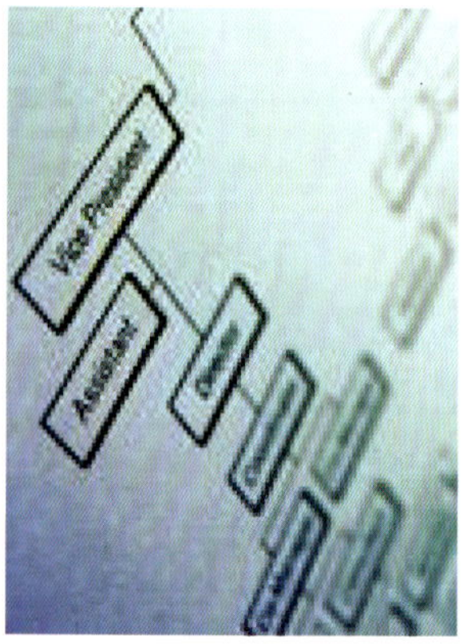

咨询服务

- 信息安全保障体系咨询与规划
- 基于业务流程的信息安全风险评估
- 等级保护定级与评测服务
- ISO27001(ISMS)认证咨询
- 网络和主机系统安全评估
- 多种平台的数据库系统评估
- WEB网站防护体系安全评估
- 业务连续性计划和灾备系统评估
- 无害渗透性测试评估

培训认证

国家信息中心在全国开展"信息安全风险管理与评估"培训，该工作由中国信息协会信息安全专业委员会授权并进行考试认证，并建有专业安全评估培训中心。

安全评估培训中心，可以提供必要的教学环境，并提供攻防测试、评估测试、模拟测试等多种评测平台。

T021:信息安全风险评估认证培训
T022:ISO27001(ISMS)内审员认证培训
T030:信息安全操作实验培训

巨人背后的专家
2008年：绿盟科技“极光”远程安全评估系统成为1996年以来全球六家获得英国西海岸实验室权威认证的漏洞扫描产品之一
2007年：再次入选国家级应急服务支撑单位
2006年：连续四年荣获中计报“值得信赖的安全服务品牌”
2005年：囊括年度入侵检测\保护系统全部奖项
2004年：入选公共互联网应急处理国家级服务试点单位
首批荣获国家二级安全服务资质
2003年：进入中国电子政务IT百强
2002年：承担全国性电信网安全评估
2001年：入选国家网络安全服务试点单位
2000年：绿盟科技成立
www.nsfocus.com
THE EXPERT
BEHIND GIANTS
长期以来，绿盟科技致力于网络安全技术的研究，为政府、电信、金融、能源等行业提供优质的安全产品与服务。在这些巨人的背后，他们是倍受信赖的专家。
NSFOCUS